應用機率與統計

Applied probability and statistics

武維疆 著

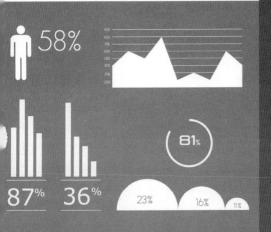

>> **完整收錄**

國內各大學相關系所**研究所考古題**，為有
志升學者必備之工具書籍，並提供讀者正確
之準備方向

五南圖書出版公司 印行

序言

　　對許多學生而言，「機率」是一門既「詭異」又「可恨」的課程；綜觀目前各大學所採用之機率教科書，不難發現，只要具備基礎之微積分便可看懂，故直覺上不難；再者，有些同學初接觸機率時，發現老師在課堂上所描述的內容極易理解。以上這些「表面上」看似容易的直覺都是非常危險的誤導。機率之學習以觀念為重，死記公式只會事倍功半，飲鴆止渴。修過機率課程的同學往往有以下的之體會：

　　1.儘管上課聽得懂，教科書看得懂，一旦接觸考題，完全不知如何下手。

　　2.花同樣的時間去準備其他科目，必然可獲得高分，但對機率而言效果有限，甚至於仍然一敗塗地。

　　以上是機率充滿詭異且令人可恨之處。

　　儘管如此，機率之重要性不可小覷。機率及其相關延伸之課程，如統計、隨機程序等廣泛的在理、工、商學院列為必修或選修課程，機率之應用小至日常生活，大至各科系之研究領域，隨處可見。

　　本書內容：在第一章中探討的是古典機率，其中獨立事件、全機率定理、以及貝氏定理是本章之重點。第二至四章探討的主題是離散型隨機變數，除了定義機率質量函數、累積分配函數、動差生成函數及隨機變數之統計特性（期望值、變異數）之外，並介紹重要的離散型隨機變數：伯努利分佈、二項分佈、幾何分佈、負二項分佈、以及布阿松分佈等。此外，聯合機率質量函數以及條件機率質量函數亦做了詳盡之闡述。第五至七章描述之重點為連續型隨機變數，我們定義了（聯合）機率密度函數、（聯合）累積分配函數、動差生成函數、獨立隨機變數及條件機率密度函數，並介紹重要的連續型隨機變數：均勻分佈、指數分佈、Gamma (Γ)分佈、以及常態分佈等。其中針對多變數之間的變數轉換亦做了深入之分析。有關於統計的主題描述於第八至十章，第八章介紹機率不等式、大數法則以及中央極限定理，第九章則討論如何利用所收集之資料（取樣數據）估計有用的參數，有關臆測測試的問題則在第十章深入的探討。本書最後一章為隨機程序導論，其平均及自相關函數以及高斯隨機程序是本章之重點。

本書特色：這是一本適用於大學，以機率為主、統計與隨機程序為輔的入門教科書，編寫方式由淺入深、循序漸進，除理論之探討外並包含眾多精采之範例，本書之特色如下：

一、清晰之定義，輔以詳盡之說明。

二、嚴謹之定理及證明，深入的物理意義解析。

三、蒐集精采之例題，以靈活多樣的技巧解題。

四、收錄各大學研究所考古題，可用以評量學習成果，並使讀者有明確之準備方向。

回首這半年來為了編撰本書不眠不休的埋首於電腦之前，而今終至完稿，儘管「書不盡言，言不盡意」，但回顧一頁頁的心血以及視茫茫、髮蒼蒼的自己，不免想起蘇軾在「定風波」中的一段：

回首向來蕭瑟處，歸去，也無風雨也無晴。

本書得以出版特別要感謝我的指導教授國立台灣大學電機工程學系特聘教授陳光禎持續的鼓勵與協助，也要感謝五南文化事業的支持與精細的校對，總而言之，本書之出版希望能幫助讀者藉由中文體會機率與統計精采與美妙之處。

謹以本書獻給和我一樣喜歡數學的父親

武維疆

謹識於大葉大學電機系

目　錄

1 古典機率　　　　　　　　　　　　　　　　　　　　1

1-1　集合理論　　　　　　　　　　　　　　　2

1-2　排列與組合　　　　　　　　　　　　　5

1-3　機率之要素　　　　　　　　　　　　　17

1-4　條件機率與貝氏定理　　　　　　　　25

1-5　獨立事件　　　　　　　　　　　　　　36

2 離散型隨機變數　　　　　　　　　　　　　　　　57

2-1　機率質量函數　　　　　　　　　　　　58

2-2　累積分佈函數　　　　　　　　　　　　64

2-3　期望值　　　　　　　　　　　　　　　68

2-4　隨機變數之函數與變數變換　　　　　77

2-5　條件質量函數　　　　　　　　　　　　82

2-6　動差生成函數及機率生成函數　　　　87

附錄：Taylor Series and Maclaurin Series　　100

3 常用的離散型機率分佈　　　　　　　　　　　　101

3-1　均勻分佈　　　　　　　　　　　　　　102

3-2　伯努利與二項分佈　　　　　　　　　103

3-3　幾何分佈　　　　　　　　　　　　　　112

3-4　負二項分佈　　　　　　　　　　　　　　　120

3-5　超幾何分佈　　　　　　　　　　　　　　　126

3-6　布阿松分佈　　　　　　　　　　　　　　　129

3-7　多項分佈　　　　　　　　　　　　　　　　135

附錄：常用的離散型機率分佈　　　　　　　　　146

4　多重離散型隨機變數　　147

4-1　聯合機率質量函數　　　　　　　　　　　　148

4-2　隨機變數之函數　　　　　　　　　　　　　156

4-3　共變異數　　　　　　　　　　　　　　　　159

4-4　條件機率質量函數　　　　　　　　　　　　168

4-5　獨立隨機變數　　　　　　　　　　　　　　176

4-6　條件聯合機率質量函數　　　　　　　　　　183

4-7　離散型隨機變數之變數轉換　　　　　　　　189

4-8　三維以上之離散型隨機變數　　　　　　　　194

5　連續型隨機變數　　207

5-1　累積分佈函數與機率密度函數　　　　　　　208

5-2　期望值與變異數　　　　　　　　　　　　　215

5-3　變數變換　　　　　　　　　　　　　　　　220

5-4　條件機率密度函數　　　　　　　　　　　　232

5-5　動差生成函數　　　　　　　　　　　　　　235

5-6　特徵函數　　　　　　　　　　　　　　　　239

附錄：Leibniz 微分法則　　　　　　　　　　　251

6 常用的連續型機率分佈 253

6-1　均勻分佈 254

6-2　指數分佈 260

6-3　Gamma（Γ）分佈 272

6-4　常態分佈 281

6-5　Beta 分佈、Weibull 分佈及 Cauchy 分佈 294

6-6　由常態分佈所衍生之機率分佈 298

附錄一：常用的連續型機率分佈 310

附錄二：標準常態分佈之 CDF 311

附錄三：特殊函數 312

7 多重連續型隨機變數 319

7-1　聯合機率密度函數 320

7-2　二維隨機變數之函數 331

7-3　條件機率密度函數 336

7-4　獨立隨機變數 346

7-5　多變數的變數變換 353

7-6　雙變數常態分佈 377

7-7　三維以上之連續型隨機變數 385

附錄：重積分與座標（變數）變換 405

8 機率不等式及中央極限定理 409

8-1　機率不等式 410

8-2　大數法則 415

8-3　中央極限定理　　417

9　取樣與估計　　433

9-1　取樣　　434

9-2　點估計器　　439

9-3　最大可能性估計器　　443

9-4　區間估計　　447

10　臆測測試　　455

10-1　簡介　　456

10-2　最大可能性檢測器　　459

10-3　單邊臆測測試　　466

10-4　雙邊臆測測試　　472

10-5　Bayes 決定法則　　473

11　隨機程序導論　　485

11-1　隨機程序之定義　　486

11-2　隨機程序之機率分佈　　488

11-3　自相關函數及互相關函數　　490

11-4　高斯隨機程序及布阿松程序　　495

1 古典機率

1-1　集合理論

1-2　排列與組合

1-3　機率之要素

1-4　條件機率與貝氏定理

1-5　獨立事件

1-1　集合理論

　　集合（Set）是由若干元素（Element）所組成，若一集合內無任何元素，則此集合稱之為空集合（Empty set），若一集合內含有限個元素，則此集合稱之為有限集合（Finite set），反之，若一集合之元素為無窮多，則此集合為無限集合（Infinite set），若一集合之元素為可數，此集合稱之為可數集合（Countable set），反之，若一集合之元素為不可數，則此集合稱之為不可數集合（Uncountable set）。

說例：　1.若集合 A 包含所有正整數，則 A 為可數之無限集合

　　　　　2.若集合 A 包含所有正實數，則 A 為不可數之無限集合

觀念提示：　1.有限集合必然為可數集合，但反之未必然

　　　　　　2.不可數集合必然為無限集合，但反之未必然

　　在集合理論中常用之符號定義如下：

　　(1)∈：屬於：用以表示元素與集合之間的關係如：$x \in A$ means "x is an element of set A"

　　(2)⊂：包含於：用以表示集合與集合間之關係，如 $A \subset B$ means "every element in A is also an element of B" 又稱 A 為 B 之一子集合（Subset）

　　(3)S or Ω：宇集合（Universal set）：包含所有可能元素所形成的集合

　　(4)ϕ：空集合（Null set）：無任何元素之集合

　　(5)∪：聯集（Union）：$A \cup B = \{x | x \in A \text{ or } x \in B\}$

　　(6)∩：交集（Intersection）：$A \cap B = \{x | x \in A \text{ and } x \in B\}$

　　(7)A^C：A 之補集（Complement）$A^c = \{x | x \notin A\}$

　　(8)$A - B$：差集，$A - B = \{x | x \in A \text{ and } x \notin B\}$

　　(9) Disjoint：若 $A \cap B = \phi$，則稱 A，B 為 disjoint

　　(10)互斥（Mutually exclusive）：若 $A_i \cap A_j = \phi$；$\forall i \neq j$ 則稱 $\{A_1, A_2, \cdots\}$ 為互斥

觀念提示：　1.$x \in \bigcap_{j=1}^{n} A_j$ means that "$x \in A_1, x \in A_2, \cdots x \in A_n$"

2. $x \in \bigcup_{j=1}^{n} A_j$ means that "$x \in A_1$ 或 $x \in A_2 \cdots$ 或 $x \in A_n$"

3. $S^c = \phi$

定理 1-1：分割定理

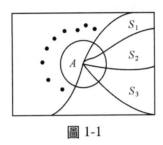

圖 1-1

若 $S = \bigcup_{j} S_j$ ；S_j mutually exclusive，則

$$A = \bigcup_{j} (A \cap S_j)$$

觀念提示： 1. 參考圖 1-1 可輕易瞭解此定理

2. 若 S_j 不滿足 Mutually exclusive，則此定理不一定成立

定理 1-2：Demorgan's law

$(1)(A \cup B)^c = A^c \cap B^c$

$(2)(A \cap B)^c = A^c \cup B^c$

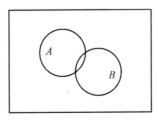

圖 1-2

證明：(1)「⇒」

若 $x \in (A \cup B)^c \Rightarrow x \notin A \cup B \Rightarrow x \notin A$ and $x \notin B$

$\Rightarrow x \in A^c$ and $x \in B^c \Rightarrow x \in A^c \cap B^c$

「⇐」

若 $x \in A^c \cap B^c \Rightarrow x \in A^c$ and $x \in B^c \Rightarrow x \notin A$ and $x \notin B$

$\Rightarrow x \notin (A \cup B) \Rightarrow x \in (A \cup B)^c$

(2)「⇒」

若 $x \in (AB)^c$

$\Rightarrow x \notin A$ 或 $x \notin B$

$\Rightarrow x \in A^c$ 或 $x \in B^c$

「⇐」

若 $x \in A^c \cup B^c \Rightarrow x \in A^c$ 或 $x \in B$

$\Rightarrow x \notin A$ 或 $x \notin B$

$\Rightarrow x \notin AB$

$\Rightarrow x \in (AB)^c$

觀念提示：1. 通常交集符號「∩」可省略，例如 AB 即為 $A \cap B$，$A^c B^c$ 即表示 $A^c \cap B^c$

2. 一般常用 Venn diagram 來幫助證明及解題如：

(1)圖 1-3 表示 $B \subset A \subset S$，且 $AB = B$

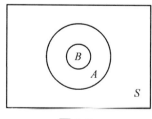

圖 1-3

(2)圖 1-4 之斜線部分即為 B^C

$\Rightarrow B \cap B^C = \phi$，$B \cup B^C = S$

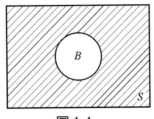

圖 1-4

(3)斜線部分即為 $A \cup B$

3.由圖 1-2 可輕易證明

(1)$B = (A \cap B) \cup (A^c \cap B)$

(2)$(A \cap B)$與$(A^c \cap B)$互斥

定理 1-3：分配律（Distributed law）

(1)$A \cap (B \cup C) = (A \cap B) \cup (A \cap C)$

(2)$A \cup (B \cap C) = (A \cup B) \cap (A \cup C)$

觀念提示：結合律

(1)$(A \cap B) \cap C = A \cap (B \cap C)$

(2)$(A \cup B) \cup C = A \cup (B \cup C)$

證明：利用 Venn diagram

說例：繪出 Venn diagram

(1)$\overline{(A \cup B)} \cap C$

(2)$(A \cup C) \cap B$（清大通訊）

1-2　排列與組合

定理 1-4：乘法原理

若一試驗共分成 k 個階段，其中第 i 個階段有 n_i 種可能，則完成此

試驗共有

$$n_1 \times n_2 \times \cdots \times n_k = \prod_{i=1}^{k} n_i$$

種可能

觀念提示：　*1.* 如圖 1-5 所示，某人自甲地出發至乙地途中共經過 k 個休
息站（含乙地）其中自第 $(i-1)$ 個休息站至第 i 個休息站
共有 n_i 條不同的路徑，則有甲地至乙地共有 $n_1 \times n_2 \times \cdots$
$\times n_k$ 種不同的到達方式

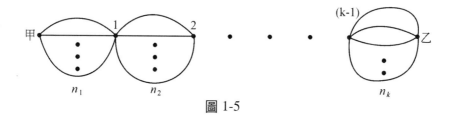

圖 1-5

　　　2.獨立（且）則應用乘法原理，互斥（或）則應用加法原理
應用乘法原理，可得到以下定理

定理 1-5

(1) Sampling with replacement （重複排列）
　　自 N 個物件中依次抽出 n 個（每次取出後均放回），則共有 N^n 種排
　　列方式，因相同物件可能在不同次中被抽出，故又稱為重複排列
(2) Sampling without replacement （直線排列）
　　同(1)但每次取出後均不放回，則共有

$$N \times (N-1) \times \cdots\cdots \times (N-n+1) = \frac{N!}{(N-n)!} = P_n^N$$

(3)組合

同(2)但不考慮排列方式（同一物件在第 i 次被取出與第 j 次被取出視為相同），則共有

$$\frac{N!}{n!(N-n)!} = C_n^N = \binom{N}{n}$$

(4)不盡相異事物之全取排列

N 件物品，其中包含第一類物品 k_1 個，第二類物品 k_2 個，……，第 m 類物品 k_m 個，將此 N 件物品排成一列，共有

$$\frac{N!}{k_1! \cdots k_m!} = \binom{N}{k_1, k_2, \cdots k_m}; \ N = k_1 + \cdots + k_m$$

(5)環狀排列

$$\frac{1}{n} P_n^N$$

觀念提示：比較(2)與(3)，在(3)中除以 $n!$ 之原因為 n 個物件排列方式共 $n!$ 種

例題 1：各種排列的變化

$abcd\cdots\cdots g$ 7 人排成一列，求

(1)abc 相鄰

(2)abc 不相鄰

(3)abc 恰 2 人相鄰

(4)a 不在一，b 不在二，c 不在三

(5)ab 不相鄰，且 cd 不相鄰

(6)a 在 b 之左，且 c 在 b 之左

解

(1) 5! 3!

(2)先排其他人，再選空隙入座

$$4! \times \binom{5}{3} \times 3! (4! \times P_3^5)$$

(3)先排其他人再選空隙放椅子，先排椅子，人再入座

$$4! \times C_2^5 \times 2! \times 3!$$

(4)聯集法

令 A：a 在一之事件　6!

　　B：b 在二之事件　6!

　　C：c 在三之事件　6!

$$\overline{ABC} = \overline{(A \cup B \cup C)} = 7! - 3 \times 6! + 3 \times 5! - 4!$$

(5) Let A：ab 相鄰：$2 \times 6!$

　B：cd 相鄰 $2 \times 6!$

$$\overline{AB} = \overline{(A \cup B)} = 7! - 4 \times 6! + 5 \times 2 \times 2$$

(6) $\dfrac{7!}{3!} \times 2!$（abc 之位置不可互換但 ac 可互換）

例題 2：(1)$aaabbcd$ 排成一列，同字不相鄰

　　　　(2)$aabbccdd$ 排成一列，同字不相鄰

解

(1) A：aaa 不相鄰

B：bb 相鄰

$$A\overline{B} = A - (AB) = \frac{4!}{2!} C_3^5 - 3! C_3^4$$

(2) A：aa 相鄰

B：bb 相鄰

C：cc 相鄰

D：dd 相鄰

$$\overline{ABCD} = \overline{(A \cup B \cup C \cup D)}$$

$$= \frac{8!}{(2!)^4} - 4 \times \frac{7!}{(2!)^3} + \binom{4}{2}\frac{6!}{(2!)^3} - \binom{4}{3}\frac{5!}{(2!)} + \binom{4}{4}4!$$

例題 3： $ABCD$，四對夫妻圍一圓桌而坐，求

(1)任意圍坐　　　　　　　(2)A 夫妻相鄰

(3) 4 夫妻相鄰　　　　　　(4)A 夫妻不相鄰

(5)A 夫妻且 B 夫妻不相鄰　(6)A 夫妻相對

(7)均相對　　　　　　　　(8)男女相間

(9)男女相間且夫婦相鄰　　(10)男女相間且夫婦不相鄰

(11) 4 位男士相鄰

解

(1) 7!

(2)綁在一起人再對調 $\dfrac{7!}{7} \times 2$

(3)$\dfrac{4!}{4} \times (2!)^4$

(4)先排其他人，再選空隙，人再入座

$\dfrac{6!}{6}C_2^6 \times (2!)$ （或求 $\overline{A} = \dfrac{8!}{8} - \dfrac{7!}{7} \times 2$）

(5)$\overline{AB} = \overline{(A \cup B)} = \dfrac{8!}{8} - 2 \times \dfrac{7!}{7} \times 2 + \dfrac{6!}{6} \times (2!)^2$

(6) 6!

(7) 一對一對入座 $6 \times 4 \times 2$（A 先入座 B 有 6 種選擇 C 有 4 種 D 有 2 種）

(8)女先入座，男再入座

$\dfrac{4!}{4} \times 4!$

(9)$\dfrac{4!}{4} \times 2$

(10)$\dfrac{4!}{4} \times 2$

(11)$\dfrac{5!}{5} \times 4!$

定理 1-6

(1) $\begin{pmatrix} n \\ k \end{pmatrix} = \begin{pmatrix} n \\ n-k \end{pmatrix} = \dfrac{n!}{k!(n-k)!}$

(2) $\begin{pmatrix} n \\ k \end{pmatrix} = \begin{pmatrix} n-1 \\ k \end{pmatrix} + \begin{pmatrix} n-1 \\ k-1 \end{pmatrix}$ （巴斯卡定理）

(3) $C_r^{n+m} = \sum\limits_{k=0}^{r} C_k^n C_{r-k}^m$

觀念提示：巴斯卡三角形

$$\begin{pmatrix} 1 \\ 0 \end{pmatrix} + \begin{pmatrix} 1 \\ 1 \end{pmatrix} = 2^1$$

$$\begin{pmatrix} 2 \\ 0 \end{pmatrix} + \begin{pmatrix} 2 \\ 1 \end{pmatrix} + \begin{pmatrix} 2 \\ 2 \end{pmatrix} = 2^2$$

$$\begin{pmatrix} 3 \\ 0 \end{pmatrix} + \begin{pmatrix} 3 \\ 1 \end{pmatrix} + \begin{pmatrix} 3 \\ 2 \end{pmatrix} + \begin{pmatrix} 3 \\ 3 \end{pmatrix} = 2^3$$

$$\begin{pmatrix} 4 \\ 0 \end{pmatrix} + \begin{pmatrix} 4 \\ 1 \end{pmatrix} + \begin{pmatrix} 4 \\ 2 \end{pmatrix} + \begin{pmatrix} 4 \\ 3 \end{pmatrix} + \begin{pmatrix} 4 \\ 4 \end{pmatrix} = 2^4$$

$\vdots$

說明：(1) n 個相異物件中取 k 個必剩 $(n-k)$ 個，故取 k 個與 $(n-k)$ 個取法相同

(2) n 個相異物件中移除一個，則剩餘的 $(n-1)$ 個物件中必然包含某一特定物件，或必然不包含某一特定物件

例題 4：Find integers n and m such that the following equation holds.

$$\begin{pmatrix} 13 \\ 5 \end{pmatrix} + 2\begin{pmatrix} 13 \\ 6 \end{pmatrix} + \begin{pmatrix} 13 \\ 7 \end{pmatrix} = \begin{pmatrix} n \\ m \end{pmatrix}$$

【95 淡江資工】

解　$\begin{pmatrix} 13 \\ 5 \end{pmatrix} + 2\begin{pmatrix} 13 \\ 6 \end{pmatrix} + \begin{pmatrix} 13 \\ 7 \end{pmatrix} = \begin{pmatrix} 13 \\ 5 \end{pmatrix} + \begin{pmatrix} 13 \\ 6 \end{pmatrix} + \begin{pmatrix} 13 \\ 6 \end{pmatrix} + \begin{pmatrix} 13 \\ 7 \end{pmatrix} = \begin{pmatrix} 14 \\ 6 \end{pmatrix} + \begin{pmatrix} 14 \\ 7 \end{pmatrix} = \begin{pmatrix} 15 \\ 7 \end{pmatrix}$

例題 5： $C_2^2 + C_2^3 + \cdots\cdots + C_2^{25} = ?$ 　　　　【92 高應科電機】

解　　$C_2^2 = C_3^3$

　　　$C_3^3 + C_2^3 = C_3^4$

　　　$C_3^4 + C_2^4 = C_3^5$

　　　　$\vdots$

　　　$C_3^{25} + C_2^{25} = C_3^{26} = 2600$

例題 6： In how many ways can we give 6 different gifts to 4 students and each of them get at least one gift. 　　【92 高應科電機】

解　　禮物給全 1 人：C_1^4

　　　禮物分給 2 人：$C_2^4(2^6 - 2)$

　　　禮物分給 3 人：$C_3^4[3^6 - C_2^3(2^6 - 2) - C_1^3]$

　　　$\therefore 4^6 - \binom{4}{1} - \binom{4}{2}(2^6 - 2) - \binom{4}{3}\left(3^6 - \binom{3}{2}(2^6 - 2) - \binom{1}{3}\right)$

定理 1-7

二項式定理 $(a + b)^N = \sum\limits_{x=0}^{N} \binom{N}{x} a^x b^{N-x}$

證明：$(a + b)^N = (a + b) \cdot (a + b)\cdots\cdots(a + b)$

　　　故對任一項而言，必具以下形式：

　　　$\underbrace{a \cdot a \cdots a}_{x \text{個}} \underbrace{b \cdot b \cdots b}_{(N-x)\text{個}} = a^x b^{N-x}$

　　　且具排列方式共 $\binom{N}{x}$ 種

觀念提示：$a^x b^{N-x}$ 亦即將 N 個物件分成兩類，第一類有 x 個相同物件，

　　　　　第二類則有 $(N - x)$ 個相同物件

定理 1-8：$2^N = \begin{pmatrix} N \\ 0 \end{pmatrix} + \begin{pmatrix} N \\ 1 \end{pmatrix} \cdots + \begin{pmatrix} N \\ N \end{pmatrix}$

觀念提示： 1. 右式表示 N 件相異物品各種不同取法之和（由一件未取至 N 件全取）

2. 左式表示乘法原理，每件物品均有選或不選兩種可能，故共有 2^N 種可能

例題 7：$C_1^n + 2C_2^n + \cdots + nC_n^n = ?$ 　　　　　　　【82 交大資訊】

解　已知

$$f(x) = (1+x)^N = \begin{pmatrix} N \\ 0 \end{pmatrix} + \begin{pmatrix} N \\ 1 \end{pmatrix} x \cdots + \begin{pmatrix} N \\ N \end{pmatrix} x^N$$

$$\Rightarrow N(1+x)^{N-1} = \begin{pmatrix} N \\ 1 \end{pmatrix} + 2 \begin{pmatrix} N \\ 2 \end{pmatrix} x + \cdots + N \begin{pmatrix} N \\ N \end{pmatrix} x^{N-1}$$

$$\Rightarrow N2^{N-1} = \begin{pmatrix} N \\ 1 \end{pmatrix} + 2 \begin{pmatrix} N \\ 2 \end{pmatrix} + \cdots + N \begin{pmatrix} N \\ N \end{pmatrix}$$

觀念提示：

(1) $\begin{pmatrix} n \\ 0 \end{pmatrix} - \begin{pmatrix} n \\ 1 \end{pmatrix} \cdots + (-1)^n \begin{pmatrix} n \\ n \end{pmatrix} = 0$

(2) $f(1) + f(-1) \Rightarrow 2^n = 2(C_0^n + C_2^n + \cdots) \Rightarrow C_0^n + C_2^n + \cdots = 2^{n-1}$

$f(1) - f(-1) \Rightarrow 2^n = 2(C_1^n + C_3^n + \cdots) \Rightarrow C_1^n + C_3^n + \cdots = 2^{n-1}$

定理 1-9：多項式定理

$$(a+b+c)^N = \sum_{x=0}^{N} \sum_{y=0}^{N-x} \begin{pmatrix} N \\ x, y \end{pmatrix} a^x b^y c^{N-x-y}$$

證明：$(a+b+c)^N = (a+b+c) \cdot (a+b+c) \cdots (a+b+c)$

故對任一項而言，必具以下形式：

$\underbrace{a \cdot a \cdots a}_{x 個} \underbrace{b \cdot b \cdots b}_{y 個} \underbrace{c \cdot c \cdots c}_{(N-x-y)個} = a^x b^y c^{N-x-y}$

$b^y c^z$ 表示上式之 N 個 $(a+b+c)$ 必有 x 個提供 a，剩餘的 $(N-x)$ 中有 y 個提供 b，剩餘的 $N-x-y=z$ 提供 c，故 $a^x b^y c^z$ 之係數為

$$\binom{N}{x}\binom{N-x}{y} = \frac{N!}{x!(N-x)!}\frac{(N-x)!}{y!(N-x-y)!}$$
$$= \frac{N!}{x!\,y!\,z!} = \binom{N}{x,\,y}$$

說例：(1) $(x+y+z)^9$ 中 $x^2 y^3 z^4$ 項之係數

(2) 9 個轉學生分配至甲班 2 人，乙班 3 人，丙班 4 人之分法

(3) 千元鈔 2 張，500 元鈔 3 張，佰元鈔 4 張分給 9 個人之分法

解 以上之解均為 $\dfrac{9!}{2!\,3!\,4!}$

定理 1-10：重複組合

N 類物品，其中包含第一類物品 k_1 個，第二類物品 k_2 個，...，第 N 類物品 k_N 個，將此 N 類物品任取 m 個，若每一種之個數均 $\geq m$，且可重複取出相同物件，共有

$$H_m^N = C_m^{N+m-1}$$

以 $N=5$，$m=6$ 為例，參考下圖

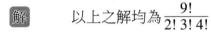

$$XOOXOXXOOXOX$$

"O" denotes the numbers，相鄰兩「X」代表種類，換言之，上圖代表第一類物品取出 2 個，第二類物品取出 1 個，第三類物品取出 0 個，第四類物品取出 2 個第五類物品取出 1 個，顯然的，上圖除首尾兩個 X 外，其餘「O」「X」均可任意改變位置，每一種位置均代表一種取出方式，共有 $C_m^{N+m-1} = C_6^{5+6-1}$ 種，稱之為重複組合，通常以 H_m^N 表示之。

觀念提示：除定理之說明外，以下之應用亦屬重複組合

　　　　(1)將 m 個相同之球放入 N 個不同籃子

 C_m^{N+m-1}

　　　　(2)$x+y+z=6$ 之非負整數解

 $m=6$，$N=3$

　　　　$\therefore C_m^{N+m-1} = C_6^8 = C_2^8 = 28$

例題 8：From the set of integers $\{1, 2, \cdots, 100000\}$ a number is selected at random. What is the probability that the gum of its digits is 8?

【95 成大通訊】

解　此問題等同於求解

$a_1 + a_2 + a_3 + a_4 + a_5 = 8;\ a_1 \geq 0,\ a_5 \geq 0,\ a_2 \geq 0,\ a_3 \geq 0,\ a_4 \geq 0$

換言之，此問題等同於將 8 顆球放入 5 個箱子裡，每個箱子可放可不放，則整數解共有 $\binom{8+5-1}{8} = \binom{12}{8} = \binom{12}{4}$，故可得機率為：

$$\frac{\binom{12}{4}}{100000}$$

定理 1-11：$n \geq k,\ m \geq k$

(1) $\binom{m+n}{k} = \binom{n}{0}\binom{m}{k} + \binom{n}{1}\binom{m}{k-1} \cdots + \binom{n}{k}\binom{m}{0}$

(2) $H_k^{n+m} = H_0^n H_k^m + H_1^n H_{k-1}^m + \cdots + H_k^n H_0^m$

說明：$(n+m)$ 分成兩堆各有 n 個及 m 個，任取 k 個，則取法包含

　　　(1)n 個中完全不取，m 個中取 k 個：共 $\binom{n}{0}\binom{m}{k}$ 種

　　　(2)n 個中取 1 個，m 個中取 $k-1$ 個：共 $\binom{n}{1}\binom{m}{k-1}$ 種

......

n 個中取 k 個，m 個中完全不取：共 $\binom{n}{k}\binom{m}{0}$ 種

例題 9：(1)某公司將贈送 5 部車給 3 個人共有幾種分配法？

(2)此三人決定乘車出遊，共有幾種乘坐法？

解　(1) 3^5

(2) 5^3

例題 10：如圖 1-6 所示，某人由 A 點出發，目的地為 D 點，必須走

捷徑：

(1)共有幾種走法？

(2)若此人必須先到 B 點停

留，共有幾種走法？

(3)若此人不通過 C 點，共

有幾種走法？

(4)通過 C 點或 B 點，共有幾種走法？

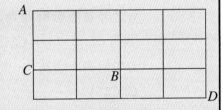

圖 1-6

解　(1)共需向右 4 次，向下 3 次

$$\therefore \frac{7!}{4!\,3!}$$

(2) $\dfrac{4!}{2!\,2!} \cdot \dfrac{3!}{2!\,1!}$

(3)通過 C 點共有 $\dfrac{5!}{1!\,4!}$ 種走法

$\therefore$ 不通過 C 點共

$$\frac{7!}{4!\,3!} - \frac{5!}{1!\,4!}$$

(4) $n(B \cup C) = n(B) + n(C) - n(B \cap C) = \dfrac{5!}{1!\,4!} + \dfrac{4!}{2!\,2!}\dfrac{3!}{2!\,1!} - \dfrac{3!}{2!\,1!}$

例題 11：(1)$x_1 + \cdots + x_m = n$ 中，共有多少個非負整數解？

(2)$x_1 + \cdots + x_m = n$ 中，共有多少個正整數解？

(3)$x_1 + \cdots + x_m = n$ 中，恰有 k 個 x_i 為 0 之解共有幾個？

解

(1)由定理 1-10 以 $x_1 + x_2 + x_3 = 4$ 為例：

$XXXOOOOX$

表示 $x_1 = 0$，$x_2 = 0$，$x_3 = 4$

共 $C_{3-1}^{4+3-1} = C_2^6$ 有種

故共有 $C_{m-1}^{n+m-1} = C_{m-1}^{n+m-1}$ 種

(2)令 $y_i = x_i - 1$

其原式：$y_1 + y_2 + \cdots + y_m = n - m$（$n \geq m$）：

y_i 之非負整數解即為 x_i 之正整數解

共有 $C_{m-1}^{n-m+m-1} = C_{m-1}^{n-1} = C_{n-m}^{n-1}$

(3)x_i 中恰有 k 個為 0，則其餘 $m - k$ 個為正整數由(2)可得共有 $C_k^m C_{m-k-1}^{n-1}$

例題 12：Determine the number of integer solutions to $x_1 + x_2 + x_3 + x_4 = 19$ where $-5 \leq x_i \leq 10$ for all $1 \leq x_i \leq 4$. 【99 暨南資工】

解

Let $y_i = x_i + 5 \Rightarrow 0 \leq y_i \leq 15$, for all $1 \leq i \leq 4$, then, $y_1 + y_2 + y_3 + y_4 = 39$.

Let E_i; $i = 1, 2, 3, 4$ represents the event that $0 \leq y_i \leq 15$, then it is equivalent to finding

$n(E_1 \cap E_2 \cap E_3 \cap E_4) = n(S) - n(\overline{E_1} \cup \overline{E_2} \cup \overline{E_3} \cup \overline{E_4})$

$= \binom{39+4-1}{39} - 4 \times \binom{23+4-1}{23} + \binom{4}{2}\binom{7+4-1}{7}$

例題 13：If a fair die is rolled 12 times, what is the probability that the sum of the rolls is 30? 【99 暨南資工】

解 $x_1 + x_2 + \cdots + x_{12} = 30$, where $1 \le x_i \le 6$ for all $1 \le i \le 12$.

Let $y_i = x_i - 1 \Rightarrow 0 \le y_i \le 5$, $y_1 + \cdots + y_{12} = 18$.

Let E_i; $i = 1, 2, \cdots, 12$ represents the event that $0 \le y_i \le 5$, then it is equivalent to finding

$$n(E_1 \cap E_2 \cap \cdots \cap E_{12}) = n(s) - n(\overline{E}_1 \cup \overline{E}_2 \cup \cdots \cup \overline{E}_{12})$$

$$= \binom{18+12-1}{18} - 12 \times \binom{12+12-1}{12} + \binom{12}{2}\binom{6+12-1}{6}$$

$$- \binom{12}{3}\binom{0+12-1}{0}$$

故機率為：

$$\frac{\binom{18+12-1}{18} - 12 \times \binom{12+12-1}{12} + \binom{12}{2}\binom{6+12-1}{6} - \binom{12}{3}\binom{0+12-1}{0}}{6^{12}}$$

1-3 機率之要素

定義：樣本空間（Sample space）

進行隨機試驗（Random Experiment），所有可能的試驗結果（Outcomes）所形成之集合，稱為此試驗之樣本空間，通常以符號 S 或 Ω 表示

觀念提示：隨機試驗意指可重複執行且其結果無法被肯定地預測出來之試驗

說例：1. 新生兒之性別　$S = \{boy, girl\}$

　　　2. 丟擲一銅板　$S = \{\text{正，反}\}$

　　　3. 雜訊之電壓　$S = \{-\infty, +\infty\}$

觀念提示：1. S 中所有可能之結果所成之集合即為 1-1 節中的宇集合（Universal set），故每個可能之結果即為元素（Element）

　　　　　2. S 中之元素可能為有限可數、無限可數，亦可能是無限不

可數。凡是可數的樣本空間稱為離散樣本空間（Discrete sample space），不可數的樣本間則稱為連續樣本空間（Continuous sample space）

定義：事件（Event）

Any subset of the sample space

觀念提示：1. 若 E 為 event $\Rightarrow E \subset S$

2. $P(E)$ 代表事件 E 發生之機率，若 S 中之每個元素發生之機會均等，則 $P(E)$ 即為 E 中元素個數與 S 中元素個數之比值

例題 14：箱中含有 6 顆白球 5 顆黑球，隨機抽取 2 顆（取出不放回）

若 E 代表一顆白球一顆黑球的事件

若 F 代表二顆均為白球之事件

求 $P(E), P(F)$

解　Sample Space 中共有 $\binom{11}{2} = 55$ 個元素

E 中共有 $\binom{6}{1}\binom{5}{1} = 30$ 個元素

F 中共有 $\binom{6}{2} = 15$ 個元素

故 $P(E) = \dfrac{30}{55} = \dfrac{6}{11}$

$P(F) = \dfrac{15}{55} = \dfrac{3}{11}$

說例：1. 若 S 代表雜訊之可能電壓 $\Rightarrow S = (-\infty, \infty)$

E 代表電壓介於 $0 \sim 5$ V 之事件 $\Rightarrow E = (0, 5) \subset S$

F 代表電壓介於 $2 \sim 10$ V 之事件 $\Rightarrow F = (2, 10) \subset S$

$\Rightarrow E \cap F = (2, 5)$

$E \cup F = (0, 10)$

2. 若 S 代表新生兒之性別

E 代表女生之性別

F 代表男生之性別

$E \cup F = S$，$E^c = F$，$F^c = E$

$E \cap F = \phi$

稱 E and F Disjoint

定義：Event Space

Mutually exclusive set of events

定義：機率測度（Probability Measure, $P[.]$）

$P[.]$ 為一函數，將 sample space 中之 event 映射至實數值

觀念提示：Sample space, Event, Probability measure 為構成機率理論的三

大要素

機率的三大公設：

(1) $0 \le P(E) \le 1$

Event E 發生之機率介於 $[0, 1]$ 之間

(2) $P(S) = 1$

with probability 1, the outcome will be a member of the Sample

space

(3) 若 $E_i E_j = \phi$；$\forall i = j$（mutually exclusive），則 $P(\bigcup_{i=1}^{n} E_i) = \sum_{i=1}^{n} P(E_i)$

$E_1, \cdots E_n$ 中至少有一事件發生之機率 = 各事件發生之機率和

定理 1-12：若 E 與 F 為 S 中之任二事件，則

(1) $P(E) = 1 - P(E^c)$

(2) $P(E^c \cap F) = P(F) - P(E \cap F)$

(3) $P(E \cup F) = P(E) + P(F) - P(E \cap F)$

證明：(1) $\because S = E \cup E^c$ 且 E 與 E^c mutually exclusive

$\therefore P(S) = P(E \cup E^c) = P(E) + P(E^c) = 1$

$\therefore P(E) = 1 - P(E^c)$

(2)由於 $F = (EF) \cup (E^cF)$，且 EF 與 E^cF 互斥

$\therefore P(F) = P(EF) + P(E^cF)$

$\Rightarrow P(E^cF) = P(F) - P(EF)$

(3)同上，由於 $E \cup F = E \cup (E^c \cap F)$，且 E 與 E^cF 互斥

$\therefore P(E \cup F) = P(E \cup (E^c \cap F))$

$\qquad\qquad = P(E) + P(E^cF)$

$\qquad\qquad = P(E) + P(F) - P(EF)$

例題 15：Among 33 students in a class 17 of them earned A's on the midterm exam, 14 earned A's on the final exam, and 11 did not earn A's on either examination. What is the probability that a randomly selected student from this class earned an A on both exams?

【100 成大電通】

解

$P(AB) = P(A) + P(B) - P(A \cup B)$

$\qquad = \dfrac{17}{33} + \dfrac{14}{33} - \left(1 - \dfrac{11}{33}\right)$

例題 16：Drop 4 balls into 3 boxes randomly. What is the probability that no box is empty?　【清大應數】

解

（法一）

$\therefore \dfrac{3^4 - 3 - \binom{3}{1}(2^4 - 2)}{3^4} = \dfrac{4}{9}$

（法二）$\dfrac{C_2^4 3!}{3^4}$ 先選兩球，綁在一起再排列

例題 17：Suppose that from a box containing D defective and N-D nondefective items，n $(\leq D)$ are drawn one-by-one，of random and without replacement，prove that Pr(the kth item drawn is defective) equals $\dfrac{D}{N}$　　　　　　　　　　　　　　【90 成大通訊】

解　$n\ (S) = P_n^N$

$n\ (k\text{ th item drawn is defective}) = P_1^D\, P_{n-1}^{N-1}$

$\dfrac{P_1^D\, P_{n-1}^{N-1}}{P_n^N} = \dfrac{D}{N}$

例題 18：Suppose n cards marked 1, 2, $\cdots$, n are laid out in a row at random. Let A be the event that card 1 appears in the first position and let B be the event that card 2 appears in the second position. Find $P\ (A \cup B) = ?$　　　　　　　　　　　　　　【86 交大電子】

解　$P\ (A \cup B) = P\ (A) + P\ (B) - P\ (AB)$

$P\ (A) = \dfrac{(n-1)!}{n!} = P(B)$

$P\ (AB) = \dfrac{(n-2)!}{n!}$

例題 19：長度為 1 之橫棒隨意折成 3 折後，可圍成三角形之機率
　　　　　　　　　　　　　　　　　　　　　　　【交大資訊】

解　若斷點為 a, b，則 S 為

$S：\{(a, b)\mid 0 < a < b < 1\}$

三段長度為 a，$b - a$，$1 - b$，故可為成三角形之條件為

$(1)\, a + b - a > 1 - b \Rightarrow b > \dfrac{1}{2}$

$(2)\, b - a + (1 - b) > a \Rightarrow a < \dfrac{1}{2}$

$(3) a+(1-b) > b-a \Rightarrow b-a < \dfrac{1}{2}$

利用圖形法可得機率為 1/4

例題 20：6 男 4 女參加考試，求女生得前 4 名之機率？

解　S 代表所有可能的名次排列方式，故共有 10! 種可能性，女生得前 4 名，男生由第五至第十名，故共有 4! 6! 種可能性

∴ 機率為：

$$\dfrac{4! \, 6!}{10!} = \dfrac{1}{210}$$

例題 21：某教室共有 n 個學生，求每個人生日均不同之機率？（一年以 365 天計算）

解　所有可能的生日情形為 365^n，n 個人生日均不同，共有：

$$\binom{365}{1}\binom{364}{1}\cdots\binom{365-n+1}{1} = \dfrac{365!}{(365-n)!} = P_n^{365}$$

故機率為：$\dfrac{P_n^{365}}{(365)^n}$

例題 22：6 男 9 女將籌組一 5 人之陪審團，求此陪審團共有 3 男 2 女之機率？

解　15 人中挑選 5 人出來共有 $\binom{15}{5}$ 種方式

此 5 人中有 3 人從 6 個男人中挑出，2 女從 9 女挑出共有 $\binom{6}{3}\binom{9}{2}$ 種方式

故機率為 $\dfrac{\dbinom{6}{3}\dbinom{9}{2}}{\dbinom{15}{5}}$

例題 23：某 NBA 球隊共有 6 黑人 6 白人，將配對分配住宿 6 間雙人房，求無任何黑人與白人成為室友之機率？

解　12 人配對成 6 組共有 $\dfrac{\dbinom{12}{2}\dbinom{10}{2}\dbinom{8}{2}\dbinom{6}{2}\dbinom{4}{2}\dbinom{2}{2}}{6!}=\dfrac{12!}{2^6 6!}$ 種可能

其中除以 6! 之原因為不排列。將 6 個黑人分成 3 組，6 個白人也分成 3 組，共有 $\left[\dfrac{\dbinom{6}{2}\dbinom{4}{2}\dbinom{2}{2}}{3!}\right]^2=\left(\dfrac{6!}{2^3 3!}\right)^2=225$

故機率為 $\dfrac{225}{\dfrac{12!}{2^6 6!}}=\dfrac{5}{231}$

例題 24：A drawer contains eight pairs of socks. If six socks are taken at random and without replacement, compute the probability that there is at least one matching pair among these six socks.

【95 清大資訊】

解　$1-\dfrac{\dbinom{8}{6}2^6}{\dbinom{16}{6}}$

例題 25：男女相約於下午 5～6 點在公園見面，若男生先到應等 30 分鐘。反之，若女生先到則不必等，求兩人相遇之機率？

解 令男生於五點 x 分抵達

女生於五點 y 分抵達

若男女相遇必須滿足

$0 \leq y - x \leq 30$

利用圖 1-7 輔助知所求機率即為斜線

部分面

積佔總面積之比率 $\dfrac{1800 - 450}{60^2} = \dfrac{3}{8}$

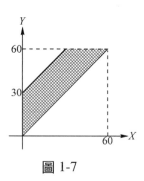

圖 1-7

例題 26：Show that for arbitrary events $A_1, \cdots, A_n$, the following inequality holds：$P(A_1 A_2 \cdots A_n) \geq 1 - \sum\limits_{i=1}^{n} P(A_i^c)$, where A_i^c denotes the complement of A_i. 【中央統計】

解 $P(A_1 \cdots A_n) = 1 - P[(A_1 A_2 \cdots A_n)^c] = 1 - P(\bigcup\limits_{i=1}^{n} A_i^c)$

$\because P(\bigcup\limits_{i=1}^{n} A_i^c) \leq \sum\limits_{i=1}^{n} P(A_i^c)$

$\therefore P(A_1 \cdots A_n) \geq 1 - \sum\limits_{i=1}^{n} P(A_i^c)$

例題 27：設擲骰子贏香腸之機率為 p，由甲先擲若輸了則換由乙來擲，依次互換至分出勝負為止，求甲贏之機率？

解 甲可能在第 1 次，3 次，5 次，⋯贏

$\because P(\text{甲贏}) = \sum\limits_{n=0}^{\infty} P(\text{甲在第}(2n+1)\text{次贏})$

$= \sum\limits_{n=0}^{\infty} (1-p)^{2n} p$

$= p \dfrac{1}{1 - (1-p)^2}$

$= \dfrac{1}{2 - p}$

例題 28：擲 3 個骰子，求恰有 2 個點數相同之機率

解　二個點數相同共 $C_2^3 = 3$

相同點數可能為 $C_1^6 = 6$

剩餘骰子之點數 $C_1^5 = 5$

$$\frac{3 \times 6 \times 5}{6 \times 6 \times 6} = \frac{5}{12}$$

例題 29：根據經驗某航空公司之網路預訂機位乘客有 10% 不會出現，該公司將 50 個座位賣出 52 張票，則實際出現之乘客皆有座位之機率？

解　P（人人皆有座位）$= 1 - P$（52 人皆出現）$- P$（51 人出現）

$$= 1 - (0.9)^{52} - C_1^{52}(0.9)^{51}(0.1)^1$$

1-4　條件機率與貝氏定理

定義：E, F 為 Sample Space 中任兩事件，則

$$P(E|F) = \frac{P(EF)}{P(F)}$$

代表在已知事件 F 發生之條件下，事件 E 發生之機率

例題 30：擲一公平骰子兩次，求在第一次擲兩點之條件下，兩次共擲六點之機率

解　在已知第一次擲兩點的條件下 Sample Space 縮小為

(2, 1)　(2, 2)　(2, 3)　(2, 4)　(2, 5)　(2, 6)

兩次共擲六點只剩(2, 4)一種可能性，故其條件機率為 $\dfrac{1}{6}$

令 F：第一次擲兩點 $\Rightarrow P(F) = \dfrac{1}{6}$

　E：兩次共擲六點

$\Rightarrow P\,(E|F) = \dfrac{P(EF)}{P(F)} = \dfrac{\frac{1}{36}}{\frac{1}{6}} = \dfrac{1}{6}$

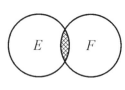

圖 1-8

觀念提示：　1. 顯然的在條件機率中事件 F 變成新的 sample space 故僅要
　　　　　　　考慮事件 E，在 F 中的元素相對於 F 之比值

　　　　　　2. 同理可得：

　　　　　　$P\,(E|F) = \dfrac{P(EF)}{P(F)}$

　　　　　　3. 由條件機率之定義可得：

　　　　　　$P\,(EF) = P\,(F|E)P\,(E) = P\,(E|F)P\,(F)$

定理 1-13：$P\,(E) = P\,(E|F)P\,(F) + P\,(E|F^c)(1 - P\,(F))$

證明：$E = EF \cup EF^c$，且 EF 與 EF^c 互斥
　　　$= P\,(E|F)P\,(F) + P\,(E|F^c)P\,(F^c)$

定理 1-14：全機率定理（Law of total Probability）

If $B_1, B_2, \cdots B_m$ is an event space，則 $P(A) = \displaystyle\sum_{i=1}^{m} P\,(A\,|\,B_i)P\,(B_i)$.

證明：$A = AB_1 \cup AB_2 \cup \cdots \cup AB_m$，且 $AB_1, \cdots AB_m$ Mutually exclusive

　　　$\therefore P(A) = \displaystyle\sum_{i=1}^{m} P(AB_i) = \sum_{i=1}^{m} P(A|B_i)\,P(B_i)$

　　　由定理 1-13 及 1-14 可得

定理 1-15：貝氏定理

$$P\left(B_i|A\right) = \frac{P(A\,|\,B_i)\,P(B_i)}{P(A)} = \frac{P(A\,|\,B_i)\,P(B_i)}{\sum\limits_{i=1}^{m} P(A\,|\,B_i)\,P(B_i)}$$

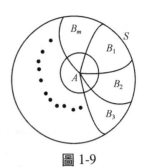

圖 1-9

例題 31：箱中有 8 顆藍球，7 顆白球，5 顆紅球，連取 3 次，求依次
取出藍、白、紅球之機率：

(1) with replacement.

(2) without replacement.

解　令 A：第一次取出藍球之事件

　　B：第二次取出白球之事件

　　C：第三次取出紅球之事件

則本題即為求 $P\left(A \cap B \cap C\right)$

$P\left(A \cap B \cap C\right) = P(A)P\left(B|A\right)P\left(C|A \cap B\right)$

(1)$P\left(A \cap B \cap C\right) = \dfrac{8}{20} \times \dfrac{7}{20} \times \dfrac{5}{20}$

(2)$P\left(A \cap B \cap C\right) = \dfrac{8}{20} \times \dfrac{7}{19} \times \dfrac{5}{18}$

例題 32：在 A 袋中有 3 顆藍球，5 顆白球，在 B 袋中有 2 顆藍球，1
顆白球及 2 顆紅球

　　先任選一袋，而後由該袋中任取一球，求抽中藍球之機率？

解　　繪出樹狀圖（Tree diagram），有助於
　　　解題

$P(\text{blue}) = P(\text{blue} \cap A) + P(\text{blue} \cap B)$

$\qquad = P(\text{blue}|A)P(A) + P(\text{blue}|B)P(B)$

$\qquad = \dfrac{8}{3} \times \dfrac{1}{2} + \dfrac{2}{5} \times \dfrac{1}{2}$

$\qquad = \dfrac{31}{80}$

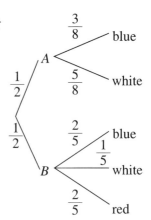

例題 33：學生回答一選擇題，他知道答案的機率為 p，猜答案之機率
　　　　為 $(1-p)$，他猜答案而且猜對之機率為 q，求該學生答對的
　　　　條件下，他確實知道答案而非猜對的機率？

解　　令 A：學生答對之事件

　　　　B：學生知道答案之事件

　　　則本題即在求 $P(B|A)$

$P(B|A) = \dfrac{P(AB)}{P(A)} = \dfrac{P(A|B)P(B)}{P(A|B)P(B) + P(A|B^c)P(B^c)}$

$\qquad = \dfrac{1 \cdot p}{1 \cdot q + q(1-p)} = \dfrac{p}{p + q(1-p)}$

例題 34：某人上班途中需經過兩個紅綠燈，第一個交通號誌為紅燈
　　　　或綠燈之機會均等，但第二個交通號誌與第一個相同之機
　　　　率為 0.8，求：

　　　　(1)第 2 個交通號誌為綠燈之機率？

　　　　(2)至少要等一個紅綠燈之機率？

　　　　(3)在第 2 個號誌為紅燈之條件下，第一個為綠燈之機率？

解　先畫出樹狀圖幫助求解：

其中 G_i，R_i 分別代表第 i 個號誌為綠燈及紅燈之

令 W 代表等待的事件，則

(1)$P(G_2) = P(G_1 G_2 \cup R_1 G_2)$

$\qquad = P(G_1 G_2) + P(R_1 G_2)$

$\qquad = 0.8 \times 0.5 + 0.2 \times 0.5$

$\qquad = 0.5$

(2)$P(W) = P(R_1 G_2 \cup G_1 R_2 \cup R_1 R_2)$

$\qquad = P(R_1 G_2) + P(G_1 R_2) + P(R_1 R_2)$

$\qquad = P(G_2|R_1)P(R_1) + P(R_2|G_1)P(G_1) + P(R_2|R_1)P(R_1)$

$\qquad = 0.2 \times 0.5 + 0.2 \times 0.5 + 0.8 \times 0.5 = 0.6$

另解　$P(W) = 1 - P(W^c) = 1 - P(G_1 G_2)$

$\qquad = 1 - P(G_2|G_1)P(G_1) = 1 - 0.8 \times 0.5 = 0.6$

(3)$P(G_1|R_2) = \dfrac{P(G_1 R_2)}{P(R_2)} = \dfrac{P(R_2|G_1)P(G_1)}{P(R_2|G_1)P(G_1) + P(R_2|R_1)P(R_1)}$

$\qquad = \dfrac{0.2 \times 0.5}{0.2 \times 0.5 + 0.8 \times 0.5} = \dfrac{0.1}{0.1 + 0.4} = 0.2$

例題 35：Suppose that several relevant probability measure of the current quick test for H1N1 virus are known as follows: if a person is infected by H1N1, the test result is positive with probability 0.8. On the other hand, if the person doesn't receive HIN1, the test result is negative with probability 0.9. However, given a person just tested positive, the probability that the person is currently infected by H1N1 is only 0.6. What is the probability that a person randomly drawn from the population is currently infected by H1N1?

【99 台聯大】

解　Let event A: a person infected by H1N1, assume $P(A) = p$

$$P\,(A|+) = 0.6 = \frac{P(+\,|A)P(A)}{P(+)} = \frac{P(+\,|A)P(A)}{P(+\,|A)P(A) + P(+\,|\overline{A})P(\overline{A})}$$

$$= \frac{0.8p}{0.8p + 0.1(1-p)}$$

$$\Rightarrow p = \frac{3}{19}$$

例題 36：There are three types of animals in a laboratory: 15 type I, 13 type II, and 12 type III. Animals of type I react to a particular stimulus in 5 seconds, animals of types II and III react to the same stimulus in 4.5 and 6.2 seconds, respectively. A psychologist selects 10 of these animals at random and finds that exactly four of them react to this stimulus in 6.2 seconds. What is the probability that at least two of them react to the same stimulus in 4.5 seconds?

【96 成大電通乙】

解

Let X: type 1, Y: type 2, Z: type 3,

$$P\,(Y \geq 2|X+Y=6) = 1 - P\,(Y=0, X=6) - P\,(Y=1, X=5)$$

$$= 1 - \frac{\binom{15}{6}\binom{12}{4}}{\binom{28}{6}\binom{12}{4}} - \frac{\binom{15}{5}\binom{12}{4}\binom{13}{1}}{\binom{28}{6}\binom{12}{4}}$$

例題 37：調查某一電視節目之收視率發現：已婚夫婦中先生收看此節目之機率為 0.5，太太收看此節目之機率為 0.4. 在太太收看此節目之條件下，先生收看此節目之機率為 0.7. 試問：

(1)夫婦同時收看此節目之機率

(2)在先生收看此節目之條件下，太太收看此節目之機率

(3)夫婦中至少有一人收看此節目之機率

解 令 W 代表 Wife，H 代表 Husband

(1)$P(WH) = P(W)P(H|W) = 0.4 \times 0.7 = 0.28$

(2)$P(W|H) = \dfrac{P(WH)}{P(H)} = \dfrac{0.28}{0.5} = 0.56$

(3)$P(W \cup H) = P(W) + P(H) - P(WH) = 0.5 + 0.4 - 0.28 = 0.62$

例題 38：設某工廠有 A, B, C 3 條 IC 生產線，其產量分別佔總量之 25%、35%及 40%。其產品中壞的機率分別佔 5%、4%、2% 任取一 IC 發現是壞的，問其來自 A, B, C 之機率分別為何？

解 $P(A) = 0.25$，$P(B) = 0.35$，$P(C) = 0.4$

今 F 代表IC是壞的 $\Rightarrow P(F|A) = 0.05, P(F|B) = 0.04, P(F|C) = 0.02$

$$P(A|F) = \frac{P(AF)}{P(F)} = \frac{P(F|A)P(A)}{P(F|A)P(A) + P(F|B)P(B) + P(F|C)P(C)}$$
$$= \frac{0.05 \times 0.25}{0.25 \times 0.05 + 0.35 \times 0.04 + 0.4 \times 0.02} = 0.362$$

$$P(B|F) = \frac{P(F|B)P(B)}{P(F)} = \frac{0.35 \times 0.04}{0.0345} = 0.406$$

$$P(C|F) = \frac{P(F|C)P(C)}{P(F)} = 0.232$$

例題 39：某班男女生人數相同，其中 10%之男生及 5%女生近視，任意選出一位近視者，其為男生之機率為何？

解 Let：B：近視之事件

M：男生之事件

F：女生之事件

$$\Rightarrow P(M|B) = \frac{P(MB)}{P(B)} = \frac{P(MB)}{P(BM) + P(BM^c)} = \frac{\dfrac{1}{2} \times 0.1}{\dfrac{1}{2} \times 0.1 + \dfrac{1}{2} \times 0.05} = \frac{2}{3}$$

例題 40：A 袋中有 2 紅球 1 黑球，B 袋中有 1 紅球 5 黑球，從 A 袋中取出一球放入 B 袋中，再從 B 袋中取出一球，結果為紅球，則從 A 袋中取出之球為紅球之機率？

解　　　Let：AR：從 A 袋中取出紅球之事件

AB：從 A 袋中取出黑球之事件

BR：從 B 袋中取出紅球之事件

$$\Rightarrow P\,(AR|BR) = \frac{P(BR\,|\,AR)\,P(AR)}{P(BR\,|\,AR)P(AR) + P(BR\,|\,AB)\,P(AB)}$$

$$= \frac{\dfrac{2}{7} \times \dfrac{2}{3}}{\dfrac{2}{7} \times \dfrac{2}{3} + \dfrac{1}{7} \times \dfrac{1}{3}} = \frac{4}{5}$$

例題 41：某袋中有 1 個白球，m 個黑球，隨意取出一球後放回，同時加入 k 個和剛才取出球同色的球後，最後再取出一球，結果為黑球，求第一個球為白球之機率？

解　　　Let：W：第一球為白球之事件

B：第一球為黑球之事件

b：第二球為黑球之事件

$$\Rightarrow P\,(W|b) = \frac{P(Wb)}{P(b)} = \frac{P(Wb)}{P(Wb) + P(Bb)}$$

$$= \frac{P(b\,|\,W)P(W)}{P(b\,|\,W)P(W) + P(b\,|\,B)\,P(B)}$$

$$= \frac{\dfrac{m}{k+l+m} \times \dfrac{l}{l+m}}{\dfrac{m}{k+l+m} \times \dfrac{l}{l+m} + \dfrac{k+m}{l+m} \times \dfrac{m}{l+m}}$$

$$= \frac{ml}{ml + (k+m) \times m}$$

$$= \frac{l}{k+m+l}$$

例題 42：Suppose a certain drug test is 99% sensitive and 99% specific, that is, the test will correctly identify a drug user as testing postitive 99% of the time, and will correctly identify a non-user as testing negative 99% of the time. A corporation decides to test its employees for opium use, and 0.5% of the employees use the drug. Given a positive drug test, what is the probability that an employee is actually a drug user? 【98 台聯大】

 Let event A: drug user, B: positive drug test

$$P(A|B) = \frac{P(B|A)P(A)}{P(B|A)P(A) + P(B|\overline{A})P(\overline{A})}$$
$$= \frac{0.99 \times 0.005}{0.99 \times 0.005 + 0.01 \times 0.995}$$

例題 43：The simplest error detection scheme used in data communication is parity checking. Usually messages sent consist of characters, each character consisting of a number of bits (a bit is the smallest unit of information and is either 1 or 0). In parity checking, a 1 or 0 is appended to the end of each character at the transmitter to make the total number of 1's even. The receiver checks the number of 1's in every character received, and if the result is odd it signals an error. Suppose that each bit is received correctly with probability 0.999, independently of other bits. What is the probability that a 7-bit character is received in error, but the error is not detected by the parity check? 【96 成大通訊】

 Error can not be detected provided that the number of error bits is even.

Let events A: received in error

B: the error is not detected

$$P(B|A) = \frac{P(AB)}{P(A)}$$

$$= \frac{\binom{7}{2}(0.001)^2(0.999)^5 + \binom{7}{4}(0.001)^4(0.999)^3 + \binom{7}{6}(0.001)^6(0.999)}{1 - (0.999)^7}$$

例題 44：某家庭有 2 個小孩，則在

(1)最大的是男孩

(2)至少有一個是男孩

的條件下，兩個都是男孩之機率

解　令 A：最大的是男孩之事件

　　B：兩個均是男孩之事件

　　C：至少有一個是男孩之事件

　　D：兩個均是女孩之事件

(1)$P(B|A) = \frac{P(AB)}{P(A)} = \frac{P(B)}{P(A)} = \frac{\frac{1}{4}}{\frac{1}{2}} = \frac{1}{2}$

(2)$P(B|C) = \frac{P(BC)}{P(C)} = \frac{P(B)}{P(C)}$

　　$P(C) = 1 - P(D) = 1 - \frac{1}{4} = \frac{3}{4}$

代入上式可得

$$P(B|C) = \frac{\frac{1}{4}}{\frac{3}{4}} = \frac{1}{3}$$

例題 45：Consider the game of throwing a fair dice times. Find the following probabilities.

(a)The probability that the sixth-point occurs three times during the five trials.

(b)The sixth-point occurs one time in the first trial given that the sixth-point occurs three times during the five trials.

【100 北科大電腦與通訊】

解　(a)$\binom{5}{3}\left(\frac{1}{6}\right)^3\left(\frac{5}{6}\right)^2$

(b)$\dfrac{\binom{4}{2}\left(\frac{1}{6}\right)^3\left(\frac{5}{6}\right)^2}{\binom{5}{3}\left(\frac{1}{6}\right)^3\left(\frac{5}{6}\right)^2}$

例題 46：Adam and three of his friends are playing bridge

(a)If, holding a certain hand, Adam announces that he has a king, what is the probability that he has one more king?

(b)If, for some other hand, Adam announces that he has the king of diamonds, what is the probability that he has at least one more king?

【95 成大通訊】

解　(a)$\dfrac{\binom{4}{2}\binom{48}{11}+\binom{4}{3}\binom{48}{10}+\binom{4}{4}\binom{48}{9}}{\binom{4}{1}\binom{51}{12}}$

(b)$\dfrac{\binom{3}{1}\binom{48}{11}+\binom{3}{2}\binom{48}{10}+\binom{3}{3}\binom{48}{9}}{\binom{51}{12}}$

例題 47：Consider a ternary communication system, the input symbols -1, 0, 1 occurs with probability 1/4, 1/2, and 1/4, respectively. Due to the channel

$P(\text{output }"-1"|\text{input }"-1")=1-\varepsilon$

$P(\text{output } "-1" | \text{input } "1") = \varepsilon$

$P(\text{output } "0" | \text{input } "-1") = \varepsilon$

$P(\text{output } "0" | \text{input } "0") = 1 - \varepsilon$

$P(\text{output } "1" | \text{input } "0") = \varepsilon$

$P(\text{output } "1" | \text{input } "1") = 1 - \varepsilon$

(a)Find the probabilities of the output symbols

(b)Assume that a 0 is observed at the output. What is the probability that the input symbols was -1, 0, 1, respectively?

【98 台北大通訊】

解 (a)$P(-1) = \dfrac{1}{4}(1 - \varepsilon) + \dfrac{1}{4}\varepsilon$

$P(0) = \dfrac{1}{2}(1 - \varepsilon) + \dfrac{1}{4}\varepsilon$

$P(+1) = \dfrac{1}{4}(1 - \varepsilon) + \dfrac{1}{2}\varepsilon$

(b)$P(-1|0) = \dfrac{\dfrac{1}{4}\varepsilon}{\dfrac{1}{2}(1 - \varepsilon) + \dfrac{1}{4}\varepsilon}$

$P(0|0) = \dfrac{\dfrac{1}{2}(1 - \varepsilon)}{\dfrac{1}{2}(1 - \varepsilon) + \dfrac{1}{4}\varepsilon}$

$P(1|0) = 0$

1-5　獨立事件

定義：E, F 為 Sample Space 中的任兩件事，若

$$P(E|F) = P(E) \text{或} P(F|E) = P(F)$$

則稱 E, F 為獨立事件（Independent events）

觀念提示： 1. 由定義可知，若 E, F 為獨立事件則在 event F 發生之條件下 event E 發生之機率將不受任何影響，換言之，F 發生之機率亦將不受 E 發生的條件之影響

2. 由定義可得，若 E, F 獨立，則

$$P\left(E|F\right) = \frac{P(EF)}{P(F)} = P(E) \Rightarrow P(EF) = P(E)P(F)$$

定理 1-16

若 E, F 為獨立事件則 E^C 與 F 亦為獨立，E 與 F^C 亦為獨立事件

證明： $P\left(E^c F\right) = P(F) - P(EF) = P(F) - P(E) P(F)$
$$= [1 - P(E)]P(F) = P\left(E^c\right)P\left(F\right)$$
$$P\left(EF^c\right) = P(E) - P(EF) = P(E) - P(E)P(F) = P(E)[1 - P(F)]$$
$$= P(E)P(F^c)$$

觀念提示：E, F disjoint $(E \cap F = \phi)$ 與 E, F independent $(P(EF) = P(E)P(F))$ 不可混為一談

定義：A, B, C 為 Sample Space 中之任三事件，若 A, B, C 為獨立事件，則必須滿足下列四式

(1) $P\left(A \cap B \cap C\right) = P\left(A\right) P\left(B\right) P\left(C\right)$

(2) $P\left(AB\right) = P\left(A\right)P\left(B\right)$

(3) $P\left(BC\right) = P\left(B\right)P\left(C\right)$

(4) $P\left(AC\right) = P\left(A\right)P\left(C\right)$

定理 1-17

若 A, B, C 為獨立事件，則 A^C, B, C 亦為獨立事件

證明： $P\left(A^c \cap B \cap C\right) = P\left(B \cap C\right) - P\left(A \cap B \cap C\right)$
$$= P(B)P(C) - P(A)P(B)P(C)$$

$$= [1 - P(A)]P(B)P(C) = P(A^c)P(B)P(C)$$

觀念提示：同理可證明：(A, B^c, C)，(A, B, C^c)，(A^c, B^c, C)，(A^c, B, C^c)，(A, B^c, C^c)，(A, B^c, C^c)，(A^c, B^c, C^c)均為獨立事件。

定理 1-18

If A, B, C are independent, then A will be independent of $B \cup C$

證明：
$$P(A(B \cup C)) = P(AB \cup AC)$$
$$= P(AB) + P(AC) - P(ABC)$$
$$= P(A)P(B) + P(A)P(C) - P(A)P(BC)$$
$$= P(A)[P(B) + P(C) - P(BC)]$$
$$= P(A)P(B \cup C)$$

例題 48：Let A, B are two events

(1) if $P(A) = 1$ and $P(B) = 1$，calculate $P(AB)$

(2) if $P(B) = 0$，calculate $P(AB)$

(3) if A is independent of itself, calculate $P(A)$【90 台大電信】

解　(1) $1 = P(A) \leq P(A \cup B) \leq 1$

$\Rightarrow P(A \cup B) = 1$

$P(AB) = P(A) + P(B) - P(A \cup B) = 1 + 1 - 1 = 1$

(2) $0 = P(B) \geq P(AB) \Rightarrow P(AB) = 0$

(3) $P(A \cap A) = P(A) = [P(A)]^2$

所以 $P(A)[1 - P(A)] = 0 \Rightarrow P(A) = 0$ or 1

例題 49：從一副撲克牌隨意抽取一張牌，若 E 代表抽出之牌為 Ace 之事件，F 代表抽出之牌為紅心之事件，試問 E, F 是否獨立？

解 　　$P(E) = \dfrac{1}{13}$　$P(F) = \dfrac{1}{4}$　$P(EF) = \dfrac{1}{52}$

　　　$\therefore P(EF) = P(E)P(F)$　故 E, F 為獨立事件

觀念提示：1. 由 $P(E|F) = \dfrac{1}{13} = P(E)$ 或 $P(F|E) = \dfrac{1}{4} = P(F)$ 亦可驗證 E, F

　　　　　之獨立性

　　　　2. $P(F^c) = \dfrac{3}{4}$　$P(EF^c) = \dfrac{3}{52}$　$P(E)P(F^c) = \dfrac{1}{13} \times \dfrac{3}{4} = \dfrac{3}{52} = P(EF^c)$

　　　　　可得：E, F^c 亦為獨立事件

　　　　3. 由 $P(E|F^c) = \dfrac{3}{39} = \dfrac{1}{13} = P(E)$ 或 $P(F^c|E) = \dfrac{3}{4} = P(F^c)$ 亦可驗證

　　　　　E 與 F^c 之獨立性

　　　　4. 由以上之討論可得：

　　　　　若 E 與 F 為獨立事件，則 E 與 F^c 亦為獨立事件，同理可

　　　　　得 E 與 F，E^c 與 F^c 均為獨立事件

例題 50：擲兩個公平骰子，若 E 代表此二骰子點數和為 7 點，F 代表
　　　　此第一個骰子為 3 點，G 代表此第二個骰子為 4 點，試問：
　　　　(1)E, F 是否獨立？
　　　　(2)E, G 是否獨立？
　　　　(3)E, FG 是否獨立？

解 　　(1)E 包含了 $(1, 6)$，$(2, 5)$，$(3, 4)$，$(4, 3)$，$(5, 2)$，$(6, 1)$ 6 種情

　　　況，故 $P(E) = \dfrac{6}{36} = \dfrac{1}{6}$

　　　F 包含了 $(3, 1)$，$(3, 2)$，$\cdots\cdots$，$(3, 6)$ 6 種情況，故

　　　$P(F) = \dfrac{6}{36} = \dfrac{1}{6}$　$P(EF) = \dfrac{1}{36} = P(E)P(F)$　故 E, F 獨立

　　(2)G 包含了 $(1, 4)$，$(2, 4)$，$\cdots(6, 4)$ 6 種情況，故

　　　$P(G) = \dfrac{6}{36} = \dfrac{1}{6}$　$\therefore P(EG) = \dfrac{1}{36} = P(E)P(G) \Rightarrow E, G$ 為獨立

　　(3)$F \cap G$ 僅 $(3, 4)$ 一種情形，故 $P(FG) = \dfrac{1}{36}$

$P(E|FG) = 1 \neq P(E)$　$\therefore E$ is not independent of FG

例題 51：一並聯（Parallel）電路系統
如圖 1-10，其中每個開關之
運作獨立，且每個開關
「ON」之機率為 p_i；$i=1,$
$\cdots, n$，求訊號能由 A 點傳至
B 點之機率？

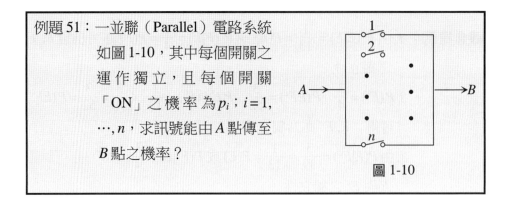

圖 1-10

解　　令 E 代表系統正常之事件

E_i 代表第 i 個開關正常（ON）之事件，則

$P(E) = 1 - P(E^c) = 1 - P(E_1^c E_2^c \cdots E_n^c) = 1 - P(E_1^c)\cdots P(E_n^c)$

$\qquad = 1 - \prod_{i=1}^{n}(1 - p_i)$

觀念提示：若每個開關「ON」之機率均為 p，則 $P(E) = 1 - (1-p)^n$

例題 52：圖 1-11 為一並聯與串聯
混合之電路系統，若每
個開關正常運作之機率
均為 p，求系統正常工作
之機率？

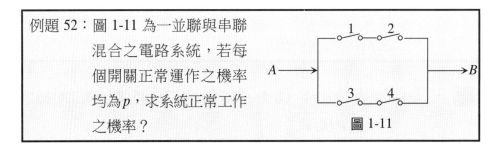

圖 1-11

解　　原系統等效於下圖

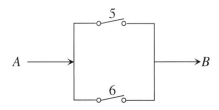

令 E 代表系統正常之事件

E_i 代表第 i 個開關正常之事件，則

$P(E_5) = P(E_1 E_2) = P(E_1) P(E_2) = p^2$

$P(E_6) = P(E_3 E_4) = P(E_3) P(E_4) = p^2$

$\therefore P(E) = 1 - P(E^c) = 1 - P(E_5^c E_6^c) = 1 - P(E_5^c) P(E_6^c)$

$\qquad = 1 - (1 - p^2)^2$

觀念提示：1.若開關為串聯，則系統正常之機率＝每個開關均正常之機率

$$P(E) = P(E_1 \cdots E_n) = \prod_{i=1}^{n} P(E_i)$$

2.若開關係為並聯，則系統正常之機率＝其中某個開關正常之機率

＝ $1 - P($ 所有開關均不正常 $)$

$P(E) = 1 - P(E^c) = 1 - P(E_1^c E_2^c \cdots E_n^c)$

$$\qquad = 1 - \prod_{i=1}^{n} P(E_i^c) = 1 - \prod_{i=1}^{n} [1 - P(E_i)]$$

例題 53：A, B 為二 events，令 $P(A) = 0.4$，$P(B) = p$，$P(A \cup B) = 0.7$

(1)若 A, B 為 mutually exclusive, $p = $?

(2)若 A, B 為 independent, $p = $?

解　(1)若 A, B mutually exclusive $\Leftrightarrow A \cap B = \phi$

$P(A \cup B) = P(A) + P(B) - P(AB) = P(A) + P(B)$

$\Rightarrow 0.7 = 0.4 + p \quad \Rightarrow p = 0.3$

(2) A, B independent

$P(A \cup B) = P(A) + P(B) - P(AB)$

$0.7 = 0.4 + p - 0.4p$

$\Rightarrow p = 0.5$

例題 54：$S = \{1, 2, 3, 4\}$ has equally-likely outcomes Events：
$A_1 = \{1, 2\}$，$A_2 = \{1, 3\}$，$A_3 = \{1, 4\}$問 A_1, A_2, A_3，之間是否獨立？

解

$A_1 \cap A_2 = A_1 \cap A_3 = A_2 \cap A_3 = \{1\}$，$A_1 \cap A_2 \cap A_3 = \{1\}$

$\therefore P(A_1 A_2) = P(A_1 A_3) = P(A_2 A_3) = P(A_1 A_2 A_3) = \dfrac{1}{4}$

$\because P(A_1)P(A_2) = \dfrac{1}{4} = P(A_1 A_2) \Rightarrow A_1, A_2$ independent

$P(A_1)P(A_3) = \dfrac{1}{4} = P(A_1 A_3) \Rightarrow A_1, A_3$ independent

$P(A_2)P(A_3) = \dfrac{1}{4} = P(A_2 A_3) \Rightarrow A_2, A_3$ independent

$P(A_1)P(A_2)P(A_3) = \dfrac{1}{2} \times \dfrac{1}{2} \times \dfrac{1}{2} = \dfrac{1}{8} \neq P(A_1, A_2, A_3) = \dfrac{1}{4}$

$\therefore A_1, A_2, A_3$，不獨立

例題 55：某電路有 6 個元件，每個元件獨立運作且壞掉之機率均為 q.若下列兩種情況均成立，則此電路可正常工作：
(1)元件 1, 2, 及 3 均正常工作，或是元件 4 正常工作
(2)元件 5 或是元件 6 正常工作
試問此電路能夠正常工作之機率

解

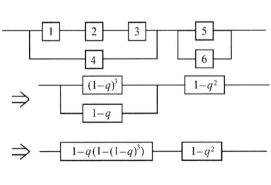

$\therefore P(W) = [1 - q(1 - (1 - q)^3)](1 - q^2)$

例題 56： A fair coin is tossed n times. Show that the events "at least two heads" and "one or two tails" are independent if $n = 3$, but are dependent if $n = 4$ 【92 台大電機】

解 A: at least two heads

B: one or two tails

(1)$n = 3$

$$P(A) = 1 - \left(\frac{1}{2}\right)^3 - 3 \times \left(\frac{1}{2}\right)^3 = \frac{1}{2}$$

$$P(B) = 3 \times \left(\frac{1}{2}\right)^3 + 3 \times \left(\frac{1}{2}\right)^3 = \frac{3}{4}$$

$$P(AB) = P(2 \text{ heads and one tails}) = 3 \times \left(\frac{1}{2}\right)^3 = \frac{3}{8}$$

$$= P(A)P(B)$$

A, B independent .

(2)$n = 4$

$$P(A) = 1 - \left(\frac{1}{2}\right)^4 - 4 \times \left(\frac{1}{2}\right)^4 = \frac{11}{16}$$

$$P(B) = 4 \times \left(\frac{1}{2}\right)^4 + 6 \times \left(\frac{1}{2}\right)^4 = \frac{5}{8}$$

$$P(AB) = P(2 \text{ heads } 2 \text{ tails}) + P(3 \text{ heads } 1 \text{ tail})$$

$$= 4 \times \left(\frac{1}{2}\right)^4 + 6 \times \left(\frac{1}{2}\right)^4 = \frac{5}{8}$$

$$\neq P(A)P(B)$$

$\therefore A, B$ not independent

例題 57： Assume that there are two events, A_1 and A_2 in a probability space S, satisfying $A_1 \cup A_2 = S$, and $A_1 \cap A_2 = \{\phi\}$. The probability of occurring A_1 and A_2 are equal. If another event $B \subset S$, satisfies $P(A_1|B) = 0.8$ and $P(B|A_2) = 0.1$, then

(1)$P(B|A_1) = ?$

$(2)P(B) = ?$

(3) Are A_2 and B mutually exclusive?

(4) Are A_2 and B independent?

【100 北科大電腦與通訊】

 (1), (2)

$$P(A_1B) = P(A_1|B)P(B) = 0.8P(B)$$

$$P(A_2B) = P(B|A_2)P(A_2) = 0.05$$

$$\Rightarrow P(B) = 0.8P(B) + 0.05 \Rightarrow P(B) = \frac{1}{4}$$

$$\Rightarrow P(B|A_1) = \frac{0.8P(B)}{0.5} = 0.4$$

(3) No

(4) No

例題 58：A binary (0 or 1) message transmitted through a noisy communi-cation channel is received incorrectly with probability ε_0 and ε_1, respectively. Errors in different symbol transmissions are inde-pendent.

(1) Suppose that the string of symbols '1011' is transmitted. What is the probability that all the symbols in the string are received correctly?

(2) In an effort to improve reliability, each symbol is transmitted three times and the received symbol is decoded by majority rule. In other words, a '0'(or '1') is transmitted as '000'(or '111', respec-tively) and it is decoded at the receiver as a '0'(or '1') if and only if the received three-symbol string contains at least two '0's (or '1's, respectively). What is the probability that a transmitted '0' is correctly decoded?

(3) Suppose that the channel source transmits a '0' with probability p and transmits a '1' with probability $(1-p)$, and that the scheme of part (2) is used. What is the probability that a '0' was transmitted given that the received string is '101'?　　【清大通訊】

解　(1) $\therefore P$（4 個符號 1011 均正確）

$$= (1-\varepsilon_1)^3(1-\varepsilon_0)$$

(2) $P(000|000) + P(001|000) + P(010|000) + P(100|000)$

$$= (1-\varepsilon_1)^3 + 3(1-\varepsilon_0)^2\varepsilon_0$$

(3) $P(101|000) = \varepsilon_0^2(1-\varepsilon_0)$

$P(101|111) = \varepsilon_1(1-\varepsilon_1)^2$

$P(101) = P(0)P(101|000) + P(1)P(101|111)$

$$= p\varepsilon_0^2(1-\varepsilon_0) + (1-p)\varepsilon_1(1-\varepsilon_1)^2$$

$\therefore P(000|101) = \dfrac{P(101|000)P(0)}{P(101)} = \dfrac{\varepsilon_0^2(1-\varepsilon_0)p}{p\varepsilon_0^2(1-\varepsilon_0) + (1-p)\varepsilon_1(1-\varepsilon_0)^2}$

精選練習

1. 圖 1-12 中每個開關 ON 的機率均為 p，且每個開關獨立運作，求訊號能從 A 傳到 B 之機率：

(1)

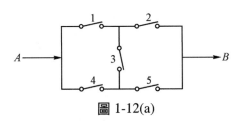

圖 1-12(a)

(2)

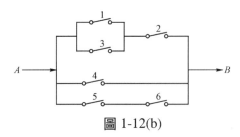

圖 1-12(b)

2. 氣象預報將每天溼度成分「乾燥」及「潮濕」兩類，假設相連兩天為相同溼度之機率為 p，第一天天氣為乾燥之機率為 β，第 n 天天氣為乾燥之機率為 β_n，利用 β，p 表 β_n 並求 $\lim_{n\to\infty} \beta_n = $?

3. 三個盒子包含紅，白，藍三色球其個數分配如下表
先任取一盒，再從盒中任取一球，此球為 blue，求此球來自第三盒之機率？

球＼盒子	1	2	3
red	3	2	4
white	2	4	3
blue	4	3	2

4. A, B 二台機器，已知 A 機器製造出不良品之機率為 2%，而 B 機器為 5%，B 機器生產出 7 個產品所需之時間與 A 機器生產 5 個產品所需時間相同，當產品完成後立即混合在一起：

(1) Find the conditional probability that a product is defective given that it comes from B.

(2)隨機抽取一產品，求壞的機率？

(3)隨機抽取一產品，發現它是壞的，求來自 A 之機率？　　　　【中山機械】

5. 火箭中之某個零件損壞之機率為 5%，為提高可靠度，同時使用 n 個此種零件，換言之，若此 n 個零件同時壞掉火箭才會故障假使每個元件獨立運作，求最小的 n 可保證火箭正常運作之機率為 99% 以上？　　　　【中央統計】

6. 若美國某個都市市民之政黨比例如下：共和黨佔 30%，民主黨佔 50%，其餘為無黨籍。在最近的一次選舉中 65% 之共和黨員參與投票，82% 之民主黨員參與投票，50% 之無黨籍參與投票。若隨機選取一位市民，發現他並未參與投票，求他是民主黨員之機率？

7. If $\overline{T}$ is the event complementary to T, express $P (S \cap \overline{T})$ in terms of $P (S)$ given: $P(S) + P(T) = \frac{3}{4}$, $P (S|T) + P (T|S) = 1$

8. 若 A, B 為獨立事件，求證 A^C 與 B^C 亦為獨立事件？

9. 證明：$(1) P (A \cup B) \geq P (B)$ $(2) P (A \cap B) \leq P (B)$

10. 若 events A, B, C, D 滿足 $P (A \cup B) = \frac{5}{8}$，$P(A) = \frac{3}{8}$，$P(C) = \frac{1}{2}$，$P(CD) = \frac{1}{3}$ 且 A and B are disjoint，C and D are independent，求：

    (1) $P(AB)$　　　　　　　(2) $P(B)$　　　　　　　(3) $P (A \cup B^c)$

    (4) Are A, and B independent?　(5) $P(D)$　　　　　(6) $P (C \cap D^c)$

    (7) $P (C^c \cap D^c)$　　　　(8) $P (C|D)$　　　　(9) Are C, and D^C independent?

11. 若事件 E 與 F 相互獨立，是否有可能滿足 $E = F$？

12. 行動電話分成兩種：手持式（H）及車用式（V）通話情形又可分為快速移動（F）及慢速或靜止（W），已知：$P (F) = 0.5$，$P (HF) = 0.2$，$P (VW) = 0.1$ 求：

    (1) $P (W)$　(2) $P (VF)$　(3) $P (H)$

13. 你參加某電視之猜獎遊戲，已知三道門後只有一道門後面是汽車，其餘兩道為空的，在你選了某道門後，主持人打開了另兩個中一個空的門，而後問你換不換？請說明你的決定及理由？

14. Consider the following segment of an electric circuit with three relays. Current will flow from a to b if there is at least one closed path when the relays are switched to "closed." However, the relays may malfunction. Suppose they close properly only with probability 0.9 when the switch is thrown, and suppose they operate independent of one another. Let A denote the event that current will flow from a to b when the relays are switched to "closed."

    (1) Find $P (A)$.

    (2) Find the probability that relay 1 is closed properly, given that current is known to be following from a to b. 【交大電子】

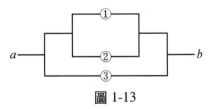

圖 1-13

15. 一袋中有紅球 2 個，白球 3 個，今自其中每次任意抽取 1 個球，抽選後再放回袋子中，假設最少抽中 2 次紅球的機率需大於 0.90，則最多需抽選幾次球？

【雲科大電機】

16. 兩個事件 A 及 B，$P(A)$ 及 $P(B) > 0$：　　　　　　　　　　　　　【雲科大電機】

    a.下面那個條件不能判定 A 及 B 是獨立的：

    (1)$P(A \cap B) = P(A)P(B)$　　　　(2)$P(A|B) = P(A)$　　　　(3)$P(A|B) = P(B|A)$

    (4)$P(A|B^c) = P(A|B)$　　　　　(5)以上皆可判定

    b.若 A 及 B 是互斥事件且知 $P(A)$ 及 $P(B)$ 之值，則 $P(A \cup B) = ?$

    c.若 A 及 B 是獨立的且知 $P(A)$ 及 $P(B)$ 之值，則 $P(A \cup B) = ?$

    d.若 $P(A|B) > P(A)$ 是否可判斷 $P(B|A) > P(B)$？請說明理由。

17. 一輛公車一開始有 6 個人搭乘，期間將停靠 10 個車站。假設乘客在每個車站下車之機會均等，求在任一車站不會有兩個乘客同時下車之機率？

18. 5 個學生直線排隊搭車：

    (1)共有多少排法？

    (2)若二人不願相鄰排列，共有多少排法？

19. 袋中有二紅球五白球，甲乙二人輪流探取，每次取一球並放回，先取得紅球為獲勝，求甲獲勝之機率？

20. 3 男 4 女共 7 位博士班考生爭取 2 個名額，試問以下情形各有幾種可能：

    (1)若錄取均為女生？　　(2)若錄取均為 1 男 1 女？

21. 利用 $(1+t)^{m+n} = (1+t)^m (1+t)^n$，證明：

    (1)$\dbinom{m+n}{k} = \sum\limits_{x=0}^{k} \dbinom{m}{x}\dbinom{n}{k-x}$　　(2)$\dbinom{10}{0}\dbinom{15}{10} + \dbinom{10}{1}\dbinom{15}{9} + \cdots + \dbinom{10}{10}\dbinom{15}{0} = ?$

22. 丟擲一公平之骰子三次，event A 表至少出現一次 6，event B 表至少出現一次 1，求 $P(A), P(B), P(A \cap B), P(A \cup B)$。

23. 某工廠有三台機器 $B_1, B_2,$ 及 B_3，其產量分別佔總產量之 30%, 45%, 25%。由過去之經驗可知，$B_1, B_2,$ 及 B_3，之失效率分別為 2%, 3%, 2%. 今隨機抽取一產品

    (1)求壞掉之機率　　(2)若發現該產品壞掉，求其來自 B_3 之機率

24. A foreign student club lists as its members: 2 Canadians, 3 Japanese, 5 Italians, and 2 Germans. If a committee of 4 students is selected at random, find the probability that

    (a)all nationalities are represented;

    (b)all nationalities except the Italians are represented.　　　　　　【96 交大電子】

25. 某機器製造成對的光檢測器，測試發現第一個光檢測器是好的之機率為 3/5，當第一個光檢測器是好的，第二個光檢測器是好的之機率為 4/5，反之，若第一個光檢測器是壞的，第二個光檢測器是好的之機率為 2/5，求

    (a)只有一個光檢測器是好的之機率？　　(b)二個光檢測器均是壞的之機率？

26. 洗一副牌並隨機抽取兩張，依序紀錄此兩張牌，求

    (a)此隨機實驗之樣本空間中有幾種可能的結果？

    (b)兩張牌相同點數但花色不同的事件有幾種可能的結果？

(c)兩張牌相同花色但不同點數的事件有幾種可能的結果？

(d)若此隨機實驗並不考慮此兩張牌之次序，重作 (a)-(c)。

27. 一個箱子中包含 6 張牌，3 張為 1 點、2 張為 2 點、1 張為 5 點、一次選取一張，取出後放回。求前 4 張所取出之點數和為 8 之機率？

28. 展開 $(a+b+c+d)^5$ 後，共有多少種不同項？係數和 = ？ 【89 清華通訊】

29. 有 10 位網球選手，現要將之分為每隊二人之五隊，共有多少種方法？

【89 清華通訊】

30. 已知 A, B, C 為某隨機試驗之三個事件，試問恰有其中之一發生之機率表示式？至少有一發生之機率表示式？ 【92 交大電信】

31. 自[5, 9]任取一整數稱為 x，自[11, 19]任取一整數稱為 y，求此隨機試驗之樣本空間為何？x 與 y 皆為質數之機率為何？ 【92 台大電機】

32. 某箱中置有六個白球與五個黑球，現任意取出兩球，求此二球不同色之機率？

【82 台大資訊】

33. 某入學測驗，成績好的學生通過機率是 0.8 而程度差的學生有 0.25 的機會，某次舉辦時，應試學生中 40%為好學生，求通過此次試驗的學生中，有多少機率是好學生？ 【交大資科】

34. 有 2 部機器 A 與 B，其中 A 之產品有 2%為故障，而 B 有 5%，此外在 A 生產 5 個產品的時間內 B 可以生產 7 個，求：

⑴產品故障率？ ⑵某個故障品來自 A 之機率？ 【中山機械】

35. 證明 $P[B \cap A^C] = P[B] - P[A \cap B]$。若已知 $P[A] = 1$ 及 $P[B] = 1$，計算 $P[AB] = ?$ 若已知 $P[B] = 0$ 計算 $P[AB] = ?$ 【90 台大電機、79 中央資訊】

36. 已知某種癌症患病率為百分之一，一般人若患此癌症，則有 0.99 的機率會出現一種特殊的症狀，沒有患病也有 0.1 的機率會出現此症狀，若某人出現此症狀，其患病之機率為何？ 【92 清華電機】

37. 圖 1-14 為一個數位信號傳輸線，被傳信號取為 x_1 而接收為 x_2 已知被傳送的機率為 $P(x_1 = 0) = r$ 及 $P(x_1 = 1) = 1 - r$，現由於雜訊，接收情形如下，試回答以下問題：

$P(x_2 = 1|x_1 = 0) = p; P(x_2 = 0|x_1 = 0) = 1 - p$

$P(x_2 = 0|x_1 = 1) = q; P(x_2 = 1|x_1 = 1) = 1 - q$

⑴收到之信號 x_2 為 1 之機率？ ⑵被傳信號與收到者不同之機率？

⑶若要減少錯誤應如何判讀信號？ 【台大電機】

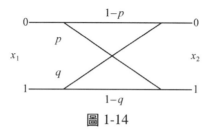

圖 1-14

38. We have four boxes. Box 1 contains 1000 components of which 5 percent are defective. Box 2 contains 500 components of which 40 percent are defective. Both boxes 3 and 4 contain 1000 components, and each has 10 percent defective. We choose at random one of the four boxes and select at random a single component from the chosen box. What is the probability that the selected component is defective ?　　　　　　　　　【96 清華電機】

39. 四顆球丟入 3 個箱子，球沒有任一個箱子是空的機率　　　　　　　【86 交大電子】

Ans：$1 - \dfrac{3}{3^4} - \dfrac{\binom{3}{2}(2^4 - 2)}{3^4} = \dfrac{4}{9}$

40. Suppose that a student passes the midterm exam with probability 0.6, passes the final exam with probability 0.7, and fails both exam with probability 0.25.

   (1) Find the probability that he passes the midterm exam or the final exam but not both.

   (2) Find the conditional probability that he passes the final exam given that he fails the midterm exam.　　　　　　　　　　　　　　　　　　　　　【台科大電機】

41. The probability that the earthquake will damage a certain structure during a year is 0.015. The probability that a hurricane will damage the same structure during a year is 0.025. If the probabilities that both an earthquake and a hurricane will damage the structure during a year is 0.0073. What is the probability that the structure will not be damaged by an earthquake and a hurricane?　　　　　　　　　　　　　　　　　　　【成大電通】

42. There are 3 cards. Each side of a card is either colored by red or black. The coloring of the 3 cards are: red/red; red/black; black/black (note: there are two sides for each card). Shuffle the cards and choose one at random. Given that you see one side of the chosen card is red, what is Pr{the other side is also red}?　　　　　　　　　　　　　【97 台大電信】

43. Mark and Tom have a meeting appointment. The person who arrives first will wait for the other person only for 20 minutes. Given that each person equally likely to arrive anytime between 2 PM and 3 PM, what is P(Mark and Tom meeting each other)?　　【97 台大電信】

44. A and B play a sudden death chess match, i.e. they play a sequence of chess games and stop playing when the first win (or loss) appears. Each game ends up with either a win by A,

which happens with probability p, a win by B, which happens with probability q, or draw, which happens with probability $1 - p - q$. The match continues until one of the players wins a game.　　　　　　　　　　　　　　　　　　　　　　　　　　　【97 交大電子】

(1) What is the probability that A will win the last game of the match?

(2) Given that the match lasted no more than 5 games, what is the probability that A won the match?

(3) Given that A won the match, what is the probability that he won at or before the 5th game?

45. (1) John throws 3 balls randomly into 5 boxes. What is the probability that a box contains at least 2 balls?

(2) Let A and B be independent events with $P(A) = \frac{2}{3}$, $P(B) = \frac{1}{4}$. Find $P(A \cap B)$ and $P(A \cup B)$.　　　　　　　　　　　　　　　　　　　　　　　　　　　　　　　　　　【97 交大資訊】

46. A box contains 5 red balls and 3 blue balls. Suppose that two balls are selected from the box at random without replacement. Let A be the event that the first ball is red and B be the event that the second ball is red. Find P(A), P(B|A), and P(B). Are A and B independent?

　　　　　　　　　　　　　　　　　　　　　　　　　　　　　　　　　　　　　　　【97 北科大資訊】

47. A pair of dice is rolled n times.

(1) Find the probability that "seven" will show at least once.

(2) Find the probability that double six will not show at all.

(3) Find the probability of obtaining double six at least once.　　　　　【97 清大資訊】

48. Consider the coin experiment where the probability of "head" equals p and the probability of "tail" equals $1 - p$. If we toss the coin till a head appears for the first time, what is the probability that the number of required tosses is odd?　　　　　【97 清大資訊】

49. Suppose that three numbers are selected one by one, at random and without replacement from the set of numbers $\{1, 2, 3,..., n\}$. What is the probability that the third number falls between the first two if the first number is smaller than the second?　　　　　【97 聯大通訊】

50. Consider an experiment which consists of rolling a die once. Let F be outcome. Let F be the event $\{X = 6\}$, and let E be the event $\{X > 4\}$. We assign the distribution function $m(w) = 1/6$ for $w = 1, 2, ..., 6$.

(1) What would be the probability $P(F)$?

(2) Suppose that the die is rolled and we are told that the event E has occurred. What would be the probability $P(F|E)$?　　　　　　　　　　　　　　　　　　　　　　　　　　　【97 暨南通訊】

51. A silicon wafer contains n CPU processor chips. Assume that single CPU processor chip has failure probability p.　　　　　　　　　　　　　　　　　　　　　　　　　　　　【97 聯大通訊】

(1) What is the failure probability of a single silicon wafer?

(2) What is the probability of at most two failure chips in a single silicon wafer?

52. A lot of 40 components are to be inspected. Five components are randomly selected from the lot for inspection. Find the probability that exactly one defective is found in the 5 inspected components if there are 3 defectives in the entire lot. 【96 北科大資工乙】

53. An urn contains N balls, identical in every respect except that they carry numbers (1, 2, $\cdots$, N) and M of them are colored red, the remaining $(N - M)$ white, $0 \leq M \leq N$. We draw a ball from the urn blindfolded, observe and record its color, lay it aside, and repeat the process until balls has been drawn, $0 \leq n \leq N$.

(a)Find the probability of red on the first consecutive draws in a specified order.

(b)Find the probability of red on the third draw. 【96 中央通訊】

54. A box contains w white balls and b black balls. Balls are drawn randomly from the box without replacement until a black ball is drawn. If $n < w$, then what is the probability that exactly n balls are drawn? 【96 交大資訊聯招】

55. A fair coin is flipped repeatedly. What is the probability that the fifth tail occurs before the tenth head? 【93 成大通訊】

56. 某旅館有三間客房可住 4，3，3 人，今恰有 10 人想要入住，請問

(a)甲、乙、丙三人各住一間的機率為多少？

(b)甲、乙同住一房間的機率為多少？ 【96 雲科通訊】

57. Shuffle the 52 poker cards and two of them are dealt to you.

(1)$E_1 =$ the event that the first card is an Ace. Find $P(E_1)$.

(2)$E_2 =$ the event that the second card is black. Find $P(E_2)$.

(3) Find the conditional probability $P[E_2|E_1]$. 【96 暨南資工】

58. (1) Two cards are drawn in succession, without replacement, from an ordinary deck of playing cards (The total number of cards is 52.). Find $P(A)$, $P(B)$ and $P(A \cap B)$, where A is the event that the first card is a black ace and B is the event that the second card is a 9 or 10.

(2) Are the event A and B independent? Explain your answer. 【96 北科大電機】

59. Three players A, B and C simultaneously toss coins to determine who is the winner. The coin tossed by players A, B and C turns up heads with probabilities P_A, P_B and P_C, respectively. If one person gets a different outcome from the other two, then he is the winner. If there is no winner, the players flip again and continue to do so until they get a winner. What is the probability that A will be the winner? 【95 中央通訊乙】

60. In a noisy ternary communication channel, three possible symbols $\{-1, 0, +1\}$ are transmitted to the receiver and the receiver decides the results as $\{-1, 0, +1\}$. A "-1" is sent three

times more frequently than a "0", and a "0" is sent two times more frequently than a "+1". The probability of deciding "−1" when transmitting "−1" is $1 - \alpha$ and the probability of deciding "0" when transmitting "−1" is α. The probability of deciding "−1" or "+1" when transmitting "0" both are β and the probability of deciding "0" when transmitting "0" is $1 - 2\beta$. The case for transmitting "+1" is the same as that for transmitting "−1".

(1) Find the probability of transmitting "0" given that "0" is decided

(2) Find the average probability of correct transmission in this channel 【中央通訊】

61. A particular disease is known to be found in men over 65 with probability 20%. A blood test has been used to detect this disease with a 6% false negative (i.e., the test incorrectly gives a negative result) rate and a 3% false positive (i.e. the test incorrectly gives a positive result) rate. Note that the positive result means the disease is found in the test, while the negative result means the disease is not found in the test.

(1) What is the probability that a man over 65 receives a positive test result?

(2) If a 70-year-old man took the test and received a positive result, what is the probability that he really has this disease? 【97 清大資訊】

62. (1) A simple binary communication channel, regarded as one stage, carries messages by using only two signals, namely, 0 and 1. We assume that, for a given binary channel, 45% of the time a 1 is transmitted. The probability that a transmitted 0 is correctly received is 0.88, and the probability that a transmitted 1 is correctly received is 0.95. What is the probability that a 1 is received at the output?

(2) By cascading two identical stages altogether in the previous question, given a 1 is received at the output of the second stage, what is the probability that 1 was transmitted?

【97 高大電機】

63. One of two coins is selected at random and tosses n times. The coins are known to have probabilities of heads p_1 and p_2, respectively. Assume that $p_1 > p_2$.

(1) Find the probability that coin 1 is tossed given that k heads are observed.

(2) Find a threshold T such that when $k > T$ heads are observed, coin 1 is probable, and when $k \leq T$ are observed, coin2 is probable. 【97 北大通訊】

64. A store sells three new brands of DVD drivers. Of its sales, 60% are brand Q, 30% and 10% are brand R and S, respectively. All manufactures offer a one-year warranty on parts and labor. The store found that 25% of brand Q's DVD drivers require warranty repair work, whereas 20% and 10% are for brands R and S, respectively.

(1) Determine the probability that a randomly selected buyer has bought a brand R or S DVD driver that will need repair while under warranty.

(2) Find the probability that a randomly selected buyer has a brand Q DVD driver that will not need repair in one-year warranty.　【96 北科大電通甲乙丁】

65. In data communications, a message transmitted from one end is subject to various sources of distortion and may be received erroneously at the other end. Suppose that a message of 64 bits is transmitted through a medium. If each bit is received incorrectly with probability 0.0001 independently of the other bits, what is the probability that the message received is free of error?　【96 成大通訊】

66. A coin with the probability of head $P(\text{head}) = p = 1 - q$ is tossed n times.
(a)Find the probability that k heads are observed up to the n-th tossing but not earlier.
(b)Show that the probability that the number of heads is even equals

$0.5\left[1 + (q - p)^n\right]$　【91 清華電機】

67. 大樂透彩券（49 選 6 大樂透）玩法如下：您必須從 01〜49 中任選 6 個號碼進行投注。開獎時，開獎單位將隨機開出六個號碼加一個特別號，這一組號碼就是該期 49 選 6 大樂透的中獎號碼，也稱為「獎號」。您的六個選號中，如果有三個以上（含三個號碼）對中當期開出之六個號碼（特別號只適用於貳獎、肆獎和陸獎），即為中獎，並可依規定兌領獎金。其中彩金較大的前幾項獎項中獎方式如下表，請問大樂透中(1)參獎(2)肆獎的機率分別是多少？　【98 中正通訊】

獎項	中獎方式
頭獎	與當期六個獎號完全相同者
貳獎	對中當期獎號之任五碼＋特別號
參獎	對中當期獎號之任五碼
肆獎	對中當期獎號之任四碼＋特別號

68. Let $\underline{X} = (X_1, X_2, \cdots, X_n)$ be a length-n uniformly distributed binary random sequence. We say $\underline{X}$ contains "m bursts" if there are m segments of successive ones in $\underline{X}$. For instance, the length-8 sequence $(\underline{1}0\underline{11}0\underline{111})$ has 3 bursts and the length-7 sequence $(0\underline{1111}0\underline{1})$ has 2 bursts. What is the probability that there are 2 bursts in a length-10 binary random sequence?　【98 中正通訊】

69. Let $S = \{1, 2, 3, 4, 5, 6\}$ and the probability $p(s) = 1/6$ for all $s \in S$. Given four events $E1 = \{1, 2, 3\}$, $E2 = \{2, 4\}$, and $E4 = \{2, 3, 4, 5\}$, whitch of the following statement are correct
A.$E1$ and $E3$ are mutually independent,
B.$E2$ and $E3$ are mutually independent,
C.$E1$ and $E4$ are mutually independent,

D.*E*2 and *E*4 are mutually independent,

F.None of above 　　　　　　　　　　　　　　　　【98 台大】

70. A bin contains 3 different types of disposable flashlights. The probability that a type 1 flashlight will give 100 hours of use is 0.7, with the corresponding probabilities for type 2 and type 3 flashlights being 0.4 and 0.3, respectively. Suppose that 20 percent of the flashlights in the bin are type 1, 30 percent are type 2, and 50 percent are type 3.

    (1) What is the probability that a randomly chosen flashlight will give more than 100 hours of use?

    (2) Given the flashlight lasted over 100 hours, what is the conditional probability that it was a type j flashlight, $j = 1, 2, 3$? 　　　　　　　　　　【98 中央通訊】

71. A quiz was administered to 4 students. Somehow the quizzes got shuffled, and the one at the top of the stack was returned to the first student, the one below it was returned to the second student, and so on. Find the probability that at least one student got his own quiz back.

    　　　　　　　　　　　　　　　　　　　　　　　【96 成大通訊】

72. Box 1 contains 2000 components of which 10 percent are defective. Box 2 contains 500 components of which 20 percent are defective. Boxes 3 and 4 contain 1000 each with 10 percent defective. We select at random one of the boxes and we remove at random a single component.

    (a)What is the probability that the selected component is defective?

    (b)What is the probability that this defective component came from Box 2?

    　　　　　　　　　　　　　　　　　　　　　【99 中山電機通訊】

73. Suppose there are four urns, where urn U_1 and contains 3 red balls, urn U_2 contains 2 black balls, urn U_3 contains 2 red balls and 2 black balls, and urn U_4 contains 1 red ball and 3 black balls. The probabilities of selecting U_1, U_2, U_3, or U_4 are 1/2, 1/4, 1/8 and 1/8, repectively. An urn is selected and a ball is then drawn at random.

    (a)Find the probability of drawing a red ball.

    (b)Find the conditional probability that U_4 had been selected, given that a red ball is selected. 　　　　　　　　　　　　　　　　　【100 清大資訊】

74. A bulb is supplied by any one of 3 manufactures A, B and C with probabilities $P_A = 0.2$, $P_B = 0.3$, $P_C = 0.5$. The probabilities that the bulb will be defective are equal to 0.01, 0.03 and 0.05, respectively.

    (a)Find the probability that a randomly selected bulb will be defective

    (b)If a chosen bulb is defective, what is the probability that this bulb comes from A?

    　　　　　　　　　　　　　　　　　　　　　【100 台北大通訊】

75. From families with three children, a child is selected at random and found to be a girl. What is the probability that she has an older sister? Assume that in a three child family all sex distributions are equally probable.　　　　　　　　　　　　　　【99 成大電通】

76. Two cards are randomly chosen without replacement from an ordinary deck of 52 cards. Let B be the event that both cards are aces; let A be the event that at least one ace is chosen. Find the conditional probability $P(B|A)$.　　　　　　　　　【100 中正電機通訊】

77. A coin is biased so that a head is twice as likely to occur as a tail. Toss the coin 3 times. Event A denotes that at least 2 heads occur in three tosses. Event B denotes that only one tail occurs in three tosses. Find $P(A)$, $P(B)$, and $P(B|A)$.　　　　　　【100 北科大電機】

78. In a lottery, four digits are drawn at random one at a time with replacement from 0 to 9. Suppose that you win if any permutation of your selected integers is drawn. Give the probability of winning if you select

(a)3, 4, 5, 6　(b)4, 4, 6, 6　　　　　　　　　　　　　　　　【100 清大資訊】

79. Suppose that three numbers are selected one by one, at random and without replacement, from the set of numbers $\{1, 2, 3, ..., n\}$. What is the probability that the third number falls between the first two if the first number is smaller than the second?　　　【100 成大電通】

80. Switches $a_1, a_2, ..., a_6$ in the diagram open and close randomly and independently. The probability that switch a_k is closed at any time equals p_k. Calculate the probability that at any time there is at least one closed path from point 1 to point 2.　　　　　　【100 台聯大工數 B】

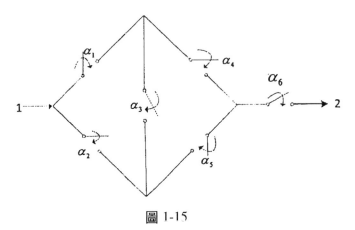

圖 1-15

2 離散型隨機變數

2-1　機率質量函數

2-2　累積分佈函數

2-3　期望值

2-4　隨機變數之函數與變數變換

2-5　條件質量函數

2-6　動差生成函數

附錄：Taylor Series and Maclaurin Series

2-1　機率質量函數

定義：隨機變數（Random Variable）

　　Random variable包含了一個隨機試驗（Random experiment）及對樣本空間之機率測度，且是一函數。並將樣本空間 S 中之每個元素映射至一實數值，如圖2-1所示。

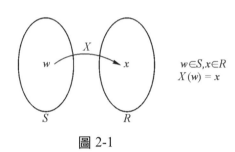

$w \in S, x \in R$
$X(w) = x$

圖2-1

定義：離散型隨機變數（Discrete Random Variable）

　　若值域 $X(w)$ 為可數集（Countable set），則稱 X 為離散型隨機變數。反之，若值域 $X(w)$ 為不可數集（Uncountable set）則稱 X 為連續型隨機變數（Continuous random variable）。

觀念提示：只要是值域為可數集，不論是有限（Finite）或無限（Infinite）均為離散型隨機變數。

說例：以下均為離散型隨機變數

　　⑴ X 表示某班（共50個學生）在即將進行的考試中及格的人數

　　⑵ Y 表示在測試某生產線元件時，於發現第3個不良品時總共測試之元件數目

觀念提示：1. X, Y 均為可數，但 X 之值為有限個 $\{0, 1, \cdots\cdots, 50\}$，而 Y 之值可能為無限 $\{3, 4, \cdots\cdots\}$

　　　　　　2. 由於隨機變數定義上之差異，故在樣本空間中同一個元素可能對應至不同之實數值

說例：擲一銅板二次，則樣本空間應包含4元素：$S = \{$正正, 正反, 反

正,反反}。若隨機變數 X 代表正面出現之次數，Y 代表正面出現之次數減去反面出現之次數。

則：

X（正正）$= 2$　　Y（正正）$= 2$

X（正反）$= 1$　　Y（正反）$= 0$

X（反正）$= 1$　　Y（反正）$= 0$

X（反反）$= 0$　　Y（反反）$= -2$

觀念提示：*1.* Random variable 即為觀測隨機試驗所得之結果

　　　　　　例如：X 代表丟擲一骰子所出現之點數，則 $X = \{1, \cdots\cdots, 6\}$

　　　　　2. Random variable 即為觀測之結果的函數

　　　　　　例如：Y 代表丟擲兩骰子所出現之點數和，則 $Y = \{2, \cdots\cdots, 12\}$

　　　　　3. Random variable 即為其他 Random variable 之函數

　　　　　　例如：$Z = 10X - 50$。其中 X 代表丟擲一骰子所出現之點數

定義：機率質量函數（PMF）

　　設 X 為離散型隨機變數。

　　$f_X(x) = P(X = x)$，則稱 $f_X(x)$ 為 X 之 PMF。

觀念提示：$f_X(x)$ 將映射 R 至 $[0, 1]$

例題 1：若隨機變數 X 代表丟擲一骰子所
　　　　出現之點數，求 $f_X(x)$

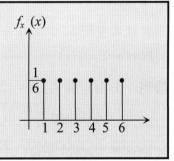

解　　　X 之可能值為 $\{1, 2, \cdots, 6\}$

$$f_X(x) = \begin{cases} \dfrac{1}{6}; & x = 1, 2, \cdots, 6 \\ 0; & \text{其它} \end{cases}$$

例題 2：Let Y denotes the random variable that is defined as the sum of two fair dice, find $f_Y(y)$

解　　　Y 之可能值為 $\{2, 3, 4, \cdots\cdots, 12\}$。

$$f_Y(y) = \begin{cases} \dfrac{1}{36}; & y=2, 12 \\[2mm] \dfrac{2}{36}; & y=3, 11 \\[2mm] \dfrac{3}{36}; & y=4, 10 \\[2mm] \dfrac{4}{36}; & y=5, 9 \\[2mm] \dfrac{5}{36}; & y=6, 8 \\[2mm] \dfrac{6}{36}; & y=7 \end{cases}$$

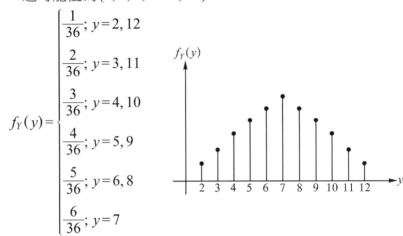

定理 2-1

(1) $f(x) \geq 0$

(2) $\displaystyle\sum_{x \in R} f_X(x) = 1$

(3) 對樣本空間 S_X 中之任一事件 A，$A \subset S_X$

$P(A) = \displaystyle\sum_{x \in A} f_X(x)$

證明：(1) 由定義 $f_X(x) = \displaystyle\sum_{x \in X(s)} P(X=x)$，因任何機率均介於 0 至 1 間，故

$f_X(x) \geq 0$

(2) $\displaystyle\sum_{x \in R} f_X(x) = \sum_{x \in X(s)} P(X=x) = P\left(\bigcup_{x \in X(s)} \{X=x\}\right) = 1$

例題 3：若 X 之 PDF 為
$$f_X(x) = \begin{cases} c3^x; & x = 1, 2, \cdots, 6 \\ 0; & \text{其它} \end{cases}$$
求 $c = ?$

解　由定理 2-1：$\sum\limits_{x=1}^{6} f_X(x) = 1$

$\Rightarrow c(3 + 3^2 + \cdots + 3^6) = 1$

$\Rightarrow 3c\dfrac{3^6 - 1}{3 - 1} = 1$

$\Rightarrow c = \dfrac{1}{1082}$

例題 4：若 X 之 PDF 為
$$f_X(x) = \begin{cases} c\dfrac{\lambda^x}{x!}; & x = 0, 1, 2, \cdots \\ 0; & \text{其它} \end{cases}$$
求 $c = ?$

解　$\sum\limits_{x=0}^{\infty} c \cdot \dfrac{\lambda^x}{x!} = c\left(1 + \lambda + \dfrac{1}{2!}\lambda^2 + \dfrac{1}{3!}\lambda^3 + \cdots\right)$

$\qquad\qquad = ce^\lambda = 1$

$\qquad\qquad \Rightarrow c = e^{-\lambda}$

例題 5：設地球上海面與陸地面積比為 4：1，隨機變數 $X=1$ 代表隕石墜入海；$X=0$ 代表隕石墜入陸地。

(1)求 $f_X(x)$。

(2)共 4 個隕石墜落，有 Y 個掉入海裡，求 $f_Y(y)$。

(3)設不斷有隕石墜落，首次入海發生在第 Z 次，求 $f_Z(z)$。

(4)設不斷有隕石墜落，首次入海前掉了 W 次在陸地，求 $f_W(w)$。

(5)設不斷有隕石墜落，在第 5 次入海前掉了 M 次在陸地，求 $f_M(m)$。

解
$(1) f_X(x) = \begin{cases} \dfrac{4}{5}; & x=1 \\[2mm] \dfrac{1}{5}; & x=0 \end{cases}$

$(2) f_Y(y) = \begin{cases} \dbinom{4}{y}\left(\dfrac{4}{5}\right)^y\left(\dfrac{1}{5}\right)^{4-y}; & y=0,1,\cdots,4 \\[2mm] 0; & elsewhere \end{cases}$

$(3) f_Z(z) = \begin{cases} \left(\dfrac{1}{5}\right)^{z-1}\left(\dfrac{4}{5}\right); & z=1,2,\cdots \\[2mm] 0; & elsewhere \end{cases}$

$(4) f_W(w) = \begin{cases} \left(\dfrac{1}{5}\right)^w\left(\dfrac{4}{5}\right); & w=0,1,2,\cdots \\[2mm] 0; & elsewhere \end{cases}$

$(5) f_M(m) = \begin{cases} \dbinom{m+4}{4}\left(\dfrac{4}{5}\right)^5\left(\dfrac{1}{5}\right)^m; & m=0,1,2,\cdots \\[2mm] 0; & elsewhere \end{cases}$

例題 6：一數位通信系統，發射端傳送之 bit 非「1」即「0」，假設接收端在做判斷時錯誤之機率為 p，且每個 bit 之判斷相互獨立。

(1) 若傳送 bits 持續至接收端第一次誤判，若總共傳送之 bit 數為 X，求 X 之 PMF。

(2) $P(X \geq 10) = ?$

(3) 若共傳送 100bits，其中誤判了 Y bits，求 Y 之 PMF？

(4) $P(X \leq 2) = ?$

(5) 若傳送 bits 持續至 3 個錯誤發生，若總共傳送之 bits 數為 Z，求 Z 之 PMF。

解
$(1) f_X(x) = p(1-p)^{x-1}; \ x=1,2,\cdots$ 。

$(2)\ P(X \geq 10) = 1 - P(x < 10) = 1 - \sum_{x=1}^{9} p(1-p)^{x-1}$

$\qquad = 1 - p(1 + (1-p) + \cdots\cdots + (1-p)^8)$

$\qquad = 1 - p\,\dfrac{1-(1-p)^9}{1-(1-p)} = (1-p)^9$

$(3) f_Y(y) = \begin{pmatrix} 100 \\ y \end{pmatrix} p^y (1-p)^{100-y}$; $y = 0, 1, \cdots\cdots, 100$

$(4) P(Y \le 2) = \sum\limits_{y=0}^{2} f_Y\ (y) = (1-p)^{100} + 100p(1-p)^{99} + \begin{pmatrix} 100 \\ 2 \end{pmatrix} p^2 (1-p)^{98}$

$(5) f_Z(z) = \begin{pmatrix} z-1 \\ 2 \end{pmatrix} p^3 (1-p)^{z-3}$; $z = 3, 4, 5, \cdots$ 。

例題 7：令 α 為任意的正數，且令 $0 < p < 1$，證明

$$f(x) = \begin{cases} p^\alpha \begin{pmatrix} -\alpha \\ x \end{pmatrix} (-1)^x (1-p)^x \ ; \ x = 0, 1, 2, \cdots \\ 0 \ ; \ else \end{cases}$$

為隨機變數 X 之機率密度函數　　　　　　　　　　　　【台大電機】

解

$(1)\ f(x) = p^\alpha \begin{pmatrix} -\alpha \\ x \end{pmatrix} (-1)^x (1-p)^x = p^\alpha\ (-1)^{2x} \begin{pmatrix} \alpha + x - 1 \\ x \end{pmatrix} (1-p)^{\ x}$

$\quad \ge 0$; $\forall x$

$(2)\ \sum\limits_{x=0}^{\infty} p^\alpha \begin{pmatrix} -\alpha \\ x \end{pmatrix} (-1)^x (1-p)^x = p^\alpha [(1 - (1-p))^{-\alpha}] = 1$

由 (1)(2) 可知 $f(x)$ 為 density function（PMF）。

觀念提示：$1. \begin{pmatrix} -\alpha \\ x \end{pmatrix} = (-1)^x \begin{pmatrix} \alpha + x - 1 \\ x \end{pmatrix}$

$\qquad\qquad\ 2. [1 - (1-p)]^{-\alpha} = \sum\limits_{x=0}^{\infty} \begin{pmatrix} -\alpha \\ x \end{pmatrix} (-1)^x (1-p)^x$

$\qquad\qquad\ 3.$ 不斷重複成敗試驗，每次成功之機率均為 p，若在第 α 次

$\qquad\qquad\quad$ 成功之前共失敗 x 次，則

$$f_X(x) = \begin{cases} \begin{pmatrix} \alpha + x - 1 \\ x \end{pmatrix} p^\alpha (1-p)^x; \ x = 0, 1, 2, \cdots \\ 0 \qquad\qquad\qquad\qquad ; \ else\ where \end{cases}$$

2-2　累積分佈函數

定義：累積分佈函數（Cumulative Distribution Function）

　　X 為隨機變數；$F_X(x)=P(X \leq x)$ 稱之為 X 之累積分佈函數（CDF）。

觀念提示：PMF $f_X(x)=P(X=x)$；而 $F_X(x)$ 是把所有小於等於 x 之機率疊加起來。

　　　　　故可得右式：$F_X(x)=\sum_{t \leq x} f_X(t)$。

例題 8：已知 $f_X(x)=P(X=x)$，求其 CDF。

解

$$f_X(x)=\begin{cases} \dfrac{1}{2}; & x=1 \\[2mm] \dfrac{1}{3}; & x=2 \\[2mm] \dfrac{1}{6}; & x=3 \end{cases}$$

$$F_X(x)=\begin{cases} 0; & x<1 \\[2mm] \dfrac{1}{2}; & 1 \leq x<2 \\[2mm] \dfrac{5}{6}; & 2 \leq x<3 \\[2mm] 1; & x \geq 3 \end{cases}$$

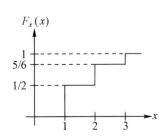

定理 2-2

CDF 的性質

(1) $F_X(-\infty)=0$，$F_X(\infty)=1$。

(2) For all $x' > x$，$F_X(x') \geq F_X(x)$。

(3) For all each that $x_i \leq x \leq x_i+1$, $F_X(x)=F_X(x_i)$。

(4) For $x_i \in S_X$, ε is an arbitrary small positive number.

$$F_X(x_i) - F_X(x_i - \varepsilon) = P(X = x_i) = f_X(x_i) = F_X(x_i) - F_X(x_i^-)$$

(5)$F_X(x)$呈現階梯狀態遞增。

證明：(4)$F_X(x_i) - F_X(x_i - \varepsilon) = P(x \leq x_i) - P(x \leq x_i - \varepsilon) = P(X = x_i) = f_X(x_i)$

定理 2-3： $P(a < X \leq b) = F_X(b) - F_X(a)$

證明：$P(X \leq b) = P(X \leq a) + P(a < X \leq b)$

$\therefore P(a < X \leq b) = P(X \leq b) - P(X \leq a) = F_X(b) - F_X(a)$

例題 9：若 X 之 CDF 為

$$f_X(x) = \begin{cases} 0; & x < 1 \\[2mm] \dfrac{1}{6}; & 0\, x \leq\ < 1 \\[2mm] \dfrac{1}{2}; & 1 \leq x < 3 \\[2mm] \dfrac{5}{6}; & 3 \leq x < 4 \\[2mm] 1; & x \geq 4 \end{cases}$$

(1)繪出 $F_X(x)$。

(2)求 $f_X(x)$。

解　　(1)

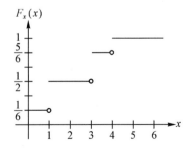

(2)由定理 2-2(4)，可得

$$P(X=0)=F_X(0)-F_X(0^-)=\frac{1}{6}$$

$$P(X=1)=F_X(1)-F_X(1^-)=\frac{1}{2}-\frac{1}{6}=\frac{2}{6}$$

$$P(X=3)=F_X(3)-F_X(3^-)=\frac{5}{6}-\frac{1}{2}=\frac{2}{6}$$

$$P(X=4)=F_X(4)-F_X(4^-)=1-\frac{5}{6}=\frac{1}{6}$$

$$\therefore f_X(x)=\begin{cases}\dfrac{1}{6}; & x=0,4\\[2mm]\dfrac{2}{6}; & x=1,3\\[2mm]0; & else\,where\end{cases}$$

例題 10：若 X 之 PMF 為：

$$f_X(x)=\begin{cases}\dfrac{1}{4}\left(\dfrac{3}{4}\right)^{x-1}; & x=1,2,\cdots\\[2mm]0; & o.w\end{cases}$$

求 X 之 CDF。

解

$$F_X(n)=\sum_{x=1}^{n}f_X(x)=\sum_{x=1}^{n}\frac{1}{4}\left(\frac{3}{4}\right)^{x-1}=1-\left(\frac{3}{4}\right)^n$$

$$\therefore F_X(x)=\begin{cases}0; & x<1\\[2mm]1-\left(\dfrac{3}{4}\right)^n; & n\le x<n+1,n=1,2,\cdots\end{cases}$$

例題 11：若 $F_X(x)$ 如右圖。

求：

(1) $P(X<1)= ?$

(2) $P(X=1)= ?$

(3) $P(X>2)= ?$

(4) $P(X=3)= ?$

(5) $P(2<X\le4)= ?$

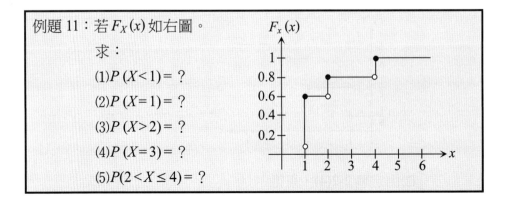

解
(1)$P(X<1)=0$
(2)$P(X=1)=0.6$
(3)$P(X>2)=1-P(X\le 2)=1-F_X(2)=1-0.8=0.2$
(4)$P(X=3)=F_X(3^+)-F_X(3^-)=0$
(5)$P(2<X\le 4)=P(X\le 4)-P(X\le 2)=F_X(4)-F_X(2)$
$=1-0.8=0.2$

例題 12：當你（妳）按下行動電話「SEND」按鍵時，行動電話便傳送一個「SETUP」訊息至最近的基地台並等候基地台之回覆訊息。若在 0.5 秒之內沒有收到來自基地台的回覆訊息，則重試一次，若重試 $n=6$ 次之後仍未收到回覆訊息，則停止傳送並產生一個忙碌訊息給使用者。假設所有傳送相互獨立且傳送成功之機率均為 p。
(1)若傳送所需嘗試之次數為隨機變數 K，求其 probability mass function（PMF）
(2)求產生一個忙碌訊息之機率？
(3)若你（妳）是該系統之工程師，你（妳）希望系統產生一個忙碌訊息之機率低於 0.02（if $p=0.9$），求能夠達到此目標所需之最小的 $n=$？
(4)若 $p=0.5$，求出 CDF of K.

解
(1)$f_K(k)=\begin{cases}(1-p)^{k-1}p; & k=1,2,\cdots 5\\(1-p)^5 p+(1-p)^6=(1-p)^5; & k=6\end{cases}$
(2)$(1-p)^6$
(3)$(1-p)^n\le 0.02 \Rightarrow (0.1)^n\le 0.02 \Rightarrow n\ge 2$
(4)$p=\dfrac{1}{2}$，則 $f_K(k)=\begin{cases}\left(\dfrac{1}{2}\right)^k; & k=1,\cdots\cdots,5\\\left(\dfrac{1}{2}\right)^5; & k=6\end{cases}$

$$\therefore F_K(k) = \begin{cases} 0; & k < 1 \\ \dfrac{1}{2}; & 1 \le k < 2 \\ \dfrac{3}{4}; & 2 \le k < 3 \\ \dfrac{7}{8}; & 2 \le k < 4 \\ \dfrac{15}{16}; & 4 \le k < 5 \\ \dfrac{31}{32}; & 5 \le k < 6 \\ 1; & 6 \le k \end{cases}$$

例題 13：Random variables X and Y are related by $Y = g(X)$ where

$$g(x) = \begin{cases} -1; & x \le -2 \\ 0; & -2 < x < 2 \\ 1; & x \ge 2 \end{cases}$$

Please express $F_Y(y)$ in terms of $F_X(x)$. 　　【100 元智通訊】

解　　$$F_Y(y) = \begin{cases} F_X(-2); & y = -1 \\ F_X(2) - F_X(-2); & y = 0 \\ 1 - F_X(2); & y = +1 \end{cases}$$

$$\Rightarrow F_Y(y) = \begin{cases} 0; & y < -1 \\ F_X(-2); & -1 \le y < 0 \\ F_X(2); & 0 \le y < 1 \\ 1; & 1 \le y \end{cases}$$

2-3　期望值

　　重覆進行一隨機試驗無限多次，將每次 Outcome 所對應之隨機變數 X 之值取其平均，此即為 X 之期望值，或稱之為平均值（Mean, Expectation, Expected value, Ensemble average），表示為 $E[X]$ 或 μ_X。

說例：若 X 表丟擲一骰子所得之點數，求 X 之期望值

解：假設丟擲骰子 n 次，其中 1 點，2 點，……，6 點分別出現 n_1, n_2, ……, n_6

則有 $n_1 + n_2 + \cdots\cdots + n_6 = n$

其平均點數為：$\dfrac{1 \times n_1 + 2 \times n_2 + \cdots\cdots + 6 \times n_6}{n} = 1 \times \dfrac{n_1}{n} + 2 \times \dfrac{n_2}{n} + \cdots\cdots + 6 \times \dfrac{n_6}{n}$

當實驗進行無限多次時其平均值即為 $E[X]$。

$$E[X] = \lim_{n \to \infty} \left(1 \times \frac{n_1}{n} + 2 \times \frac{n_2}{n} + \cdots\cdots + 6 \times \frac{n_6}{n} \right) \qquad (2.2)$$

值得特別注意的是，顯然地

$\lim\limits_{n \to \infty} \dfrac{n_1}{n} = \dfrac{1}{6} = P(X=1)$

$\lim\limits_{n \to \infty} \dfrac{n_2}{n} = \dfrac{1}{6} = P(X=2)$

$\vdots$

$\lim\limits_{n \to \infty} \dfrac{n_6}{n} = \dfrac{1}{6} = P(X=6)$

代回（2.2）式可得

$$\begin{aligned} E[X] &= 1 \times P(x=1) + 2 \times P(x=2) + \cdots\cdots + 6 \times P(x=6) \\ &= \frac{1}{6}(1 + 2 + \cdots\cdots + 6) \\ &= 3.5 \end{aligned}$$

由以上討論可得 $E[X] = \sum\limits_{x} x P(X=x) = \sum\limits_{x} x f_X(x)$

例題 14：A couple decides to have children until they get a boy, but they agree to stop with a maximum of 4 children even if they have not gotten a boy yet. Find the expected number of

(1) children

(2) girls

(3) boys

【96 高一科電通】

解　(1)

$S_X = \{1, 2, 3, 4\}$

$$f_X(x) = \begin{cases} \dfrac{1}{2}; & x = 1 \\[2mm] \dfrac{1}{4}; & x = 2 \\[2mm] \dfrac{1}{8}; & x = 3 \\[2mm] \dfrac{1}{16} + \dfrac{1}{16} = \dfrac{1}{8}; & x = 4 \end{cases}$$

$$\Rightarrow E[X] = 1 \times \frac{1}{2} + 2 \times \frac{1}{4} + 3 \times \frac{1}{8} + 4 \times \frac{1}{8} = \frac{14}{8}$$

(2) $S_Y = \{0, 1, 2, 3, 4\}$

$$f_Y(y) = \begin{cases} \dfrac{1}{2}; & y = 0 \\[2mm] \dfrac{1}{4}; & y = 1 \\[2mm] \dfrac{1}{8}; & y = 2 \\[2mm] \dfrac{1}{16}; & y = 3 \\[2mm] \dfrac{1}{16}; & y = 4 \end{cases}$$

$$\Rightarrow E[Y] = 1 \times \frac{1}{4} + 2 \times \frac{1}{8} + 3 \times \frac{1}{16} + 4 \times \frac{1}{16} = \frac{15}{16}$$

(3) $S_Z = \{0, 1\}$

$$f_Z(z) = \begin{cases} \dfrac{1}{16}; z=0 \\ 1-\dfrac{1}{16}=\dfrac{15}{16}; z=1 \end{cases} \Rightarrow E[Z] = 1 \times \dfrac{15}{16} = \dfrac{15}{16}$$

例題 15：A class has three students. They together participate in 10 courses. Each student has one favorite course. Let X be the number of courses that are the favorite courses of at least one student. Suppose that a student is equally likely to favor any of the 10 courses. Find E[X].　　　　　　　　【96 台大電信】

解　　$$f_X(x) = \begin{cases} \dfrac{\binom{10}{1}}{10^3} = \dfrac{1}{100}; x=1 \\[3mm] 1 - \dfrac{\binom{10}{1}}{10^3} - \dfrac{10 \times 9 \times 8}{10^3} = \dfrac{\binom{10}{2}(2^3-2)}{10^3} = \dfrac{\binom{3}{2}P_2^{10}}{10^3} = \dfrac{27}{100}; x=2 \\[3mm] \dfrac{10 \times 9 \times 8}{10^3} = \dfrac{72}{100}; x=3 \end{cases}$$

$$E[X] = \dfrac{1}{100} + \dfrac{27}{100} \times 2 + \dfrac{72}{100} \times 3 = 2.71$$

例題 16：Lot is known to contain 2 defective and 8 non-defective items. If these items are inspected at random, one after another, what is the expected number of items that must be chosen for inspection in order to remove all the defective ones?　　【93 交大電子】

解　　$S_X = \{2, 3, \cdots, 10\}$

$$f_X(x) = \dfrac{\binom{x-1}{1}2!\, P_{x-2}^8}{P_x^{10}} = \dfrac{x-1}{45}; x=2, \cdots, 10$$

$$\Rightarrow E[X] = \sum_{x=2}^{10} \dfrac{x(x-1)}{45} = \dfrac{22}{3}$$

例題 17：Suppose that n random integers are selected from $\{1, 2, \cdots, N\}$ with replacement. What is the expected value of the largest number selected? Show that for large N the answer is approximately $nN/(n+1)$.　　　　　【95 成大通訊】

解　　Let X: the largest number being selected

$$f_X(x) = F_X(x) - F_X(x-1) = \left(\frac{x}{N}\right)^n - \left(\frac{x-1}{N}\right)^n; \; x = 1, 2, \cdots, N$$

$$E(X) = \sum_{x=1}^{N} xf(x) = \frac{1}{N^n}(N^{n+1} - (1^n + 2^n + \cdots + (N-1)^n))$$

$$\lim_{N\to\infty} \frac{1}{N^n}(N^{n+1} - (1^n + 2^n + \cdots + (N-1)^n)) = \cdots$$

例題 18：擲骰子，若不出現 1 可得 100 元直到出現 1 為止，參加一回需繳費 600 元合算否？

解　　Let X 代表骰子出現 1 之前，玩之次數，則

$$P(X=0) = \frac{1}{6}$$

$$P(X=1) = \left(\frac{5}{6}\right) \times \frac{1}{6}$$

$$\vdots$$

$$P(X=n) = \left(\frac{5}{6}\right)^n \times \frac{1}{6}$$

$$\therefore f_X(x) = \begin{cases} \left(\frac{5}{6}\right)^x \times \frac{1}{6}; \; x = 0, 1, 2, \cdots \\ 0; \; else \end{cases}$$

$$\therefore E[x] = \sum_{x=0}^{\infty} xf_X(x) = \frac{1}{6}\sum_{x=0}^{\infty}\left(\frac{5}{6}\right)^x = \frac{30}{6} = 5$$

故其預期（平均）獲利：$5 \times 100 = 500$

不划算。

例題 19：你參加猜獎遊戲，主持人手中握有兩張支票（左、右各一），已知其中一張之價值是另一張之兩倍，若你選了左手，得 X 元，主持人再問你是否要換？請求出換與不換之預期獲利。

解　　令換所得之金額為 Y，則

$$f_Y(y) = \begin{cases} \dfrac{1}{2}; & y = 2x \\ \dfrac{1}{2}; & y = \dfrac{x}{2} \end{cases}$$

$$\therefore E[x] = \sum_y f_Y(y) = \frac{1}{2} \times 2x + \frac{1}{2} \times \frac{x}{2} = \frac{5}{4}x$$

∴換之預期獲利較大。

例題 20：擲一對骰子，一直到 1 或 6 出現為止。
(1)若 X 代表擲骰子之次數，求 $E[X]$。
(2)求 6 點先出現之機率。　　　　　　　　　【台大資工】

解　　(1)在每次試驗中，出現 1 or 6 之機率為 $p = \dfrac{20}{36}$。

$$f_X(x) = \begin{cases} (1-p)^{x-1}p; & x = 1, 2, \cdots\cdots \\ 0; & else \end{cases}$$

$$\therefore E[X] = \sum_{x=0}^{\infty} x f_X(x) = p \sum_{x=0}^{\infty} x(1-p)^{x-1}$$

$$= p[1 + 2(1-p) + 3(1-p)^2 + \cdots\cdots]$$

Let

$$\eta = 1 + 2(1-p) + 3(1-p)^2 + \cdots\cdots$$

$$則 (1-p)\eta = (1-p) + 2(1-p)^2 + \cdots\cdots$$

$$\Rightarrow p\eta = 1 + (1-p) + (1-p)^2 + \cdots\cdots = \frac{1}{1-(1-p)} = \frac{1}{p}$$

$$\Rightarrow \eta = \frac{1}{p^2}$$

$$\therefore E[X] = p \cdot \frac{1}{p^2} = \frac{1}{p} = \frac{36}{20} = \frac{9}{5}$$

(2)出現 6 但不出現 1 之機率為：$\dfrac{9}{36}=\dfrac{1}{4}$

$$P（6 先發生）= \sum_{n=1}^{\infty}\left(1-\dfrac{20}{36}\right)^{n-1}\dfrac{9}{36}=\dfrac{9}{20}$$

例題 21：Consider the following cumulative distribution function.

【清大經濟】

$$F_Y(y)=\begin{cases}0; & y<-1 \\[2mm] \dfrac{1}{3}; & -1\le y<0 \\[2mm] \dfrac{2}{3}; & 0\le y<1 \\[2mm] 1; & 1\le y\end{cases}$$

Find the mean and the variance of y.

解　From the cumulative distribution function, we have

$$\therefore P(Y=-1)=P(Y=0)=P(Y=1)=\dfrac{1}{3}$$

Therefore, $E[Y]=(-1+0+1)\cdot\dfrac{1}{3}=0$

$$E[Y^2]=((-1)^2+0^2+1^2)\times\dfrac{1}{3}=\dfrac{2}{3}$$

$$\Rightarrow Vax(Y)=E[Y^2]-(E[Y])^2=\dfrac{2}{3}-\left(\dfrac{1}{3}\right)^2=\dfrac{5}{9}$$

例題 22：投擲一銅板三次，每次投擲相互獨立，且出現 Head 之機率
　　　均為 p 若擲出 Head 得 100 元，擲出 Tail 輸 100 元，若 X 表
　　　贏之次數，Y 代表淨賺。求

(1)$f_X(x)$

(2)$E[X]$

(3)$f_Y(y)$

(4)$E[Y]$

解 $(1)f_X\ (x)=\begin{cases}p^3;\ x=3(HHH)\\3p^2(1-p);\ x=2(HHT)(HTH)(THH)\\3p(1-p)^2;\ x=1(HTT)(THT)(TTH)\\(1-p)^3;\ x=0(TTT)\end{cases}$

$(2)E\ [X]=3p^3+6p^2(1-p)+3p(1-p^2)=3p$

$(3)Y=[X-(3-X)]\times100=100(2X-3)=\begin{cases}300;\ X=3\\100;\ X=2\\-100;\ X=1\\-300;\ X=0\end{cases}$

$\therefore f_Y\ (y)=\begin{cases}p^3;\ y=300\\3p^2(1-p);\ y=-100\\3p(1-p)^2;\ y=-100\\(1-p)^3;\ y=-300\\0;\ o.w\end{cases}$

$(4)E\ [Y]=E[100(2X-3)]=200E\ [X]-300$

例題 23：若 X 為具有非負整數值之隨機變數，證明

$$E\ [X]=\sum_{k=0}^{\infty}P\ [X>k]$$

解 $\displaystyle\sum_{k=0}^{\infty}P\ (X>k)=\sum_{k=0}^{\infty}\sum_{l=k+1}^{\infty}f_X(t)=\sum_{l=1}^{\infty}\sum_{k=0}^{l-1}f_X(t)=\sum_{l=1}^{\infty}lf_X(l)=E\ [X]$

觀念提示：$\displaystyle E\ [X]=\sum_{k=0}^{\infty}(1-P\ [X\le k])=\sum_{k=0}^{\infty}(1-F_X(k))$

例題 24：There are ten balls in a box numbered by 1 to 10. In each experiment, a ball is picked at random from the box and is NOT put back to the box. Find the average number of experiments required in order to obtain the ball number 2. 【98 台聯大】

解 $P\ (X=1)=\dfrac{1}{10}$

$$P(X=2) = \frac{9}{10} \times \frac{1}{9} = \frac{1}{10}$$

$$\vdots$$

$$P(X=10) = \frac{9}{10} \times \frac{8}{9} \times \cdots = \frac{1}{10}$$

$$\Rightarrow E[X] = \frac{1}{10}(1+2+\cdots+10) = 5.5$$

例題 25：Toss 3 dice together (each with 6 unbiased faces: 1 to 6). Let Z be the median of the results. For example, if the results are 4, 3 and 6, then the median is 4. If the results are 4, 2, and 2, the median is 2. Please find the average of Z; E[Z]　　　　　【99 台大】

解

$$P(Z=1) = P(\{1, 1, 1\}, \{1, 1, k\}) = \frac{1}{6^3} + \frac{5 \times 3}{6^3} = \frac{16}{6^3} = P(Z=6)$$

$$P(Z=2) = P(\{2, 2, 2\}, \{2, 2, k>2\}, \{2, 2, k<2\}, \{2, l<2, k>2\})$$

$$= \frac{1}{6^3} + \frac{1 \times 1 \times 4 \times 3}{6^3} + \frac{1 \times 1 \times 1 \times 3}{6^3} + \frac{1 \times 1 \times 4 \times 3!}{6^3}$$

$$= \frac{40}{6^3} = P(Z=5)$$

$$P(Z=3) = P(\{3, 3, 3\}, \{3, 3, k>3\}, \{3, 3, k<3\}, \{3, l<3, k>3\})$$

$$= \frac{1}{6^3} + \frac{1 \times 1 \times 3 \times 3}{6^3} + \frac{1 \times 1 \times 2 \times 3}{6^3} + \frac{1 \times 2 \times 3 \times 3!}{6^3}$$

$$= \frac{52}{6^3} = P(Z=4)$$

$$\therefore f_Z(z) = \begin{cases} \dfrac{16}{6^3}; & z=1,6 \\[2mm] \dfrac{40}{6^3}; & z=2,5 \\[2mm] \dfrac{52}{6^3}; & z=3,4 \\[2mm] 0; & otherwise \end{cases}$$

$$\therefore E[Z] = \frac{16}{6^3}(1+6) + \frac{40}{6^3}(2+5) + \frac{52}{6^3}(3+4) = \frac{7}{2}$$

2-4　隨機變數之函數與變數變換

定理 2-4

若隨機變數 X 之 PMF 為 $f_X(x)$，$Y = g(X)$，則 Y 之 PMF 為

$$f_Y(y) = \sum_{g(x)=y} f_X(x) \qquad (2.4)$$

觀念提示：$f_Y(y) = P(Y=y) = P(g(x)=y)$ equals the sum of the probability of all the outcomes $X=x$ for which $Y=y$.

說例：$f_X(x) = \begin{cases} \dfrac{1}{7}; & x = -3, -2, -1, 0, 1, 2, 3 \\ 0; & elsewhere \end{cases}$，$Y = \dfrac{X^2}{2}$

則 Y 之值為 $0, \dfrac{1}{2}, \dfrac{4}{2}, \dfrac{9}{2}$

$$P(Y=0) = P(X=0) = \frac{1}{7}$$

$$P\left(Y=\frac{1}{2}\right) = P(X=-1) + P(X=+1) = \frac{2}{7}$$

$$P(Y=2) = P(X=-2) + P(X=+2) = \frac{2}{7}$$

$$P\left(Y=\frac{9}{2}\right) = P(X=-3) + P(X=+3) = \frac{2}{7}$$

$$F_Y(y) = \begin{cases} \dfrac{1}{7}; & y = 0 \\ \dfrac{2}{7}; & y = \dfrac{1}{2}, 2, \dfrac{9}{2} \\ 0; & elsewhere \end{cases}$$

$$E[Y] = \sum_y y f_Y(y) = \frac{2}{7}\left(\frac{1}{2} + 2 + \frac{9}{2}\right) = 2$$

是否可在不先求出 Y 之 PMF 之情形下，直接藉由 X 之 PMF 求 $E[Y]$？

$$E[Y] = E\left[\frac{X^2}{2}\right] = \sum_x \frac{x^2}{2} f_X(x) = \frac{1}{7}\left(\frac{9}{2} + \frac{4}{2} + \frac{1}{2} + 0 + \frac{1}{2} + \frac{4}{2} + \frac{9}{2}\right) = 2$$

顯然的，答案是肯定的。

由此說例可得以下定理

定理 2-5

X 為隨機變數，其 PMF 為 $f_X(x)$，則函數 $g(X)$ 之期望值為

$$E[g(X)] = \sum_x g(x) f_X(x) \tag{2.5}$$

由定理 2-5 延伸可得：

定理 2-6

(1)a, b 為任意常數，則

$$E[aX + b] = aE[X] + b。 \tag{2.6}$$

(2)c_1, c_2 為任意常數，$g_1(X), g_2(X)$ 為任意連續函數，則

$$E[c_1 g_1(X) + c_2 g_2(X)] = c_1 E[g_1(X)] + c_2 E[g_2(X)] \tag{2.7}$$

證明：(1)$E[aX+b]$

$$= \sum_x (ax+b)f_X(x) = a\sum_x x f_X(x) + b\sum_x x f_X(x) = aE[X] + b$$

(2)$E[c_1 g_1(X) + c_2 g_2(X)]$

$$= \sum_x (c_1 g_1(x) + c_2 g_2(x)) f_X(x)$$

$$= c_1 \sum_x g_1(x) f_X(x) + c_2 \sum_x g_2(x) f_X(x) = c_1 E[g_1(X)] + c_2 E[g_2(X)]$$

期望值為隨機變數之一階統計量，其物理意義即為平均值。至於描述隨機變數之二階統計特性的參數則為變異數（Variance），其物理意義為「平均而言，隨機變數偏離期望值的程度」或是隨機變數與期望值之「距離」，其定義如下：

定義：變異數（Variance）

若隨機變數 X 其期望值 μ_X，則其變異數 $Var(X)$ 或 σ_X^2 為

$$Var(X) = E[(X - \mu_X)^2] \tag{2.8}$$

定義：標準差（Standard Deviation）

$$\sigma_X = \sqrt{Var(X)}$$

為求計算方便，有時變異數並不以其定義式（2.8）來計算，（2.9），（2.10）提供另外求變異數之方法。

定理 2-7

(1) $Var(X) = E[X^2] - \mu_X^2$ 　　　　　　　　　　　　　　　　　　（2.9）

(2) $Var(X) = E[X(X-1)] + E[X] - \mu_X^2$ 　　　　　　　　　　（2.10）

證明：(1) $Var(X)$

$\quad\quad = E[(X - \mu_X)^2]$

$\quad\quad = E[X^2 - 2\mu_X X + \mu_X^2]$

$\quad\quad = E[X^2] - 2\mu_X E[X] + \mu_X^2$

$\quad\quad = E[X^2] - \mu_X^2$

$\quad$ (2) $Var(X)$

$\quad\quad = E[X^2] - \mu_X^2$

$\quad\quad = E[X(X-1) + X] - \mu_X^2$

$\quad\quad = E[X(X-1) + E|X] - \mu_X^2$

觀念提示：期望值相同之隨機變數，不見得有相同之變異數，如下例：

例題 26：若 X, Y, Z，三隨機變數之 PMF 為：

$$f_X(x) = \begin{cases} 1; & x = 0 \\ 0; & elsewhere \end{cases}$$

$$f_Y(y) = \begin{cases} \dfrac{1}{2}; & y = 1 \\ \dfrac{1}{2}; & y = -1 \end{cases}$$

$$f_Z(z) = \begin{cases} \dfrac{1}{2}; & z = -100 \\ \dfrac{1}{2}; & z = 100 \end{cases}$$

(1) $\mu_X, \mu_Y, \mu_Z = ?$

(2) $\sigma_X^2, \sigma_Y^2, \sigma_Z^2 = ?$

解　　(1) $\mu_X = \mu_Y = \mu_Z = 0$

(2) $Var(X) = 0$

$$Var(Y) = E[Y^2] = \frac{1}{2} + \frac{1}{2} = 1$$

$$Var(Z) = E[Z^2] = 10^4$$

觀念提示：Variance愈大代表此隨機變數不確定性（Uncertainty）愈大。

定理 2-8

a, b 為任意常數則 $Var(aX+b) = a^2 Var(X)$　　　　　　　　　（2.11）

證明：$Var(aX+b)$

$= E[(aX+b - E(aX+b))^2]$

$= E[(aX+b - a\mu_X - b)^2]$

$= E[a^2(X - \mu_X)^2]$

$= a^2 E[(X - \mu_X)^2]$

$= a^2 Var(X)$

觀念提示：若 $Var(X) = 0$，則 X 必為常數

例題 27：Random variables X and Y are related by $Y = g(X)$ where

$$g(x) = \begin{cases} -1; & x \le -2 \\ 0; & -2 < x < 2 \\ 1; & x \ge 2 \end{cases}$$

Please express $F_Y(y)$ in terms of $F_X(X)$.　　　【100 元智通訊】

解 $F_Y(y) = \begin{cases} F_X(-2); \ y=-1 \\ F_X(2) - F_X(-2); \ y=0 \\ 1 - F_X(2); \ y=+1 \end{cases}$

$\Rightarrow F_Y(y) = \begin{cases} 0; \ y<-1 \\ F_X(-2); \ -1 \le y < 0 \\ F_X(2); \ 0 \le y < 1 \\ 1; \ 1 \le y \end{cases}$

例題 28：隨機變數 X 之期望值 μ_X，變異數 σ_X^2，求隨機變數 Y 之 mean and variance.

$Y = \dfrac{1}{\sigma_X}(X - \mu_X)$

解 $E[Y] = \dfrac{1}{\sigma_X}(\mu_X - \mu_X) = 0$

$Var(Y) = \dfrac{1}{\sigma_X^2} Var(X)$

例題 29：$f_X(x) = \begin{cases} \dfrac{1}{3}; \ x=1,2,3 \\ 0; \ o.w \end{cases}$

$Y = 2X - 1$，求 $f_Y(y)$

解 $Y = 2X - 1 \Rightarrow X = \dfrac{Y+1}{2}$

$\therefore f_Y(y) = f_X\left(\dfrac{y+1}{2}\right)$

$= \begin{cases} \dfrac{1}{3}; \ x=1,3,5 \\ 0; \ o.w \end{cases}$

例題 30：$f_X(x) = \begin{cases} \binom{3}{x}\left(\dfrac{2}{5}\right)^x\left(\dfrac{3}{5}\right)^{3-x}; \ x=0,1,2,3 \\ 0; \ o.w \end{cases}$

$Y = X^2$，求 $f_Y(y)$

解　　$Y=X^2$；$x=0, 1, 2, 3 \Rightarrow x = \sqrt{Y}$

$$\therefore f_Y\,(y) = P\,(X^2 = y) = f_X\,(\sqrt{Y}) = \begin{cases} \dbinom{3}{\sqrt{y}} \left(\dfrac{2}{5}\right)^{\sqrt{y}} \left(\dfrac{3}{5}\right)^{3-\sqrt{y}} \\ 0;\, o.w \end{cases} ;$$

$$y = 0, 1, 4, 9$$

2-5　條件質量函數

定義：條件質量函數（Conditional PMF）

Given event B, which is a subset of sample space S, the conditional PMF of X is defined as

$$f_{X|B}\,(x) = P\,(X = x\,|\,B)$$

由前章條件機率之定義可得

$$P\,(X = x\,|\,B) = \frac{P(X = x, B)}{P(B)} \tag{2.12}$$

就分子的部份進行討論，因 B 為 S 之一子集合，換言之，$X = x$ 可能屬於 B，也可能不屬於 B。

(1)若 $x \in B \Rightarrow \{X = x\} \cap B = \{X = x\} \Rightarrow P\,(X = x, B) = P\,(X = x) = f_X(x)$

(2)若 $x \notin B \Rightarrow \{X = x\} \cap B = \phi \Rightarrow P\,(X = x, B) = 0$

根據以上的討論可得一定理

定理 2-9

$$f_{X|B}\,(x) = \begin{cases} \dfrac{f_X(x)}{P(B)};\ x \in B \\ 0;\ elsewhere \end{cases}$$

觀念提示：(1)$f_{X|B}(x) \geq 0$，for all $x \in B$

(2) $\sum_{x \in B} f_{X|B}(x) = 1$

證明：(1)$f_{X|B} = \dfrac{f_X(x)}{P(B)}$　∵$f_X(x) \geq 0, P(B) \geq 0$　∴$f_{X|B}(x) \geq 0$

(2) $\sum_{x \in B} f_{X|B}(x) = \dfrac{1}{P(B)} \sum_{x \in B} f_X(x) = \dfrac{P(B)}{P(B)} = 1$

定理 2-10

若 $B_1, \cdots\cdots, B_m$ 為 event space，則

$$f_X(x) = \sum_{i=1}^{m} f_{X|B_i}(x) P(B_i) \tag{2.13}$$

證明：$f_{X|B_i}(x) P(B_i) = f_X(x)$　$x \in B_i$; $i = 1, \cdots\cdots, m$

∵ $\{B_1, \cdots\cdots, B_m\}$ 為 event space，則滿足

$$\begin{cases} B_i B_j = \phi;\ \forall\, i \neq j \\ \bigcup_{j=1}^{m} B_i = S_x \end{cases}$$

∴$\sum_{i=1}^{m} f_{X|B_i}(x) P(B_i) = f_X(x)$

觀念提示：參考定理 1-14 全機率定理即可瞭解本定理。

定義：條件期望值（Conditional Expected Value）

Given event B, the conditional expectation of X is：

$E[X|B] = \mu_{X|B} = \sum_{x \in B} f_{X|B}(x)$

定理 2-11

$B_1, \cdots\cdots, B_m$ 為 Event space

$$E[X] = \sum_{i=1}^{m} E[X|B_i] P(B_i) \tag{2.14}$$

證明：$E[X] = \sum_{x} x f_X(x) = \sum_{x} x \sum_{i=1}^{m} f_{X|B_i}(x) P(B_i)$

$= \sum_{x} \sum_{i=1}^{m} x f_{X|B_i}(x) P(B_i) = \sum_{i=1}^{m} E[X|B_i] P(B_i)$

例題 31：A machine is erratic. When you push the button, one of three things happens. 60% of the time it goes into mode A and is done in 5 minutes. 30% of the time it goes into mode B, buzzes for 2 minutes, but produces nothing, so that you have to try again. 10% of the time it goes into mode C, buzzes uselessly for 3 minutes, after which time you have to try again. Find the expected amount of time it takes to get done. 【95 海洋電機】

解

$$E\,[T] = E\,[T|A]P\,(A) + E\,[T|B]P\,(B) + E\,[T|C]P(C)$$
$$= 0.5 \times 0.6 + (E\,[T] + 2) \times 0.3 + (E\,[T] + 3) \times 0.1$$

定理 2-12

函數的條件期望值

$$E\,[g(x)|B] = \sum_{x \in B} g(x) f_{X|B}\,(x) \tag{2.15}$$

定義：條件變異數（Conditional variance）

Given event B, the conditional variance of X is：

$$Var\,[X|B] = \sigma_{X|B}^2 = E[(X - \mu_{X|B})^2|B] \tag{2.16}$$

觀念提示：$Var\,[X|B]$

$$= E\,[X^2|B] - \mu_{X|B}^2$$
$$= \sum_{x \in B} x^2 f_{X|B}\,(x) - \left(\sum_{x \in B} x f_{X|B}\,(x) \right)^2$$

例題 32：測試 IC 直到發現第一個失敗的為止，每次測試均獨立進行，且失敗之機率均為 $p = 0.1$，若 X 代表總共測試之 IC 數，且 B 代表 $X \geq 20$ 之事件，求：

(1)$f_X\,(x)$

(2)$f_{X|B}\,(x)$

(3)$E\,[X|B]$

解
$(1) f_X(x) = \begin{cases} (1-p)^{x-1}p; \ x=1,2,\cdots\cdots & p=0.1 \\ 0; \ o.w \end{cases}$

$(2) P(B) = P(X \ge 20) = \sum\limits_{x=20}^{\infty} f_X(x) = (1-p)^{19}$

$f_{X|B}(x) = \begin{cases} \dfrac{f_x(x)}{P(B)}; \ x \in B \\ 0; \ o.w \end{cases} = \begin{cases} (1-p)^{x-20}p; \ x=20,21\cdots\cdots \\ 0; \ o.w \end{cases}$

$(3) E[X|B] = \sum\limits_{x \in B} x f_{X|B}(x) = \sum\limits_{x=20}^{\infty} x(1-p)^{x-20}p = 19 + \dfrac{1}{p} = 29$

例題 33：在一迷宮遊戲中，選擇左，右之機會均等，若選擇右，則將於 3 分鐘後回到原處，若選擇左，則有 $\dfrac{1}{3}$ 之機率能在 2 分鐘後離開，$\dfrac{2}{3}$ 之機率在 5 分鐘後回到原處，求陷於迷宮中時間之期望值。

解
Let T 表在迷宮中之時間
$\Rightarrow E[T] = \dfrac{1}{2}E[T|左] + \dfrac{1}{2}E[T|右]$
$\because E[T|左] = \dfrac{1}{3} \times 2 + \dfrac{2}{3}[5 + E[T]]$
$E[T|右] = 3 + E[T]$
$\therefore E[T] = \dfrac{5}{6}E[T] + \dfrac{21}{6}$
$\Rightarrow E[T] = 21$ 分

例題 34：如上題，求 $Var(T)$

解
$E[T^2] = \dfrac{1}{2}(E[T^2|左] + E[T^2|右])$
$\because E[T^2|左] = \dfrac{1}{3} \times 2^2 + \dfrac{2}{3}E[(5+T)^2]$
$= \dfrac{474}{3} + \dfrac{2}{3}E[T^2]$

$$E\ [T^2|右] = E[(3+T)^2]$$
$$= 135 + E\ [T^2]$$
$$\therefore E\ [T^2] = \frac{1}{2}\left(\frac{2}{3}E[T^2] + \frac{474}{3} + 135 + E[T^2]\right)$$
$$\Rightarrow E\ [T^2] = 879$$
$$\therefore Var\ (T) = 879 - (21)^2 = 438\ 分$$

例題 35：A fair coin is tossed until k tails occur successively. Find the expected number of tosses required

解　Let the expected number be E_k. Then E_k satisfies

$$E_k = \frac{1}{2}\ (E_k+1) + \frac{1}{2^2}\ (E_k+2) + \cdots + \frac{1}{2^k}\ (E_k+k) + \frac{1}{2^k} \times k$$
$$= E_k\left(\frac{1}{2} + \frac{1}{2^2} + \cdots + \frac{1}{2^k}\right) + \left(\frac{1}{2} + \frac{2}{2^2} + \cdots + \frac{k}{2^k}\right) + \frac{1}{2^k} \times k$$
$$\Rightarrow E_k \times \frac{1}{2^k} = 2\left(1 - \frac{1}{2^k}\right)$$
$$\Rightarrow E_k = 2(2^k - 1)$$

另解　$$E_k = \frac{1}{2}\ (E_{k-1}+1) + \frac{1}{2}\ (E_{k-1}+1+E_k)$$
$$\Rightarrow E_k = 2E_{k-1} + 2$$
$$E_0 = 0$$
$$E_1 = 2$$
$$E_2 = 2 \times E_1 + 2 = 6 \cdots$$
$$\therefore E_k = 2^{k-1}E_1 + 2^{k-1} + 2^{k-2} + \cdots + 2$$
$$= 2^k + 2^k - 2$$
$$= 2\ (2^k - 1)$$

2-6　動差生成函數及機率生成函數

定義：動差生成函數（Moment Generating Function, MGF）

離散隨機變數 X 之 PMF 為 $f_X(x)$，若

$$M_X(t) = E[e^{tx}] = \sum_x e^{tx} f_X(x) \tag{2.17}$$

存在，則稱 $M_X(t)$ 為 X 之 MGF。

動差生成函數可用來計算各階動差，如期望值，變異數。

定理 2-13

若隨機變數 X 之 MGF 為 $M_X(t)$，則

$$M_X^{(k)}(0) = E[X^k] \text{；} k = 1, 2, \cdots\cdots \tag{2.18}$$

證明：$M_X^{(1)}(t) = \dfrac{d}{dt} E[e^{tx}] = E[Xe^{tx}] = \sum_x xe^{tx} f_X(x) \Rightarrow M_X^{(1)}(0) = E[X]$

$\qquad\quad M_X^{(2)}(t) = \dfrac{d^2}{dt^2} E[e^{tx}] = E[X^2 e^{tx}] \Rightarrow M_X^{(2)}(0) = E[X^2] = \sum_x x^2 f_X(x)$

$\qquad\quad \vdots$

$\qquad\quad M_X^{(k)}(t) = \dfrac{d^k}{dt^k} E[e^{tx}] = E[X^k e^{tx}] \Rightarrow M_X^{(k)}(0) = E[X^k] = \sum_x x^k f_X(x)$

觀念提示：　1. 由定理 2-13 可知：

$$Var(X) = M_X''(0) - M_X'(0)^2 \tag{2.19}$$

　　　　　　2. 在實際應用時常將 $M_X(t)$，展開或 Taylor Series

$$M_X(t) = M_X(0) + M_X'(0)t + \frac{M_X''(0)}{2!}t^2 + \cdots\cdots + \frac{M_X^{(k)}(0)}{k!}t^k + \cdots\cdots \tag{2.20}$$

　　　　　　利用定理 2-13 可將上式改寫為：

$$M_X(t) = 1 + E[X]t + \frac{E[X^2]}{2!}t^2 + \cdots\cdots\frac{E[X^k]}{k!}t^k + \cdots\cdots \tag{2.21}$$

換言之，只要將 $M_X(t)$ 之 Taylor 展開式中 t^k 之係數乘以 k！即可得 X 之 k 階動差。

3. $M_X(0) = 1$

例題 36：Let X be the random variable such that, for $k = 0, 1, 2, \cdots$

$$E[X^{2k}] = \frac{(2k)!}{k!},\ E[X^{2k+1}] = 0$$

Find the MGF. 【95 中山通訊】

$$M_X(t) = 1 + E[X]t + \frac{E[X^2]}{2!}t^2 + \cdots + \frac{E[X^k]}{k!}t^k + \cdots$$

$$= 1 + \frac{1}{2!}\frac{2!}{1!}t^2 + \frac{1}{4!}\frac{4!}{2!}t^4 + \frac{1}{6!}\frac{6!}{3!}t^6 + \cdots$$

$$= \exp(t^2)$$

定理 2-14

若 X 之 MGF 為 $M_X(t)$，則 $M_{aX+b}(t) = e^{bt}M_X(at)$。 （2.22）

證明：$M_{aX+b}(t) = E[e^{(aX+b)t}] = E[e^{aXt}e^{bt}] = e^{bt}E[e^{aXt}] = e^{bt}M_X(at)$

定義：機率生成函數（Probability Generating Function, PGF）

設 X 為非負整數值隨機變數，則

$$\phi_X(t) = \sum_{x=0}^{\infty} f_X(x)t^x$$ （2.23）

稱為 X 之 PGF。

觀念提示：$\phi_X(t) = f_X(0) + f_X(1)t + f_X(2)t^2 + \cdots\cdots$

由此可知：

(1) $\phi_X(0) = f_X(0),\ \phi_X(1) = 1$

(2) $f_X(x) = \frac{1}{x!}\phi_X^{(x)}(0)$

定理 2-15

$(1) \phi_X'(1) = E[X]$ （2.24）

$(2) \phi_X''(1) = E[X(X-1)]$ （2.25）

$(3) Var(X) = \phi_X''(1) + \phi_X'(1) - (\phi_X'(1))^2$ （2.26）

證明：$(1) \dfrac{d\phi_X(t)}{dt} = \sum_{x=0}^{\infty} x f_X(x) t^{x-1} \Rightarrow \phi_X'(1) = \sum_{x=0}^{\infty} x f_X(x) = E[X]$

$(2) \dfrac{d^2\phi_X(t)}{dt^2} = \sum_{x=0}^{\infty} x(x-1) f_X(x) t^{x-2} \Rightarrow \phi_X''(1) = \sum_{x=0}^{\infty} x(x-1) f_X(x)$

$\qquad\qquad\qquad\qquad\qquad\qquad\qquad\quad = E[X(X-1)]$

例題 37：試求出二項分佈，負二項分佈，及 Poisson 分佈之 PGF

解　　參考第三章中各種分佈之 PMF

(1)二項分佈

$\phi_X(t) = \sum_{x=0}^{\infty} \binom{n}{x} p^x (1-p)^{n-x} t^x = \sum_{x=0}^{\infty} \binom{n}{x} (pt)^x (1-p)^{n-x}$

$\qquad = (pt + 1 - p)^n$

(2)負二項分佈

$= \sum_{x=0}^{\infty} p^a \binom{-a}{x} (-1)^x (1-p)^x t^x \phi_X(t)$

$= p^a \sum_{x=0}^{\infty} \binom{-a}{x} [-t(1-p)]^x = p^a [1 - t(1-p)]^{-a}$

$= \left[\dfrac{p}{1 - t(1-p)} \right]^a \; ; \; |t| < \dfrac{1}{1-p}$

(3) Poisson 分佈 $\phi_X(t) = \sum_{x=0}^{\infty} e^{-\lambda} \dfrac{\lambda^x}{x!} t^x = \sum_{x=0}^{\infty} e^{-\lambda} \dfrac{(\lambda t)^x}{x!} = e^{-\lambda} \cdot e^{\lambda t} = e^{\lambda(t-1)}$

定理 2-16

若 X 為非負整數值隨機變數，則 $M_X(t) = \phi_X(e^t)$

證明：$\phi_X(t) = E[t^x] \Rightarrow \phi_X(e^t) = E[e^{tx}] = M_X(t)$

說例：由本定理，可輕易求出二項、負二項、Poisson 之 MGF

(1)二項分佈：$M_X(t) = \phi_X(e^t) = (pe^t + 1 - p)^n$

(2)負二項分佈：$M_X(t) = \left[\dfrac{p}{1 - e^t(1-p)}\right]^a$

(3) Poisson 分布：$M_X(t) = e^{\lambda(e^t - 1)}$

定理 2-17

若 X, Y，為獨立非負整數值隨機變數，則 $\phi_{X+Y} = \phi_X(t)\phi_Y(t)$。

證明：$\phi_X(t)\phi_Y(t)$

$$= \sum_x f_X(x)\, t^x \sum_y f_Y(y) t^y = \sum_x \sum_y f_X(x) f_Y(y)\, t^{x+y}$$

$$= \sum_{x=0}^{\infty} \sum_{x+y=s} f_X(x) f_Y(y)\, t^{x+y} = \sum_{x=0}^{\infty} \sum_{x=0}^{s} f_X(x) f_Y(s-x)\, t^s = \sum_{s=0}^{\infty} f_S(s)\, t^s$$

觀念提示：　1. 若 $X_1, X_2, \cdots\cdots, X_n$ 獨立，

則 $\phi_{X_1 + \cdots + X_n}(t) = \phi_{X_1}(t)\phi_{X_2}(t)\cdots\phi_{X_n}(t)$。

2. 同理可得：若 X, Y 獨立，則 $M_{X+Y}(t) = M_X(t)\, M_Y(t)$。

3. 若 $X_1, X_2, \cdots\cdots, X_n$ 獨立，則 $M_{X_1 + \cdots + X_n}(t) = M_{X_1}(t)\, M_{X_2}(t)\cdots M_{X_n}(t)$。

定理 2-18

(1) $\dfrac{d}{dt}(\ln M_X(t))\big|_{t=0} = E[X]$ 　　　　　　　　　　　　　　　　(2.27)

(2) $\dfrac{d^2}{dt^2}(\ln M_X(t))\big|_{t=0} = Var((X)$ 　　　　　　　　　　　　　(2.28)

證明：(1) $\dfrac{d}{dt}(\ln M_X(t))\Big|_{t=0} = \dfrac{1}{M_X(t)} M_X'(t)\Big|_{t=0}$

$= M_X'(0) = E[X]$

(2) $\dfrac{d^2}{dt^2}(\ln M_X(t))\Big|_{t=0} = \dfrac{1}{M_X(t)} M_X''(t)\Big|_{t=0} - \dfrac{1}{M_X^2(t)}(M_X'(t))^2\Big|_{t=0}$

$= M_X''(0) - (M_X'(0))^2$

$= E[X^2] - (E[X])^2$

$= Var(X)$

例題 38：The first three terms of the power series expansion of the moment generating function of the random variable X are $1 - t + t^2 + \cdots$ What are the first three terms in the power series expansion of the moment generating function of the random variable $1 - X$？

【交大工工】

The MGF of $(1 - X)$ is：

$M_{1-X}(t) = E[e^{(1-x)t}] = e^t E[e^{-tx}] = e^t M_X(-t)$

已知 $M_X(t) = 1 - t + t^2 + \cdots\cdots$

$\Rightarrow M_X(-t) = 1 + t + t^2 + \cdots\cdots$

$\therefore M_{1-X}(t) = \left(1 + t + \dfrac{t^2}{2} + \cdots\right)(1 + t + t^2 + \cdots) = 1 + 2t + \dfrac{5}{2}t^2 + \cdots$

例題 39：If the moment generating function of the random variable X is given by $M_X(t) = e^{-t}$, then the nth moment of X about the origin is？

【交大工工】

$\because$ the moment generating function of X is given by

$M_X(t) = e^{-t} = \sum\limits_{k=0}^{\infty} (-t)^k/k! = \sum\limits_{k=0}^{\infty} (-1)^k t^k/k!$

and by definition of the moment generating function

$M_X(t) = E[e^{tX}] = \sum\limits_{k=0}^{\infty} t^k E[X^k]/k!$

$\therefore E[X^k] = (-1)^k$，即當 $k=n$ 時，$E(X^n) = (-1)^n$

例題 40：若 X 為 Bernoulli random variable，其 PMF 為：

$$f_X(x) = \begin{cases} 1-p; \ x=0 \\ p; \ x=1 \\ 0; \ else \end{cases}$$

求 $M_X(t)$

解　$M_x(t) = (1-p)\,e^0 + pe^t = 1-p+pe^t$

例題 41：若隨機變數 K （binomial random variable）之 PMF 如下所示，求其 MGF

$$f_K(k) = \begin{cases} \binom{n}{k} p^k(1-p)^{n-k}; \ k=0,1,\cdots\cdots,n \\ 0; \ else \end{cases}$$

解　K 可表示為 n 個獨立的 Bernoulli random variable 之和（參考下章之說明）

$K = X_1 + X_2 + \cdots + X_n$

其中 $\{X_i\}$ 之 PMF 均為

$$f(x) = \begin{cases} 1-p; \ x=0 \\ p; \ x=1 \end{cases}$$

由上例可知 $M_X(t) = 1-p+pe^t$

故得 $M_K(t) = (1-p+pe^t)^n$

例題 42：$f_X(x) = \begin{cases} \dfrac{1}{3}; \ x=1,2,3 \\ 0; \ o.w \end{cases}$

(1) Find $M_X(t)$

(2) using (1)，find $E[X]$, $Var(X)$

解　$M_X(t) = E[e^{tx}] = \dfrac{1}{3} \displaystyle\sum_{t=1,2,3} e^{tx}$

$$= \frac{1}{3}(e^t + e^{2t} + e^{3t})$$

$$E[X] = M_X'(0) = \frac{1}{3}(1+2+3) = 2$$

$$E[X^2] = M_X''(0) = \frac{1}{3}(1+4+9) = \frac{14}{3}$$

$$\therefore Var(X) = \frac{14}{3} - 2^2 = \frac{2}{3}$$

精選練習

1.　設離散隨機變數 X 有 4 個值，其所對應之機率分別為 $\frac{1+3x}{4}$，$\frac{1-x}{4}$，$\frac{1+2x}{4}$，$\frac{1-4x}{4}$，求 x 之範圍。

2.　設隨機變數 X 之 MGF 為 $M_X(t) = (0.3e^t + 0.7)^3$ 求 $P(X \geq 3) = ?$ $-\infty < t < \infty$

3.　某人丟擲一目標，假設擊中目標之機率為 0.2，且每次投擲相互獨立：
　　(1)求在 5 次投擲中擊中 2 次之機率？
　　(2) What is the expected number of hits in 5 throws?　　　　　【中央機械】

4.　若 $\{X_1, X_2, \cdots, X_k\}$ 為一系列獨立且具相同分佈之隨機變數，其 PDF 為
$$f(x) = \begin{cases} \dfrac{1}{n}; & x = 1, 2, 3 \\ 0; & o.w \end{cases}$$
　　求隨機變數 $Z = X_1 + X_2 + \cdots + X_k$ 之 MGF

5.　若 $\{X_1, X_2, \cdots\}$ 為一系列獨立且具相同分佈之隨機變數，$K = X_1 + X_2 + \cdots + X_n$，利用 MGF 證明
　　(1)$E[K] = nE[X]$　　　(2)$E[K^2] = n(n-1)(E[X])^2 + nE[X^2]$

6.　$f_X(x) = \begin{cases} \dfrac{k}{x}; & x = 1, 2, 3 \\ 0; & o.w \end{cases}$ ，求：
　　(1)$k = ?$ (2)$P(X=1) = ?$ (3)$P(X \geq 2) = ?$ (4)$P(X > 3) = ?$

7.　若隨機變數 X 之 PMF 為 $f_X(x)$，X 之估計值表示為 $\hat{x}$ 故平均估計誤差為：
$$e(\hat{x}) = E[(x - \hat{x})^2]$$
　　求證在 $e(\hat{x}) = E[x]$ 時最小。

8.　觀察三通電話，並記錄其為語音或傳真，若 X 代表語音電話之次數，且 X 之 PMF 為：
$$f_X(x) = \begin{cases} 0.1; & x = 0 \\ 0.3; & x = 1, 2, 3 \\ 0; & o.w \end{cases}$$

每通語音電話花 2.5 元，傳真 4 元，若共需花費 Y 元

(1)求 X 與 Y 之關係　　　(2)求 $f_Y(y)$

9.　若 X 之 PMF 為

$$f_X(x) = \begin{cases} \binom{4}{x}\left(\dfrac{1}{2}\right)^4; & x = 0, 1, \cdots, 4 \\ 0; & o.w \end{cases}$$

(1)求 μ_X, σ_X　　　　　　　　(2)求 $P(\mu_X - \sigma_X \le X \le \mu_X + \sigma_X)$

(3) find $f_{X|B}(x)$, $B = \{X \ne 0\}$　　　(4)求 $E[X|B]$

(5)求 $Var(X|B)$

10.　$f_X(x) = \begin{cases} kx^2; & x = 1, 2, 3, 4 \\ 0; & o.w \end{cases}$

(1)$k = ?$　　　　　　(2)$P(X > 2) = ?$　　　　　(3)$P(X \text{ is an even number}) = ?$

11.　你負責銷售演唱會門票，若顧客在嘗試打三次電話訂票不成後即放棄，你要保證能至少服務 95%顧客，若 p 代表顧客能成功撥通電話之機率，求 p 至少需為何才能達成你的目標？

12.　若 X 之 CDF 如圖 2-2 所示

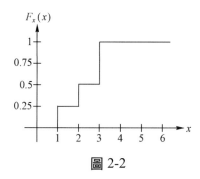

圖 2-2

求：(1)$P(X < 1)$　(2)$P(X \le 1)$　(3)$P(X > 2)$　(4)$P(X = 3)$　(5)$f_X(x)$　(6)$E[X]$　(7)若 $Y = X^2$，求 $f_Y(y)$　(8)$E[Y]$

13.　若 X 之 CDF 為

$$F_X(x) = \begin{cases} 0; & x < -3 \\ 0.4; & -3 \le x < 5 \\ 0.8; & 5 \le x < 7 \\ 1; & x \ge 7 \end{cases}$$

求：

(1)$f_X(x)$　(2)$E[X]$　(3)若 $Y = X$，求 $f_Y(y)$　(4)$F_Y(y)$　(5)$E[Y]$

(6)若 $B = \{X > 0\}$ 求 $f_{X|B}(x) = ?$　(7)求 $E[X|B] = ?$　(8)求 $Var[X|B] = ?$

14. A thief has been placed in a jail with three doors. The door, One Day Trip, leads into a tunnel which returns him to the jail after one days travel through the tunnel. The door, Three Day Trip, leads to a similar tunnel whose traversal requires three days rather than one day. The third door, One Way Ticket, leads to freedom. The probability of the thief choosing the door-One Day Trip is 0.25, the door-Three Day Trip is 0.5, and the door-One Way Ticket is 0.25 at each time he makes a choice. Find the expected number of days the thief will be imprisoned.　　　　　　　　　　　　　　　　　　　　　　　　　　　　　　【93 交大電信】

15. A box contains n black balls. At each stage a black ball is removed and a new ball, that is black with probability p and white with probability $(1 - p)$，is put into the box. Please find the expected number of stages needed until there are no more black balls in the box.
　　　　　　　　　　　　　　　　　　　　　　　　　　　　　　　　　　【清大電機】

16. A submarine attempts to sink an aircraft carrier. It will be successful only if two or more torpedoes hit the carrier. If this sub fires three torpedoes and the probability of a hit is 0.4 for each torpedo, what is the probability that the carrier will be sunk.　　【中原電子】

17. 某行動電話計費方式為：若使用時間在 30 分鐘之內，則須付費 200 元，若使用時間超過 30 分鐘，則每分鐘須另外付費 5 元，若某個月你所使用之時間（分鐘）為幾何隨機變數 M，$E[M] = \dfrac{1}{p} = 30$
    (1)若你在這個月所須付費（元）為隨機變數 C，求其 PMF？
    (2)$E[C] = ?$

18. 丟擲一個骰子一次，令 R_i 代表丟擲之結果為 i 點之事件，令 G_j 代表丟擲之結果大於 j 點之事件，令 E 代表丟擲之結果為偶數點之事件。
    (1)試問在丟擲之結果大於 1 點之條件下，丟擲之結果為 3 點之機率，$P[R_3|G_1] = ?$
    (2)試問在丟擲之結果大於 3 點之條件下，丟擲之結果為 6 點之機率？
    (3)試問在丟擲之結果為偶數點之條件下，丟擲之結果大於 3 點之機率，$P[G_3|E] = ?$
    (4)試問在丟擲之結果大於 3 點之條件下，丟擲之結果為偶數點之機率？

19. 已知 A, B, C 為三個獨立的隨機變數，且其發生機率分別為：
    $P[A=1] = 0.4; P[A=2] = 0.6$
    $P[B=3] = P[B=2] = P[B=1] = P[B=1] = 0.25$
    $P[C=1] = 0.5; P[C=2] = 0.4; P[C=3] = 0.1$
    求方程式 $Ax^2 + Bx + C$ 有實根之機率？　　　　　　　　　　　　　　　【中山電機】

20. 某盒中有 3 張卡片，一張兩面都是紅色，另一張兩面均為白色，而第三張兩面分別為紅色與白色；現自盒中隨機取出一張卡片並發現其向上之面為白色，求另一面亦為白色之機率？　　　　　　　　　　　　　　　　　　　　　　　　　　【清華統計】

21. 某箱中原有 r 顆紅球與 b 顆黑球，現自其中取出一球後放回，若該球為紅色，則放回時再放入 k 顆紅球，若該球為黑色則再放入 k 顆黑球，此過程一直持續下去，求：

(1)第一次，第二次與第三次抽中紅球的機率？

(2)已知第二次抽中為紅球，則第一次抽中者為紅球之機率？

【91 交大資訊、88 交大電信】

22. 有朋友五人但只有四張電影票，現欲以抽籤方式決定哪四人可去，若作籤五枚，只有四枚可去，現五人依次抽出且抽出後不置回，試問第幾個抽的最有利？

【交大電子】

23. 證明：若有 $P(A|B) = P(A|\bar{B})$，則事件 A 與 B 必互為獨立 【清大統計】

24. 投公正的硬幣 n 次，事件 A 為至少 2 次出現人面向上，事件 B 為一次或兩次出現人面向下，證明當 $n=3$ 時，A 與 B 為獨立，而當 $n=4$ 時，A 與 B 不獨立

【92 台大電機】

25. 某批貨共 10 件，已知其中 8 件正常而 2 件有缺陷，現欲自其中隨機地逐個取出檢查，求要找出所有不良品所需檢查之貨品個數之期望值為多少？【台大電機】

26. 某人進行擲飛標的遊戲，其每一擲均為獨立事件而且均具有 0.2 的命中機率，求：

(1)投 5 次中 2 次的機率為何？　　(2)投 5 次的命中次數期望值？

(3)投 5 次的最可能命中數為多少？ 【中山機械】

27. 袋中有 n 支籤其中只有一支為中獎，現有 n 個人抽籤，求：

(1)若抽出之籤不置回，抽籤之順序是否會影響中獎機率？

(2)若抽出之籤置回，抽籤之順序是否會影響中獎機率？

(3)就以上兩種情形分別計算所需抽籤次數之期望值 【90 清華統計】

28. 將盒中放入 3 個白球，以及紅，藍，黃，綠球各 1 個，有 2 個人輪流跑去取一球，直到 4 個色球全部取出為止；求：

(1)平均而言要取出幾個球才會結束？

(2)取球總數之變異數為何？ 【清華統計】

29. 某盒中共有 r 個球其上分別編以 $1 \sim r$ 的數字，現自其中以不置回方式取出 n 個球，其中數目最大者為 Y，而最小者為 Z，求 $P[Y=y]$ 及 $P[Z=z] = ?$ 【86 台大電機】

30. 試以隨機變數 X 表示擲硬幣 n 次後，其出現正面與反面次數之差，求

(1)X 的可能值為何？　　(2)$P[X=i] = ?$ 【交大電信】

31. 自 $\{1, 2, \cdots\cdots, 6\}$ 中任取一數為 N_1，自 $\{1, \cdots\cdots, N_1\}$ 任取一數為 N_2，自 $\{1, \cdots\cdots, N_2\}$ 任取一數為 N_3：

(1)若 $N_2 = 4$，$P[N_1 = 5] = ?$　　(2)若 $N_1 = 5$，$P[N_3 = 2] = ?$ 【91 交大電信】

32. 已知某隨機變數之分佈函數 $F(x)$ 如下，（$F(x) = 0$ if $x < 0$）

$$F(x) = \begin{cases} \dfrac{x}{8} + \dfrac{1}{8}, & x \in [0, 1) \\ \dfrac{1}{2}, & x \in [1, 2) \end{cases} \quad ; \quad F(x) = \begin{cases} \dfrac{x}{8} + \dfrac{1}{2}, & x \in [2, 4) \\ 1, & x \in [4, \infty) \end{cases}$$

(1)畫出 $F(x)$ 之圖形；　　　　　(2)計算 $P[X=2]$ 及 $P[X=3]$

(3)計算 $P[X>0]$ 及 $P[X<2]$；　　(4)計算 $P[1<X<3]=$?

(5)計算 $P[X<3|X>1]=$?　　　　　　　　　　　　　　　【交大工工】

33. 已知密度函數 $f(x)=\begin{cases} p(1-p)^x; \ x=0,1,2\cdots\cdots \\ 0; \ otherwise \end{cases}$，問 $P[X\geq m]=$?　　【交大資訊】

34. 已知 $P[X=a]=r$, $P[\max(X,Y)=a]=s$, $P[\min(X,Y)=a]=t$，試證明可以唯一地決定 $P[X=a]$，並問其值 = ?　　　　　　　　　　　　　　　　【91台大電機】

35. 已知 X 之值域為非負整數，而且質量函數為 $f_X(x)=p(1-p)^x$；另取 m 為任意正整數，試計算 $\min(x,m)$ 之平均值？　　　　　　　　　　　　　【交大資訊】

36. 已知某離散隨機變數之質量函數為：$f_X(x)=\dfrac{\mu^x e^{-\mu}}{x!}$；$x=0,1,2\cdots\cdots$ 試求其動差母函數以及變異數？　　　　　　　　　　　　　　　　　　　　【清華電機】

37. 已知某隨機變數之動差母函數如下，試問質量函數 = ?

(1)$M(t)=\dfrac{e^t}{5}+\dfrac{2e^{4t}}{5}+\dfrac{2e^{8t}}{5}$；

(2)$M(t)=\dfrac{2^t+3^t+5^t}{3}$　　　　　　　　　　　　　【清華工工、統計】

38. Dr. Windler's secretary accidentally threw a patient's file into the wastebasket. A few minutes later, the janitor cleaned the cntire clinic, dumped the wastebasket containing the patient's file randomly into one of the seven garbage cans outside the clinic, and left. Determine the expected number of cans that Dr. Windler Should empty to find the file.

【97 成大電腦與通訊所】

39. A semiconductor wafer has M VLSI chips on it and these chips have the same circuitry. Each VLSI chip consists of N interconnected transistors. A transistor may fail (not function properly) with a probability p because of its fabrication process, which we assume to be independent among individual transistors. A chip is considered a failure if there are n or more transistor failures. Let K be the number of failed transistors on a VLSI chip, which is therefore a random variable.

(1) What is random variable?

(2) What is sample space (also called outcome set) over which random variable K is defined?

(3) Let $X_i=1$ if a chip i fails and $X_i=0$ if a chip is good. Derive the probability that a chip is good, i.e., $P_g=\Pr\{X_i=0\}=$?

(4) Now suppose that the value of a current I of the chip depends on transistor 1. If transistor 1 fail, we will observe an abnormal I value with a probability p and a normal I value with a probability $1-p$; if transistor 1 is good, we will observe a normal I value with a probability q and an abnormal I value with a probability $1-q$.

What is the probability that you observe an abnormal I value?

When the I value you measured is normal, what is the probability that transistor 1 actually fails?

(5) Whether one chip is good or fails is independent of other chips. Let Y be defined as the percentage of good chips in the wafer, i.e., $Y=\left(1-\dfrac{1}{M}\sum_{i=1}^{M}X_i\right)\times 100\%$. Then derive $\mu_Y=E[Y]=?$ $\sigma_Y^2=Var[Y]=?$ 【97 台大電子】

40. Answer the following questions

(1) Toss a fair dice three times. The first outcome is a, the second one is b, and the last one is c. Find the probability that the quadratic equation $ax^2+bx+2c=0$ has no real roots.

(2) Toss a fair dice twice. The first outcome is a, the second one is b. Define a random variable: $X=|a-b|$. Please plot the cumulative distribution function of X.

【97 高應大電機】

41. Toss an unfair coin until the head shows up and then stop. Let X be the number of total tosses. All tosses are independent, and in each toss, the probability that the head shows up is 0.25. Let event $A=\{X\geq 5\}$.

(1) Find $P[A]$.

(2) Find the conditional mean $E[X|A]$. 【96 暨南資工】

42. A dice is rolled 10 times. Suppose for each time $P(1)=P(2)=1/4$ and $P(3)=P(4)=P(5)=P(6)=1/8$. What is the expected value of the sum of the squares of the outcomes?

【97 北科大資訊】

43. X and Y are two discrete random variables having distribution functions $F_X(z)<F_Y(z)$. If both X and Y have finite expected values, prove that $E[X]>E[Y]$.

【96 台大電信乙】【96 台大電子甲】

44. Suppose we have a situation of rolling a die, where there is only one of six possible faces. We also suppose that all six outcomes have the same probability and the trials are independent.

(1) Let the random variable X be the number of rolls of a die until we see the first "4". Determine the probability $P(X=k)$, $k\geq 1$

(2) Given the above probability distribution, what is the generating function? Show the result after simplification.

(3) Use the generating function to find the mean of X.

(4) Use the generating function to find the variance of X.

(5) What is the expected number of rolls of a die until we will have seen all six faces?

【97 交大電機】

45. The probability that a certain kind of electronic device is defective is 0.1. An inspector ran-

domly picks 20 items from a shipment of this type of electronic device. Assume each test of a randomly selected item is a Bernoulli trial. Let a random variable X denote the total number of defective items in these 20 items.

(1) Write down the probability distribution of the random variable X.

(2) Compute the probability $P(X<2)$.

(3) Derive the moment generating function for the random variable X. Show your derivation.

【97 清大資訊】

46. In a robust system, redundant components are allocated to increase the degree of robustness. For example, a satellite system consists of n components and functions on any given day if at least k of the n components function on that day. On a rainy day each of the components independently functions with probability P_{rainy}, whereas on a dry day they each independently functions with probability P_{dry}.

If the probability of rain tomorrow is P_x, what is the probability that the satellite system will function? 【95 中央通訊乙】

47. A positive integer valued random variable X satisfies

$$P(X \le m+n | X > m) = P(X \le n)$$

Find the probability mass function of X in terms of $\alpha = P(X=1)$ 【95 台北大通訊甲】

48. A Company puts six types of collectable into their product boxes, one in each box and in equal proportions. If a customer decides to collect all six of the collectable, what expected number of the product boxes that he or she should buy? 【95 清大電機】

49. Error-correcting codes can be used to improve the reliable storage or transmission of binary data more efficiently than brute force repetition. For example, in a compact disk, error-correcting codes are used to correct scratches that may occur in the CDs. Let a "bit" be a binary data of 0 or 1 and let a "word" be a sequence of 8 bit. Consider the transmission of data over a binary symmetric channel (BSC) with the bit error being p, independent from bit to bit. Suppose we use an error-correcting code such that it can correct at most one bit in each word. What is the probability of correct decision of each word? 【99 中正電機通訊】

50. A fair coin is tossed until two tails occur successively. Find the expected number of tosses required. 【94 清大電機】

51. Let X equals the number of flips of a fair coin that are required to observe the same face on consecutive flips.

(a)Find the probability mass function of X.

(b)Find the value of the mean of X.

(c)Find the value of the variance of X.

(d)Find the value of $P(X \ge 4)$. 【100 清大資訊】

52. A miner is trapped in a mine containing 3 doors. The first door leads to a tunnel that will take him to safety after 3 hours of travel. The second door leads to a tunnel that will return him to the mine after 5 hours of travel. The third door leads to a tunnel that will return him to the mine after 7 hours of travle. If we assume the miner is all times equally likely to choose any one of the door, what is the expected length of time he reaches safety? Hint: Let X denote the amount of time (in hours) until the miner reaches safety and Let Y denote the door he initially chooses.

Find $E\{X|Y=y_i\}$ and then use $E(X)=\sum_{j=1}^{3}E\{X|Y=y_i\}P(Y=y_i)$　　【99 中正電機通訊】

附錄：Taylor Series and Maclaurin Series

由 $f(x)=\sum_{n=0}^{\infty}c_n\ (x-a)^n$ 可知 $f(x)$ 於 $x=a$ 之任意階導數值均存在或稱 $f(x)$ 於 $x=a$ 為解析

則 $f(a)=c_0$，$f'(a)=c_1$，$f''(a)=2!c_2$，$\cdots f^{(n)}(a)=n!c_n$

得 $f(x)=\sum_{n=0}^{\infty}\frac{f^{(n)}(a)}{n!}(x-a)^n$

稱為 $f(x)$ 對 $x=a$ 之 Taylor 級數展開式。其中當 $a=0$ 時

$f(x)=\sum_{n=0}^{\infty}\frac{f^{(n)}(0)}{n!}x^n;\ |x|<r$

稱為 $f(x)$ 之 Maclaurin 級數

Some important Maclaurin 級數

(1) $e^x=1+x+\frac{1}{2!}x^2+\frac{1}{3!}x^3+\cdots\cdots=\Sigma\frac{x^n}{n!};\ |x|<\infty$

(2) $\sin x=x-\frac{1}{3!}x^3+\frac{1}{5!}x^5-+\cdots\cdots=\Sigma\frac{(-1)^n}{(2n+1)!}x^{2n+1};\ |x|<\infty$

(3) $\cos x=1-\frac{1}{2!}x^2+\frac{1}{4!}x^4-+\cdots\cdots=\Sigma\frac{(-1)^n}{(2n)!}x^{2n};\ |x|<\infty$

(4) $\frac{1}{1-x}=1+x+x^2+x^3+\cdots\cdots;\ |x|<1$

(5) $\frac{1}{1+x}=1-x+x^2-x^3+\cdots\cdots;\ |x|<1$

(6) $\ln(1+x)=\Sigma\frac{(-1)^{n+1}}{n}x^n;\ |x|<1$

3 常用的離散型機率分佈

3-1 均勻分佈

3-2 伯努利與二項分佈

3-3 幾何分佈

3-4 負二項分佈

3-5 超幾何分佈

3-6 布阿松分佈

3-7 多項分佈

3-1　均勻分佈

定義：若隨機變數 X 之 PMF 為：

$$f_X(x) = \begin{cases} \dfrac{1}{n}; \; x = 1, 2, \cdots, n \\ 0; \; elsewhere \end{cases}$$

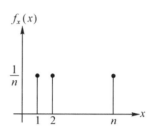

則稱 X 為 Uniform random variable，通常可表為 $X \sim U(1, n)$。

觀念提示：　1.顧名思義，均勻分佈表示 X 在各點上之機率值相同。

　　　　　　2.由以上說明可知均勻隨機變數在各點之機率即為總個數之倒數

根據定義可求得 X 之期望值與變異數為

$$E[X] = \sum_{x=1}^{n} x \frac{1}{n} = \frac{1}{n} \frac{n(n+1)}{2} = \frac{n+1}{2}$$

$$E[X^2] = \sum_{x=1}^{n} x^2 \frac{1}{n} = \frac{1}{n} \frac{n(n+1)(2n+1)}{6} = \frac{(n+1)(2n+1)}{6}$$

$$Var(X) = E[X^2] - (E[X])^2 = \frac{n^2-1}{12}$$

說例：　(1)丟擲一銅板，若出現正面，$X=1$，出現反面，$X=0$，則 X 為均勻分佈

$$f_X(x) = \begin{cases} \dfrac{1}{2}; \; x = 0, 1 \\ 0; \; elsewhere \end{cases}$$

　　　　(2)丟擲一骰子，若 Y 表出現之點數，則 $Y \sim U(1, 6)$

$$f_Y(y) = \begin{cases} \dfrac{1}{6}; \; y = 1, 2, \cdots, 6 \\ 0; \; elsewhere \end{cases}$$

例題 1：每包 M&M 巧克力中，白色顆粒之數目 W，均勻分佈於 5 到 15 之間，求：

(1)$f_W(w)$。

(2)$P(W < 10)$。

(3)$P(W > 12)$。

(4)$P(8 \le W \le 12)$。

解

(1)$f_W(w) = \begin{cases} \dfrac{1}{11}; & w = 5, 6, \cdots, 15 \\ 0; & o.w \end{cases}$

(2)$P(W < 10) = P(W = 5) + \cdots\cdots + P(W = 9) = \dfrac{5}{11}$

(3)$P(W > 12) = P(W = 13) + \cdots\cdots + P(W = 15) = \dfrac{3}{11}$

(4)$P(8 \le W \le 12) = \dfrac{12 - 8 + 1}{11} = \dfrac{5}{11}$

3-2 伯努利與二項分佈

定義：伯努利（Bernoulli）分佈

若隨機變數 X 之 PMF 為

$$f_X(x) = \begin{cases} p; & x = 1 \\ 1 - p; & x = 0 \\ 0; & elsewhere \end{cases}$$

則稱 X 為具有參數 p 之 Bernoulli random variable，表示為 $X \sim B(1, p)$。

觀念提示：伯努利分佈可視為成敗試驗，換言之，樣本空間 S_X 中，只有兩種 Outcome，成功（Success）或失敗（Fail）其中

$P(\text{Success}) = P(X = 1) = p$

$P(\text{Fail}) = P(X = 0) = 1 - p$

說例：以下均可視為伯努利分佈：

　　1.丟擲一銅板，若正面之機率為p，則反面之機率為$(1-p)$

　　2.接收機檢測一bit，若正確之機率為p，則錯誤之機率為$(1-p)$

定理 3-1

若 $X \sim B(1, p)$，則

$E[X] = p$

$Var(X) = p(1-p)$

證明：$E[X] = \sum\limits_{x=0}^{1} x f_X(x) = 0 \times (1-p) + (1 \times p) = p$

$\qquad E[X^2] = \sum\limits_{x=0}^{1} x^2 f_X(x) = 0 \times (1-p) + (1 \times p) = p$

$\qquad \therefore Var(X) = E[X^2] - (E[X])^2 = p - p^2 = p(1-p)$

觀念提示：變異數意指隨機變數之不確定性。顯然的，當 $p = \dfrac{1}{2}$ 時，其

不確定性最大，故 $Var(X)$ 之極大值發生在 $p = \dfrac{1}{2}$ 時。同理可

得當 $p = 0$，或 $p = 1$ 時，$Var(X) = 0$，此時無任何不確定性。

定義：伯努利過程（Bernoulli Process）

　　1.重複進行 n 次成敗試驗

　　2.每次試驗相互獨立，亦即這次試驗之結果，並不影響其他試驗
　　　之結果

　　3.每次試驗成功之機率皆為 p，失敗之機率皆為 $(1-p)$

　　若 X 代表在這 n 次試驗中成功之次數，則 X 稱為具有參數 (n, p) 之二
項分佈（Binomial distribution）

例題 2：若箱中有 5 個紅球 2 個白球，以取出放回之方式重複 3 次，
　　　　若 X 代表紅球之個數，求 $f_X(x)$。

　解　　　因取出後放回，故每次試驗皆為獨立，且每次試驗得到紅球

之機率皆為 $\dfrac{5}{7}$，得到白球之機率皆為 $\dfrac{2}{7}$。

$$\therefore P\,(X=0)=P\,(三次皆為白球)=\left(\frac{2}{7}\right)^2$$

$P(X=1)=P$（第一次紅球，其餘白球）$+P$（第二次紅球，其餘白球）$+P$（第三次紅球，其餘白球）

$$=\frac{5}{7}\times\left(\frac{2}{7}\right)^2+\frac{5}{7}\times\left(\frac{2}{7}\right)^2+\frac{5}{7}\times\left(\frac{2}{7}\right)^2=3\times\frac{5}{7}\times\left(\frac{2}{7}\right)^2$$

$$=\binom{3}{1}\left(\frac{5}{7}\right)\left(1-\frac{5}{7}\right)^2$$

$P(X=2)=P$（第一次白球，其餘紅球）$+P$（第二次白球，其餘紅球）$+P$（第三次白球，其餘白球）

$$=\frac{2}{7}\times\left(\frac{5}{7}\right)^2+\frac{2}{7}\times\left(\frac{5}{7}\right)^2+\frac{2}{7}\times\left(\frac{5}{7}\right)^2=3\times\left(\frac{5}{7}\right)^2\times\frac{2}{7}$$

$$=\binom{3}{2}\left(\frac{5}{7}\right)^2\left(1-\frac{5}{7}\right)$$

$$P\,(X=3)=P\,(三次皆為紅球)=\left(\frac{5}{7}\right)^3$$

故 X 之 PMF 為：

$$f_X(x)=\begin{cases}\binom{3}{x}\left(\frac{5}{7}\right)\left(1-\frac{5}{7}\right)^{3-x}; & x=0,1,2,3\\[2mm] 0; & elsewhere\end{cases}$$

觀念提示：1. 若 X_i 代表第 i 次成敗試驗之結果，則

$$\begin{cases}P(X_i=1)=p\\ P(X_i=0)=1-p\end{cases}; i=1,2,...,n$$

$\{X_i\}_{i=1}^n$ 為相同分佈且獨立（Independent and identically distributed, i.i.d）之 Bernoulli 隨機變數

2. 顯然的，若 X 為具參數 (n,p) 之二項分佈，則

$$X=X_1+X_2+\cdots+X_n \tag{3.1}$$

定義：若隨機變數 X 之 PMF 為

$$f_X(x)=\binom{n}{x}p^x(1-p)^{n-x}; x=0,1,\cdots,n$$

則稱 X 為具參數(n, p)之二項分佈，表示為 $X \sim B(n, p)$。

觀念提示：1.由第一章可得二項展開式為：

$$(p + q)^n = \binom{n}{0} p^0 q^n + \binom{n}{1} pq^{n-1} + \cdots\cdots + \binom{n}{n} p^n q^0 \qquad (3.2)$$

驗證

$$\sum_{x=0}^{n} f_X(x)$$

$$= \sum_{x=0}^{n} \binom{n}{x} p^x (1-p)^{n-x}$$

$$= \binom{n}{0} p^0 (1-p)^n + \binom{n}{1} p^0 (1-p)^{n-1} + \cdots\cdots + \binom{n}{n} p^n (1-p)^0$$

$$= (p + (1-p))^n = 1$$

$$2. (1) P(X \le r) = \sum_{x=0}^{r} \binom{n}{x} p^x (1-p)^{n-x}$$

$$(2) P(a \le X \le b) = \sum_{x=a}^{b} \binom{n}{x} p^x (1-p)^{n-x}$$

定理 3-2

若 $X \sim B(n, p)$，則

(1)$E[X] = np$

(2)$Var(X) = np(1-p)$

證明：由（3.1）可得 $X = \sum_{i=1}^{n} X_i$

$$\therefore E[X] = E\left[\sum_{i=1}^{n} X_i\right] = \sum_{i=1}^{n} E[X_i] = \sum_{i=1}^{n} p = np$$

$$Var(X) - Var\left(\sum_{i=1}^{n} X_i\right) = \sum_{i=1}^{n} Var(X_i) = \sum_{i=1}^{n} p(1-p) = np(1-p)$$

觀念提示：1. $Var\left(\sum_{i=1}^{n} X_i\right) = \sum_{i=1}^{n} Var(X_i)$ 成立之原因為 $\{X_i\}_{i=1}^{n}$ 相互獨立

2.亦可利用動差生成函數（MGF）證明

$$M_X(t) = E[e^{tx}]$$

$$= \sum_{x=0}^{n} e^{tx} f_X(x)$$

$$= \sum_{x=0}^{n} e^{tx} \binom{n}{x} p^x (1-p)^{n-x}$$

$$= \sum_{x=0}^{n} \binom{n}{x} (pe^t)^x (1-p)^{n-x}$$

$$= (pe^t + (1-p))^n$$

$$\therefore \frac{dM_X(t)}{dt} = n[pe^t + (1-p)]^{n-1} pe^t$$

$$\Rightarrow M_X'(0) = E[X] = np$$

$$M_X''(t) = n(n-1)(pe^t + (1-p))^{n-2}(pe^t)^2 + n(pe^t + (1-p))^{n-1} pe^t$$

$$\Rightarrow M_X''(0) = E[X^2] = n(n-1)p^2 + np$$

$$\therefore Var(X) = M_X''(t) - [M_X'(0)]^2$$

$$= n(n-1)p^2 + np - (np)^2$$

$$= np(1-p)$$

得證

例題 3：The lifetime X of a light bulb is a random variable with $P(X > t) = \dfrac{1}{1+t}$, $t > 0$. Suppose 10 new light bulbs are installed at time $t = 0$.

(1) Find the probability that only 3 bulbs are working at time $t = 3$

(2) Suppose at $t = 1$, only 5 light bulbs are still working . Find the probability that at least 2 bulbs are still working at $t = 9$

【90 中正電機】

解　(1) $P(X > 3) = \dfrac{1}{1+3} = 0.25$

Let Y：在 $t = 3$ 時可用之燈泡數

$\Rightarrow Y \sim B(10, 0.25)$

$\therefore P(Y = 3) = C_3^{10}(0.25)^3(0.75)^7$

(2)$P(X>9|X>1)=\dfrac{P(X>9)}{P(X>1)}=0.2$

Let Z：在 $t=9$ 時可用之燈泡數

$\Rightarrow Z \sim B(5, 0.2)$

$\therefore P(Z \geq 2)=1-(0.8)^5-C_1^5(0.2)(0.8)^4$

例題 4：Let $X_1, X_2,$ be independent Bernoulli random variables with same parameter p. If $X_1 + X_2$ is even, let $Y=0$, otherwise, let $Y=1$.

(1) for what values of p are X, Y independent ?

(2) Given three events, A, B, C such that they are pair-wise indepen dent, but not complete independent.　　　　　【中央統計】

解　　(1)X and Y are independent $\Leftrightarrow$

$P(X_1=i, Y=j)=P(X_1=i)P(Y=j)$; $i=0, 1, j=0, 1,$

$P(X_1=0, Y=0)=P(X_1=0, X_2=0)=(1-p)^2$

$P(X_1=0, Y=1)=P(X_1=0, X_2=1)=p(1-p)$

$P(X_1=1, Y=0)=P(X_1=1, X_2=1)=p^2$

$P(X_1=1, Y=1)=P(X_1=1, X_2=0)=p(1-p)$

$P(Y=0)=P(X_1=0, X_2=0)+P(X_1=1, X_2=1)=(1-p)^2+p^2$

$P(Y=1)=P(X_1=0, X_2=1)+P(X_1=1, X_2=0)=2p(1-p)$

$\therefore \begin{cases} (1-p)^2=(1-p)[(1-p)^2+p^2] \\ p(1-p)=(1-p)2p(1-p) \\ p^2=p[(1-p)^2+p^2] \\ p(1-p)=p[2p(1-p)] \end{cases}$

$\Rightarrow p=\dfrac{1}{2}$

(2)取 $A=\{X_1=0\}, B=\{X_2=0\}, C=\{Y=0\} \Rightarrow A, B, C$ pair-wise in-dependent but

$P(ABC)=\dfrac{1}{4} \neq P(A)P(B)P(C)=\dfrac{1}{8}$

例題 5：擲一硬幣 n 次，令 X 代表正面（head）與反面（tail）次數之差，若擲出正面之機率為 p.

(a)求 X 之可能之值？

(b)求 $X=i$ 之機率？　　　　　　　　　　　　　　　　【交大電信】

 令 Y 表 heads 出現次數，Z 表 tails 出現次數

$\Rightarrow Y+Z=n$

$X=Y-Z$

(a)若 $n \in$ odd $\Rightarrow X=-n, -n+2, \cdots, -1, 1, \cdots, n$

　　若 $n \in$ even $\Rightarrow X=-n, -n+2, \cdots, -2, 0, 2, \cdots, n$

(b)Let $P(\text{head})=p$, $P(\text{tail})=1-p$

$$P(X=i)=P(Y-Z=i)=P\left(Y=\frac{n+i}{2}, Z=\frac{n-i}{2}\right)$$

$$=\binom{n}{\frac{n+i}{2}} p^{\frac{n+i}{2}} (1-p)^{\frac{n-i}{2}}$$

例題 6：利用二項分佈之特性證明二項定理 $(a+b)^n = \sum\limits_{k=0}^{n} \binom{n}{k} a^k b^{n-k}$; $a>0$; $b>0$

解　令 $K \sim B(n, p)$ where $p=\dfrac{a}{a+b}$

$$\Rightarrow \sum_{k=0}^{n} f_K(k)=1=\sum_{k=0}^{n} \binom{n}{k} \left(\frac{a}{a+b}\right)^k \left(\frac{b}{a+b}\right)^{n-k} = \frac{\sum\limits_{k=0}^{n} \binom{n}{k} a^k b^{n-k}}{(a+b)^n}$$

$$\Rightarrow \sum_{k=0}^{n} \binom{n}{k} a^k b^{n-k} = (a+b)^n$$

例題7：某電路板包含 200 個二極體，已知每個二極體獨立運作，且壞掉之機率均為 0.03. 求

(a)該電路板平均壞掉之二極體的個數？

(b)求變異數？

(c)若有任何一個二極體壞掉，則該電路板將失效，求該電路板正常工作之機率？

解　Diode 壞掉之個數 X 為具參數 $n = 200$，$p = 0.03$ 之二項分佈

(a)$E[X] = n \times p = 200 \times 0.03 = 6$

(b)$Var(X) = np(1-p) = 5.82$

(c)$P(X=0) = \begin{pmatrix} 200 \\ 0 \end{pmatrix}(0.03)^0(0.97)^{200} = (0.97)^{200}$

例題8：在某個樂透的遊戲中, 已知中獎之機率為千分之一. 若某人每天買一張彩卷（除了 Feb. 29）持續 50 年。

(1)求中獎之彩卷之期望值？

(2)若中獎之彩卷可兌換 \$1000, 求可兌換金額之期望值？

(3)若每張彩卷需花費 \$2，求獲利之期望值？

解　Let X be the wining tickets，則 $X \sim B(50 \times 365, 0.001)$

(1)$E[X] = 50 \times 365 \times 0.001 = 18.25$

(2) $18.25 \times 1000 = 18250$

(3) $18250 - 18250 \times 2 = -18250$

例題9：一電路板包含 n 個元件，每個元件獨立運作，且正常之機率為 p，若一半以上之元件正常，則此電路板可正常工作。

(1)若 $n = 5$ 時電路板正常工作之機率比 $n = 3$ 時大求 p。

(2)若 $n = 2k+1$ 時電路板正常工作之機率比 $n = 2k-1$ 時大求 p。

解 (1) $n=5$ 時正常工作之機率為

$$\binom{5}{3}p^3(1-p)^2+\binom{5}{4}p^4(1-p)+\binom{5}{5}p^5\cdots\cdots(1)$$

$n=3$ 時正常工作之機率為

$$\binom{3}{2}p^2(1-p)+\binom{3}{3}p^3\cdots\cdots(2)$$

$(1)>(2)\Rightarrow3(1-p)^2(2p-1)>0$

$\Rightarrow P>\dfrac{1}{2}$

(2) $n=2k+1$ 之系統

令 X 代表前 $(2k-1)$ 個元件中正常的數目,則在下列幾種情況下,此電路板能正常工作:

(a) $X\geq k+1$。

(b) $X=k$ 且剩下的二個元件中至少有一個正常。

(c) $X=k-1$ 且剩下的二個元件均正常。

即 $n=2k+1$ 之電路板正常工作之機率為

$P(X\geq k+1)+P(X=k)\times[1-(1-p)^2]+P(X=k-1)p^2\cdots\cdots(3)$

同理,考慮 $n=2k-1$ 之電路板,其正常工作之機率為

$P(X\geq k)=P(X=k)+P(X\geq k+1)\cdots\cdots(4)$

$(3)>(4)\Rightarrow\binom{2k-1}{k}p^k(1-p)^k(2p-1)>0\Rightarrow p>\dfrac{1}{2}$

例題 10:在一次伯努力試驗(Bernoulli trial)中假設成功的機率 p,失敗的機率為 $q=1-p$。令 $P_n(k)=P[k\text{ successes in }n\text{ trials}]=\binom{n}{k}p^k q^{n-k}$

(a)請問 n 次試驗中,平均成功的次數為何?

(b)請問 $P_n(k)$ 的最大值發生在 $k=$?(注意 k 為整數,並以 n, p 表達之)　　　　　　　　　　　　　【96 雲科通訊】

解　(a)np

(b)$\dfrac{P_n(k)}{P_n(k-1)} = \dfrac{n-k+1}{k}\dfrac{p}{1-p} > 1$

$\Rightarrow k < p\,(n+1)$

3-3　幾何分佈

　　重複上節中獨立之成敗試驗，一直到成功發生時為止，若此時總共進行之試驗次數為 X，則

$$P\,(X = x) = (1-p)^{x-1}p;\ x = 1,\ 2,\ \cdots\cdots \tag{3.3}$$

定義：若隨機變數 X 之 PMF 為

　　$f_X(x) = (1-p)^{x-1}p;\ x = 1,\ 2,\ \cdots\cdots$

　　則稱 X 為具有參數 p 之幾何分佈（Geometric distribution）表示為 $X \sim G\,(p)$。

說例：1. 測試 IC，假設每個 IC 為不良品之機率為 p，若 X 為當發現第一個不良品時總共測試之 IC 數目，則 X 為具參數 p 之幾何隨機變數，通常以樹狀圖表示如下：

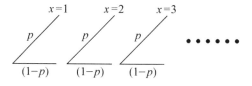

　　　　2. 同上章所述，若隕石每次墜落陸地之機率為 p，X 為第一次墜落陸地時總共墜落之隕石數，則如同上圖，X 為具參數 p 之幾何隨機變數。

觀念提示： 1. 幾何分佈之累積分佈函數（CDF）為

$$F_X(x) = P(X \le x) = \sum_{t=1}^{x} p(1-p)^{t-1}$$

$$= p(1 + (1-p) + \cdots + (1-p)^{x-1})$$

$$= p\frac{1-(1-p)^x}{1-(1-p)} = 1 - (1-p)^x \qquad (3.4)$$

$$P(X > x) = (1-p)^x = 1 - F_X(x)$$

2. 幾何分佈之動差生成函數（MGF）為

$$M_X(t) = E[e^{tx}] = \sum_{x=1}^{\infty} e^{tx}(1-p)^{x-1}p = pe^t \sum_{x=1}^{\infty} e^{t(x-1)}(1-p)^{x-1}$$

$$= pe^t \sum_{x=1}^{\infty} [e^t(1-p)]^{x-1} = \frac{pe^t}{1-(1-p)e^t}$$

$$= \frac{p}{e^{-t} - (1-p)} \qquad (3.5)$$

定理 3-3

若 $X \sim G(p)$，則

$$E[X] = \frac{1}{p}$$

$$Var[X] = \frac{1-p}{p^2} = \frac{1}{p^2} - \frac{1}{p}$$

證明： $E[X] = \sum_{x=1}^{\infty} xp(1-p)^{x-1} = p\eta$

其中 $\eta = \sum_{x=1}^{\infty} p(1-p)^{x-1} = 1 + 2(1-p) + 3(1-p)^2 + \cdots\cdots$ $\qquad (3.6)$

$$\Rightarrow (1-p)\eta = (1-p) + 2(1-p)^2 + 3(1-p)^3 + \cdots\cdots \qquad (3.7)$$

（3.6）－（3.7）可得

$$p\eta = 1 + (1-p) + (1-p)^2 + \cdots\cdots$$

$$= \frac{1}{1-(1-p)} = \frac{1}{p}$$

$$\therefore \eta = \frac{1}{p^2}$$

$$\therefore E[X] = \frac{1}{p}$$

另解： 由（3.5）可知

$$\frac{dM_X(t)}{dt} = \frac{pe^{-t}}{[e^{-t}-(1-p)]^2}$$

$$\therefore E[X] = M_X'(0) = \frac{1}{p}$$

$$M_X''(t) = \frac{2pe^{-2t}}{[e^{-t}-(1-p)]^3} + \frac{-pe^{-t}}{[e^{-t}-(1-p)]^2}$$

$$\therefore E[X^2] = M_X''(0) = \frac{2}{p^2} - \frac{1}{p}$$

$$Var\,X = M_X''(0) - [M_X'(0)]^2 = \frac{2}{p^2} - \frac{1}{p} - \left(\frac{1}{p}\right)^2 = \frac{1}{p^2} - \frac{1}{p}$$

得證

另解： $K_X(t) = \ln p - \ln[e^{-t}-(1-p)]$

$$\Rightarrow K'_X(t) = \frac{1}{1-(1-p)e^t}$$

$$K''_X(t) = \frac{(1-p)e^t}{[1-(1-p)e^t]^2}$$

$$K'_X(0) = \frac{1}{p} = E[X]$$

$$K''_X(0) = \frac{1-p}{p^2} = Var(X)$$

例題 11： A company put 6 types of collectable into their product boxes, one in each box and in equal proportions. If a customer decides to collect all 6 types of collectable, what is the expected number of product boxes that he or she should buy?　　【95 清大電機】

解　　$E[N] = E[X_1] + \cdots + E[X_6]$

$$= 1 + \frac{6}{5} + \frac{6}{4} + \frac{6}{3} + \frac{6}{2} + \frac{6}{1}$$

定理 3-4

若 random variable X 滿足無記憶性（Memoryless），亦即

$$P\,(X>m+n\,|\,X>n)=P((X>m)$$

則 X 為幾何分佈

例題 12：Consider a discrete *r.v.* *X* taking values from $X=\{0, 1, 2, \cdots\}$. *X* is said to be memoryless, then *X* is a geometric *r.v.*

【90 交大電信】

解　Let $m=1\Rightarrow P\,(X\geq n+1\,|\,X\geq n)=P\,(X\geq 1)$

$$\Rightarrow \frac{P(X\geq n+1)}{P(X\geq n)}=P\,(X\geq 1)$$

$$\Rightarrow P\,(X\geq n+1)=P\,(X\geq n)P\,(X\geq 1)$$

$$\Rightarrow 1-P\,(X\leq n)=[1-P\,(X\leq n-1)][1-P\,(X=0)]$$

Let $P\,(X=0)=p$

(1)$n=1$

$1-P\,(X\leq 1)=(1-p)^2\Rightarrow P\,(X\leq 1)=1-(1-p)^2$

$\Rightarrow P\,(X=1)=1-(1-p)^2-p=p(1-p)$

(2)$n=2$

$1-P\,(X\leq 2)=[1-P\,(X\leq 1)](1-p)$

$$=(1-p)^3$$

$\Rightarrow P\,(X\leq 2)=1-(1-p)^3$

$\Rightarrow P\,(X=2)=P\,(X\leq 2)-P\,(X\leq 1)$

$$=1-(1-p)^3-[1-(1-p)^2]$$

$$=(1-p)^2p$$

$$\vdots$$

$$\vdots$$

$\therefore P\,(X=k)=(1-p)^kp$; $k=0, 1, 2, \cdots$

$\therefore X\sim G\,(p)$

例題 13： (a)令 X 為非負整數值隨機變數，且其期望值為有限值。求
證 $E[X] = \sum\limits_{x=1}^{\infty} P[X \geq x]$

(b)令隨機變數 X 之 PMF 為
$$f(x) = \begin{cases} p(1-p)^x; & x=0, 1, 2, \cdots \\ 0; & elsewhere \end{cases}$$
求 $P(X \geq x)$ for $x = 0, 1, 2, \cdots$

(c)令隨機變數 X 定義於 (b)，M 為正整數. 令隨機變數
$Y = \min(X, M)$。 求 $E[Y]$。　　　　　　【交大資科】

解

(a) $E[X] = \sum\limits_{x=0}^{\infty} xP(X=x) = \sum\limits_{x=1}^{\infty}\sum\limits_{y=1}^{x} P(X=x) = \sum\limits_{y=1}^{\infty}\sum\limits_{x=y}^{\infty} P(X=x)$

$\quad\quad = \sum\limits_{y=1}^{\infty} P(X \geq y) = \sum\limits_{x=1}^{\infty} P(X \geq x)$

(b) $P[X \geq y] = \sum\limits_{t=x}^{\infty} p(1-p)^t = p \dfrac{(1-p)^x}{1-(1-p)} = (1-p)^x$

(c) $P(Y=y) = P(\min(X, M) = y)$

$\quad\quad\quad\quad = P(X=y) = p(1-p)^y$，$i = 0, 1, 2, \cdots, M-1$

$P(Y=M) = P(\min(X, M) = M) = P(X \geq M) = (1-p)^M$

$\Rightarrow E[Y] = \sum\limits_{y=1}^{M} P(Y \geq y) = \sum\limits_{y=1}^{M} (1-p)^y = \dfrac{(1-p)[1-(1-p)^M]}{p}$

$\left(\because P(Y \geq y) = \sum\limits_{t=y}^{M-1} p(1-p)^t + (1-p)^M = (1-p)^y \right)$

例題 14：兄弟、統一兩隊進行一系列比賽，言明任一隊只要先贏 3
場則比賽結束，若兩隊旗鼓相當，獲勝機率各半，且每場
比賽之勝負互不相干，求

(1) PMF of X，總共比賽之場數。

(2) PMF of Y，兄弟隊之勝場數。

(3) PMF of Z，統一隊之勝場數。

解　　　(1)顯然 $X \geq 3$

$P\,(X=3)=P\,(兄弟連勝 3 場)+(統一連勝 3 場)$

$$=\left(\frac{1}{2}\right)^3+\left(\frac{1}{2}\right)^3$$

$$=\frac{1}{4}$$

$P\,(X=4)=P\,(兄弟在第 4 場時贏得其第 3 場勝利)+P\,(統一在第 4 場時贏得其第 3 場勝利)=2\cdot\binom{3}{2}\left(\frac{1}{2}\right)^3\left(\frac{1}{2}\right)=\frac{3}{8}$

$P\,(X=5)=P\,(兄弟在第 5 場時贏得其第 3 場勝利)+P\,(統一在第 5 場時贏得其第 3 場勝利)=2\cdot\binom{4}{2}\left(\frac{1}{2}\right)^3\left(\frac{1}{2}\right)^2=2\cdot$

$6\times\left(\frac{1}{2}\right)^5=\frac{3}{8}$

$$f_X(x)=\begin{cases}\dfrac{1}{4};\ x=3\\[2mm]\dfrac{3}{8};\ x=4,5\\[2mm]0;\ o.w\end{cases}$$

(2)顯然 $Y\le 3$

$P\,(Y=0)=P\,(兄弟連輸 3 場)=\left(\frac{1}{2}\right)^3=\frac{1}{8}$

$P\,(Y=1)=P\,(兄弟在前 3 場中只贏一場，且第 4 場輸)$

$$=\binom{3}{1}\left(\frac{1}{2}\right)\left(\frac{1}{2}\right)^2\times\frac{1}{2}=\frac{3}{16}$$

$P\,(Y=2)=P\,(兄弟在前 4 場中只贏 2 場，且第 5 場輸)$

$$=\binom{4}{2}\left(\frac{1}{2}\right)^2\left(\frac{1}{2}\right)^2\times\frac{1}{2}=\frac{6}{32}=\frac{3}{16}$$

$P(Y=3)=P\,(兄弟在第 5 場時贏得第 3 勝)+P\,(兄弟在第 4 場時贏得第 3 勝)+P\,(兄弟連贏 3 場)=\frac{3}{16}+\frac{3}{16}+\frac{1}{8}=\frac{1}{2}$

$$\therefore f_Y(y) = \begin{cases} \dfrac{1}{8}; & y=0 \\[2mm] \dfrac{3}{16}; & y=1 \\[2mm] \dfrac{3}{16}; & y=2 \\[2mm] \dfrac{1}{2}; & y=3 \\[2mm] 0; & o.w \end{cases}$$

(3)顯然 $f_Z(z)$ 與 $f_Y(y)$ 具對稱性，故 $f_Z(z) = f_Y(y)$。

例題 15：三個人各擲一公正的硬幣，且言明擲出與其他兩人不同者必須請客，若三個人同擲正面或反面，則將重新投擲。求少於四次便分出勝負之機率？

解

P（三人同擲正面）$+ P$（三人同擲反面）$= \left(\dfrac{1}{2}\right)^3 + \left(\dfrac{1}{2}\right)^3 = \dfrac{1}{4}$

令 X 代表擲銅板之次數，則

$P(X<4) = \sum_{x=1}^{3} \left(\dfrac{3}{4}\right)\left(\dfrac{1}{4}\right)^{x-1} = \dfrac{3}{4} + \dfrac{3}{4} \times \dfrac{1}{4} + \dfrac{3}{4} \times \left(\dfrac{1}{4}\right)^2 = \dfrac{63}{64}$

例題 16：某試驗成功之機率為 p，連續進行直到第 k 次成功為止，若共需進行 N 次求 $E[N]$？

解

令 X_1：第 1 次成功所需進行之次數

令 X_2：第 1 次成功後至第 2 次成功時所需進行之次數

　　　$\vdots$

令 X_k：第 $(k-1)$ 次成功後至第 k 次成功時所需進行之次數

$\Rightarrow \{X_i\}_{i=1,\cdots,k}$ 均為幾何隨機變數

$\Rightarrow E[X_i] = \dfrac{1}{p}$

$\therefore E[N] = E[X_1 + \cdots X_k]$

$$= k \times \frac{1}{p} = \frac{k}{p}$$

例題 17：Binary message are sent from computer A to B through two wires. The transmitted signals on the two wires are the same. When the received signals on the two wires are different, computer B asks A to re-send the message. The signal is not accepted until the signals on both wires are the same. Suppose the probability of errors on the two wires are q_1 and q_2 respectively and that are independent.

(1) What is the probability that a message is accepted after it has been sent more than k time?

(2) Give that a message is accepted after it has been sent more than k times, what is the probability that the message is still wrong

【89 中興電機】

解

$P(\text{re-send}) = q_1(1-q_2) + q_2(1-q_1) = 1-p$

$p = q_1 q_2 (1-q_2)(1-q_1)$

Let X：直到信號相同時所需之總次數

$P(X=x) = p(1-p)^{x-1}; x = 1, 2, \cdots$

(1) $P(X \geq k) = \sum_{x=k}^{\infty} p(1-p)^{x-1} = (1-p)^{k-1}$

(2) $P(X \geq k, \text{message is wrong}) = \sum_{x=k}^{\infty} q_1 q_2 (1-p)^{x-1}$

$= \frac{q_1 q_2 (1-p)^{k-1}}{1-(1-p)} = \frac{q_1 q_2 (1-p)^{k-1}}{p}$

$P(\text{message is wrong}|X \geq k) = \frac{\dfrac{q_1 q_2 (1-p)^{k-1}}{p}}{(1-p)^{k-1}}$

$= \frac{q_1 q_2}{q_1 q_2 + (1-q_1)(1-q_2)}$

例題 18：Let N be a geometric random variable. Find the conditional PMF $P[N$ is odd$|N \leq m]$. 【100 中興電機】

解
$$P(N \leq m) = \sum_{n=1}^{m} (1-p)^{n-1} p = 1 - (1-p)^m$$

$$P(N \in \text{odd}, N \leq m) = \begin{cases} \sum_{n=1,3,\cdots}^{m} (1-p)^{n-1} p; & m \in odd \\ \sum_{n=1,3,\cdots}^{m-1} (1-p)^{n-1} p; & m \in even \end{cases}$$

3-4 負二項分佈

幾何分佈描述不斷重複成敗試驗，直到第一次成功（失敗）時所須之試驗次數，而負二項分佈則描述直到第 α 次成功（失敗）發生時所需之試驗次數。若隨機變數 X 代表直到第 α 次成功發生時所需之次數，而每次試驗相互獨立且成功之機率為 p，失敗之機率為 $(1-p)$，則

$$P(X=x) = \binom{x-1}{\alpha-1}(1-p)^{x-\alpha} p^{\alpha} ; \ x = \alpha, \alpha+1, \cdots\cdots \quad (3.8)$$

定義：若隨機變數 X 具有 PMF

$$f_X(x) = \binom{x-1}{\alpha-1}(1-p)^{x-\alpha} p^{\alpha} ; \ x = \alpha, \alpha+1, \alpha+2, \cdots\cdots$$

則稱 X 為具參數 α，p 之負二項隨機變數，表示為 $X \sim NB(\alpha, p)$。

觀念提示： 1. 若 $\alpha=1$，則負二項分佈＝幾何分佈，換言之，幾何分佈是負二項分佈在 $\alpha=1$ 時之特例

2. 依定義可求得 X 之 MGF 為 $M_X(t) = \left(\dfrac{pe^t}{1-(1-p)e^t}\right)^{\alpha}$ （3.9）

證明：$M_X(t) = \sum\limits_{x=\alpha}^{\infty} e^{tx} f_X(x) = p^\alpha \sum\limits_{x=\alpha}^{\infty} e^{tx} \binom{x-1}{\alpha-1}(1-p)^{x-\alpha}$

$$= (pe^t)^\alpha \sum\limits_{y=0}^{\infty} e^{ty} \binom{y+\alpha-1}{\alpha-1}(1-p)^y$$

$$= (pe^t)^\alpha \sum\limits_{y=0}^{\infty} e^{ty}(-1)^y \binom{-\alpha}{y}(1-p)^y$$

$$= (pe^t)^\alpha \sum\limits_{y=0}^{\infty} \binom{-\alpha}{y}(-(1-p)e^t)^y$$

$$= \left(\frac{pe^t}{1-(1-p)e^t}\right)^\alpha$$

觀念提示： *1.* 負二項分佈又稱為 Pascal 分佈

2. 若 X 代表在第 α 次成功前失敗之次數，則

$$f_X(x) = \binom{\alpha+x-1}{x} p^\alpha (1-p)^x;\ x = 0,\ 1,\ \cdots\cdots \qquad (3.10)$$

（3.10）亦可改寫為

$$f_X(x) = p^\alpha \binom{-\alpha}{x}(-1)^x(1-p)^x;\ x = 0,\ 1,\ 2,\ \cdots\cdots \qquad (3.11)$$

（3.11）恰為負二項展開式中之一項，故稱之為負二項分佈

$$(1-(1-p))^{-\alpha} = \sum\limits_{x=0}^{\infty} \binom{-\alpha}{x}(-1)^x(1-p)^x \qquad (3.12)$$

定理 3-5

若 $X \sim NB\,(\alpha,\,p)$

$E\,[X] = \dfrac{\alpha}{p}$

$Var\,[X] = \dfrac{\alpha(1-p)}{p^2}$

證明：由（3.9）可得

$$\ln M_X(t) = \alpha[\ln p + t - \ln(1 - (1-p)e^t)]$$

$$\Rightarrow \frac{d \ln M_X(t)}{dt} = \alpha\left[1 + \frac{(1-p)e^t}{1-(1-p)e^t}\right]$$

$$\therefore E[X] = \frac{d}{dt}(\ln M_X(t))\Big|_{t=0} = \frac{\alpha}{p}$$

$$\frac{d^2 \ln M_X(t)}{dt^2} = \frac{\alpha[(1-p)e^t(1-(1-p)e^t) + ((1-p)e^t)^2]}{[1-(1-p)e^t]^2}$$

$$Var[X] = \frac{d^2 \ln M_X(t)}{dt^2}\Big|_{t=0} = \frac{\alpha(1-p)}{p^2}$$

定理 3-6

$\{X_i\}_{i=1,\cdots,n}$ are independent and identically distributed (i.i.d.) random variables. The distribution of X_i is $X_i \sim G(p)$. Then the distribution of $W = \sum\limits_{i=1}^{n} X_i$ is $W \sim NB(n, p)$ 【92 台大電子】

証明：由（3.5）可知

$$M_X(t) = \frac{pe^t}{1-(1-p)e^t}$$

$$M_W(t) = E[e^{t[X_1 + \cdots + X_n]}] = (M_X(t))^n$$

$$= \left(\frac{pe^t}{1-(1-p)e^t}\right)^n$$

此與（3.9）$NB(n, p)$之 MGF 相同

由於 MGF 具唯一性 故可證 $W \sim NB(n, p)$

例題 19：Consider a Bernoulli trial with probability of success p. The trial is repeated independently until r successes are observed. Let Y denotes the number of trials required to observe r successes. Show that $E[Y] = \dfrac{r}{p}$, $Var(Y) = \dfrac{r(1-p)}{p^2}$. 【中央統計】

解　　$P(Y=y) = \dbinom{y-1}{r-1} p^r (1-p)^{y-r}; y = r, r+1, \cdots\cdots$

$$M_Y(t) = E[e^{tY}] = E[e^{t(Y-r)+tr}]$$

$$= e^{tr}E[e^{t(Y-r)}] = e^{tr}\sum_{x=0}^{\infty}\binom{x+r-1}{r-1}p^r(1-p)^x e^{tx}$$

$$= (pe^t)^r\sum_{x=0}^{\infty}((1-p)e^t)^x\binom{x+r-1}{x}$$

$$= (pe^t)^r(1-(1-p)e^t)^{-r}$$

$$\Rightarrow M_Y'(0) = \frac{r}{p}$$

$$M_Y''(0) = \frac{r(1-p)}{p^2} + \frac{r^2}{p^2}$$

$$\therefore Var(Y) = E[Y^2] - (E[Y])^2 = M_Y''(0) - \frac{r^2}{p^2} = \frac{r(1-p)}{p^2}$$

例題 20： A box contains 7 white balls and 3 red balls. What is the PMF of the number of balls which you have to choose until you get the 3rd red ball. You put back each ball before drawing the next one.

【交大電信】

 X：the number of balls

$$f_x(x) = \binom{x-1}{2}\left(\frac{3}{10}\right)^3\left(\frac{7}{10}\right)^{x-3}; x = 3, 4, \cdots\cdots$$

例題 21：一電台將送出演唱會門票給第 6 個 call in 進來且答對演唱者生日的聽眾，每個 call in 的人答對之機率為 0.75 且相互獨立。

(1)若 N 代表送出門票所需接聽之電話數，求 $f_N(n)$。

(2)在第 10 通電話送出門票之機率。

(3)$P(N \geq 9) = ?$

---

 (1)$f_N(n) = \begin{cases} \binom{n-1}{5}(0.75)^6(0.25)^{n-6}; n = 6, 7, \cdots \\ 0; o.w \end{cases}$

$$(2)P\ (N=10)=\binom{9}{5}(0.75)^6(0.25)^4$$

$$(3)P\ (N\ge 9)=1-P\ (N<9)=1-P\ (N=6)-P\ (N=7)-P\ (N=8)$$

$$=1-(0.75)^6[1+6(0.25)+21(0.25)^2]$$

例題 22：Let a be any positive real number and p be a real number $0<p<1$,

Define $f(x)=\begin{cases}p^a\dbinom{-a}{x}(-1)^x(1-p)^x;\ x=0,1,2,\cdots\\[2mm]\qquad\quad 0\qquad\qquad ;\ otherwise\end{cases}$

Prove $f(x)$ is a PDF. 【79 台大電機】

証明　$(1)\dbinom{-a}{x}=\dfrac{(-a)(-a-1)\cdots(-a-x+1)}{x!}=\dfrac{(-1)^x a(a+1)\cdots(a+x-1)}{x!}$

$$=(-1)^x\dfrac{(a+x-1)!}{(a-1)!\,x!}=(-1)^x\binom{a+x-1}{x}$$

$(2)f(x)=p^a\,(-1)^x\dbinom{a+x-1}{x}(-1)^x(1-p)^x;\ x=0,1,\cdots$

$$=p^a\binom{a+x-1}{x}(1-p)^x\ge 0$$

$$\sum_{x=0}^{\infty}f(x)=p^a\sum_{x=0}^{\infty}\binom{-a}{x}[-(1-p)]^x$$

$$=p^a\,[-(1-p)]^{-a}$$

$$=p^a p^{-a}=1$$

例題 23：Let X,Y,Z be $i.i.d.$ geometric random variables with parameter p

(1)$P\ (X>Y)$

(2)$P\ (X+Y+Z=k)$

(3)$P(\max\ (X,Y,Z)=k)$ 【87 交大電信】

$(1)P\ (X>Y)=\displaystyle\sum_{y=1}^{\infty}\sum_{x=y+1}^{\infty}p^2(1-p)^{x-1}(1-p)^{y-1}$

$$=p\sum_{y=1}^{\infty}(1-p)^{2y-1}$$

$$=p[(1-p)+(1-p)^3+(1-p)^5+\cdots]$$

$$=\frac{p(1-p)}{1-(1-p)^2}=\frac{1-p}{2-p}$$

(2) Let $W=X+Y+Z$

$\because M_W(t)=E[e^{tW}]=E[e^{t(X+Y+Z)}]$

$$=\left(\frac{pe^t}{1-(1-p)e^t}\right)^3$$

$\therefore W\sim NB(3,p)$

$$\therefore f_W(w)=\binom{w-1}{2}(1-p)^{w-3}p^3 \; ; \; w=3,4,\cdots$$

$$P(W=k)=\binom{k-1}{2}p^3(1-p)^{k-3}$$

另解：

$$P(X+Y+Z=k)=\sum_{y=1}^{k-2}\sum_{x=1}^{k-y-1}P(X=x,Y=y,Z=k-x-y)$$

$$=\sum_{y=1}^{k-2}\sum_{x=1}^{k-y-1}p(1-p)^{x-1}p(1-p)^{y-1}p(1-p)^{k-x-y-1}$$

(3) Let $W=\max(X,Y,Z)$

$$F_W(w)=P(W\le w)=P(X\le w)P(Y\le w)P(Z\le w)$$

$$=[1-(1-p)^w]^3$$

$$P(W=k)=F_W(k)-F_W(k-1)$$

例題 24：Li-Chi throws a fair six-sided die continuously. How many 5's will he observe on average before finally getting two 2's?

【100 台大電子】

 X: the number of throws until getting two "2"

$$\Rightarrow X\sim NB(2,\frac{1}{6})$$

$$f_X(x)=\binom{x-1}{1}\left(\frac{1}{6}\right)^2\left(\frac{5}{6}\right)^{x-2};x=2,3,\cdots$$

Y: the number of "5" until getting two "2"

$$f_{Y|X}(y) = \binom{x-2}{y}\left(\frac{1}{5}\right)^y\left(\frac{4}{5}\right)^{x-2-y}; x=2,3,\cdots y=0,1,\cdots,x-2$$

$$\therefore E[Y] = \sum_{x=2}^{\infty} E[Y|X=x]P(X=x)$$

$$= \sum_{x=2}^{\infty} \frac{1}{5}(x-2)P(X=x)$$

$$= \frac{1}{5}(12-2) = 2$$

3-5　超幾何分佈

超幾何分佈（Hyper-geometric distribution）與二項分佈類似，具如下特性：

(1)總共有 N 個項目，並分為兩類：「成功類」與「失敗類」。

(2)成功類有 k 個，失敗類有 $(N-k)$ 個。

(3)每次試驗以取出不放回的方式進行，換言之，每次試驗均不獨立。

(4)進行 n 次試驗。

設 X 表 n 次中抽中「成功類」之次數，則

$$P(X=x) = \frac{\binom{k}{x}\binom{N-k}{n-x}}{\binom{N}{n}}; x=0,1,\cdots,n$$

說例：從一副撲克牌中抽取 5 張，其中 3 張是紅心之機率：

解：$N=52$

$k=13$

$n=5$

$x=3$

觀念提示：超幾何分佈為取出不放回，而二項分佈為取出放回。

定義： 隨機變數 X 之 PMF

$$f_X(x) = \frac{\binom{k}{x}\binom{N-k}{n-x}}{\binom{N}{n}}; \, x = 0, 1, \cdots, n$$

則稱 X 為具有參數 (n, N, k) 之超幾何分佈，表示為 $X \sim HG(n, N, k)$。

定理 3-7

$X \sim HG(n, N, k)$，則

(1) $E[X] = n\dfrac{k}{N}$。

(2) $Var(X) = n\dfrac{k}{N}\left(1 - \dfrac{k}{N}\right)\dfrac{N-n}{N-1}$。

證明： $E[X] = \displaystyle\sum_{x=0}^{n} xf_X(x) = \sum_{x=1}^{n} x\frac{\binom{k}{x}\binom{N-k}{n-x}}{\binom{N}{n}}$

$$= \sum_{x=1}^{n} x\frac{\binom{k-1}{x-1}\binom{N-k}{n-x}}{\binom{N}{n}} = k\frac{\binom{N-1}{n-1}}{\binom{N}{n}} = k\frac{n}{N}$$

其中我們應用了定理 1-11

$$\sum_{x=1}^{n}\binom{k-1}{x-1}\binom{N-k}{n-x} = \binom{N-1}{n-1}$$

同理

$$E[X(X-1)] = \sum_{x=2}^{n} \frac{k(k-1)\binom{k-2}{x-2}\binom{N-k}{n-x}}{\binom{N}{n}}$$

$$= \frac{k(k-1)\binom{N-2}{n-2}}{\binom{N}{n}} = k(k-1)\frac{n(n-1)}{N(N-1)}$$

$$\therefore Var(X) = E[X(X-1)] + E[X] - (E[X])^2$$

$$= n \frac{k}{N} \left(1 - \frac{k}{N}\right) \frac{N-n}{N-1}$$

例題 25：若 $X \sim B(n,p)$，$Y \sim B(m,p)$，且 X, Y independent. Find the conditional PMF of X given $X + Y = k$.

解　　　
$$P(X=x|X+Y=k) = \frac{P(X=x, X+Y=k)}{P(X+Y=k)} = \frac{P(X=x, Y=k-x)}{P(X+Y=k)}$$

$$= \frac{P(X=x)P(Y=k-x)}{P(X+Y=k)}$$

$$= \frac{\binom{n}{x} p^x (1-p)^{n-x} \binom{m}{k-x} p^{k-x}(1-p)^{m-(k-x)}}{\binom{n+m}{k} p^k (1-p)^{n+m-k}}$$

$$= \frac{\binom{n}{x}\binom{m}{k-x}}{\binom{n+m}{k}}$$

觀念提示：若 X, Y 為獨立之二項分佈，則在 $X+Y=k$ 之條件下，X 之 PMF 為超幾何分佈。

例題 26：若一束 10 支沖天炮中有 3 支損壞（無法爆炸）。任意抽出 4 支點燃，求

(1) 4 支均爆炸之機率。

(2) 至多 2 支不爆炸之機率。

解　　　
$$(1) \frac{\binom{7}{4}}{\binom{10}{4}} = \frac{1}{6}$$

$$(2) \frac{\binom{7}{2}\binom{3}{2}}{\binom{10}{4}} + \frac{\binom{7}{3}\binom{3}{1}}{\binom{10}{4}} + \frac{\binom{7}{4}}{\binom{10}{4}} = \frac{29}{30}$$

3-6　布阿松分佈

布阿松（Poisson）分佈用以描述事件發生之次數，若 t 為單位時間長度，λ 代表每單位時間中事件發生之平均次數，則 Poisson 分佈必須滿足：

(1)在時間間隔(t_0, t_1)內，事件發生之平均次數為：$\lambda(t_1 - t_0)$

(2)在不重疊之時間區間內，事件發生之次數為獨立

定義：Poisson Distribution

若隨機變數 X 之 PMF 為

$$f_X(x) = \frac{e^{-\lambda t}(\lambda t)^x}{x!}; x = 0, 1, 2, \cdots, \lambda > 0$$

則稱 X 為以 λt 為參數之 Poisson 分佈，表示為 $X \sim Po(\lambda t)$。

觀念提示：(1)有時可將單位時間 t 省去：$X \sim Po(\lambda)$。

$$(2) e^{\lambda} = \sum_{x=0}^{\infty} \frac{\lambda^x}{x!}$$

定理 3-8

若 $X \sim Po(\lambda)$，則

$E[X] = \lambda$

$Var(X) = \lambda$

證明：X 之 MGF 為

$$M_X(t) = E[e^{tx}]$$

$$= \sum_{x=0}^{\infty} e^{tx} f_X(x) = \sum_{x=0}^{\infty} e^{tx} \frac{e^{-\lambda} \lambda^x}{x!} = \sum_{x=0}^{\infty} \frac{e^{-\lambda}(\lambda e^t)^x}{x!}$$

$$= e^{-\lambda} e^{\lambda e^t} = e^{\lambda(e^t - 1)}$$

$$\Rightarrow E[X] = M'_X(0) = \lambda$$

$$E[X^2] = M''_X(0) - M'_X(0) = \lambda^2 + \lambda$$

$$\Rightarrow Var(X) = M''_X(0) - M'_X(0)^2 = \lambda$$

$$K_X(t) = \ln M_X(t) = \lambda(e^t - 1)$$

$$\Rightarrow E\,[X] = K_X'(0) = \lambda$$

$$\Rightarrow Var\,(X) = K_X''(0) = \lambda$$

定理 3-9

$X\sim B\,(n, p)$ 若 $n\to\infty$，$p\to 0$，且 $\lambda = np$ 為一常數。可以 Poisson 分佈近似二項分佈。

證明：
$$\lim_{n\to\infty}\binom{n}{x}p^x(1-p)^{n-x}$$

$$=\lim_{n\to\infty}\frac{n(n-1)\cdots\cdots(n-x+1)}{x!}\left(\frac{\lambda}{n}\right)^x\left(1-\frac{\lambda}{n}\right)^{n-x}$$

$$=\lim_{n\to\infty}\frac{\lambda^x}{x!}\left(\frac{n}{n}\right)\left(\frac{n-1}{n}\right)\cdots\cdots\left(\frac{n-x+1}{n}\right)\left(1-\frac{\lambda}{n}\right)^{n-x}$$

$$\lim_{n\to\infty}\left(\frac{n}{n}\right)\left(\frac{n-1}{n}\right)\cdots\cdots\left(\frac{n-x+1}{n}\right)=1$$

$$\because \lim_{n\to\infty}\left(1+\frac{x}{n}\right)^n=e^x \because \lim_{n\to\infty}\left(1-\frac{\lambda}{n}\right)^{n-x}=e^{-\lambda}$$

$$\therefore \lim_{n\to\infty}\binom{n}{x}p^x(1-p)^{n-x}=\frac{\lambda^x e^{-\lambda}}{x!}$$

觀念提示：$X\sim B\,(n, p)\xrightarrow[\lambda=np]{n\to\infty} Po\,(\lambda)$

　　　　　故布阿松分佈可視為成敗試驗中，當試驗次數非常大且成功機率非常低之極限情況

定理 3-10

若 $X\sim Po\,(\lambda_1)$，$Y\sim Po\,(\lambda_2)$，且 X, Y 相互獨立，則 $X+Y\sim Po\,(\lambda_1+\lambda_2)$。

證明：$\because X, Y$ 獨立，由第二章可得：

$$M_{X+Y}(t)=M_X(t)\,M_Y(t)=e^{\lambda_1(e^t-1)}\cdot e^{\lambda_2(e^t-1)}=e^{(\lambda_1+\lambda_2)(e^t-1)}$$

　　故 $X+Y\sim Po\,(\lambda_1+\lambda_2)$

觀念提示：同理可得：$X_i\sim Po\,(\lambda_i)$；$i=1, 2, \cdots, n$，則

$$X_1+X_2+\cdots+X_n\sim Po\,(\lambda_1+\lambda_2+\cdots+\lambda_n)$$

例題 27：若 $X \sim Po\,(\lambda_1)$，$Y \sim Po\,(\lambda_2)$，且 X, Y 相互獨立，
(a)Find $P\,(X=x|X+Y=n)$
(b) Find $E(X|X+Y=n)=$? 【93 交大電信】【97 中山電機通訊】

解　　(a)

$$P\,(X=x|X+Y=n)=\frac{P(X=x, Y=n-x)}{P(X+Y=n)}=\frac{\dfrac{e^{-\lambda_1}\lambda_1{}^x}{x!}\dfrac{e^{-\lambda_2}\lambda_2{}^{n-x}}{(n-x)!}}{\dfrac{e^{-(\lambda_1+\lambda_2)}(\lambda_1+\lambda_2)^n}{n!}}$$

$$=\binom{n}{x}p^x(1-p)^{n-x}\ ;\ p=\frac{\lambda_1}{\lambda_1+\lambda_2}$$

(b)

$$E\,[X|X+Y=n]=\sum_{x=0}^{n} xP\,(X=x|X+Y=n)$$

$$=\sum_{x=0}^{n} x\frac{P(X=x, Y=n-x)}{P(X+Y=n)}=\sum_{x=0}^{n} x\frac{\dfrac{e^{-\lambda_1}\lambda_1{}^x}{x!}\dfrac{e^{-\lambda_2}\lambda_2{}^{n-x}}{(n-x)!}}{\dfrac{e^{-(\lambda_1+\lambda_2)}(\lambda_1+\lambda_2)^n}{n!}}$$

$$=\sum_{x=0}^{n} x\binom{n}{x}p^x(1-p)^{n-x}\ ;\ p=\frac{\lambda_1}{\lambda_1+\lambda_2}$$

$$=np$$

例題 28：The number of jobs arrives at a node is a Poisson random variable N with parameter λ, each job will be sent to node A with probability p and node B with probability $1-p$, determine the distribution function of the number of jobs received by A. 【93 大同通訊】

解　　$$M_X(t)=E\,[e^{tx}]=E\,[E\,[e^{tx}|N]]=E[(1-p+pe^t)^N]$$

$$=\sum_{x=0}^{n}(1-p+pe^t)^n\frac{e^{-\lambda}\lambda^n}{n!}=e^{-\lambda}\,e^{\lambda(1-p+pe^t)}=e^{\lambda p(e^t-1)}\sim Po\,(\lambda p)$$

另解：$$f_X(x)=\sum_{n} f_{X|N=n}\,(x)P(N=n)$$

$$=\sum_{n=x}^{\infty} C_x^n p^x(1-p)^{n-x}\frac{e^{-\lambda}\lambda^n}{n!}$$

$$= \frac{e^{-\lambda p}(\lambda p)^x}{x!}$$

例題 29：在某個公車站，已知在 T 分鐘內所到站之公車數目，X，為
具期望值 $\frac{T}{5}$ 之 Poisson random variable.

(1)求 $f_X(x)$。

(2)求兩分鐘內三輛公車進站之機率？

(3)求十分鐘內無任何公車進站之機率？

(4)若至少有一輛公車進站之機率為 0.99，求所允許之等待
時間？

解　(1)$f_X(x) = \begin{cases} \dfrac{\left(\dfrac{T}{5}\right)^x e^{-\frac{T}{5}}}{x!} ; & x = 0, 1, \cdots\cdots \\ 0; & o.w \end{cases}$

(2)$P(X=3) = \dfrac{\left(\dfrac{2}{5}\right)^3 e^{-\frac{2}{5}}}{3!}$　（$T=2$）

(3)$T=10$

$$P(X=0) = \frac{e^{-\frac{10}{5}}}{0!} = e^{-2}$$

(4)$P(X \geq 1) = 1 - P(X=0) = 1 - e^{-\frac{T}{5}} \geq 0.99$

$\therefore T \geq 5 \ln 100 \approx 23 \text{ min utes}$

例題 30：某學生打報告時平均每頁產生兩個錯字，在下一頁報告中，
求下列事件之機率

(1)產生四個以上錯字

(2)完全正確

(3)若此學生將準備 5 頁之報告試重做(1)，(2)

解　The number of errors is Poisson random variable.

$$f_X(x) = \frac{e^{-2}2^x}{x!} \; ; \; x = 0, 1, 2, \cdots$$

(1) $P(X \geq 4) = 1 - \sum_{x=0}^{3} \frac{e^{-2}2^x}{x!}$

(2) $P(X=0) = \frac{e^{-2}2^x}{0!} = e^{-2}$

例題 31：某地區平均每月發生三次車禍，求

　　　　(1)某月發生五次車禍之機率

　　　　(2)某月發生少於三次車禍之機率

　　　　(3)某月發生至少二次車禍之機率

解　令發生車禍之次數為 $X \Rightarrow X \sim Po(3t)$

(1) $\sum_{x=0}^{5} Po(3t) - \sum_{x=0}^{4} Po(3t) = 0.1008$

(2) $P(X<3) = \sum_{x=0}^{2} Po(3t) = 0.4232$

(3) $P(X \geq 2) = 1 - \sum_{x=0}^{1} Po(3t) = 0.8009$

例題 32：$X \sim Po(\lambda)$，求證 $P(X=i)$ 隨 i 之增加而單調遞增或單調遞減，
在 i 等於不超過 λ 之最大整數時達到最大值。

解　$\dfrac{P(X=i)}{P(X=i-1)} = \dfrac{e^{-\lambda}\dfrac{\lambda^i}{i!}}{e^{-\lambda}\dfrac{\lambda^{i-1}}{(i-1)!}} = \dfrac{\lambda}{i}$

∴ If $\lambda \geq i \Rightarrow P(X=i)$ 遞增

If $\lambda < i \Rightarrow P(X=i)$ 遞減

例題 33：(1) The number of database queries processed by a computer in 10-second interval is a Poisson random variable, K, with $\alpha = 5$ queriec. What is the probability that at least two queries will be processed in a 2-second interval?

(2) If X and Y are independent Poisson random variables with respective parameters λ_1 and λ_2, compute the distribution of $X+Y$.

【98 中央通訊】

解

$(1) f_K(k) = \dfrac{\exp\left(-\dfrac{t}{2}\right)\left(\dfrac{t}{2}\right)^k}{k!}; \; k=0, 1, \cdots$

$\Rightarrow P(K \geq 2) = 1 - P(K=0) - P(K=1) = 1 - 2e^{-1}$

$(2) M_{X+Y}(t) = M_X(t)\, M_Y(t) = \exp(\lambda_1(e^t - 1))\exp(\lambda_2(e^t - 1))$

$= \exp(((\lambda_1 + \lambda_2)(e^t - 1))$

$\sim Po\,(\lambda_1 + \lambda_2)$

例題 34：Let X, Y, and Z be three independent Poisson random variables with parameters $\lambda_1, \lambda_2, \lambda_3$, respectively. For $y = 0, 1, 2, ..., t$, calculate $P(Y=y|X+Y+Z=t)$ 【97 成大電腦與通訊所】

解

$P(Y=y|X+Y+Z=t) = \dfrac{P(Y=y, X+Z=t-y)}{P(X+Y+Z=t)}$

$= \dfrac{e^{-\lambda_2}\dfrac{(\lambda_2)^y}{y!} e^{-(\lambda_1+\lambda_3)}\dfrac{(\lambda_1+\lambda_3)^{t-y}}{(t-y)!}}{e^{-(\lambda_1+\lambda_2+\lambda_3)}\dfrac{(\lambda_1+\lambda_2+\lambda_3)^t}{t!}}$

$= \binom{t}{y}\left(\dfrac{\lambda_2}{\lambda_1+\lambda_2+\lambda_3}\right)^y\left(\dfrac{\lambda_1+\lambda_3}{\lambda_1+\lambda_2+\lambda_3}\right)^{t-y};$

$y = 0, 1, \cdots, t$

例題 35：The total number of defects X on a chip is a Poisson random variable with mean α. Suppose that each defect has a probability p of fall a specific region R and that the location of each defect is independent of the locations of all other defects. Find the probability mass function of the number of defects Y that fall in the region R.　　　　　　　　　　　　　　　　　　　【97 中正電機、通訊】

解　　$f_X(x) = e^{-\alpha}\dfrac{\alpha^x}{x!}; \ x = 0, 1, 2, \cdots$

$P(Y = y | X = n) = \dbinom{n}{y} p^y (1-p)^{n-y}; \ y = 0, 1, \cdots, n$

$\Rightarrow P(Y = y, X = n) = P(Y = y | X = n)P(X = n)$

$\Rightarrow P(Y = y) = \displaystyle\sum_{n=y}^{\infty} (Y = y, X = n) = e^{-\alpha p}\dfrac{(\alpha p)^y}{y!}$

3-7　多項分佈

在二項分佈中，我們進行一連串獨立的試驗，每次試驗僅可能有兩種結果：成功（Success）或失敗（Fail）。若每次試驗的結果有 k 種可能，表示為 $E_1, E_2, \cdots, E_k$，其中每種結果之機率分別為 $p_1, p_2, \cdots, p_k$，顯然的 $p_1 + p_2 + \cdots + p_k = 1$，當進行此種獨立之試驗 n 次以後，若 $X_1, X_2, \cdots, X_k$ 分別表示 $E_1, E_2, \cdots, E_k$ 出現之次數，則

$$P(X_1 = x_1, X_2 = x_2, \cdots, X_k = x_k) = \frac{n!}{x_1! \, x_2! \cdots x_k!} p_1^{x_1} p_2^{x_2} \cdots p_k^{x_k}$$

其中 $\displaystyle\sum_{i=1}^{k} x_i = n$，$\displaystyle\sum_{i=1}^{k} p_i = 1$。

綜合上述，可將多項分佈（Multinomial Distribution）定義如下：

定義：多項分佈（Multinomial Distribution）

若隨機變數 $X_1, X_2, \cdots, X_k$ 之 joint PMF（聯合機率質量函數）

滿足：$f_{X_1, X_2, \cdots, X_k}(x_1, x_2, \cdots, x_k) = \binom{n}{x_1, \cdots, x_k} p_1^{x_1} p_2^{x_2} \cdots p_k^{x_k}$

其中 $\sum\limits_{i=1}^{k} x_i = n$，$\sum\limits_{i=1}^{k} p_i = 1$，

則稱 $X_1, \cdots, X_k$ 為具參數 $(n, p_1, p_2, \cdots, p_k)$ 之多項分佈，表示為 $MN(n, p_1, p_2, \cdots, p_k)$。

觀念提示：　1. 若 $k = 2$，試驗變為成敗試驗，且多項分佈變為二項分佈。

　　　　　　2. $f_{X_1, X_2, \cdots, X_k}(x_1, x_2, \cdots, x_k)$ 恰為多項式定理（見第一章）展開
　　　　　　　中之一項

$$(p_1 + p_2 + \cdots + p_k)^n = \sum_{x_1} \cdots \sum_{x_k} \binom{n}{x_1, \cdots, x_k} p_1^{x_1} p_2^{x_2} \cdots p_k^{x_k}$$

　　　　　　多項分佈之 MGF 為

$$M_{X_1, X_2, \cdots, X_k}(t_1, t_2, \cdots, t_k)$$

$$= \sum_{x_1, \cdots, x_k} \exp(t_1 x_1 + t_2 x_2 + \cdots + t_k x_k) \binom{n}{x_1, \cdots, x_k} p_1^{x_1} p_2^{x_2} \cdots p_k^{x_k}$$

$$= \sum_{x_1, \cdots, x_k} \binom{n}{x_1, \cdots, x_k} (p_1 e^{t_1})^{x_1} \cdots (p_k e^{t_k})^{x_k}$$

$$= (p_1 e^{t_1} + \cdots + p_k e^{t_k})^n$$

Based on $M_{X_1, X_2, \cdots, X_k}(t_1, t_2, \cdots, t_k)$, we can obtain

(1) $E(X_i) = \dfrac{\partial M_{X_1, X_2, \cdots X_k}(t_1, t_2, \cdots, t_k)}{\partial t_i} \bigg|_{(0, 0, \cdots 0)} = np_i$

(2) $E(X_i^2) = \dfrac{\partial^2 M_{X_1, X_2, \cdots X_k}(t_1, t_2, \cdots, t_k)}{\partial t_i^2} \bigg|_{(0, 0, \cdots 0)} = n(n-1)p_i^2 + np_i$

　　$\Rightarrow Var(X_i) = np_i(1 - p_i)$

(3) $E(X_i, X_j) = \dfrac{\partial^2 M_{X_1, X_2, \cdots X_k}(t_1, t_2, \cdots, t_k)}{\partial t_i \, \partial t_j} \bigg|_{(0, 0, \cdots 0)} = n(n-1)p_i p_j$

　　$\Rightarrow Cov(X_i, X_j) = E(X_i X_j) - E(X_i)E(X_j) = -n p_i p_j$

例題 36：擲一對骰子 6 次，若 E_1 代表點數和為 7 或 11 點，E_2 代表
　　　　兩顆骰子點數相同，E_3 代表其餘結果。求 E_1 發生 2 次，E_2
　　　　發生 3 次，E_3 發生 1 次之機率。

解　E_1 發生之機率為：

$$\frac{8}{36}\left\{(6,1) \cdot (1,6) \cdot (5,2) \cdot (2,5) \cdot (3,4) \cdot (4,3) \cdot (6,5) \cdot (5,6)\right\}$$

E_2 發生之機率為：$\dfrac{6}{36}\left\{(1,1),\cdots,(6,6)\right\}$

E_3 發生之機率為：$1-\dfrac{8}{36}-\dfrac{6}{36}=\dfrac{22}{36}$

$$\therefore P\,(X_1=2,\,X_2=3,\,X_3=1)=\frac{6!}{2!\,3!\,1!}\left(\frac{2}{9}\right)^2\left(\frac{1}{6}\right)^3\left(\frac{11}{18}\right)^1$$

例題 37：假設在你每天之上學途中將遇到一具有交通號誌之十字路口，你遇到綠燈之機率為 $\dfrac{7}{16}$，遇到紅燈之機率為 $\dfrac{7}{16}$，遇到黃燈之機率為 $\dfrac{2}{16}$，每天所遇到之燈號相互獨立。若在五天之中隨機變數 $G,\,Y,\,and\,R$ 分別代表你遇到綠燈、黃燈、紅燈之次數。試問 $P\,[G=2,\,Y=1,\,R=2]=?\,P\,[G=R]=?$

解　$(1)P\,[G=2,\,Y=1,\,R=2]=\dfrac{5!}{2!\,1!\,2!}\left(\dfrac{7}{16}\right)^2\dfrac{1}{8}\left(\dfrac{7}{16}\right)^2$

$(2)P\,(G=R)=P(1,3,1)+P(2,1,2)+P(0,5,0)$

$$=\frac{5!}{1!\,3!\,1!}\frac{7}{16}\frac{7}{16}\left(\frac{1}{8}\right)^2+\left(\frac{7}{16}\right)^2+\frac{5!}{2!\,2!}\left(\frac{7}{16}\right)^2\left(\frac{7}{16}\right)^2\frac{1}{8}+\left(\frac{1}{8}\right)^5$$

例題 38：Let $\{Y_i,\,i=1,2,\cdots\}$ be a sequence of *i.i.d.* Bernoulli random variables with parameter p, *i.e.*, $P\,(Y_i=1)=p$, $P\,(Y_i=0)=1-p$. Also, let N be a Poisson random variable with parameter λ. Consider the random variable $Z=\sum\limits_{i=1}^{N}Y_i$. Assume that $\{Y_i,\,i=1,2,\cdots\}$ is independent of N. Find $P\,(Z=k)=?$　【87 清大電機】

解　$Z=Y_1+\cdots+Y_N$

$M_Z(t)=E\,[e^{tz}]=E\,[e^{(Y_1+\cdots+Y_N)t}]$

$$= E\left[E\left[e^{(Y_1 + \cdots + Y_N)}\big|N\right]\right]$$

$$= E[(1 - p + pe^t)^n]$$

$$= \sum_{n=0}(1 - p + pe^t)^n \frac{e^{-\lambda}\lambda^n}{n!} = e^{\lambda p(e^t - 1)}$$

$$\Rightarrow Z \sim P_0(\lambda p)$$

精選練習

1. 太陽與熱火隊將在NBA七戰四勝制中爭取總冠軍。假設太陽隊在每場比賽能擊敗熱火隊之機率為0.6，求太陽隊能得總冠軍（率先贏四場）之機率為何？

2. 若生男生女機率均等，求
   (1)一家庭中有3個孩子，僅老么為男孩之機率。
   (2)一家庭中有6個孩子，老么為次子之機率。
   (3)一家庭中有9個孩子，老么為第4個男孩之機率。

3. 擲一骰子，直到6出現為止。
   (1)最多需擲8次之機率。
   (2)欲使得6之機率至少 $\frac{1}{2}$，則應擲多少次？

4. 若 X 為具參數 $p = 0.9$ 之幾何分佈，求
   (1) $X \geq 3$。
   (2) $4 \leq X \leq 7$。
   (3) $7 \leq X \leq 10$。

5. 令 X_1, X_2 為分別具參數 p_1, p_2 之幾何分佈，且 X_1, X_2 為獨立，求
   (1) $P(X_1 \geq X_2)$。
   (2) $P(X_1 = X_2)$。

6. 一盒中有17個紅球，3個白球，由你和對手以取出不放回之方式輪流依次取出一球，取到最後一白球者為贏家。
   (1)由你先取球，求你在第四次贏得比賽之機率？
   (2)由你先取球，求你贏得比賽之機率？

7. 執行一Bernoulli trial直到至少一次成功及一次失敗為止。若 X 表停止時執行次數，p 為每次成功之機率，求 $f_X(x)$, $E[X] = ?$

8. 令 X, Y 皆為均等分佈於 $\{0, 1, \cdots 9\}$ 之二獨立隨機變數，求
   (1) $P(X \geq Y)$。

(2)$P(X=Y)$。

9. 隨機投擲一骰子兩次，求兩次點數和小於 8 之機率？

10. 擲一骰子，所得點數為 X，若 $X<3$，令 $Y=1$，否則令 $Y=0$。

    (1)Y 為何種分佈。

    (2)$f_Y(y)=$?

11. 擲一骰子 10 次，求至少有 2 次以上 6 點之機率。

12. 擲一銅板 20 次，得 X 次正面，求

    (1)$f_X(x)$。

    (2)$P(X=5)$。

13. 若某人每小時釣魚之數目為一具參數 $\lambda=2$ 之 Poisson random variable 求

    (1) 1 小時釣 4 條魚之機率。

    (2) 2 小時至多釣 3 條魚之機率。

    (3) 3 小時內至少釣 2 條魚之機率。

14. 某銀行每分鐘進來之客戶為具參數 $\lambda=0.5$ 之 Poisson random variable 求

    (1) 5 分鐘內進來 10 個客戶之機率？

    (2) 5 分鐘內至少進來 1 位客戶之機率？

    (3) 10 分鐘內至多進來 10 位客戶之機率？

15. 某人釣魚時在線上綁了 n 個勾子，每個勾子釣中魚之機率均為 p，且相互獨立，若總共釣中魚之數目為 X，求 $f_X(x)=$?

16. 一個電子檔案封包將以連續的時槽（Time Slots）來傳送直到傳完為止。假設檔案長度未知，但每一時槽仍會傳送的機率是 $(1-p)$。　　　　　　【雲科大電機】

    (1)試找出其將傳送多少時槽的機率規則，例如，Pr{傳 N 個時槽後停止}＝ ?

    (2)試求預期須多少時槽可送完。

    (3)試問其變異數（Variance）為何？

17. Given a coin with a probability of tossing a head being p, where $0<p<1$. Toss this coin continuously. Each toss is an independent trial. Suppose the third tail occurs at the xth toss. Find the probability that $r>x$, where r is an integer and $r>3$. Give your answer in terms of r and p.　　　　　　【台大電機】

18. In proof testing of circuit boards, the probability that any particular diode will fail is 0.01. Suppose a circuit board contains 200 diodes.

    (1) How many diodes would you expect to fail, and what is the standard deviation of the number that are expected to fail?

    (2) What is the (approximate) probability that at least four diodes will fail on a randomly selected board?

(3) If five boards are shipped to a particular customer, how likely is it that at least four of them will work properly? (A board works properly only if all its diodes work)

【台大電機】

19. 假設某個賣場中每小時所到達之顧客人數服從 $\lambda = 7$ 之 Poisson 機率分佈，求
　　(1)在兩個小時之內有 10 至 20 個顧客到達之機率？
　　(2)在兩個小時之內所到達之顧客人數之平均值？

20. 某一輪胎工廠為測試其輪胎之品質，將出廠之輪胎通過一崎嶇之路面，發現有 25% 之輪胎產生爆胎之現象，求在接下來的 15 受測輪胎中，下列事件發生之機率？
　　(1) 3 至 6 個受測輪胎爆胎
　　(2)少於 4 個受測輪胎爆胎
　　(3)多於 5 個受測輪胎爆胎

21. 當一雙向通信系統傳遞訊息時，接收機能接收到訊息之機率為 p。當接收機接收到訊息時，立刻回傳 acknowledgment signal（ACK）給發射機，若發射機未接收到 ACK 訊息時，發射機將再傳遞訊息一次。
　　(1)隨機變數 N 代表發射機傳遞相同訊息的次數，求其 PMF？
　　(2)若此雙向通信系統之工程師要限制傳遞相同訊息的次數，其目標為 $P[N \le 3] \ge 0.95$.為達成此目標，求 p 之最小值？

22. 令隨機變數 X 為具有參數 $n = 4, p = 0.5$ 之二項分佈
　　(1)推導隨機變數 X 之標準差。
　　(2) What is $P(\mu_X - \sigma_X \le X \le \mu_X + \sigma_X)$?

23. 考慮一個字碼，包含了 5 個位元（0 or 1），例如某個字碼為 01010. 每個字碼其中位元為 0 之機率 0.8，且與其他之位元無關，求：
　　(1)字碼為 11001 之機率？
　　(2)字碼中包含了 3 個 1 之機率？

24. 現有十張撲克牌，包含了一張黑桃、2 張紅心、3 張方塊、4 張梅花、以取出放回之方式重複進行，若隨機變數 X 為第一次梅花出現時所需進行的實驗的次數，求 $f_X(x)$，以及 $E[X]$。

25. 某設備其中共有 5 個元件，每個元件故障機率皆為 2/3，該設備至少需要一半以上之元件正常方可運作，求此設備可用與不可用之機率？　　【90 中央數學】

26. 擲一粒公正之骰子 n 次，取隨機變數 X 為 6 出現的次數，Var $[X]$ = ？

【90 台大電機】

27. For n independent Bernoulli trials, 隨機變數 X 為 $n = 3$ 之情形，而 Y 為 $n = 2$ 之情形，若已知 $P[X \ge 1] = 26/27$，$P[Y \le 1] = ?$　　【交大工工】

28. 某教室有 10 部電腦，上課時每部電腦使用機率皆為 0.2，但若 7 部或更多電腦同時

開機便會發生保險絲燒斷的情形，求每次上課保險絲被燒斷的機率？

【79 交大資科】

29. 已知隨機變數 X 具有 $B(n, p)$ 的二項分佈，找出函數 $g(x)$，使得 $E[g(X)] = p(1-p)$

【83 交大資訊】

30. 已知 X, Y 互相獨立且皆為直到第一次成功所經歷失敗次數之幾何分佈，成功機率為 p，(1)$P[Y \geq X] = ?$ (2)$P[Y = X] = ?$ (3)$Z = \max(X, Y)$ 之分佈為何？【92 成大應數】

31. 共有 200 位男生與 50 位女生參加考試，現自考生中隨機抽取一位進行調查，共抽 30 次，隨機變數 X 表示抽中男生次數：

(1)若每位考生至多被抽中一次，則 X 之質量函數為何？

(2)若考生可以重複被抽中，則 X 之質量函數為何？　　　　　【清華資工】

32. 共有 10 張牌，其中有黑桃一張，紅心 2 張，方塊 3 張，梅花 4 張，現自其中隨機地抽出一張並加以置回，若定義隨機變數 X 為第一次抽中梅花所需要抽的次數，求 X 之質量分佈函數及平均值？　　　　　　　　　　　　【台大電機】

33. 連續擲一個公正的硬幣，取 X 為到正面出現第二次為止，反面出現之次數，$f_X(x) = ?$ 其中 $x = 0, 1, 2 \cdots\cdots$　　　　　　　　　　　　　　　【86 清華統研】

34. 盒中原有 3 黑球與 2 白球，求

(1)自其中任取一球並隨即放回，直到第 2 次取到白球為止，取球次數為 N，$P(N = k) = ?$

(2)取到白球（W）則放回，取到黑球（B）則不放回，問取球順序為 $WWWW$ 及 $BBWW$ 之機率？　　　　　　　　　　　　　　　【92 交大電信】

35. 擲一枚不公正之硬幣 n 次，已知出現正面之機率為 p，求：

(1)恰 k 次正面且第 k 次正面發生在第 n 擲之機率？

(2)出現正面次數為偶數之機率？　　　　　　　　　　　　【91 清大電機】

36. (1)已知駕駛人中有 5%為無照駕駛，試以 Poisson 分佈近似的計算，抽驗 50 人中，至多只有 2 人沒有駕照之機率？

(2)已知某公司生產之磁帶，平均每 100 公尺會有 2 處缺陷，求一捲 200 公尺的磁帶上，沒有缺陷之機率？　　　　　　　　　【82 台大電機、清華資工】

37. 已知某昆蟲每次產卵個數為 X 為具有平均值 λ 之 Poisson 分佈，而每個卵的存活機率皆為 p 且互相獨立，求此昆蟲每次產卵後的平均存活率為多少？【清華統計】

38. 已知某總機收到電話之數目呈 Poisson 分佈且平均每分鐘 4 通，求：

(1)在 1 分鐘內至少收到 2 通電話之機率？

(2)自某時收到一通電話起，試問未來 20 秒內沒有電話之機率？　　　【交大電信】

39. 已知互相獨立之隨機變數 X, Y 皆呈 Poisson 分佈，且平均值分別為 λ_x, λ_y，求在條件 $X + Y = n$ 下 X 之分佈？　　　　　　　　　　　　　【90 清大統計】

40. A box contains n black balls，at each stage a black ball is removed and a new ball, that is black with probability p and white ball with probability $(1-p)$ is put into the box. Find the expected number of stages needed until there are no more black balls in the box.

【86 清華電機】

41. Li-Chi is playing a video game shown below. His goal is to destroy the space ship using the machine gun. Assume that the ship moves horizontally at a speed of 8cm/second and it bounces back immediately when reaching each side. The ship starts at the left side at $t=0$, Assume that Li-Chi fires once randomly within each second and the "buller" flies at an infinitely high speed. What is the probability that he can hit the spece ship for every firing? What is the average time (in seconds) it takes to hit the ship? 【100 台大電子】

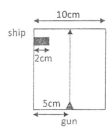

42. Suppose that children are born at a Poisson rate of 10 per day in a certain hospital. What is the probability that

(1) At least two babies are born during the next 6 hours;

(2) No babies are born during the next two days? 【97 台大電機】

43. Let X equals the number of bad records in each 100 feet of a used computer tape. Assume that X has a Poisson distribution with mean 2.5. Let W equal the number of feet before the first record is found.

(1) Give the mean number of flaws per foot.

(2) How is W distributed?

(3) Give the mean and variance of W.

(4) Find $P(W \le 20)$ and $P(W > 40)$. 【97 清大資訊】

44. Let X have a geometric distribution.

(1) Give the probability density function $P(X=x)$ of X.

(2) Show that $P(X>k+j|X>k)=P(X>j)$, where k and j are any nonnegative integers.

【97 清大資訊】

45. Let Y have a binomial distribution with mean 6 and variance 3.

(1) Give the probability density function $P(Y=y)$ of Y.

(2) Find $P(Y=2)$. 　【97 清大資訊】

46. Let W have a Poisson distribution with the variance 3.

(1) Give the probability density function $P(W=w)$ of W.

(2) Find the moment-generating function $M(t)$ of W.

(3) Find $P(W \geq 2)$. 　【97 清大資訊】

47. Consider a sequential experiment in which we repeat independent Bernoulli trials until the occurrence of the first success. Find the probability that more than 2 trials are required before a success occurs (Given that the probability of success is $p=0.2$ for each Bernoulli trial)

　【97 中正電機、通訊】

48. A system of linear equations has uncertain coefficients which are modeled by a random variable A. The system is as follows:

$$\begin{bmatrix} 1 & A & 0 \\ 0 & 1-A^2 & 1 \\ 0 & 0 & 1+A^2 \end{bmatrix} \begin{bmatrix} x_1 \\ x_2 \\ x_3 \end{bmatrix} = \begin{bmatrix} 0 \\ 0 \\ 0 \end{bmatrix}$$

The PMF of A is

$$f_A(a) = \begin{cases} 0.2; & a=1 \\ 0.3; & a=0 \\ 0.5; & a=-1 \end{cases}$$

(a)Please calculate the probability that the system has nontrivial solution

(b)Please solve the system when nontrivial solution exist 　【100 台聯大工數 B】

49. Let X_1 and X_2 be two independent Poisson random variables with identical distribution.

(1) Find $P[X_1 = x_1 | X_1 + X_2 = y]$

(2) Find $E[X_1 | X_1 + X_2 = y]$ 　【97 中山通訊】

50. Suppose that X is a Poisson random variable with $P(X=2)=P(X=3)$. Find $P(X=5)$.

　【97 台聯大通訊】

51. Suppose that earthquakes occur in a certain region of Taiwan, in accordance with a Poisson process, at a rate of four per year.

(1) What is the probability of no earthquakes in a year?

(2) What is the probability that there will be at least one earthquake in the next six months (i.e., in half a year)? 　【97 北科大資訊】

52. In the transmission of digital data over a wireless network, the probability that a bit is transmitted and received with error is 0.00001. Assume the probability of error occurring at one bit is independent of the probability of error occurring at another bit. Consider transmitting a file of size 200K bits. A random variable X denotes the total number of error bits in the received file.

(a)What probability distribution function is best suited for the random variable X? Write down the probability distribution function for X. State your reason.

(b)Give the probability when there are less than 2 errors in the received file. Try to simplify your answer as best as you can.
【 96 清大資訊 】

53.　Suppose that the random variable X has a Poisson distribution with parameter $\lambda > 0$.

(a)Find the moment generating function of X.

(b)Show that $E(X) = \lambda$ and Var $(X) = \lambda$.

(c)Show that
$$P(X=0) \leq \cdots \leq P(X=[\lambda])$$
and
$$P(X=[\lambda]) \geq P(X=[\lambda]+1) \geq \cdots$$
where $[y]$ is a floor function that returns the largest integer less than or equal to y.
【 96 中山通訊 】

54.　N is number of the customers entering the 7-11 convenience store at NCNU from 06:00 through 07:00 every day N is a Poisson random variable with $E[N] = 6$. Assume the arrival rate of the customers remains a constant during the 60 minutes

(a)Find the probability that two or more customers enter the 7-11 between 06:00 and 06:30.

(b)Given that no customer shows up between 06:15 and 06:30, find the probability that no customer enters the 7-11 on 06:30 through 06:50, either.

(c)For each of the N customers entering the 7-11 between 06:00 and 07:00, the probability that she or he spends less than 100 dollars is 0.75. Let $K =$ the number of the customers who spends less than 100 dollars between 06:00 and 07:00. Find the joint PMF of N and K.

(d) Find $E[K]$.
【 95 暨南資工 】

55.　We may model the arrival of telephone calls with a Poisson probability density function. Suppose that the average rate of calls is 10 per minute. What is the probability that less than three calls will be received in the first six seconds? in the first six minutes?
【 100 雲科大電機 】

56.　For a Poission random variable X with parameter λ, show that

(a)$P(0 < X < 2\lambda) > \dfrac{\lambda - 1}{\lambda}$

(b)$E[X(X-1)] = \lambda^2$, $E[X(X-1)(X-2)] = \lambda^3$
【 99 中山電機通訊 】

57.　The number of times, X, that a person catches a cold in a given year is a Poisson random variable with parameter $\lambda = 5$.

(a)Find the expected value and variance of X.

(b)Suppose a new drug has just been marketed that reduces to $\lambda = 2$ for 70% of the population. For the other 30% of the population the drug has no effect on colds. If a person tries the drug for a year and has two colds, how likely is it that the drug is beneficial for him or her?　　　　　　　　　　　　　　　　　　　　【98 逢甲通訊】

58. Let X be a binomial random variable that results from n Bernoulli trials with probability of success p.

(a)Assume $X - 1$. Find the probability that the single event occurred in the kth Bernoulli trial.

(b)Assume $X - 2$. Find the probability that two events occurred in the jth and kth Bernoulli trials.　　　　　　　　　　　　　　　　　　　　　　　　【98 台北大通訊】

59. Let Z be the discrete random variable of the number of breakdown for some system per year. Suppose that during the 3-year period, the probability of two breakdowns is half the value in comparison with the probability of three breakdowns.

(a)Find the mean time of breakdown for such a system.

(b)Find the probability that at least two breakdowns occur in the second half of this year, from Jul. 1 to Dec. 31.　　　　　　　　　　　　　　　【100 高大電機】

附錄：常用的離散型機率分佈

	PMF	Mean	Variance	MGF
Bernoulli $X \sim B(1, p)$	$f_X(x) = \begin{cases} p; & X=1 \\ 1-p; & X=0 \end{cases}$	p	$p(1-p)$	$pe^t + 1 - p$
Binomial $X \sim B(n, p)$	$f_X(x) = \binom{n}{x} p^x (1-p)^{n-x};$ $x = 0, 1, \cdots, n$	np	$np(1-p)$	$(pe^t + 1 - p)^n$
Geometric $X \sim G(p)$	$f_X(x) = (1-p)^{x-1} p;\ x = 1, 2, \cdots$	$\dfrac{1}{p}$	$\dfrac{1}{p^2} - \dfrac{1}{p}$ $= \dfrac{1-p}{p^2}$	$\dfrac{pe^t}{1-(1-p)e^t}$
Negative Binomial $X \sim NB(\alpha, p)$	$f_X(x) = \binom{x-1}{\alpha-1}(1-p)^{x-\alpha} p^{\alpha};\ x$ $= \alpha, \alpha+1, \alpha+2, \cdots$	$\dfrac{\alpha}{p}$	$\dfrac{\alpha(1-p)}{p^2}$	$M_X(t) =$ $\left(\dfrac{pe^t}{1-(1-p)e^t} \right)^{\alpha}$
Poisson $X \sim Po(\lambda t)$	$f_X(x) = \dfrac{e^{-\lambda t}(\lambda t)^x}{x!};\ x = 0, 1, 2, \cdots \lambda$ > 0	λ	λ	$\exp(\lambda(e^t - 1))$

4 多重離散型隨機變數

4-1 聯合機率質量函數

4-2 隨機變數之函數

4-3 共變異數

4-4 條件機率質量函數

4-5 獨立隨機變數

4-6 條件聯合機率質量函數

4-7 離散型隨機變數之變數變換

4-8 三維以上之離散型隨機變數

4-1　聯合機率質量函數

定義：S 為一樣本空間，w 為 S 內之任意元素，多重隨機變數將 w 對應到兩個或兩個以上的實數，以圖 4-1 說明二維隨機變數

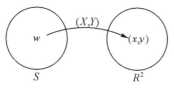

圖 4-1

其中 X, Y 表示此二隨機變數，$w \in S$，(x, y) 表 w 所對應之實數值。

說例：測試二元件，其中 X 代表合格數量，Y 代表在發現第一個不良品前測試之次數，則 X, Y 均為隨機變數。若測試通過以「a」〈Acceptable〉表示，測試失敗以「r」〈Reject〉表示，則樣本空間中 S 中應包含 $\{(a, a), (a, r), (r, a), (r, r)\}$ 等 4 元素且隨機變數(X, Y) 所對應之值皆為一實數對，如圖 4-2 所示

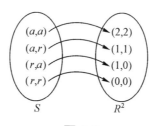

圖 4-2

觀念提示：若 $X_1, X_2, \cdots\cdots X_n$ 為多重離散隨機變數，則稱 $\vec{X} = [X_1, X_2, \cdots X_n]$ 為 n 維隨機向量

顯然的，$\vec{X}$ 將 S 中之每一元素映射至 R^n

定義：聯合機率質量函數（Joint Probability Mass Function）

設 $\vec{X} \equiv (X_1, \cdots\cdots, X_n)$ 為離散型隨機向量，則

$$f_{X_1, \cdots, X_n}(x_1, x_2, \cdots\cdots, x_n) = P(X_1 = x_1, X_2 = x_2, \cdots\cdots, X_n = x_n)$$

稱為 $X_1, X_2, \cdots\cdots X_n$ 之 Joint PMF

說例：承上例，若每次測試合格之機率為 0.8，因二次測試相互獨立，則可得每一事件之機率

$$P[(a, a)] = 0.8 \times 0.8 = 0.64 = P[X = 2, Y = 2]$$

$$P[(r, a)] = 0.2 \times 0.8 = 0.16 = P[X = 1, Y = 0]$$

$$P[(a, r)] = 0.8 \times 0.2 = 0.16 = P[X = 1, Y = 1]$$

$$P[(r, r)] = 0.2 \times 0.2 = 0.04 = P[X = 0, Y = 0]$$

由定義可得 (X, Y) 之 joint PMF：

$$f_{X, Y}(x, y) = \begin{cases} 0.64; & X = 2, Y = 2 \\ 0.16; & X = 1, Y = 0 \\ 0.16; & X = 1, Y = 1 \\ 0.04; & X = 0, Y = 0 \end{cases}$$

通常可將 $f_{X, Y}(x, y)$ 以表格或矩陣形式表示

X ＼ Y	$Y = 0$	$Y = 1$	$Y = 2$
$X = 0$	0.04	0	0
$X = 1$	0.16	0.16	0
$X = 2$	0	0	0.64

觀念提示：1. $f_{X_1, \cdots\cdots X_n}(x_1, x_2, \cdots\cdots x_n)$ 為將 $(x_1, x_2, \cdots\cdots x_n)$ 映射至 $[0, 1]$ 之函數，以二維隨機變數為例：

$$0 \le f_{X, Y}(x, y) \le 1$$

設 $A \subset R^2 \Rightarrow P((X, Y) \in A) = \sum\limits_{\substack{y \quad x \\ (x, y) \in A}} \sum f_{X, Y}(x, y)$

說例：承上例，若 A 代表 $X \ge 1, Y \ge 1$，則

$$P(A) = \sum_{y=1}^{2} \sum_{x=1}^{2} f_{X, Y}(x, y)$$

$$= f_{X, Y}(1, 1) + f_{X, Y}(1, 2) + f_{X, Y}(2, 1) + f_{X, Y}(2, 2)$$

$$= 0.8$$

2. $\sum\limits_{\substack{y \quad x \\ (x, y) \in R^2}} \sum f_{X, Y}(x, y) = 1$

說例：承上例，將隨機變數(X, Y)之定義域之所有機率相加可得：
$$\sum_{y=0}^{2} \sum_{x=0}^{2} f_{X, Y}(x, y) = 1$$

定義：**邊緣機率質量函數**：（Marginal probability mass function）

兩隨機變數(X, Y)具有 joint PMF $f_{X, Y}(x, y)$則，$f_X(x), f_Y(y)$

稱為 Marginal PMF。

定理 4-1

$(1) f_X(x) = \sum_{y} f_{X, Y}(x, y)$

$(2) f_Y(y) = \sum_{x} f_{X, Y}(x, y)$

證明：$\{X = x\} = \bigcup_{y} \{X = x, Y = y\}$

From Axiom 3 of probability theory, we have

$$P[X = x] = P\left(\bigcup_{y} \{X = x, Y = y\}\right) = \sum_{y} P(X = x, Y = y) = \sum_{y} f_{X, Y} = f_X(x)$$

同理可得 $f_Y(y) = P(Y = y) = \sum_{x} f_{X, Y}(x, y)$

觀念提示：1. 本定理適用於 3 個以上之隨機變數

$$f_X(x) = \sum_{z} \sum_{y} f_{X, Y, Z}(x, y, z)$$

$$f_Z(z) = \sum_{x} \sum_{y} f_{X, Y, Z}(x, y, z)$$

$$f_Y(y) = \sum_{x} \sum_{z} f_{X, Y, Z}(x, y, z)$$

2. 承上例，第二列總和為：

$$P(x = 1, y = 0) + P(x = 1, y = 1) + P(x = 1, y = 2) = 0.32$$

$$= f_{X, Y}(1, 0) + f_{X, Y}(1, 1) + f_{X, Y}(1, 2)$$

$$= \sum_{y=0}^{2} f_{X, Y}(1, y)$$

$$= P(X = 1)$$

同理，第一列總和為：$P(X = 0) = \sum_{y=0}^{2} f_{X, Y}(0, y) = 0.04$

同理，第三列總和為：$P(X = 2) = \sum_{y=0}^{2} f_{X, Y}(2, y) = 0.64$

若將各列總和列於表格邊緣，則此欄恰為$f_X(x)$，故稱為Marginal PMF。

3.承上例，第一行總和為：

$P(X=0, Y=0)+P(X=1, Y=0)+P(X=2, Y=0)=0.2$

$\quad =f_{X,Y}(0, 0)+f_{X,Y}(1, 0)+f_{X,Y}(2, 0)$

$\quad =\sum\limits_{x=0}^{2} f_{X,Y}(x, 0)$

$\quad =P(Y=0)$

同理第二行總和為 $P(Y=1)=\sum\limits_{x=0}^{2} f_{X,Y}(x, 1)=0.16$

同理第三行總和為 $P(Y=2)=\sum\limits_{x=0}^{2} f_{X,Y}(x, 2)=0.64$

若將各行總和列於表格邊緣，則此列恰為$f_Y(y)$，故稱之為 Marginal PMF。

定義：聯合累積分配函數（Joint Cumulative Distribution Function）

若隨機變數 X, Y具有 Joint PMF $f_{X,Y}(x, y)$，則其 Joint CDF 為

$$F_{X,Y}(x, y)=P(X \leq x, Y \leq y)=\sum\limits_{s=-\infty}^{x}\sum\limits_{t=-\infty}^{y} f_{X,Y}(s, t)$$

觀念提示： $1. F_X(x)=P(X \leq x)=P(X \leq x, Y \leq \infty)=F_{X,Y}(x, \infty)$

$\quad 2. F_Y(x)=P(Y \leq y)=P(X \leq \infty, Y \leq y)=F_{X,Y}(\infty, y)$

$\quad 3. P(a<X \leq b, c<Y \leq d)$

$\quad =P(X \leq b, Y \leq d)-P(X \leq a, Y \leq d)-P(X \leq b, Y \leq c)$

$\quad\quad +P(X \leq a, Y \leq c)$

$\quad =F_{X,Y}(b, d)-F_{X,Y}(a, d)-F_{X,Y}(b, c)+F_{X,Y}(a, c)$

例題 1：一筆筒內包含 3 支紅筆、4 支黑筆及 5 支藍筆，任意抽取 3 支，若 X 代表抽到的紅筆數，Y 代表抽到的黑筆數，求

(1)$f_{X,Y}(x, y)$　　　(2)$P(X=1)$　　　(3)$P(Y=2)$

(4)$P(X=Y)$　　　(5)$P(Y>X)$

解 $(1)f_{X,Y}(x,y)=\dfrac{\dbinom{3}{x}\dbinom{4}{y}\dbinom{5}{3-x-y}}{\dbinom{12}{3}};\quad\begin{matrix}x,y=0,1,2,3\\x+y\le3\end{matrix}$

X \ Y	0	1	2	3
0	$\dfrac{C_3^5}{C_3^{12}}$	$\dfrac{C_1^4C_2^5}{C_3^{12}}$	$\dfrac{C_2^4C_1^5}{C_3^{12}}$	$\dfrac{C_3^4}{C_3^{12}}$
1	$\dfrac{C_1^3C_2^5}{C_3^{12}}$	$\dfrac{C_1^3C_1^4C_1^5}{C_3^{12}}$	$\dfrac{C_1^3C_2^4}{C_3^{12}}$	0
2	$\dfrac{C_2^3C_1^5}{C_3^{12}}$	$\dfrac{C_2^3C_1^4}{C_3^{12}}$	0	0
3	$\dfrac{C_3^3}{C_3^{12}}$	0	0	0

$(2)P(X=1)=\displaystyle\sum_{y=0}^{2}\dfrac{\dbinom{3}{1}\dbinom{4}{y}\dbinom{5}{2-y}}{\dbinom{12}{3}};$

$=\dfrac{C_1^3C_2^5+C_1^3C_1^4C_1^5+C_1^3C_2^4}{C_3^{12}}$

$=f_{X,Y}(1,0)+f_{X,Y}(1,1)+f_{X,Y}(1,2)$

$=\displaystyle\sum_{y=0}^{3}f_{X,Y}(1,y)$

$(3)P(Y=2)=\dfrac{C_2^4C_1^5+C_1^3C_2^4}{C_3^{12}}=\displaystyle\sum_{x=0}^{1}\dfrac{\dbinom{3}{x}\dbinom{4}{2}\dbinom{5}{1-x}}{\dbinom{12}{3}};$

$(4)P(X=Y)=\dfrac{C_3^5+C_1^3C_1^4C_1^5}{C_3^{12}}=f_{X,Y}(0,0)+f_{X,Y}(1,1)$

$=\displaystyle\sum_{x=0}^{1}\dfrac{\dbinom{3}{x}\dbinom{4}{x}\dbinom{5}{3-2x}}{\dbinom{12}{3}}$

(5)$P(Y>X)=f_{X,Y}(0,1)+f_{X,Y}(0,2)+f_{X,Y}(0,3)+f_{X,Y}(1,2)$

$$=\sum_{y=1}^{3}\sum_{x=0}^{y-1}\frac{\dbinom{3}{x}\dbinom{4}{y}\dbinom{5}{3-x-y}}{\dbinom{12}{3}}$$

例題 2：隨機投擲一骰子兩次，求兩次點數和大於六之機率

解　　$f_{X,Y}(x,y)=\dfrac{1}{36}$；$x,y=1,\cdots\cdots,6$ (Independent)

$$P(X+Y>6)=P(X+Y\geq7)=\sum_{y=1}^{6}\sum_{x=7-y}^{6}f_{X,Y}(x,y)=\frac{1}{36}\sum_{y=1}^{6}y=\frac{21}{36}$$

例題 3：$f_{X,Y}(x,y)=\begin{cases}\dfrac{(1-p)^{x-1}p}{x};\ y=1,\cdots\cdots,x\\[2mm]\qquad\qquad x=1,2,\cdots\cdots\\[2mm]0\qquad\qquad;\ o.w\end{cases}$，若 A 代表 $X\geq10$ 之事

件，求

(1)$f_X(x)$ 　　　　(2)$E[X]$ 　　　　(3)$Var(X)$

(4)$E[X^2]$ 　　　(5)$E[Y]$ 　　　　(6)$Var(Y)$

(7)$E[X+Y]$ 　　(8)$E[XY]$ 　　　(9)$Cov(X,Y)$

(10)$f_{X,Y|A}(x,y)$ 　(11)$f_{X|A}(x)$ 　　(12)$E[X|A]$

(13)$E[Y|A]$ 　　(14)$Var[X|A]$ 　(15)$E[XY|A]$

解　　(1)$f_X(x)=\sum_{y=1}^{x}\dfrac{(1-p)^{x-1}p}{x}=(1-p)^{x-1}p$（幾何分佈）

(2)$E[X]=\sum_{x=1}^{\infty}xp(1-p)^{x-1}=\dfrac{1}{p}$

(3)$Var(X)=\dfrac{1-p}{p^2}$

(4)$E[X^2]=Var(X)+(E[X])^2=\dfrac{2-p}{p^2}$

(5)$E[Y]=\sum_{x=1}^{\infty}\sum_{y=1}^{x}y\dfrac{(1-p)^{x-1}p}{x}=\sum_{x=1}^{\infty}\dfrac{(1-p)^{x-1}p}{x}\sum_{y=1}^{x}y=\sum_{x=1}^{\infty}\dfrac{x+1}{2}(1-p)^{x-1}p$

$$=E\left[\frac{x+1}{2}\right]=\frac{1}{2}E\left[X\right]+\frac{1}{2}=\frac{1}{2p}+\frac{1}{2}$$

$(6)E[Y^2]=\sum_{x=1}^{\infty}\sum_{y=1}^{x}y^2\frac{(1-p)^{x-1}p}{x}=\sum_{x=1}^{\infty}\frac{(1-p)^{x-1}p}{x}\sum_{y=1}^{x}y^2$

$$=\sum_{x=1}^{\infty}\frac{(x+1)(2x+1)}{6}(1-p)^{x-1}p=E\left[\frac{(x+1)(2x+1)}{6}\right]$$

$$=\frac{E[X^2]}{3}+\frac{E[X]}{2}+\frac{1}{6}=\frac{2}{3p^2}+\frac{1}{6p}+\frac{1}{6}$$

$$Var\left(Y\right)=E[Y^2]-\left(E\left[Y\right]\right)^2=\frac{5}{12p^2}-\frac{1}{3p}+\frac{5}{12}$$

$(7)E\left[X+Y\right]=E\left[X\right]+E\left[Y\right]=\frac{3}{2p}+\frac{1}{2}$

$(8)E[XY]=\sum_{x=1}^{\infty}\sum_{y=1}^{x}xy\frac{(1-p)^{x-1}p}{x}=\sum_{x=1}^{\infty}(1-p)^{x-1}p\sum_{y=1}^{x}y=E\left[\frac{X(X+1)}{2}\right]=\frac{1}{p^2}$

$(9)Cov\left(X,Y\right)=E\left[XY\right]-E\left[X\right]E\left[Y\right]=\frac{1}{2p^2}-\frac{1}{2p}$

$(10)P(A)=\sum_{x=10}^{\infty}f_X\left(x\right)=(1-p)^9$

$$\therefore f_{X,Y|A}\left(x,y\right)=\begin{cases}\dfrac{f_{X,Y}\left(x,y\right)}{P(A)};\ (x,y)\in A\\[3mm]0;\ o.w\end{cases}$$

$$=\begin{cases}\dfrac{(1-p)^{10-x}p}{x};\ y=10,11,\cdots\cdots\\[3mm]\qquad\qquad\qquad y=1,\cdots\cdots,x\\[2mm]0\qquad\qquad\quad;\ o.w.\end{cases}$$

$(11)f_{X|A}\left(x\right)=\begin{cases}(1-p)^{x-10}p;\ x=10,11,\cdots\\0;\ o.w.\end{cases}$

$(12)E\left[X|A\right]=\sum_{x=10}^{\infty}xf_{X|A}\left(x\right)=\frac{1}{p}+9$

$(13)E\left[Y|A\right]=\sum_{x=10}^{\infty}\sum_{y=1}^{x}yf_{X,Y|A}\left(x,y\right)=\sum_{x=10}^{\infty}\frac{(1-p)^{x-10}p}{x}\sum_{y=1}^{x}y=5+\frac{1}{2p}$

$(14)Var\left(X|A\right)=\frac{(1-p)}{p^2}$

$(15)E\left[XY|A\right]=\sum_{x=10}^{\infty}\sum_{y=1}^{x}xy\frac{(1\ p)^{x-10}p}{x}=\sum_{x=10}^{\infty}(1-p^{x-10})p\sum_{y=1}^{x}y$

$$=\frac{1}{p^2}+\frac{9}{p}+45$$

例題 4 : $f_{X,Y}(x,y) = \begin{cases} cxy; & x=1,2,4;\ y=1,3 \\ 0; & o.w. \end{cases}$; 求

(1)$c=$? (2)$P(Y<X)$ (3)$P(Y>X)$

(4)$P(Y=X)$ (5)$f_X(x), f_Y(y)$ (6)$E[X], E[Y]$

(7)σ_X, σ_Y (8)若 $W=X-Y$，求 $f_W(w)$

(9)$E[W]$ (10)$\rho_{X,Y}$ (11)$E\left[\dfrac{Y}{X}\right]$

解

(1)$\sum_x \sum_y f_{X,Y}(x,y) = 1 = 28c$

$\Rightarrow c = \dfrac{1}{28}$

(2)$P(Y<X) = \sum_x \sum_{y<x} f_{X,Y}(x,y) = \dfrac{18}{28}$

(3)$P(Y>X) = \sum_x \sum_{y>x} f_{X,Y}(x,y) = \dfrac{9}{28}$

(4)$P(Y=X) = \sum_x \sum_{y=x} f_{X,Y}(x,y) = \dfrac{1}{28}$

X \ Y	1	3
1	$\dfrac{1}{28}$	$\dfrac{3}{28}$
2	$\dfrac{2}{28}$	$\dfrac{6}{28}$
4	$\dfrac{4}{28}$	$\dfrac{12}{28}$

(5)$f_X(x) = \sum_{y=1,3} f_{X,Y}(x,y) = \begin{cases} \dfrac{4}{28}; & x=1 \\[2mm] \dfrac{8}{28}; & x=2 \\[2mm] \dfrac{16}{28}; & x=4 \\[2mm] 0; & o.w. \end{cases}$

(6)$E[X] = \sum_{x=1,2,4} x f_X(x) = 3$

$E[Y] = \sum_{x=1,3} y f_Y(y) = \dfrac{5}{2}$

(7)$E[X^2] = \sum_x x^2 f_X(x) = \dfrac{73}{7}$

$$(8)f_W(w)=\begin{cases}f_{X,Y}(1,3)=\dfrac{3}{28};\ w=-2\\[2mm]f_{X,Y}(2,3)=\dfrac{6}{28};\ w=-1\\[2mm]f_{X,Y}(1,1)=\dfrac{1}{28};\ w=0\\[2mm]f_{X,Y}(2,1)+f_{X,Y}(4,3)=\dfrac{1}{2};\ w=1\\[2mm]f_{X,Y}(4,1)=\dfrac{4}{28};\ w=3\\[2mm]0;\ o.w.\end{cases}$$

$$(9)E[W]=\sum_w wf_W(w)=\frac{1}{2}=E[X-Y]$$

$$(10)E[XY]=\sum_x\sum_y xyf_{X,Y}(x,y)=\frac{210}{8}=\frac{15}{2}$$

$$\therefore \rho_{X,Y}=\frac{E[XY]-E[X]E[Y]}{\sigma_X\sigma_Y}=\frac{-3}{2\sqrt{210}}$$

$$(11)E\left[\frac{Y}{X}\right]=\sum_x\sum_y\frac{y}{x}f_{X,Y}(x,y)=\frac{15}{14}$$

4-2　隨機變數之函數

定理 4-2

設 X, Y 為二隨機變數，其 joint PMF 為 $f_{X,Y}(x,y)$，隨機變數 $Z=g(X,Y)$，則 Z 之 PMF $f_Z(z)$ 為

$$f_Z(z)=P(Z=z)=P(g(X,Y)=z)=\sum_{g(x,y)=z}\sum f_{X,Y}(x,y)$$

例題 5：若 L 表示每封傳真之頁數，T 代表傳送一頁所需花費的時間（秒），則 $f_{L,T}(l, t)$ 可以下表表示：

L \ T	20	40
L＝1	0.2	0.05
2	0.25	0.25
3	0.15	0.1

令一封傳真所需用掉之總時間為 D，則 $D=LT$，求 $f_D(d)$、$E[D]$

解

$P(D=20)=f_{L,T}(1, 20)=0.2$

$P(D=40)=f_{L,T}(2, 20)+f_{L,T}(1, 40)=0.25+0.05=0.3$

$P(D=60)=f_{L,T}(3, 20)=0.15$

$P(D=80)=f_{L,T}(2, 40)=0.25$

$P(D=120)=f_{L,T}(3, 40)=0.1$

$\therefore E[D]=\sum_d d f_D(d)=20 \times 0.2+40 \times 0.3+60 \times 0.15$

$\qquad +80 \times 0.25+120 \times 0.1=57$（秒）

另解　$E[D]=\sum_{l=1}^{3} \sum_{t=20, 40} lt f_{L,T}(l, t)$

$\qquad =20 \times 0.2+40 \times 0.05+40 \times 0.25+80 \times 0.25$

$\qquad +60 \times 0.15+120 \times 0.1$

$\qquad =57$

定理 4-3

If $Z = g(X, Y)$，then $E[Z] = E[g(X, Y)] = \sum_y \sum_x g(x, y) f_{X,Y}(x, y)$

觀念提示：　1. $E[X]=\sum_x \sum_y x f_{X,Y}(x, y)=\sum_x x f_X(x)$

$\qquad$ 2. $E[Y]=\sum_x \sum_y y f_{X,Y}(x, y)=\sum_y y f_Y(y)$

定理 4-4

若隨機變數 X, Y 之 joint PMF $f_{X,Y}(x, y)$，c_1, c_2 為任意常數，g_1, g_2 為任意函數，則

$E[c_1 g_1(X, Y) + c_2 g_2(X, Y)] = c_1 E[g_1(X, Y)] + c_2 E[g_2(X, Y)]$

證明：$E[c_1 g_1(X, Y) + c_2 g_2(X, Y)]$

$= \sum_x \sum_y [c_1 g_1(x, y) + c_2 g_2(x, y)] f_{X,Y}(x, y)$

$= c_1 \sum_x \sum_y g_1(x, y) f_{X,Y}(x, y) + c_2 \sum_x \sum_y g_2(x, y) f_{X,Y}(x, y)$

$= c_1 E[g_1(X, Y)] + c_2 E[g_2(X, Y)]$

觀念提示：由此定理可得

(1)$E[aX + bY + c] = aE[X] + bE[Y] + c$

(2)$E[aX^2 + bY^2 + cXY] = aE[X^2] + bE[Y^2] + cE[XY]$

例題 6：$f_{X_1, X_2}(x_1, x_2) = \begin{cases} \dfrac{x_1 x_2}{18}; & x_1 = 1, 2; x_2 = 1, 2, 3 \\ 0; & o.w. \end{cases}$

　　　　$Y = X_1 X_2$，求 $f_Y(y) = ?$

解　　$P(Y=1) = f_{X_1, X_2}(1, 1) = \dfrac{1}{18}$

　　　$P(Y=4) = f_{X_1, X_2}(2, 2) = \dfrac{4}{18}$

　　　$P(Y=6) = f_{X_1, X_2}(2, 3) = \dfrac{6}{18}$

　　　$P(Y=2) = f_{X_1, X_2}(1, 2) + f_{X_1, X_2}(2, 1) = \dfrac{2}{9}$

　　　$P(Y=3) = f_{X_1, X_2}(1, 3) = \dfrac{3}{18}$

$$\therefore f_Y(y) = \begin{cases} \dfrac{1}{18}; & y=1 \\[2mm] \dfrac{2}{9}; & y=2,4 \\[2mm] \dfrac{1}{6}; & y=3 \\[2mm] \dfrac{1}{3}; & y=6 \end{cases}$$

例題 $7 : f_{X_1,X_2} = \begin{pmatrix} 2 \\ x_1,x_2,2-x_1-x \end{pmatrix}\left(\dfrac{1}{4}\right)^{x_1}\left(\dfrac{1}{3}\right)^{x_2}\left(\dfrac{5}{12}\right)^{2-x_1-x_2}; \begin{matrix} x_1=0,1,2 \\ x_2=0,1,2 \\ x_1+x_2 \le 2 \end{matrix}$

$Y_1 = X_1 + X_2$，$Y_2 = X_1 - X_2$，求 $f_{Y_1,Y_2}(y_1,y_2) = ?$

解

$$\begin{cases} Y_1 = X_1 + X_2 \\ Y_2 = X_1 - X_2 \end{cases} \Rightarrow \begin{cases} X_1 = \dfrac{Y_1+Y_2}{2} \\[2mm] X_2 = \dfrac{Y_1-Y_2}{2} \end{cases}$$

$$f_{Y_1,Y_2}(y_1,y_2) = \begin{pmatrix} 2 \\ \dfrac{y_1+y_2}{2}, \dfrac{y_1-y_2}{2}, 2-y_1 \end{pmatrix}\left(\dfrac{1}{4}\right)^{\frac{y_1+y_2}{2}}\left(\dfrac{1}{3}\right)^{\frac{y_1-y_2}{2}}\left(\dfrac{5}{12}\right)^{2-y_1}$$

$y_1 = 0, 1, 2$

$y_2 = -2, -1, 0, 1, 2$

$y_2 \le y_1 \quad y_1 + y_2 = 0, 2, 4$

4-3 共變異數

定義：若隨機變數 X, Y 之期望值為 μ_X, μ_Y，則 X 及 Y 之共變異數（Covariance）為 $Cov(X, Y) = E[(X-\mu_X)(Y-\mu_Y)]$

觀念提示： 1. $Cov(X, Y) = E[XY] - \mu_X \mu_Y$

證明：$Cov(X, Y) = E[XY - \mu_X Y - \mu_Y X + \mu_X \mu_Y]$

$$= E[XY] - \mu_X \mu_Y - \mu_Y \mu_X + \mu_X \mu_Y$$

$$= E[XY] - \mu_X \mu_Y$$

2. $Cov(X, Y) = Cov(Y, X)$

3. $Cov(X, X) = E[(X - \mu_X)^2] = Var(X)$

4. $Cov(aX, Y) = aCov(X, Y)$

5. $Cov(a, X) = 0$

6. 共變異數在量測隨機變數 X, Y 之相關的程度：

   (1) $Cov(X, Y) > 0 \Rightarrow X, Y$ 呈正相關

   (2) $Cov(X, Y) = 0 \Rightarrow X, Y$ 無關（Uncorrelated）

   (3) $Cov(X, Y) < 0 \Rightarrow X, Y$ 呈負相關

7. 若 $Cov(X, Y) > 0 \Rightarrow E[XY] > \mu_X \mu_Y$

   $$\Rightarrow \sum_x \sum_y xy f_{X,Y}(x, y) > \sum_x x f_X(x) \sum_y y f_Y(y)$$

   $$\Rightarrow f_{X,Y}(x, y) > f_X(x) f_Y(y)$$

   $$\Rightarrow \frac{f_{X,Y}(x, y)}{f_X(x)} > f_Y(y)$$

   $$\Rightarrow f_{Y|X}(y|x) > f_Y(y)$$

換言之，$Cov(X, Y) > 0$ 之物理意義為：在已知 $X = x$ 之條件下
將使得 $Y = y$ 之機率比未知 $X = x$ 時大，同理可得

(1) 若 $Cov(X, Y) < 0 \Rightarrow f_{Y|X}(y|x) < f_Y(y)$

(2) 若 $Cov(X, Y) = 0 \Rightarrow f_{Y|X}(y|x) = f_Y(y)$

由觀念上亦可輕易了解，當 X, Y 不相關（Uncorrelated）時，
給定 $X = x$ 對 $Y = y$ 之機率毫無影響

8. Cauchy-Schwartz inequality: 隨機變數 X, Y 滿足

   $$(E[XY])^2 \le E[X^2] E[Y^2] \tag{4.1}$$

   其中，當 $P(Y = \lambda X) = 1$，$\forall \lambda \in R$ 時等號成立

證明：令 $Z = \lambda X - Y$, $\forall \lambda \in R$

$$0 \le E[Z^2] = E[(\lambda X - Y)^2]$$

$$\Rightarrow \lambda^2 E[X^2] - 2\lambda E[XY] + E[Y^2] \ge 0$$

$$\Rightarrow \Delta \leq 0$$

$$\therefore (E[XY])^2 \leq E[X^2]E[Y^2]$$

If $P(Y=\lambda X)=1$

$$\Rightarrow (E[XY])^2 = \lambda^2 (E[X^2])^2 = \lambda^2 E[X^2]E[X^2]$$

If $P(Y=\lambda X)=1 \Rightarrow P(Z=0)=1$

$$E[Z^2]=0=\lambda^2 E[X^2] - 2\lambda E[XY] + E[Y^2]$$

$$\Rightarrow 2\lambda^2 E[X^2] - 2\lambda E[XY] = 0$$

$$\Rightarrow \lambda = \frac{E[XY]}{E[X^2]}$$

定義：Correlation

隨機變數 X, Y 之 Correlation 定義為：$\gamma_{XY} = E[XY]$

觀念提示： 1. $Cov(X, Y) = \gamma_{XY} - \mu_X \mu_Y$

2. $\gamma_{XY} = 0$（X, Y has zero correlation）則稱 X, Y 正交（Orthogonal）

3. 若 $\mu_X = \mu_Y = 0$，則 X, Y uncorrelated 與 X, Y orthogonal 等義

例題 8：X and Y are two random variables with zero-mean and variance σ_X^2, σ_Y^2, respectively. $V = X + aY$, $W = X - aY$. Determine a such that V and W are orthogonal.

解

$$E[VW] = E[(X+aY)(X-aY)]$$

$$= E[X^2] - a^2 E[Y^2]$$

$$= 0$$

$$\Rightarrow a = \sqrt{\frac{E[X^2]}{E[Y^2]}}$$

定理 4-5

$$Var(X+Y) = VarX + VarY + 2Cov(X, Y) \qquad (4.2)$$

證明：$Var\,(X+Y) = E[(X+Y-E\,[X+Y])^2]$

$\qquad\qquad\quad = E[(X+Y-\,(\mu_X+\mu_Y))^2]$

$\qquad\qquad\quad = E[(X-\mu_X)^2+\,(Y-\mu_Y)^2+2\,(X-\mu_X)(Y-\mu_Y)]$

$\qquad\qquad\quad = VarX + VarY + 2Cov\,(X,\,Y)$

觀念提示： 1. $Var(X+X) = VarX + VarX + 2Cov(X,X) = 4VarX \neq VarX + VarX$

$\qquad\qquad$ 2. $Var\,(X-Y) = VarX + VarY - 2Cov\,(X,\,X)$

證明：同上，自行練習

定理 4-6

$$Cov\,(X+Z,\,Y) = Cov\,(X,\,Y) + Cov\,(Z,\,Y) \qquad\qquad (4.3)$$

證明：$Cov\,(X+Z,\,Y) = E[(X+Z)Y] - E\,[X+Z]E\,[Y]$

$\qquad\qquad\qquad\quad = E\,[XY] + E\,[ZY] -\,(\mu_X+\mu_Z)\mu_Y$

$\qquad\qquad\qquad\quad = E\,[XY] - \mu_X\mu_Y + E\,[ZY] - \mu_Y\mu_Z$

$\qquad\qquad\qquad\quad = Cov\,(X,\,Y) + Cov\,(Z,\,Y)$

觀念提示： 1. $Cov\left(\sum\limits_{i=1}^{n} X_i,\,Y\right) = \sum\limits_{i=1}^{n} Cov\,(X_i,\,Y)$ $\qquad\qquad (4.4)$

$\qquad$ 證明：同上，自行練習

$\qquad$ 2. $Cov\left(\sum\limits_{i=1}^{n} X_i,\,\sum\limits_{j=1}^{m} Y_j\right) = \sum\limits_{i=1}^{n}\sum\limits_{j=1}^{m} Cov\,(X_i,\,Y_j)$ $\qquad (4.5)$

$\qquad$ 證明：$Cov\left(\sum\limits_{i=1}^{n} X_i,\,\sum\limits_{j=1}^{m} Y_j\right) = \sum\limits_{i=1}^{n} Cov\left(X_i,\,\sum\limits_{j=1}^{m} Y_j\right)$

$\qquad\qquad\qquad\qquad\qquad = \sum\limits_{i=1}^{n} Cov\left(\sum\limits_{j=1}^{m} Y_j,\,X_i\right) = \sum\limits_{i=1}^{n}\sum\limits_{j=1}^{m} Cov\,(Y_j,\,X_i)$

定理 4-7

$$Var\left(\sum\limits_{i=1}^{n} X_i\right) = \sum\limits_{i=1}^{n} Var\,(X_i) + \sum\limits_{\substack{i=1\,j=1\\i\neq j}}^{n}\ \sum\limits^{m} Cov\,(X_i,\,Y_j) \qquad (4.6)$$

證明：$Var\left(\sum\limits_{i=1}^{n} X_i\right) = Cov\left(\sum\limits_{i=1}^{n} X_i, \sum\limits_{j=1}^{n} Y_j\right) = \sum\limits_{i=1}^{n}\sum\limits_{j=1}^{n} Cov\,(X_i, Y_j)$

$$= \sum\limits_{i=1}^{n} Var\,(X_i) + \sum\limits_{\substack{i=1 \\ i\neq j}}^{n}\sum\limits_{j=1}^{n} Cov\,(X_i, Y_j)$$

由以上對 Covariance 之討論可得下列等價定理：

定理 4-8

若 $X,\,Y$ uncorrelated，則下列敘述等價

(1) $Cov\,(X,\,Y) = 0$

(2) $E\,[XY] = \mu_X \mu_Y$

(3) $Var\,(X \pm Y) = Var\,[X] + Var\,[Y]$

用來衡量二隨機變數相關性的另一參數為相關係數（Correlation coefficient），其符號為 ρ_{XY}，定義如下：

$$\rho_{XY} = \frac{Cov(X,\,Y)}{\sqrt{Var(X)Var(Y)}} = \frac{Cov(X,\,Y)}{\sigma_X \sigma_Y}$$

例題 9：Let X and Y be two random variables with correlation coefficient $\rho_{XY} = 0.5$, $\sigma_X = 2$, $\sigma_Y = 3$, respectively. Find $Var(2X - 4Y + 3)$.

【91 台大電機】

 $Var(2X - 4Y + 3) = 4Var\,(X) - 16Cov\,(X,\,Y) + 16Var\,(Y) = 112$

例題 10：Let X and Y be two random variables with correlation coefficient $\rho_{XY} = 0.4$, $\sigma_X = 2$, $\sigma_Y = 1$, $\mu_x = 1$, $\mu_Y = 2$, respectively. $V = -X + 2Y$, $W = X - 3Y$. Find

(1) μ_V, μ_W

(2) σ_V^2, σ_W^2

(3) ρ_{VW}

【93 暨南電機】

解　(1)$\mu_V = 3$, $\mu_W = 5$

(2)$\sigma_V^2 = \sigma_X^2 - 4Cov(X, Y) + 4\sigma_Y^2$, $\sigma_W^2 = \sigma_X^2 - 6Cov(X, Y) + 9\sigma_Y^2$

(3)$\rho_{VW} = \dfrac{Cov(V, W)}{\sigma_V \sigma_W}$

$Cov(V, W) = E[(-X+2Y)(X-3Y)] - E[(-X+2Y)]E[(X-3Y)]$

定理 4-9

$-1 \le \rho_{XY} \le 1$

證明：令 $W = X - aY$，則對任何 a，$Var(W) \ge 0$

$Var(W) = E[(X - aY)^2] - (E[X - aY])^2$

$\quad = E[X^2 - 2aXY + a^2Y^2] - (\mu_X^2 - 2a\mu_X\mu_Y + a^2\mu_Y^2)$

$\quad = Var(X) - 2aCov(X, Y) + a^2Var(Y)$

$\Rightarrow 2aCov(X, Y) \le Var(X) + a^2Var(Y)$

Let　$a = \dfrac{\sigma_X}{\sigma_Y} \Rightarrow Cov(X, Y) \le \sigma_x\sigma_Y \Rightarrow \rho_{XY} \le 1$

Let　$a = -\dfrac{\sigma_X}{\sigma_Y} \Rightarrow Cov(X, Y) \ge -\sigma_x\sigma_Y \Rightarrow \rho_{XY} \ge -1$

另證：From Cauchy-Schwartz inequality: $(E[XY])^2 \le E[X^2]E[Y^2]$, we have

$(E[(X - \mu_X)(Y - \mu_Y)])^2 \le E[(X - \mu_X)^2]E[(Y - \mu_Y)^2]) = \sigma_X^2\sigma_Y^2$

$\Rightarrow [Cov(X, Y)]^2 \le \sigma_X^2\sigma_Y^2$

$\Rightarrow \dfrac{[Cov(X, Y)]^2}{\sigma_X^2\sigma_Y^2} \le 1$

$\Rightarrow -1 \le \rho_{XY} \le 1$

觀念提示：若 $|\rho_{XY}| = 1$，則稱 X, Y 完全相關（Completely correlated）

定理 4-10

若 $Y = a + bX$，$a, b \in R$，則 $\rho_{XY} = \begin{cases} -1; & b < 0 \\ 1; & b > 0 \end{cases}$

證明：$\because Var(Y) = b^2 Var(X) \Rightarrow \sigma_Y = \sqrt{b^2}\,\sigma_X$

$\therefore \rho_{XY} = \dfrac{Cov(X, Y)}{\sigma_X\sigma_Y} = \dfrac{Cov(X, a+bX)}{\sigma_X^2\sqrt{b^2}}$

$\because Cov\ (X, a+bX) = Cov\ (X, bX) = bCov\ (X, X) = b\ Var(X)$

代入原式可得

$$\rho_{XY} = \frac{b\sigma_X^2}{\sigma_X^2\sqrt{b^2}} = \frac{b}{\sqrt{b^2}} = \begin{cases} 1; & b>0 \\ -1; & b<0 \end{cases}$$

說例：　1. 若 X 表 NBA 中某球員之身高，Y 代表此球員之體重，則有 $0<\rho_{X,Y}<1$

2. 若 X 表某行動台與基地台之距離，Y 代表此行動台所收到的信號強度，則有 $-1<\rho_{X,Y}<0$

3. 若 X 表明日之攝氏溫度，Y 代表明日之華氏溫度，則有 $\rho_{X,Y}=1$

4. 若 X 表某放大器所提供之增益，Y 代表此放大器所造成之衰減，則有 $\rho_{X,Y}=-1$

5. 若 X 表某人之電話號碼，Y 代表其身份證號碼，則有 $\rho_{X,Y}=0$

例題 11：箱中有三顆編號分別為 1, 2, 3 之球，自箱中依序抽取兩顆（不放回），令 X 表示第一顆球之編號，Y 表第二顆球之編號，求 $Cov\ (X, Y) = ?\ \rho_{XY} = ?$

解　　　先將 X, Y 之 joint PMF 表列如下

y \ x	1	2	3
1	0	$\frac{1}{6}$	$\frac{1}{6}$
2	$\frac{1}{6}$	0	$\frac{1}{6}$
3	$\frac{1}{6}$	$\frac{1}{6}$	0

Marginal PMF

$$f_X(x) = \frac{1}{3};\ x=1, 2, 3 \ ,\ f_Y(y) = \frac{1}{3};\ x=1, 2, 3$$

$$E[X] = \frac{1}{3}(1+2+3) = 2 = E[Y]$$

$$E[XY] = \frac{1}{6}(1 \times 2 + 1 \times 3 + 2 \times 1 + 2 \times 3 + 3 \times 1 + 3 \times 2)$$

$$= \frac{22}{6} = \frac{11}{3}$$

$$\therefore Cov(X, Y) = E[XY] - E[X]E[Y] = \frac{11}{3} - 4 = -\frac{1}{3}$$

$$E[X^2] = \frac{1}{3}(1 + 2^2 + 3^2) = \frac{14}{3} = E[Y^2]$$

$$\sigma_X^2 = E[X^2] - (E[X])^2 = \frac{14}{3} - 4 = \frac{2}{3} = \sigma_Y^2$$

$$\therefore \rho = \frac{-\frac{1}{3}}{\sqrt{\frac{2}{3}}\sqrt{\frac{2}{3}}} = -\frac{1}{2}$$

例題 12：若 $Cov(X_1, X_2) = 5$，$Var(X_1) = 2$，$Var(X_2) = 6$，求 a，使得 $Cov(aX_1 + X_2, X_1 - X_2) = 0$

解

$$Cov(aX_1 + X_2, X_1 - X_2)$$

$$= aCov(X_1, X_1) - aCov(X_1, X_2) + Cov(X_2, X_1) - Cov(X_2, X_2)$$

$$= aVar(X_1) - 5a + 5 - Var(X_2)$$

$$= 2a - 5a + 5 - 6 = -3a - 1 = 0$$

$$\therefore a = -\frac{1}{3}$$

例題 13：若 X, Y 均為平均值 0，變異數 1 之隨機變數，且其相關係數為 ρ_{XY}，

Let $Z = X - \rho_{XY}Y$

(1) Find $E[Z]$，$Var(Z)$?

(2) Show that Y、Z uncorrelated

解 (1)$E[Z] = E[X - \rho_{XY}Y] = E[X] - \rho_{XY}E[Y] = 0$

$Var(Z) = Var(X - \rho_{XY}Y) = Var(X) + \rho_{XY}^2 Var(Y) - 2\rho_{XY}Cov(X, Y)$

$\because \sigma_X = \sigma_Y = 1 \Rightarrow Cov(X, Y) = \rho_{XY}$

$\therefore Var(Z) = 1 + \rho_{XY}^2 - 2\rho_{XY}^2 = 1 - \rho_{XY}^2$

(2)$Cov(Y, Z) = Cov(Y, X - \rho_{XY}Y) = Cov(Y, X) - \rho_{XY}Var(Y)$

$\qquad = \rho_{XY} - \rho_{XY} = 0$

例題 14：Suppose n balls are distributed at random into r boxes. Let S denotes the number of empty boxes.

(a)Compute the expectation $E[S]$ of S.

(b)Compute Var (S). 【交大資工】

解 Let $X_i = 1$ box i is empty and $X_i = 0$ otherwise

(1)$E(X_i) = P(X_i = 1) = \left(1 - \dfrac{1}{r}\right)^n \quad \forall i$

(2)$E(X_i X_j) = P(X_i = 1, X_j = 1) = \left(1 - \dfrac{2}{r}\right)^n \quad \forall i \neq j$

(a)$E[S] = E\left(\sum\limits_{i=1}^{r} X_i\right) = \sum\limits_{i=1}^{r} E[X_i] = r \cdot \left(1 - \dfrac{1}{r}\right)^n$

(b)$Var(S) = Var\left(\sum\limits_{i=1}^{r} X_i\right) = \sum\limits_{i=1}^{r} Var(X_i) + \sum\limits_{j \neq 1} Cov(X_i, X_j)$

$\because Var(X_i) = E[X_i^2] - (E[X_i])^2 = \left(1 - \dfrac{1}{r}\right)^n - \left(1 - \dfrac{1}{r}\right)^{2n}$ and

$Cov(X_i, X_j) = E[X_i X_j] - E[X_i]E[X_j] = \left(1 - \dfrac{2}{r}\right)^n - \left(1 - \dfrac{1}{r}\right)^{2n}$

$\therefore Var(S) = r\left(1 - \dfrac{1}{r}\right)^n + r(r - 1)\left(1 - \dfrac{2}{r}\right)^n - r^2\left(1 - \dfrac{1}{r}\right)^{2n}$

例題 15：丟擲一不公平之硬幣，若已知其出現正面之機率為 0.6，丟擲此硬幣 8 次，若 X 代表出現正面之次數，Y 代表出現反面之次數，試求出 $X - Y$ 之變異數

解　　　$Var\,(X-Y)=Var\,(X)+Var\,(Y)-2Cov\,(X,\,Y)$

$\because Y=8-X,\,\mu_Y=8-\mu_X$，$Var\,(Y)=Var\,(X)$

$\therefore Var\,(X-Y)=2Var\,(X)-2E[(X-\mu_X)(8-X-8+\mu_X)]$

$\qquad\qquad\quad\;\;=2Var\,(X)+2E[(X-\mu_X)^2]=4Var\,(X)$

$\because f_X(x)=\begin{pmatrix}8\\x\end{pmatrix}(0.6)^x(0.4)^{8-x}$

$\therefore Var\,(X)=8\times0.6\times0.4=1.92$

$\quad\Rightarrow Var\,(X-Y)=7.68$

4-4　條件機率質量函數

定義：Conditional PMF

X, Y are two random variables with joint PMF $f_{X,\,Y}\,(x,\,y)$, then the conditional PMF of Y given $X=x$ is：

$$f_{Y|X}\,(y|x)=\frac{f_{X,\,Y}(x,\,y)}{f_X(x)}\qquad\qquad(4.7)$$

where $f_X\,(x)$ is the marginal PMF of $f_{X,\,Y}\,(x,\,y)$

觀念提示：　1.（4.7）式即為第一章中之條件機率 $P(A|B)=\dfrac{P(AB)}{P(B)}$，$f_{Y|X}\,(y|x)$

亦可簡化表示為 $f_{Y|X}\,(y)$

2. $f_{Y|X}\,(y|x)$ 亦為一 PMF，因其滿足

（1）$f_{Y|X}\,(y|x)\geq0$

（2）$\sum\limits_y f_{Y|X}\,(y|x)=\sum\limits_y\dfrac{f_{X,\,Y}(x,\,y)}{f_X(x)}=\dfrac{f_X(x)}{f_X(x)}=1$

3. 同理可得在 $Y=y$ 之條件下，X 之 PMF

$$f_{X|Y}\,(x|y)=\frac{f_{X,\,Y}(x,\,y)}{f_Y(y)}\qquad\qquad(4.8)$$

4.由（4.7），（4.8）可得

$$f_{X,Y}(x,y)=f_{X|Y}(x|y)f_Y(y)=f_{Y|X}(y|x)f_X(x) \qquad (4.9)$$

說例：1～5 共 5 張編號卡片，任抽一張得 X 號，把所有比 X 大之卡片拿走，從剩餘 X 張中任抽一張得 Y 號，顯然的，X 為均勻（Uniform）分佈之隨機變數

$f_X(x)=\dfrac{1}{5}$；$x=1,2,3,4,5$ 在 X 已知之條件下，Y 仍然為均勻分布，

且其 PMF 與 X 之值有關 $f_{Y|X}(y|x)=\dfrac{1}{x}$；$y=1,2,\cdots\cdots,x$

由 $f_{X,Y}(x,y)=f_{Y|X}(y|x)f_X(x)=\dfrac{1}{5x}$；$\begin{matrix}x=1,2,\cdots\cdots,5\\ y=1,\cdots\cdots,x\end{matrix}$

如下表所示

x ＼ y	1	2	3	4	5
1	$\frac{1}{5}$	0	0	0	0
2	$\frac{1}{10}$	$\frac{1}{10}$	0	0	0
3	$\frac{1}{15}$	$\frac{1}{15}$	$\frac{1}{15}$	0	0
4	$\frac{1}{20}$	$\frac{1}{20}$	$\frac{1}{20}$	$\frac{1}{20}$	0
5	$\frac{1}{25}$	$\frac{1}{25}$	$\frac{1}{25}$	$\frac{1}{25}$	$\frac{1}{25}$

顯然的，$f_{Y|X}(y|x)$ 為 x 之函數

例題 16：如上例，若再將比 Y 大之卡片拿走，從剩餘之 Y 張卡片中任抽一張得到 Z，求

(1)$P(X=5|Y=4)$

(2)$P(Z=2|X=5)$

解

(1) $P(X=5|Y=4) = \dfrac{P(X=5, Y=4)}{P(Y=4)}$

$= \dfrac{P(Y=4|X=5)P(X=5)}{P(Y=4|X=5)P(X=5) + P(Y=4|X=4)P(X=4)}$

$= \dfrac{\dfrac{1}{5} \times \dfrac{1}{5}}{\dfrac{1}{5} \times \dfrac{1}{5} + \dfrac{1}{4} \times \dfrac{1}{5}}$

(2) $P(Z=2|X=5)$

$= \dfrac{P(X=5, Y=2, Z=2) + P(X=5, Y=3, Z=2) + P(X=5, Y=4, Z=2) + P(X=5, Y=5, Z=2)}{P(X=5)}$

$= \dfrac{\dfrac{1}{5} \times \dfrac{1}{5} \times (\dfrac{1}{2} + \dfrac{1}{3} + \dfrac{1}{4} + \dfrac{1}{5})}{\dfrac{1}{5}}$

定義：Conditional Expectation：

Let $f_{Y|X}(y|x)$ be the PMF of Y given $X=x$，then the conditional expectation of Y given $X=x$ is

$$E[Y|X=x] = \sum_{y} y f_{Y|X}(y|x) \qquad (4.10)$$

利用（4.10）可求得上例之條件期望值

$E[Y|X=x] = \sum\limits_{y=1}^{x} y f_{Y|X}(y|x) = \sum\limits_{y=1}^{x} y \dfrac{1}{x} = \dfrac{x+1}{2}; \ x=1, \cdots\cdots, 5$

$Var(Y|X=x) = \dfrac{x^2-1}{12}$

顯然的，$E[Y|X]$為 X 之函數，令 $h(x) = E[Y|X]$，則

$E[h(x)] = \sum\limits_{x} h(x) f_X(x)$

$\qquad = \sum\limits_{x} E[Y|X] f_X(x) = \sum\limits_{x} \sum\limits_{y} y f_{Y|X}(y|x) f_X(x)$

$\qquad = \sum\limits_{x} \sum\limits_{y} y f_{Y|X}(x, y)$

$\qquad = \sum\limits_{y} y f_{Y|X}(y) = E[Y]$

故可得以下定理：

定理 4-11

$$E\,[Y] = E\,[E\,[Y|X]] = \sum_{x} E\,[Y|X]f_X\,(x) \qquad (4.11)$$

觀念提示：同理可得

(1) $E\,[X] = E\,[E\,[X|Y]] = \sum_{y} E\,[X|Y]f_Y\,(y)$ \qquad (4.12)

(2) $E\,[E\,[g(Y)|X]] = E\,[g(Y)]$ \qquad (4.13)

由本定理可進一步求得 $E\,[Y]$

$$E\,[Y] = \sum_{x=1}^{5} E\,[Y|X]f_X\,(x) = \frac{1}{5}\sum_{x=1}^{5}\frac{x+1}{2} = 2$$

例題 17：$\begin{aligned} &E[X\,|\,Y = y] = 2 - 3y, E[Y\,|\,X = x] = 4 + 5x \\ &E[X] = ?, E[Y] = ? \end{aligned}$ 　【90 輔大數學】

　$E\,[X] = E\,[E\,[X|Y]] = E[2 - 3Y]$

$E\,[Y] = E\,[E\,[Y|X]] = E[4 + 5X]$

Let $E\,[X] = a,\ E\,[Y] = b$

$\Rightarrow \begin{cases} a = 2 - 3b \\ b = 4 + 5a \end{cases}$

例題 18：Show that $Cov\,(X, Y) = Cov\,(X, E\,[Y|X])$ 　【91 中正電機】

　$\begin{aligned} Cov\,(X, E\,[Y|X]) &= E\,[XE\,[Y|X]] - E\,[X]E\,[E\,[Y|X]] \\ &= E\,[XY] - E\,[X]E\,[Y] \\ &= Cov\,(X, Y) \end{aligned}$

定理 4-12

$$E\,[g\,(X,\,Y)\,|\,X = x] = \sum_{y} g\,(x,\,y)f_{Y|X}\,(y\,|\,x) \qquad (4.14)$$

定義：條件變異數

$$Var\,[Y|X=x] = E[(Y-E\,[Y|X=x])^2|X=x]$$
$$= E\,[Y^2|X=x] - \,[E\,(Y|X=x)]^2 \qquad (4.15)$$

定理 4-13

Law of conditional variance

$$Var\,[X] = E\,[Var\,[X\,|\,Y]] + Var\,(E\,[X\,|\,Y]) \qquad (4.16)$$

證明：

$$X - E\,[X] = (X - E\,[X|Y]) + (E\,[X|Y] - E\,[X])$$
$$Var\,[X] = E[(X-E\,[X])^2]$$
$$= E[(X-E\,[X|Y])^2] + E[(E\,[X|Y]-E\,[X])^2] + 2E[(X-E\,[X|Y])$$
$$(E\,[X|Y]-E\,[X])]$$
$(1)E[(X-E\,[X|Y])^2] = E\,[E[(X-E\,[X|Y])^2|Y]] = E\,[Var\,[X|Y]]$
$(2)E[(E\,[X|Y]-E\,[X])^2] = E[(E\,[X|Y]-E\,[E\,[X|Y]])^2] = Var\,(E\,[X|Y])$
$(3)g\,(Y) = 2\,(E\,[X|Y]-E\,[X])$
$$\Rightarrow E[(X-E\,[X|Y])g\,(Y)] = E\,[g(Y)X] - E\,[E\,[X|Y]g(Y)]$$
$$= E\,[g(Y)X] - E\,[E\,[g(Y)X|Y]]$$
$$= E\,[g(Y)X] - E\,[g(Y)X] = 0$$

說例：若 X, Y 之 joint PMF 如下表

Y ＼ X	10	20	30
5	0.1	0.1	0
3	0	0.3	0.1
1	0	0.1	0.3

$(1) f_{Y|X}(y|X=20) = \dfrac{f_{X,Y}(20,y)}{P(X=20)} = \dfrac{f_{X,Y}(20,y)}{0.5} = \begin{cases} 0.2; & y=5, x=20 \\ 0.6; & y=3, x=20 \\ 0.2; & y=1, x=20 \end{cases}$

$(2) E[Y|X=20] = \sum\limits_{y} y f_{Y|X}(y|x=20) = 5 \times 0.2 + 3 \times 0.6 + 1 \times 0.2 = 3$

$(3) Var[Y|X=20] = E[(y-3)^2 | x=20] = \sum\limits_{y}(y-3)^2 f_{Y|X}(y|x=20)$

$$= 2^2 \times 0.2 + 0 + 2^2 \times 0.2 = 1.6$$

同理可得：$f_{Y|X}(y|x=10) = \dfrac{f_{X,Y}(10,y)}{0.1} = 1$ ；$y=5$

$$f_{Y|X}(y|x=30) = \dfrac{f_{X,Y}(30,y)}{0.4} = \begin{cases} \dfrac{1}{4}; & y=3 \\ \dfrac{3}{4}; & y=1 \end{cases}$$

$$E[Y|X=10] = 5$$

$$E[Y|X=30] = 1.5$$

故可得：$E[Y|X=x] = \begin{cases} 5; & x=1 \\ 3; & x=20 \\ 1.5; & x=30 \end{cases}$

為一 X 之函數。 Let $U = E[Y|X=x]$，then the PMF of $U, f_U(u)$，is

$$f_U(u) = \begin{cases} 0.1; & u=5 \\ 0.5; & u=3 \\ 0.4; & u=1.5 \end{cases}$$

其中 $P(u=5) = P(x=10) = 0.1$, $P(u=3) = P(x=20) = 0.5$,

$P(u=1.5) = P(x=30) = 0.4$

$\therefore E[U] = E[E[Y|X=x]] = 5 \times 0.1 + 3 \times 0.5 + 1.5 \times 0.4 = 2.6 = E[Y]$

例題 19：Li-Chi throws a fair six-sided die continuously. How many 5's will he observe on average before finally getting two 2's?

【100 台大電子】

X: the number of throws until getting two "2"

$\Rightarrow X \sim NB(2, \dfrac{1}{6})$, $E[X] = \dfrac{2}{p} = 12$

$$f_X(x) = \binom{x-1}{1}\left(\frac{1}{6}\right)^2\left(\frac{5}{6}\right)^{x-2}; x=2, 3, \cdots$$

Y: the number of "5" until getting two "2"

$$f_{Y|X}(y) = \binom{x-2}{y}\left(\frac{1}{5}\right)^y\left(\frac{4}{5}\right)^{x-2-y}; x=2, 3, \cdots y=0, 1, \cdots, x-2$$

$$\therefore E[Y] = E[E[Y|X]] = E\left[(X-2)\frac{1}{5}\right] = \frac{12-2}{5} = 2$$

例題 20： 丟擲一公平之骰子，若得到之點數為 X，則將 X 顆紅球，7
$-X$ 顆白球丟進一箱子中，從此箱子中任取出一球並置回
一直到紅球出現為止。若在紅球出現之前，我們得到 Y 顆
白球。

(1)求出 joint PMF $f_{X,Y}(x, y)$.

(2)求出 $Y=1$ 之機率？

(3)求出在 $Y=1$ 之條件下，X 之 conditional PMF？

(4)求出 $E(Y|X)$？

解

(1) $f_X(x) = \begin{cases} \dfrac{1}{6}; x=1, \cdots\cdots, 6 \\ 0; o.w. \end{cases}$

$$f_{Y|X}(y|x) = \frac{x}{7}\left(1-\frac{x}{7}\right)^y; \begin{array}{l} x=1, \cdots\cdots, 6 \\ y=0, 1, \cdots\cdots \end{array}$$

$$f_{X,Y}(x, y) = f_{Y|X}(y|x)f_X(x) = \frac{x}{42}\left(1-\frac{x}{7}\right)^y$$

(2) $f_Y(1) = \sum_x f_{X,Y}(x, 1) = \sum_{x=1}^{6} \frac{x}{42}\left(1-\frac{x}{7}\right)^y = \frac{4}{21}$

(3) $f_{X|Y}(x|1) = \dfrac{f_{X,Y}(x, 1)}{f_Y(1)} = \dfrac{\dfrac{x}{42}\left(1-\dfrac{x}{7}\right)}{\dfrac{4}{21}} = \dfrac{x(7-x)}{56}$

(4) $E[Y|X] = \sum_{y=0}^{\infty} yf_{Y|X}(y|x) = \frac{x}{7}\sum_{y=0}^{\infty} y\left(1-\frac{x}{7}\right)^y$

$$= \frac{x}{7}\left(1-\frac{x}{7}\right)\left[1+2\left(1-\frac{x}{7}\right)+\cdots\cdots\right]$$

$$= \frac{x}{7}\left(1 - \frac{x}{7}\right)\frac{49}{x^2} = \frac{7}{x} - 1$$

例題 21：丟擲一公平之骰子，令 X 和 Y 分別代表得到 6 點及 5 點所需擲之次數，求(1)$E[X]$　(2)$E[X|Y=1]$　(3)$E[X|Y=5]$

解

(1)$E[X] = 1 \times \frac{1}{6} + 2 \times \frac{5}{6} \times \frac{1}{6} + 3 \times \left(\frac{5}{6}\right)^2 \times \frac{1}{6} + \cdots$

$\Rightarrow \mu - \frac{5}{6}\mu = \frac{1}{6} + \frac{5}{6} \times \frac{1}{6} + \left(\frac{5}{6}\right)^2 \times \frac{1}{6} + \cdots$

$= \frac{1}{6}\left(1 + \frac{5}{6} + \left(\frac{5}{6}\right)^2 + \cdots\right) = 1$

$\Rightarrow \mu = 6$

另解　若第一次非 6 點，則第 2 次以後得 6 點之期望值仍為 $E[X]$

$\therefore E[X] = 1 \times \frac{1}{6} + \frac{5}{6}(1 + E[X])$

$= \frac{1}{6} + \frac{5}{6} + \frac{5}{6}E[X]$

$\Rightarrow E[X] = 6$

(2)$Y=1$ 表第 1 次為 5 點，故擲出 6 點次數之期望值

$E[X|Y=1] = E[X] + 1 = 7$

(3)$Y=5$：第 5 次擲出 5 點（前 4 次均非 5 點）

$E[X|Y=5] = 1 \times \frac{1}{5} + 2 \times \frac{4}{5} \times \frac{1}{5} + 3 \times \left(\frac{4}{5}\right)^2 \times \frac{1}{5} + 4 \times \left(\frac{4}{5}\right)^3$

$\times \frac{1}{5} + 6 \times \left(\frac{4}{5}\right)^4 \times \frac{1}{6} + 7 \times \left(\frac{4}{5}\right)^2 \times \frac{5}{6} \times \frac{1}{6} + \cdots$

$= 6.2288$

例題 22：一袋中有 3 個白球，6 個紅球，5 個黑球，任取 6 個，令 X 和 Y 分別代表白球及黑球的數目，求

(1)$f_{X|Y=3}(x|y=3)$

(2)$E[X|Y=1]$

解 (1)$P(X=x|Y=3)=P$（剩下之 3 個球由 3 白，6 紅中選出，其中白球有 x 個）

$$=\frac{\binom{3}{x}\binom{6}{3-x}}{\binom{9}{3}}; x=0, 1, 2, 3$$

(2)$E[X|Y=1]=\sum_{x=0}^{3}xP(X=x|Y=1)$

$$=0+1\times\frac{3\times 15}{126}+2\times\frac{3\times 20}{126}+3\times\frac{1\times 15}{126}$$

$$=\frac{1}{126}(45+120+45)=\frac{5}{3}$$

4-5 獨立隨機變數

定義：X, Y 為離散隨機變數，若對於每組 $X=x$，$Y=y$ 下式均滿足

$$f_{Y|X}(y|x)=f_Y(y)或f_{X|Y}(x|y)=f_X(x)$$

則稱 X, Y 相互獨立。

觀念提示：另一種判斷獨立之方法為

X, Y independent $\Leftrightarrow f_{X,Y}(x, y)=f_X(x)f_Y(y)$

換言之，若 X, Y 獨立，則必有

$P(X=x, Y=y)=P(X=x)P(Y=y)$

例題 23：$f_{X,Y}(x, y)=\begin{cases}p^2(1-p)^{x+y}; x,y=0, 1, 2\\0; otherwise\end{cases}$

Is X, Y independent？

解 $f_X(x)=\sum_{y=0}^{\infty}p^2(1-p)^{x+y}=p^2(1-p)^x[1+(1-p)+(1-p)^2+\cdots\cdots]$

$$=p(1-p)^x$$

同理可得：$f_Y(y) = p(1-p)^y$

$\therefore f_{X,Y}(x, y) = f_X(x)f_Y(y)$

由上述定義可知 X, Y 獨立

觀念提示：由本例可知，若雙變數函數 $f_{X,Y}(x, y)$ 可分解成兩個單變數 函數，$h(x), g(y)$ 之乘積，亦即 $f_{X,Y}(x, y)$ 為可分離變數型， 則 X, Y 為獨立隨機變數。

定理 4-14

若 X, Y 為獨立，則必滿足下列特性

(1) $Cov(X, Y) = \rho_{XY} = 0$

(2) $\gamma_{XY} = \mu_X \mu_Y$

(3) $E[X | Y = y] = E[X]$

(4) $Var(X + Y) = Var\, X + Var\, Y$

證明：(2) $E[XY] = \sum\limits_x \sum\limits_y xy f_{X,Y}(x, y) = \sum\limits_x \sum\limits_y xy f_X(x)f_Y(y) = \mu_X \mu_Y$

(3) $E[X|Y=y] = \sum\limits_x x f_{X|Y}(x|y) = \sum\limits_x x f_X(x) = E[X]$

觀念提示：若 X, Y independent 則 $\rho_{XY} = 0$，反之未必然

說例：若 X, Y 之 joint PMF 為下表所示

(1)判斷 X, Y 是否獨立。(2)判斷 X, Y 是否相關。

$x \diagdown y$	0	1	2
0	$\frac{1}{8}$	0	$\frac{1}{8}$
1	0	$\frac{1}{2}$	0
2	$\frac{1}{8}$	0	$\frac{1}{8}$

$$f_X(x) = \begin{cases} \dfrac{1}{4}; & x = 0 \\ \dfrac{1}{2}; & x = 1 \\ \dfrac{1}{4}; & x = 2 \end{cases}$$

$\mu_X = 1$

$$f_Y(y) = \begin{cases} \dfrac{1}{4}; & y = 0 \\ \dfrac{1}{2}; & y = 1 \\ \dfrac{1}{4}; & y = 2 \end{cases}$$

$\mu_Y = 1$

$$E[XY] = \dfrac{1}{2} \times 1 \times 1 + \dfrac{1}{8} \times 2 \times 2 = 1 \Rightarrow Cov(X, Y) = 0$$

$f_{Y|X}(y|1) = 1; y = 1$

$$f_{Y|X}(y|2) = \begin{cases} \dfrac{1}{2}; & y = 0 \\ \dfrac{1}{2}; & y = 2 \end{cases}$$

$$f_{Y|X}(y|0) = \begin{cases} \dfrac{1}{2}; & y = 0 \\ \dfrac{1}{2}; & y = 2 \end{cases}$$

觀念提示：由 $f_{X,Y}(1, 0) = 0 \neq f_X(1)f_Y(0) = \dfrac{1}{2} \times \dfrac{1}{4} = \dfrac{1}{8}$

可知 X，Y 不獨立

例題 24：$f_{X,Y}(x, y) = p^2(1-p)^{x+y}$；$x, y = 0, 1, 2, \cdots\cdots$

　　(1)$f_X(x) = $?

　　(2)$f_Y(y) = $?

　　(3)X, Y 是否獨立？

解　　　$(1) f_X(x) = \sum\limits_{y=0}^{\infty} f_{X,Y}(x, y) = p^2(1-p)^x \sum\limits_{y=0}^{\infty}(1-p)^y = p(1-p)^x$

$(2) f_Y(x) = \sum\limits_{x=0}^{\infty} f_{X,Y}(x, y) = p^2(1-p)^y \sum\limits_{x=0}^{\infty}(1-p)^x = p(1-p)^y$

$(3) f_{X,Y}(x, y) = f_X(x) f_Y(y)$

$\therefore X, Y$ independent

觀念提示：若 $f_{X,Y}(x, y)$ 為可分離變數型，則 X, Y independent.

例題 25：若 X, Y 之 joint PMF 如右表

(1)X, Y 是否獨立？

(2)$P(X = \text{even or } Y = \text{odd}) = ?$

(3)$P(XY = \text{even}) = ?$

【台大電機】

x \ y	1	0	2	6
0	$\frac{1}{27}$	$\frac{1}{27}$	$\frac{1}{9}$	$\frac{2}{27}$
2	$\frac{1}{27}$	0	$\frac{1}{27}$	$\frac{1}{9}$
4	$\frac{1}{27}$	0	$\frac{4}{27}$	0
1	$\frac{1}{9}$	0	$\frac{4}{27}$	$\frac{1}{9}$

解　　　$(1) P(X = 4) = \dfrac{1}{27} + \dfrac{4}{27} = \dfrac{5}{27}$

$P(Y = 0) = \dfrac{1}{27}$

$P(X = 4, Y = 0) = 0 \quad \therefore X, Y$ dependent

$(2) P(X = \text{even or } Y = \text{odd}) = 1 - P(X = \text{odd and } Y = \text{even})$

$= 1 - \left(\dfrac{4}{27} + \dfrac{1}{9} \right) = \dfrac{20}{27}$

$(3) P(XY = \text{even}) = 1 - P(XY = \text{odd}) = 1 - \dfrac{1}{9} = \dfrac{8}{9}$

例題 26：設 X, Y 之 joint PMF 如右所

示，試求

(1)$c = ?$

(2)$f_X(x), f_Y(y) = ?$

　　Are X, Y independent ?

(3)$E[X], E[Y], E[XY] = ?$

(4)$Cov(X, Y) = ?$

Y \ X	-1	0	1
-1	$\frac{1}{8}$	$\frac{1}{8}$	$\frac{1}{8}$
0	$\frac{1}{8}$	0	$\frac{1}{8}$
1	$\frac{1}{8}$	$\frac{1}{8}$	c

解

(1)$\sum_x \sum_y f_{X,Y}(x, y) = 1 \Rightarrow c = \frac{1}{8}$

(2)$f_X(x) = \begin{cases} \frac{3}{8}; & x = -1 \\ \frac{2}{8}; & x = 0 \\ \frac{3}{8}; & x = 1 \end{cases}$

$f_Y(y) = \begin{cases} \frac{3}{8}; & y = -1 \\ \frac{2}{8}; & y = 0 \\ \frac{3}{8}; & y = 1 \end{cases}$

$\because f_{X,Y}(1, 1) = \frac{1}{8} \neq f_X(1) f_Y(1)$

$\therefore X, Y$ is not independent.

(3)$E[X] = -1 \times \frac{3}{8} + 1 \times \frac{3}{8} = 0 = E[Y]$

$E[XY] = (-1) \times (-1) \times \frac{1}{8} + (-1) \times 1 \times \frac{1}{8} + 1 \times (-1)$

$\times \frac{1}{8} + 1 \times 1 \times \frac{1}{8} = 0$

(4)$Cov(X, Y) = E[XY] = \mu_X \mu_Y = 0 \quad \therefore X, Y$ uncorrelated

例題 27：箱中有 3 紅球 2 白球，任取出 2 顆，X 表取出之紅球數，Y 表取出之白球數，求 $\rho_{XY}=$ ？

解

Y＼X	0	1	2
0	0	0	$\dfrac{\binom{2}{2}}{\binom{5}{2}}$
1	0	$\dfrac{\binom{3}{1}\binom{2}{1}}{\binom{5}{2}}$	0
2	$\dfrac{\binom{3}{2}}{\binom{5}{2}}$	0	0

$$f_X(x)=\begin{cases}\dfrac{3}{10};\ x=0\\[2mm]\dfrac{6}{10};\ x=1\\[2mm]\dfrac{1}{10};\ x=2\end{cases}\qquad f_Y(y)=\begin{cases}\dfrac{1}{10};\ y=0\\[2mm]\dfrac{6}{10};\ y=1\Rightarrow\\[2mm]\dfrac{3}{10};\ y=2\end{cases}$$

$$\mu_X=\frac{6}{10}\times 1+\frac{1}{10}\times 2=\frac{8}{10}$$

$$\mu_Y=\frac{6}{10}\times 1+\frac{3}{10}\times 2=\frac{12}{10}$$

$$E[X^2]=\frac{6}{10}\times 1^2+\frac{1}{10}\times 2^2=1$$

$$E[Y^2]=\frac{6}{10}\times 1^2+\frac{3}{10}\times 2^2=\frac{18}{10}$$

$$Var(X)=1-\left(\frac{8}{10}\right)^2=\frac{9}{25}$$

$$Var(Y)=\frac{18}{10}-\left(\frac{12}{10}\right)^2=\frac{9}{25}$$

$$E[XY] = 1 \times 1 \times \frac{6}{10} = \frac{6}{10}$$

$$Cov(X, Y) = \frac{6}{10} - \frac{8}{10} \times \frac{12}{10} = -\frac{9}{25}$$

$$\rho_{XY} = \frac{Cov(X, Y)}{\sqrt{Var(X)}\sqrt{Var(Y)}} = \frac{-\frac{9}{25}}{\frac{9}{25}} = -1$$

例題 28：The random variables $X_1, X_2, \ldots X_{2n-1}$ are identically and independently distributed with mean μ and variance σ^2. What is the covariance of $X_1 + X_2 + \cdots + X_n$ and $X_n + X_{n+1} + \cdots + X_{2n-1}$?

【交大工工】

解　$Cov(X_1 + X_2 + \cdots + X_n, X_n + X_{n+1} + \cdots + X_{2n-1})$

$= Cov(X_n, X_n)$ 　$(\because X_1, X_2, \ldots, X_{2n-1}$ are mutually independent)

$= \sigma^2$ 　$(\because Cov(X_n, X_n) = Var(X_n) = \sigma^2)$

例題 29：丟擲一公平之硬幣一直到正面出現兩次為止，今 X_1 代表第一次正面出現時總共丟擲之次數，X_2 代表第一次正面出現後直到第二次正面出現時總共丟擲之次數；今 $Y = X_1 - X_2$，求出 $E[Y]$, $Var(Y)$

解　$f_{X_1}(x_1) = f_{X_2}(x_2) = \begin{cases} (1-p)^{x-1}p; & x = 1, 2, \ldots \\ 0; & o.w \end{cases}$

$\therefore E[X_1] = E[X_2] = \frac{1}{p}$

$Var(X_1) = Var(X_2) = \frac{(1-p)}{p^2}$

$\therefore E[Y] = E[X_1] - E[X_2] = 0$

$Var(Y) = Var(X_1) + Var(X_2) = \frac{2(1-p)}{p^2}$

$(X_1, X_2$ are independent)

例題 30：True or False.

(1) If X and Y are independent random variables, then $E(X+Y) = E(X)E(Y)$ and $Var(X+Y) = Var(X) + Var(Y)$

(2) If X and Y are random variables taking on only two values 0 or 1, and if $E(XY) = E(X)E(Y)$, then X and Y are independent.

【交大電信】

(1) False

(2) True

$$E[X] = P(X=1),\ E[Y] = P(Y=1)$$
$$E[XY] = P(X=1,\ Y=1)$$
$$= E[X]E[Y]$$
$$= P(X=1)P(Y=1)$$
$$P(X=1,\ Y=0) = P(X=1) - P(X=1,\ Y=1)$$
$$= P(X=1) - P(X=1)P(Y=1)$$
$$= P(X=1)(1 - P(Y=1))$$
$$= P(X=1)P(Y=0)$$

4-6 條件聯合機率質量函數

若 B 為樣本空間的某個事件（Event），由前章的討論可知道，隨機變數 X 在給定事件 B 下，其機率質量函數為：

$$f_{X|B} = \frac{f_X(x)}{P(B)};\ x \in B \qquad (4.17)$$

同理可得，在多變數下，給定 Event B 後之聯合機率質量函數

$$f_{X,Y|B}(x,y) = \frac{f_{X,Y}(x,y)}{P(B)}; \ (x,y) \in B \qquad (4.18)$$

例題 31：若隨機變數 X, Y 之 joint PMF 如下表所示

Y \ X	0	1	2
0	$\frac{1}{12}$	$\frac{1}{6}$	$\frac{1}{24}$
1	$\frac{1}{4}$	$\frac{1}{4}$	$\frac{1}{40}$
2	$\frac{1}{8}$	$\frac{1}{20}$	0
3	$\frac{1}{120}$	0	0

求

(1)$f_{X|Y=1}(x)$

(2)$f_{Y|X=0}(y)$

(3)若 $B = X+Y \le 2$

$f_{X,Y|B}(x,y) = ?$

解

$$f_X(x) = \sum_y f_{X,Y}(x,y) = \begin{cases} \frac{56}{120}; & x=0 \\ \frac{56}{120}; & x=1 \\ \frac{8}{120}; & x=2 \end{cases}$$

$$f_Y(y) = \sum_x f_{X,Y}(x,y) = \begin{cases} \frac{35}{120}; & y=0 \\ \frac{63}{120}; & y=1 \\ \frac{21}{120}; & y=2 \\ \frac{1}{120}; & y=3 \end{cases}$$

$(1)f_{X|Y=1}(x)=\dfrac{f_{X,Y}(x,y=1)}{P(Y=1)}=\dfrac{f_{X,Y}(x,y=1)}{\dfrac{63}{120}}=\begin{cases}\dfrac{10}{21};\ x=0\\[2mm]\dfrac{10}{21};\ x=1\\[2mm]\dfrac{1}{21};\ x=2\end{cases}$

$(2)f_{Y|X=0}(y)=\dfrac{f_{X,Y}(x=0,y)}{P(X=0)}=\dfrac{f_{X,Y}(0,y)}{\dfrac{56}{120}}=\begin{cases}\dfrac{10}{56};\ y=0\\[2mm]\dfrac{30}{56};\ y=1\\[2mm]\dfrac{15}{56};\ y=2\\[2mm]\dfrac{1}{56};\ y=3\end{cases}$

$(3)P\,(B)=f_{X,Y}(0,0)+f_{X,Y}(0,1)+f_{X,Y}(0,2)+f_{X,Y}(1,0)+f_{X,Y}(1,1)$

$\qquad +f_{X,Y}(2,0)$

$\qquad =\dfrac{1}{12}+\dfrac{1}{4}+\dfrac{1}{8}+\dfrac{1}{6}+\dfrac{1}{4}+\dfrac{1}{24}$

$\qquad =\dfrac{11}{12}$

$\qquad \therefore f_{X,Y|B}(x,y)=\dfrac{f_{X,Y}(x,y)}{\dfrac{11}{12}};\ (x,y)\in B$

表列如下：

y＼x	0	1	2
0	$\dfrac{1}{11}$	$\dfrac{2}{11}$	$\dfrac{1}{22}$
1	$\dfrac{3}{11}$	$\dfrac{3}{11}$	0
2	$\dfrac{3}{22}$	0	0

再由前章中討論有關給定事件 B，函數 $g(x)$ 之期望值

$$E\left[g\left(X\right)\middle|B\right] = \sum_{x\in B} g(x)f_{X|B}\left(x\right) \tag{4.19}$$

衍生（4.19）式可得在多變數中之條件期望值

$$E\left[g\left(X,\,Y\right)\middle|B\right] = \sum_{(x,\,y)\in B}\sum g\left(x,\,y\right)f_{X,\,Y|B}\left(x,\,y\right) \tag{4.20}$$

若 $h\left(X,\,Y\right)=XY$，$g\left(X,\,Y\right)=X+Y$，則

$$E\left[h\left(X,\,Y\right)|B\right] = 1 \times 0 \times \frac{2}{11} + 2 \times 0 \times \frac{1}{22} + 0 \times 1 \times \frac{3}{11}$$

$$+ 1 \times 1 \times \frac{3}{11} + 0 \times 2 \times \frac{3}{22} = \frac{3}{11}$$

$$E\left[g\left(X,\,Y\right)|B\right] = (1+0)\frac{2}{11} + (2+0)\frac{1}{22} + (0+1)\frac{3}{11} + (1+1)\frac{3}{11}$$

$$+ (0+2)\frac{3}{22} = \frac{15}{11}$$

觀念提示：$E\left[X+Y|B\right]=E\left[X|B\right]+E\left[Y|B\right]$

例題 32：若 X, Y 之 joint PMF 如表所示，求

(1) $\rho_{X,\,Y}$

(2) $Var\left(x|y=4\right)$　　【成大交管】

X \ Y	2	4	5
10	0.1	0.1	0.2
20	0	0.1	0.2
30	0	0.2	0.1

解

(1) $E\left[X\right] = 10(0.1+0.1+0.2)+20(0.1+0.2)+30(0.2+0.1)=19$

$E\left[X^2\right] = 100 \times 0.4 + 400 \times 0.3 + 900 \times 0.3 = 430$

$E\left[Y\right] = 2 \times 0.1 + 4(0.1+0.1+0.2) + 5(0.2+0.2+0.1)=4.3$

$E\left[Y^2\right] = 4 \times 0.4 + 16 \times 0.4 + 25 \times 0.5 = 19.3$

$E\left[XY\right] = 10 \times 2 \times 0.1 + 10 \times 4 \times 0.1 + 10 \times 5 \times 0.2 + 20 \times 4$

$\times 0.1 + 20 \times 5 \times 0.2 + 30 \times 4 \times 0.2 + 30 \times 5 \times 0.1$

$= 83$

$$Var\ (X) = 410 - 19^2 = 49$$

$$Var\ (Y) = 19.3 - (4.3)^2 = 0.81$$

$$\therefore Cov\ (X,\ Y) = 83 - 19 \times 4.3 = 1.3$$

$$\Rightarrow \rho_{X,\,Y} = \frac{1.3}{\sqrt{49}\sqrt{0.81}} = 0.2063$$

$$(2)E\ [X|Y=4] = \sum_{i=1}^{3} x_i f_{X\,|\,Y}\ (X=x_i|Y=4) = \sum_{i=1}^{3} x_i \frac{P(X=x_i\,|\,y=4)}{P(Y=4)}$$

$$= \frac{10 \times 0.1 + 20 \times 0.1 + 30 \times 0.2}{0.4} = 22.5$$

$$E\ [X^2|Y=4] = \frac{100 \times 0.1 + 400 \times 0.1 + 900 \times 0.2}{0.4} = 575$$

$$\therefore Var\ (X|Y=4) = 575 - (22.5)^2 = 68.75$$

例題 33：Find $E\ [X|X+Y=a]$，where $X,\ Y$ are two independent, identically distributed random variables and $a \in R$ such that. $P\ (X+Y=a) > 0$

【清大數學】

解　$E\ [X|X+Y=a] = E\ [Y|X+Y=a]$

且 $E\ [X+Y|X+Y=a] = a = E\ [X|X+Y=a] + E\ [Y|X+Y=a]$

$$\therefore E\ [X|X+Y=a] = \frac{a}{2}$$

例題 34：若隨機變數 X 之 PMF 為

$$f_X\ (x) = \begin{cases} 0.4; & x=0 \\ 0.6; & x=2 \\ 0; & else \end{cases}$$

已知 X 之條件下，隨機變數 Y 之條件 PMF 為：

$$f_{Y|X}\ (y|x=0) = \begin{cases} 0.8; & y=0 \\ 0.2; & y=1, \end{cases} f_{Y|X}\ (y|x=2) = \begin{cases} 0.5; & y=0 \\ 0.5; & y=1 \\ 0; & else \end{cases}$$

(1)求 joint PMF $f_{X,Y}\ (x,y)$，並表列之

(2)求條件期望值 $E\ [Y|X=2]$？

(3)求 X 之條件 PMF $f_{X|Y}\ (x|y=0)$

(4)求 X 之條件變異數 $Var\,[X|y=0]$ ？

(5)令 $Z=E\,[X|Y]$ ，求 PMF of Z.

(6)求 Z 之期望值？

 解　　(1)

Y ＼ X	0	1
0	0.32	0.08
2	0.3	0.3

$$f_{X,Y}(x,y)=f(y|x)f_X(x)=\begin{cases}0.32;\ y=0,x=0\\0.08;\ y=1,x=0\\0.3;\ y=0,x=2\\0.3;\ y=1,x=2\end{cases}$$

(2) $E\,[Y|X=2]=\sum\limits_{y=0}^{1}yf(y|x=2)=1\times0.5=0.5$

(3) $f(x|y=0)=\dfrac{f(x,y=0)}{P(y=0)}=\begin{cases}\dfrac{16}{31};\ x=0\\[2mm]\dfrac{15}{31};\ x=2\\[2mm]0;\ else\end{cases}$

(4) $E\,[X|y=0]=\dfrac{15}{31}\times2=\dfrac{30}{31}$

$E\,[X^2|y=0]=\dfrac{15}{31}\times2^2=\dfrac{60}{31}$

$Var\,(X|y=0)=\dfrac{60}{31}-\left(\dfrac{60}{31}\right)^2=\dfrac{960}{961}$

(5) $E\,[X|y=0]=\dfrac{30}{31},\ E\,[x|y=1]=\dfrac{30}{19}$

$\therefore f_Z(z)=\begin{cases}0.62;\ z=\dfrac{30}{31}\\[3mm]0.38;\ z=\dfrac{30}{19}\end{cases}$

(6) $E\,[Z]=\dfrac{30}{31}\times0.62+\dfrac{30}{19}\times0.38=1.2=E[X]$

4-7　離散型隨機變數之變數轉換

X, Y 為隨機變數且具 joint PMF $f_{X,Y}(x, y)$，以下定理均為多對一之變數轉換。

定理 4-15

若 $S = X + Y$，則 $f_S(s) = \sum\limits_{x} f_{X,Y}(x, s-x)$

證明：
$$
\begin{aligned}
f_S(s) &= P(S=s) = P(X+Y=s) \\
&= P\left(\bigcup_{x}\{X=x, Y=s-x\}\right) \\
&= \sum_{x} P\{X=x, Y=s-x\} \\
&= \sum_{x} f_{X,Y}(x, s-x)
\end{aligned}
$$

定理 4-16

若 $D = X - Y$，則 $f_D(d) = \sum\limits_{y} f_{X,Y}(y+d, y)$

證明：
$$
\begin{aligned}
f_D(d) &= P(D=d) = P(X-Y=d) \\
&= P\left(\bigcup_{y}\{X=d+y, Y=y\}\right) \\
&= \sum_{y} f_{X,Y}(d+y, y)
\end{aligned}
$$

定理 4-17

若 $M = Max(X, Y)$，則
$$
f_M(m) = f_{X,Y}(m, m) + \sum_{x<m} f_{X,Y}(x, m) + \sum_{y<m} f_{X,Y}(m, y)
$$
證明：
$$
\begin{aligned}
f_M(m) &= P(\max(X, Y)=m) \\
&= P(\max(X, Y)=m, X=Y) + P(\max(X, Y) \\
&\quad =m, X>Y) + P(\max(X, Y)=m, X<Y) \\
&= P(X=Y=m) + P(X=m, Y<m) + P(X<m, Y=m) \\
&= f_{X,Y}(m, m) + \sum_{y<m} f_{X,Y}(m, y) + \sum_{x<m} f_{X,Y}(x, m)
\end{aligned}
$$

定理 4-18

若 $N = \text{Min}(X, Y)$，則

$$f_N(n) = f_{X,Y}(n, n) + \sum_{x>n} f_{X,Y}(x, n) \sum_{y>n} f_{X,Y}(n, y)$$

證明：留作習題

例題 35：X, Y 之 joint PMF 如表所示

令 $M = Max(X, Y)$

$N = Min(X, Y)$

求 $f_M(m), f_N(n)$

X \ Y	1	2	3
1	$\frac{1}{9}$	$\frac{1}{9}$	$\frac{1}{9}$
2	$\frac{1}{9}$	$\frac{1}{9}$	$\frac{1}{9}$
3	$\frac{1}{9}$	$\frac{1}{9}$	$\frac{1}{9}$

解

$$f_N(n) = P(X = Y = n) + P(X = n, Y > n) + P(X > n, Y = n)$$

$$= \frac{1}{9} + \frac{1}{9} \times (3 - n)$$

$$= \frac{7 - 2n}{9}$$

$$= \begin{cases} \dfrac{5}{9}; & n = 1 \\[2mm] \dfrac{3}{9}; & n = 2 \\[2mm] \dfrac{1}{9}; & n = 3 \end{cases}$$

$$f_M(m) = P(X = Y = m) + P(X = m, Y < m) + P(X < m, Y = m)$$

$$= \frac{1}{9} + \frac{1}{9}(m - 1) + \frac{1}{9} \times (m - 1)$$

$$= \frac{2m - 1}{9}$$

$$= \begin{cases} \dfrac{1}{9}; \ m=1 \\[2mm] \dfrac{3}{9}; \ m=2 \\[2mm] \dfrac{5}{9}; \ m=3 \end{cases}$$

另解　累積分佈函數法

已知 X, Y i.i.d.,

$$f_X(x) = \begin{cases} \dfrac{1}{3}; \ x=1,2,3 \\[2mm] 0; \ otherwise \end{cases}$$

(1) $F_M(m) = P(\max(X, Y) \le m) = P(X \le m)P(Y \le m) = (F_X(m))^2$

$$= \left(\dfrac{m}{3}\right)^2$$

$\therefore F_M(m) = F_M(m) - F_M(m-1) = \dfrac{2m-1}{9}$

(2) $F_N(n) = P(\min(X, Y) \le n) = 1 - P(\min(X, Y) > n)$

$$= 1 - P(X>n)P(Y>n)$$

$$= 1 - [1 - F_X(n)]^2 = 1 - \left(1 - \dfrac{n}{3}\right)^2$$

$\therefore F_N(n) = F_N(n) - F_N(n-1) = \dfrac{7-2n}{9}$

(3) $S = X + Y$

$$f_S(s) = \sum_{x=1}^{3} f(x, s-x) = f(1, s-1) + f(2, s-2) + f(3, s-3)$$

$$= \begin{cases} \dfrac{1}{9}; \ s=2,6 \\[2mm] \dfrac{2}{9}; \ s=3,5 \\[2mm] \dfrac{3}{9}; \ s=4 \end{cases}$$

(4) $D = X - Y$

$$f_D(d) = \sum_{y=1}^{3} f(d+y, y) = f(1+d, 1) + f(2+d, 2) + f(3+d, 3)$$

$$= \begin{cases} \dfrac{1}{9}; & d=2,-2 \\[2mm] \dfrac{2}{9}; & d=1,-1 \\[2mm] \dfrac{3}{9}; & d=0 \end{cases}$$

例題 36：$f_{X,Y}(x,y)=p^2(1-p)^{x+y}$；$x,y=0,1,2,\cdots\cdots$

$S=X+Y, N=\min(X,Y)$，求

(1)$f_X(x)$　　　　　　(2)$f_Y(y)$

(3)$f_S(s)$　　　　　　(4)$f_N(n)$

(5)$P(Y=y|S=s)$　　(6)$P(X\le Y)$

解

$$(1)f_X(x)=\sum_y f_{X,Y}(x,y)=\sum_{y=0}^{\infty}p^2(1-p)^{x+y}$$

$$=p^2(1-p)^x\sum_{y=0}^{\infty}(1-p)^y=p(1-p)^x$$

$$(2)f_Y(y)=\sum_{x=0}^{\infty}p^2(1-p)^{x+y}=p(1-p)^y$$

$$(3)f_S(s)=\sum_x f_{X,Y}(x,s-x)=\sum_{x=0}^{s}p^2(1-p)^s$$

$$=(s+1)p^2(1-p)^s \; ; \; s=0,1,2,\cdots$$

$$(4)f_N(n)=f_{X,Y}(n,n)+\sum_{y>n}f_{X,Y}(n,y)+\sum_{x>n}f_{X,Y}(x,n)$$

$$=p^2(1-p)^{2n}+2\sum_{n+1}^{\infty}p^2(1-p)^{n+y}$$

$$=p^2(1-p)^{2n}+2p(1-p)^{2n+1}=p(2-p)(1-p)^{2n}$$

另解　累積分佈函數法

已知 X, Y i.i.d.,

$$f_X(x)=\begin{cases} p(1-p)^x; & x=0,1,2,\cdots\cdots \\ 0; & otherwise \end{cases}$$

$$P(X>x)=(1-p)^{x+1}$$

$$F_N(n)=P(\min(X,Y)\le n)=1-P(\min(X,Y)>n)$$

$$= 1 - P\,(X > n)P\,(Y > n)$$

$$= 1 - [(1-p)^{n+1}]^2 = 1 - (1-p)^{2n+2}$$

$$\therefore f_N(n) = F_N(n) - F_N(n-1) = (1-p)^{2n}[1 - (1-p)^2]$$

$$(5)P\,(Y = y | S = s) = \frac{P(Y = y, S = s)}{P(S = s)} = \frac{f_{X,Y}(s-y, y)}{f_S(s)}$$

$$= \frac{p^2(1-p)^s}{(s+1)p^2(1-p)^s} = \frac{1}{s+1} \; ; \; y = 0, 1, \cdots\cdots, s$$

$$(6)P\,(X \le Y) = \sum_{x=0}^{\infty}\sum_{y=x}^{\infty} f_{X,Y}(x, y) = \sum_{x=0}^{\infty}\sum_{y=x}^{\infty} p^2(1-p)^{x+y} = \sum_{x=0}^{\infty} p^2(1-p)^{2x}$$

$$= \frac{p}{1-(1-p)^2} = \frac{1}{2p}$$

$$(7)D = X - Y$$

$$f_D\,(d) = \sum_{y} f(d+y, y) = \sum_{y} p^2(1-p)^{2y+d} \; ;$$

$$d = -\infty, \cdots, \infty, d+y \ge 0 \; (y \ge -d)$$

$$= \begin{cases} \sum\limits_{y=0}^{\infty} p^2(1-p)^{2y+d}; & d \ge 0 \\ \sum\limits_{y=-d}^{\infty} p^2(1-p)^{2y+d}; & d < 0 \end{cases}$$

例題 37：Let X_1, X_2, X_3 be 3 independent Geometric random variables, all with mean equal to q.

(1) Find $P\,(X_1 = X_2 = X_3)$

(2) $Y = Min\,(X_1, X_2, X_3)$ Find PMF of Y

(3) Find $P(1 < Y < 5)$　　　　　　　　【87 台大電機】

解

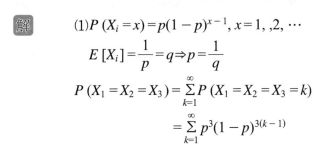

$$(1)P\,(X_i = x) = p(1-p)^{x-1}, \; x = 1, ,2, \cdots$$

$$E\,[X_i] = \frac{1}{p} = q \Rightarrow p = \frac{1}{q}$$

$$P\,(X_1 = X_2 = X_3) = \sum_{k=1}^{\infty} P\,(X_1 = X_2 = X_3 = k)$$

$$= \sum_{k=1}^{\infty} p^3(1-p)^{3(k-1)}$$

$$= p^3[1 + (1-p)^3 + \cdots] = \frac{p^3}{1-(1-p)^3}$$

$$(2) F_Y(y) = P(Y \le y) = 1 - P(Y > y)$$

$$= 1 - P(\min\{X_1, X_2, X_3\} > y)$$

$$= 1 - P(X_1 > y) P(X_2 > y) P(X_3 > y)$$

$$= 1 - \left(\sum_{x=y+1}^{\infty} p(1-p)^{x-1} \right)^3$$

$$= 1 - (1-p)^{3y}$$

$$f_Y(y) = F_Y(y) - F_Y(y-1) = 1 - (1-p)^{3y} - [1 - (1-p)^{3(y-1)}]$$

$$= (1-p)^{3y} \left[\frac{1}{(1-p)^3} - 1 \right]$$

$$(3) P\{1 < y < 5\} = \sum_{y=2, 3, 4} f_Y(y)$$

$$= [(1-p)^6 + (1-p)^9 + (1-p)^{12}] \left[\frac{1}{(1-p)^3} - 1 \right]$$

4-8　三維以上之離散型隨機變數

定義：N 維隨機變數之 joint PMF

離散隨機變數 $X_1, \cdots\cdots, X_n$ 之 joint PMF 為

$$f_{X_1, \cdots, X_n}(x_1, \cdots, x_n) = P(X_1 = x_1, X_2 = x_2, \cdots\cdots, X_n = x_n)$$

說例：Multi nominal distribution（多項分佈）

進行 n 次之獨立試驗，每次試驗均有 k 個可能的結果，每種結果出現之機率分別為 $p_1, p_2, \cdots, p_k$，若 X_i 代表第 i 種結果出現的次數（在總共 n 次的試驗中），求 $X_1, \cdots, X_k$ 之 joint PMF？

解　$f_{X_1, \cdots, X_n}(x_1, \cdots, x_n) = \begin{cases} \dfrac{n!}{x_1! \cdots x_k!} p_1^{x_1} \cdots p_k^{x_k}; & x_1 + x_2 + \cdots + x_k = n, p_1 + \cdots p_k = 1 \\ 0; & o.w \end{cases}$

定理 4-19

若離散隨機變數 $X_1, \cdots, X_n$ 之 joint PMF 為 $f_{X_1, \cdots, X_n}(x_1, \cdots, x_n)$，則

(1) $0 \le f_{X_1, \cdots, X_n}(x_1, \cdots, x_n) \le 1$

(2) $\underset{\substack{x_n \\ (x_1, \cdots, x_n) \in R^n}}{\sum} \cdots \underset{x_1}{\sum} f_{X_1, \cdots, X_n}(x_1, \cdots, x_n) = 1$

(3) $A \subset R^n \Rightarrow P((X_1, \cdots, X_n) \in A) = \underset{x_n}{\sum} \cdots \cdots \underset{\substack{x_1 \\ (x_1, \cdots, x_n) \in A}}{\sum} f_{X_1, \cdots, X_n}(x_1, \cdots, x_n)$

觀念提示：此為機率之三大公設，參考第一節之說明

定理 4-20

Marginal PMF

對於 joint PMF $f_{X_1, X_2, X_3, X_4}(x_1, x_2, x_3, x_4)$，以下為一些 Marginal PMFs

(1) $f_{X_1, X_2, X_3}(x_1, x_2, x_3) = \underset{x_4}{\sum} f_{X_1, X_2, X_3, X_4}(x_1, x_2, x_3, x_4)$

(2) $f_{X_1, X_2}(x_1, x_2) = \underset{x_4}{\sum}\underset{x_3}{\sum} f_{X_1, X_2, X_3, X_4}(x_1, x_2, x_3, x_4)$

(3) $f_{X_1}(x_1) = \underset{x_4}{\sum}\underset{x_3}{\sum}\underset{x_2}{\sum} f_{X_1, X_2, X_3, X_4}(x_1, x_2, x_3, x_4)$

定理 4-21

多變數函數之期望值

$E[g(X_1, \cdots X_n)] = \underset{x_1}{\sum} \cdots \underset{x_n}{\sum} g(x_1, \cdots x_n) f_{X_1, \cdots, X_n}(x_1, \cdots, x_n)$

定理 4-22

多維隨機變數之獨立性

$X_1, \cdots X_n$ are said to be independent if and only if

$f_{X_1, \cdots, X_n}(x_1, \cdots, x_n) = f_{X_1}(x_1) \cdots f_{X_n}(x_n)$

for all $x_1, \cdots, x_n$

定理 4-23

If $X_1, \cdots X_n$ are independent

$$E\left[g_1(X_1)\, g_2(X_2)\cdots g_n(X_n)\right] = E\left[g_1(X_1)\right]E\left[g_2(X_2)\right]\cdots E\left[g_n(X_n)\right]$$

證明：$\because X_1, \cdots X_n$ independent

$$\therefore f_{X_1, \cdots, X_n}(x_1, \cdots, x_n) = f_{X_1}(x_1)\cdots f_{X_n}(x_n)$$

$$\Rightarrow E\left[g_1(X_1)\cdots g_n(X_n)\right] = \sum_{x_1}\cdots\sum_{x_n} g_1(X_1)\cdots g_n(X_n) f_{X_1, \cdots, X_n}(x_1, \cdots, x_n)$$

$$= \sum_{x_1} g_1(X_1) f_{X_1}(x_1)\cdots \sum_{x_n} g_n(X_n) f_{X_n}(x_n)$$

$$= E\left[g_1(X_1)\right]\cdots E\left[g_n(X_n)\right]$$

例題 38：參考說例中多項分佈之 joint PMF，求

(1)$f_{X_1}(x_1)$

(2)$E[X_i]$

(3)$E[X_1 + \cdots + X_k]$

解 　 (1)$f_{X_1}(x_1) = \sum_{x_2}\cdots\sum_{x_k} f_{X_1, \cdots, X_k}(x_1, \cdots, x_k)$

$$= \frac{p_1^{x_1}}{x_1!}\sum_{x_2+\cdots+x_k=n-x_1}\frac{n!}{x_2!\cdots x_k!}p_2^{x_2}\cdots p_k^{x_k}$$

$$= \frac{n!}{x_1!(n-x_1)!}p_1^{x_1}\sum_{x_2+\cdots+x_k=n-x_1}\frac{(n-x_1)!}{x_2!\cdots x_k!}p_2^{x_2}\cdots p_k^{x_k}$$

$$= \frac{n!}{x_1!(n-x_1)!}p_1^{x_1}(p_2+\cdots p_k)^{n-x_1}$$

$$= \frac{n!}{x_1!(n-x_1)!}p_1^{x_1}(1-p_1)^{n-x_1}$$

$$= \frac{n!}{x_1!(n-x_1)!}p_1^{x_1}(1-p_1)^{n-x_1}$$

$$= \binom{n}{x_1}p_1^{x_1}(1-p_1)^{n-x_1}$$

(2)$E[X_i] = np_i$

(3)$E(X_1+\cdots+X_k) = E[X_1]+\cdots+E[X_k] = n(p_1+\cdots p_k) = n$

例題 39：令 $X_1, X_2, \cdots\cdots, X_n$ 為不相關（uncorrelated） 隨機變數，且具相同期望值與變異數。令

$$Y = \frac{1}{n}\sum_{i=1}^{n}X_i, \quad V = \frac{1}{n-1}\sum_{i=1}^{n}(X_i - y)^2$$

試求 $E(Y)$ 與 $E(V)$

解

(1) $E[Y] = \frac{1}{n}E\left[\sum_{i=1}^{n}X_i\right] = \frac{1}{n}\times n\mu = \mu$

(2) $E[V] = \frac{1}{n-1}\sum_{i=1}^{n}E[(X_i - Y)^2] = \frac{1}{n-1}\sum_{i=1}^{n}E[X_i^2 + Y^2 - 2YX_i]$

$\because E[X_i^2] = \sigma^2 + \mu^2$

$E[Y^2] = Var(Y) + (E[Y])^2$

$Var(Y) = Var\left(\frac{1}{n}\sum_{i=1}^{n}X_i\right) = \frac{1}{n^2}[Var(X_1) + \cdots + Var(X_n)]$

$\qquad = \frac{n}{n^2}\sigma^2 = \frac{\sigma^2}{n}$

$\therefore E[Y^2] = \frac{\sigma^2}{n} + \mu^2$

$E[YX_i] = \frac{1}{n}E[(X_1 + \cdots + X_n)X_i]$

$\because X_i, X_j\ (i \neq j)$ uncorrelated

$\therefore E[YX_i] = \frac{1}{n}[(n-1)\mu^2 + \mu^2 + \sigma^2] = \mu^2 + \frac{1}{n}\sigma^2$

$\Rightarrow E[V] = \frac{1}{n-1}\sum_{i=1}^{n}\left(\sigma^2 + \mu^2 + \mu^2 + \frac{1}{n}\sigma^2 - 2\mu^2 - \frac{2}{n}\sigma^2\right) = \sigma^2$

例題 40：Let $X_1, X_2, \cdots X_{100}$ be *i.i.d.* Bernoulli random variables with parameter p, *i.e.*, $P(X_i = 1) = p$, $P(X_i = 0) = 1 - p$. Let $Z = \frac{1}{100}(\sqrt{X_1} + \cdots + \sqrt{X_{100}})$

(1) $E[Z] = ?$

(2) $Var[Z] = ?$

(3) $E[X_1|Z] = ?$

(4) $E[X_1 X_2|Z] = ?$

解 (1) Let $Y_i = \sqrt{X_i} \Rightarrow Y_i$ 之分佈與 X_i 相同

$$\Rightarrow E[Y_i] = p,\ Var(Y_i) = p(1-p)$$

$$\therefore E[Z] = \frac{1}{100}(E[Y_1] + \cdots + E[Y_{100}]) = p$$

(2) $Var(Z) = \frac{1}{100^2}(Var(Y_1) + \cdots + Var(Y_{100})) = \frac{1}{100}p(1-p)$

(3) $E[X_1|Z] = P(X_1 = 1|Z = z) = \dfrac{C_{100z-1}^{99}}{C_{100z}^{100}} = z$

(4) $E[X_1 X_2|Z] = P(X_1 = X_2 = 1|Z = z)$

$$= \frac{C_{100z-2}^{98}}{C_{100z}^{100}} = \frac{z(100z - z)}{99}$$

例題 41：Let the number of jobs arriving at a shop in a 1-hour period be Poisson random variable N with mean 4. Each job requires X_j seconds to complete, where $\{X_j\}$ are i.i.d. random variables that are equal to 3 or 6 minutes with equal probability. Find the mean of the work in an hour. 【96 台科大電機】

解 $W = X_1 + X_2 + \cdots\cdots + X_j$

$E[W] = E[E[W|N]] = E[NE[X_j]] = 4.5E[N] = 18$

精選練習

1. 設 X, Y 之 joint PDF 如下表，求

X \ Y	0	1
0	$\dfrac{1}{4}$	$\dfrac{1}{4}$
1	$\dfrac{1}{4}$	$\dfrac{1}{4}$

(1) $f_X(x)$，$f_Y(y)$，Is X, Y independent？

(2) $F_X(x)$，$F_Y(y)$

(3)$E[X]$，$E[Y]$及 $E[XY]=$?

(4)$Var(x)$，$Var(Y)$，及 $Cov(X,Y)=$?

(5)$\rho_{XY}=$?

2. 若 $\rho_{XY}=\dfrac{1}{2}$，$Var(X)=1$，$Var(Y)=2$，試求 $Var(X-2Y)=$?

3. 若 X_1, X_2, X_3 為獨立隨機變數，其變異數分別為 σ_1^2、σ_2^2、σ_3^2，求 (X_1-X_2) 及 (X_2+X_3) 之 correlation coefficient

4. 接續 §4-7 例題 36：

(1)若 $D=X-Y$，求 $f_D(d)$

(2)求 $P(N=X)$

(3) Is X，S independent？Why？

(4) Is X，D independent？Why？

(5)若 $M=\max(X,Y)$，求 $f_M(m)$

5. X_1, X_2 之 joint PMF 如下表，求　　　　　　　　　　　　　　【 淡江數學 】

X_2 ＼ X_1	1	2	3
1	$\dfrac{1}{12}$	$\dfrac{1}{6}$	0
2	0	$\dfrac{1}{9}$	$\dfrac{1}{3}$
3	$\dfrac{1}{18}$	$\dfrac{1}{4}$	$\dfrac{2}{15}$

(1)X_1, X_2 之 marginal PMF

(2)X_1, X_2 是否獨立？

(3)$P(X_1 \le X_2)=$?

6. True or false, with reason if true and counterexample if false　　　【 交大電信 】

(1) If X and Y are independent random variables, then $E(X+Y)=E(X)E(Y)$ and $Var(X+Y)=Var(X)+Var(Y)$

(2) If X and Y are random variables taking on only two values 0 or 1, and if $E(XY)=E(X)E(Y)$, then X and Y are independent.

7. X, Y 之 joint PMF 為　　　　　　　　　　　　　　　　　　【 交大資科 】

X Y	1	2	3	4
1	$\frac{1}{5}$	$\frac{1}{5}$	0	0
2	0	$\frac{1}{5}$	0	0
3	0	0	$\frac{1}{5}$	0
4	0	0	$\frac{1}{5}$	0

(a)$\rho_{X,Y}=$?

(b)$E[X|Y]=$?

8. Let X, Y be discrete random variables and let $f_{X,Y}(x,y)$ be their joint probability distribution. Write down the requirements for $f_{X,Y}(x,y)$

9. The joint PMF of X and Y is given in the following table 【清大工工】

X Y	0	1	2	3
0	0.06	0.18	0.24	0.12
1	0.04	0.12	0.16	0.08

求

(1)$P(X=0)$ (2)$P(Y>1)$ (3)$P(X=Y)$ (4)$P(Y>X)$

(5) Are X, Y independent? Why or why not?

10. 令離散型隨機變數 X, Y 之 joint PMF 為

$$f_{X,Y}(x,y),=\begin{cases} 0.01; & x=1,\cdots\cdots,10 \\ & y=1,\cdots\cdots,10 \\ 0; & o.w. \end{cases}$$

令 隨機變數 $M=\text{Max}(X,Y)$, $N=\text{Min}(X,Y)$

(1)求 $f_M(m)$ (2)求 $f_N(n)$

(3)求 $f_{X,Y|N>5}(x,y)=$?   (4)求 $f_{X,Y|M\leq5}(x,y)=$?

11. 一檔案共有 10000 bytes，每個 byte 可能是 $b_0,\cdots\cdots b_{255}$ 共 256 個 characters 中之任一個，且機率均等，若每個 byte 相互獨立，N_i 代表 b_i 出現之次數，求

(1)$N_0,\cdots\cdots N_{255}$ 之 joint PMF

(2)N_0 與 N_1 之 joint PMF

12. 擲一銅板直到正面出現 2 次為止，令 X_1 代表當第一次正面出現時丟擲之次數，X_2 代表第一次正面出現後直到第二次正面出現時丟擲之次數，求

(1)$f_{X_1}(x_1)$, $f_{X_2}(x_2)$

(2)$f_{X_1, X_2}(x_1, x_2)$

(3) Are X_1 and X_2 independent ?

13. 令離散型隨機變數 X, Y 之 joint PMF 為

$$f_{X,Y}(x, y) = \begin{cases} \dfrac{100^x e^{-100}}{(x+1)!}; & x = 0, 1, 2\cdots; \ y = 0, 1, \cdots x \\ 0; & o.w. \end{cases}$$ ，求

(1)$f_X(x)$

(2)$f_{Y|X}(y|x)$

(3)$E[Y|X=x]$

(4) Express $E[Y|X]$ as a function of X

(5) Use (4) to find $E[Y]$

14. $f_X(x) = \begin{cases} \dfrac{1}{3}; & x = -1 \\ \dfrac{2}{3}; & x = 1 \end{cases}$ $\quad f_{Y|X}(y|-1) = \begin{cases} \dfrac{1}{3}; & y = 0 \\ \dfrac{2}{3}; & y = 1 \end{cases}$ $\quad f_{Y|X}(y|1) = \begin{cases} \dfrac{1}{2}; & y = 0 \\ \dfrac{1}{2}; & y = 1 \end{cases}$

(1)求 $f_{X,Y}(x, y)$　　　　(2)求 $E[Y|X=1]$　　　　(3)求 $f_{Y|X}(x|1)$

(4)求 $Var(X|Y=1)$　　　　(5)求 $Cov(X, Y)$　　　　(6) Let $Z = E[Y|X]$，求 $f_Z(z)$

(7)求 $E[Z] = E[E[Y|X]] = $?

15. 令離散型隨機變數 X, Y 之 joint PMF 為

$$f_{X,Y}(x, y) = \begin{cases} k|x+y|; & y = -2, 0, 2; \ y = -1, 0, 1 \\ 0; & o.w. \end{cases}$$ ；求

(1)$k = ?$　　　　　　　　(2)$P(Y > X)$　　　　　　(3)$P(X < 1)$

(4)$f_X(x), f_Y(y)$　　　　(5)$E[X], E[Y]$　　　　　(6)$Var(X), Var(Y)$

(7)令 $W = X + 2Y$，求 $f_W(w)$　(8)$E[W]$　　　　　　(9)$E[XY]$

(10)$\rho_{X,Y}$　　　　　　　　(11)$Var(X+Y)$　　　　　(12)$E[2^{XY}]$

16. 隨機變數 X, Y 之 joint PMF 為

x ＼ y	0	1
0	0.4	0.2
1	0.1	0.3

求 Conditional PMF of X given $Y = 1$?

17. 一個信號有 N bytes，N 是幾何分佈其參數為 $(1-p)$，亦即 $P[N=k] = (1-p)p^k$，且 N 之樣本空間為 $S_N = \{0, 1, 2, \cdots\}$。假定所有信號都要被切割以形成封包（Packets），封包的最大長度是 M bytes。令 Q 是一個完全封包（M bytes）的數目，R 是剩下的 bytes 數目（未滿 M bytes 而形成一個不完全封包）。求：

(1) Find the joint probability mass function of R & Q, i.e., $P[Q=s, R=r] = $?

(2) Find the marginal probability mass function of R & Q, respectively.

(3) Are R & Q independent? Verify that. 　　　　　　　　　　　【雲科大電機】

18. Consider rolling three fair dice (of the same size) at a time in a casino. The game is to bet on the numbers that the three dice show up. Let n_1, n_2, and n_3 be the three numbers that show up in a single roll.

(1) Find the probability of the event that $n_1 = n_2 = n_3$

(2) Find the probability of the event that $n_1 < n_2 < n_3$

(3) Find the probability of the event that $n_1 + n_2 + n_3 = 12$ 　　　　【中央電機】

19. A restaurant serves three fixed-price dinners costing $7, $9, and $10 . For a randomly selected couple dining at this restaurant. Let $X =$ the cost of the man's dinner and $Y =$ the cost of the woman's dinner. The joint probability mass function (PMF) of X an Y is given in the following table:

$f(x, y)$		Y		
		7	9	10
	7	0.05	0.05	0.1
X	9	0.05	0.10	0.35
	10	0.00	0.20	0.10

(1) Compute the marginal PMFs of X and Y.

(2) What is the probability that the man's and the woman's dinner cost at most $9 each?

(3) Are X and Y independent? Justify your answer.

(4) What is the expected total cost of the dinner for the two people? 　　　【台科大電機】

20. P_1, P_2 are independent with same distribution

$$f_{P_i}(p_i) = \begin{cases} 2(1 - p_i) & ; \ 0 < p_i < 1; \ i = 1, 2 \\ 0; \ o.w. \end{cases}$$

What is the probability that the roots of

$$x^2 + 2P_1 x + P_2 = 0$$

are real? 　　　　　　　　　　　　　　　　　　　　　　　　　【中興電機】

21. 在蜂巢式行動通信系統中，行動電話在由某 cell 移動至另一 cell 時將執行「handoffs」。在通話期間，行動電話可能不執行 handoffs（H_0），執行一次 handoff（H_1），或執行超過一次 handoff（H_2）。此外，若每通電話通話時間超過 3 分鐘，則定義為「長」（L），否則定義為「短」（B）。以下為不同型態通話內容所對應之機率：

	H_0	H_1	H_2
L	0.1	0.1	0.2
B	0.4	0.1	0.1

(1)求不執行 handoffs 之機率，$P[H_0]$ ？

(2)求通話時間短之機率？

(3)求通話時間長或執行超過一次 handoff 之機率？

(4)求執行一次 handoff 之條件下，通話時間長之機率？

22. A packet switch module has two inputs and two outputs. Every T second, the module accepts packets from the two inputs. Each input has packet with probability p and no packet with probability $(1-p)$. (Assume packet input are independent) Packets are equally-likely to be destined to each of the output. Let X_1, X_2 be the number of packet arrivals destined for output 1 and 2, respectively.

(1) Find the joint PMF of X_1, X_2

(2) Find the PMF of X_1　　　　　　　　　　　　　　　　【93 中正電機】

23. 將隨機變數視為向量，定義 X, Y 之內積為 $\langle X, Y \rangle = E[XY]$，另取 Z 為以 $\{1, 2 \cdots\cdots k\}$ 為值域之隨機變數，對 $i = 1 \sim k$ 恆有 $P[Z=i] > 0$，以及隨機變數 $\{Y_1, Y_2 \cdots\cdots Y_k\}$，期間有若 $Z=i$ 則 $Y_i = 1$ 若 $Z \neq i$ 則 $Y_i = 0$，證明：

(1) $\langle X, Y \rangle$ 符合內積定義

(2) $\{Y_1, Y_2 \cdots\cdots Y_k\}$ 為正交集　　　　　　　　　　　　【92 清華通訊】

24. 已知隨機向量 $\mathbf{X} = [X_1, X_2, X_3]$ 之共變矩陣（Covariance matrix）$\mathbf{A}$ 如下，找出轉換矩

陣 $\mathbf{Q}$，使得隨機向量 $\mathbf{Y} = \mathbf{QX}$ 為不相關 $A = \begin{bmatrix} 2 & 0 & -1 \\ 0 & 2 & 0 \\ -1 & 0 & 2 \end{bmatrix}$　　　　【清華電機】

25. 已知隨機變數 X_1 與 X_2 互為相關，且分別具有變異數 σ_1^2 與 σ_2^2，以及共變異數 σ_{12}，其中 $\sigma_{12} \neq 0$；現已知有 $Y_1 = X_1 \cos\theta + X_2 \sin\theta$ 及 $Y_2 = -X_1 \sin\theta + X_2 \cos\theta$，決定 θ 之值，使得 Y_1, Y_2 不相關。　　　　　　　　　　　　　　　　【83 交大電信】

26. 隨機變數 $X_1, X_2, \cdots\cdots X_{2n-1}$ 為獨立同分佈，共同的平均值為 u 及變異數為 σ^2，取 $Y = X_1 + X_2 + \cdots\cdots + X_n$ 及 $Z = X_n + X_{n+1} + \cdots + X_{2n-1}$，$Cov(Y, Z) = ?$　　　【交大工工】

27. 已知 X, Y 為離散隨機變數，試根據以下 2 種質量分佈，判定其是否互為獨立？

(1)$P[X=0, Y=0] = P[X=1, Y=1] = \dfrac{1}{8}$；$P[X=0, Y=1] = P[X=1, Y=0] = \dfrac{3}{8}$

(2)$P[X=0, Y=0] = P[X=1, Y=1] = \dfrac{3}{8}$；$P[X=0, Y=1] = P[X=1, Y=0] = \dfrac{1}{8}$

【81 交大控制】

28. 試證明：任何隨機變數 X 與 Y，其相關係數 ρ_{XY} 之值必在 $+1$ 與 -1 之間。

【82 清華電機】

29. 對於隨機變數 X 與 Y，若 $E[XY]=E[X]E[Y]$，則 X 與 Y 互稱為不相關若 $E[XY]=0$，則 X 與 Y 互稱為垂直，試問：

(1)是否若 X 與 Y 垂直則 X 與 Y 必互不相關？

(2)是否若 X 與 Y 獨立則 X 與 Y 必互不相關？

(3)若 X 與 Y 皆分佈在 $\{-1, 0, 1\}$，並且有以下之聯合質量函數 $p(x, y)$，是否 X 與 Y 互為垂直，不相關，或獨立？$p(0, 1)=p(0, -1)=p(1, 0)=p(-1, 0)=1/4$，其他 $p(x, y)=0$

【82 交大控制】

30. Let X and Y be two independent random variables

(a)Show that $X - Y$ and $X + Y$ are uncorrelated if and only if $Var(X) = Var(Y)$.

(b)Show that $Cov(X, XY) = E(Y)Var(X)$

【96 清華電機】

31. Consider two random variables X and Y such that the pair (X, Y) jointly takes values only on $(1, 0)$, $(-1, 0)$, and $(0, 2)$, each with joint probability 1/3.

(1) Find $E[X]$, $E[Y]$ and $E[X|Y]$.

(2) Are X and Y uncorrelated? And, are they independent? Justify your answers.

【97 交大電子】

32. Let X and Y be two independent random variables with $E(X) = 2$, $E(Y) = 1$ and $Var(X) = 3$, $Var(Y) = 5$

(1) Find $E(3X - 2Y + 4)$.

(2) Find $Var(3X - 2Y + 4)$.

(3) Find $Cov(X + Y, X - Y)$.

【97 交大資訊】

33. Let $P_{XY}(x, y) = P\{X=x, Y=y\}$ denote the joint probability mass function of two random variables X and Y. Suppose that $P_{XY}(0, 0) = 1/2$, $P_{XY}(-1, 0) = 1/12$, $P_{XY}(1, 0) = 1/6$, and $P_{XY}(0, 1) = 1/4$. Calculate the marginal probability mass function of X and Y, respectively.

Are X and Y independent? Are X and Y uncorrelated? Explain.　　【97 北科大資訊】

34. Suppose we have two coins, one with a bias $p = 1/3$ as probability for getting a head and the other with $p = 2/3$. Let us perform the following experiment with them. We pick one of the two coins at random (with equal likelihood for either coin), and then flip that coin twice. Let X be the random variable which is 1 if the first coin flipped is a head and 0 if it come up a tail, and let Y be the similar random variable for the second coin-flip.

(1) What is $E(X)$?

(2) What is $E(XY)$?

(3) Are X and Y independent? Please show your answer.　　【95 台大電信】

35. If X and Y are independent Poisson random variables with respective parameters λ_1, λ_2, find the conditional expected value of X, given that $X+Y=n$. 【95 中山電機己】

36. Suppose two random variables are related such that $Y=aX^2$. Assume that $f_X(x)$ is even about the origin. Show that $\rho_{XY}=0$.

37. X_1, X_2, $\cdots$ are independent random variables with the same probability mass function $P(X_n = 0)=P(X_n=2)=\dfrac{1}{2}, n=1, 2, \cdots$. Define the random variables $Y_n, n=1, 2, \cdots$ by $Y_n = \Sigma_{k-1}^n X_k$.

    (a)Find $E[X_n]$ and $Var(X_n)$.

    (b)Find $E[Y_n]$ and $Var(Y_n)$.

    (c)Find the covariance function $cov(Y_i, Y_j)$ for $i, j \in \mathbb{N}$

    (d)Find the probability mass function of Y_n.

    (e)Find $P(Y_n=i, Y_{n+1}=j)$. 【100 北科大電機】

38. Let Y be the number of 1's and Z be the number of 2's that occur in n rolls of a fair die. Compute the covariance of Y and Z. 【91 交大電子】

39. Let X and Y are two discrete random variables. The sample space of X is $\{x_1, \cdots, x_p\}$ and the sample space of Y is $\{y_1, \cdots, y_q\}$. The mean values of X and Y are denoted as $E[X]=m_X$ and $E[Y]=m_Y$, respectively. Please show that

    (1) if X and Y are independent of each other, then $E[XY]=m_X m_Y$

    (2) if $E[XY]=m_X m_Y$, X and Y are NOT necessary independent of each other 【99 台大】

40. Consider two independent random variables X and Y with mean μ_X and μ_Y; and variance σ_X^2 and σ_Y^2. Prove that

    $$Var(XY)=\sigma_X^2 \sigma_Y^2 + \mu_Y^2 \sigma_X^2 + \mu_X^2 \sigma_Y^2$$ 【99 暨南通訊】

41. Let X and Y be Poisson random variables with parameters $\lambda_X=1$, $\lambda_Y=2$. Let $Z=X+Y$. Derive the PMF of Z and find the smallest integer N where $P(Z>N)$ is smaller than $1/2$. 【98 高應科電機】

42. X, Y are independent random variables each having the uniform density on $\{0, 1, \cdots, N\}$

    (1) Find $P(X>Y)$

    (2) Find the density of max (X, Y)

    (3) Find the density of $X+Y$ 【98 清大資應】

43. Let X_1, X_2, X_3, X_4 be i. i. d., $P(X_i=1)=\dfrac{1}{3}, P(X_i=0)=\dfrac{2}{3}, i=1, 2, 3, 4$. Define the random variables $Y_1, Y_2, Y_3, Y_i = \begin{cases} 1; & X_i \neq X_{i+1} \\ 0; & X_i = X_{i+1} \end{cases}$

    (1) Find the PMF and CDF of Y_1

    (2) Find $E(Y_1 Y_2)$

(3) Find $E(Y_1 Y_3)$

(4) Are Y_1, Y_3 independent?　　　　　　　　　　　　　　　【98 北科大電機】

44. Let random vector $\mathbf{y} = [y_1 \quad y_2 \quad y_3]^T$ is with mean vector, $\mathbf{m} = [5 \quad -5 \quad 6]^T$ and covariance matrix given by

$$\mathbf{R} = \begin{bmatrix} 5 & 2 & -1 \\ 2 & 5 & 0 \\ -1 & 0 & 4 \end{bmatrix}$$

Calculate the mean and covariance of $\mathbf{z} = \mathbf{a}^T \mathbf{y} + c$, where $c = 10$ and $\mathbf{a} = [2 \quad -1 \quad 2]^T$

【96 淡江電機】

5 連續型隨機變數

5-1 累積分佈函數與機率密度函數

5-2 期望值與變異數

5-3 變數變換

5-4 條件機率密度函數

5-5 動差生成函數

5-6 特徵函數

附錄

5-1　累積分佈函數與機率密度函數

說例：吳老師在 9：00 有一節機率課，假設吳老師在 9：00～9：10 間
隨時有可能出現，若學生等老師的時間為 T，求：

(1)$P(2 \leq T \leq 5)$

(2)$P\left(2 \leq T \leq 2+\dfrac{1}{n}\right);\ n=1, 2, \cdots$

(3)$P\,(T \leq 2)$

(4)$P\,(T=2)$

解　本題之 Weighting time T，有無限多個可能值，$0 \leq T \leq 10$ 且可能
值所形成之集合為不可數集（Uncountable set）故顯然的 T 並非
離散型隨機變數

(1)$P(2 \leq T \leq 5)=\dfrac{5-2}{10}=0.3$

(2)$P\left(2 \leq T \leq 2+\dfrac{1}{n}\right)=\dfrac{\dfrac{1}{n}}{10}=\dfrac{1}{10n}$

(3)$P\,(T \leq 2)=P(0 \leq T \leq 2)=\dfrac{2-0}{10}=0.2$

(4) 2 雖然是 T 的一可能值，但 $T=2$ 在機率上不可能發生因為在
測量上無可避免會有誤差，因此對連續型隨機變數而言，求 P
$(X=a)$之機率是無意義的，故 $P(T=2)=0$ 換言之，若 X 為連續
型隨機變數，則求 X 落於某一區間之機率才有意義，如：$P(2$
$-\varepsilon<T<2+\varepsilon)=\dfrac{2\varepsilon}{10}=\dfrac{\varepsilon}{5}$ 其機率顯然由 ε 決定，ε 越小，機率越
小。

定義：連續型隨機變數（Continuous random variable）
　　　若隨機變數 X 滿足「$\forall x \in R, P\,(X=x)=0$」
　　　則稱 X 為連續型隨機變數

定義：Cumulative distribution function (CDF)
　　　X 為隨機變數

$$F_X(x) = P(X \le x)$$

稱為 X 之累積分配函數

參考在離散型隨機變數中有關 CDF 之討論，不難得到以下定理。

定理 5-1

連續型隨機變數之 **CDF** 特性：

(1) $F_X(-\infty) = 0$, $F_X(\infty) = 1$

(2) $0 \le F_X(x) \le 1$

(3) For all x' > $x \Rightarrow F_X(x') \ge F_X(x)$

(4) $P(a \le X \le b) = F_X(b) - F_X(a)$

觀念提示： 1. (3) 表示 $F_X(x)$ 為單調遞增（Monotonically increasing）函數，而離散型隨機變數之 CDF 為階梯狀遞增換言之，CDF 就連續型隨機變數而言，亦為連續函數，但就離散型隨機變數而言，僅為間斷連續（Piecewise continuous）函數。

2. 就連續隨機變數而言，$P(a < X \le b) = P(a \le X < b) = P(a < X < b) = P(a \le X \le b) = F_X(b) - F_X(a)$ 但對離散型隨機變數而言，上式並不成立。

例題 1： $F_X(x) = \begin{cases} 0; & x \le 0 \\ 1 - e^{-x^2}; & x > 0 \end{cases}$

(1) What is the probability that $X \ge$?

(2) What is the probability of $|X - 1| \ge \dfrac{1}{2}$?

解　(1) $P(X > 1) = 1 - P(X \le 1)$

$= 1 - F_X(1)$

$= e^{-1}$

$$(2) P\left(|X-1| \geq \frac{1}{2}\right) = P\left(X > \frac{3}{2}\right) + P\left(X \leq \frac{1}{2}\right)$$

$$= 1 - F_X\left(\frac{3}{2}\right) + F_X\left(\frac{1}{2}\right)$$

定義：機率密度函數（Probability density function PDF）

若 X 為連續型隨機變數，則 X 之 probability density function (PDF) $f_X(x)$ 定義為：

$$f_X(x) = \frac{dF_X(x)}{dx}$$

觀念提示： 1. 根據微分之定義

$$f_X(x) = \frac{dF_X(x)}{dx} = \lim_{\Delta x \to 0} \frac{F_X(x + \Delta x) - F_X(x)}{\Delta x}$$

$$= \lim_{\Delta x \to 0} \frac{P(x \leq X \leq x + \Delta x)}{\Delta x}$$

$\dfrac{P(x \leq X \leq x + \Delta x)}{\Delta x}$ 顯然為 $X \in [x, x + \Delta x]$ 上機率之平均變化率，因 $F_X(x)$ 為單調遞增函數，故此值必為正

2. 當 $\Delta x \to 0, P(x < X \leq x + dx) = f_X(x)dx$

3. $P(a \leq X \leq b) = F_X(b) - F_X(a) = \int_a^b f_X(x)dx$

4. $P(-\infty \leq X \leq \infty) = F_X(\infty) - F_X(-\infty) = 1 - 0 = 1 - \int_{-\infty}^{-\infty} f_X(x)dx$

5. $P(X = a) = \int_a^a f_X(x)dx = 0$

6. $F_X(x) = P(-\infty < X \leq x) = \int_{-\infty}^x f_X(t)dx$

$\therefore \dfrac{dF_X(x)}{dx} = f_X(x)$（Leibniz 微分法則）

cf. 若 X 為離散隨機變數，則

$$f_X(a) = P(X = a) = F_X(a) - F_X(a - \varepsilon)$$

其中 ε 為任意小的正數。

根據以上討論，可得定理 5-2。

定理 5-2

連續型隨機變數 X 之 PDF 滿足以下特性：

(1) $f_X(x) \geq 0$；$\forall x \in R$

(2) $\int_{-\infty}^{\infty} f_X(x)dx = 1$

(3) $\int_a^b f_X(x)dx = P\,(a \leq X \leq b)$

例題 2：連續型隨機變數 X 之 PDF 為

$$f_X(x) = \begin{cases} C(4x - 2x^2); & 0 < x < 2 \\ 0; & elsewhere \end{cases}\text{，求}$$

(1) $C = ?$

(2) $P\,(X > 1) = ?$

(3) $F_X(x) = ?$

解　(1) 由定理 5-2 (2) 可知

$$\int_0^2 C(4x - 2x^2)\,dx = 1 = C\left(2x^2 - \frac{2}{3}x^3\right)\Big|_0^2 = \frac{8}{3}C$$

$$\therefore C = \frac{3}{8}$$

(2) $P\,(X \geq 1) = 1 - F_X(1) = 1 - \int_0^1 \frac{3}{8}(4x - 2x^2)\,dx = \frac{1}{2}$

(3) $F_X(x) = \int_0^x f_X\,(t)dt = \begin{cases} 0; & x \leq 0 \\ \dfrac{3}{8}\left(2x^2 - \dfrac{2}{3}x^3\right); & 0 < x < 2 \\ 1; & x \geq 2 \end{cases}$

例題 3：連續型隨機變數 X 之 PDF 為 $f_X(x)$ 且分佈於 (a, b) 其 CDF 為 $F_X(x)$。連續型隨機變數 $Y = F_X(x)$。求 Y 之 PDF。

解　$F_Y\,(y) = P\,(Y \leq y) = P\,(F_X\,(x) \leq y)$

$\qquad = P\,(X \leq F_X^{-1}\,(y)) = F_X\,[F_X^{-1}\,(y)] = y$

$\qquad \therefore f_Y(y) = \dfrac{dF_Y(y)}{dy} = 1,\ 0 < y < 1$

例題 4：若 X 之 PDF 為

$$f_X(x) = \begin{cases} ax; \ 0 \leq x \leq 1 \\ a; \ 1 \leq x \leq 2 \\ -ax+3a; \ 2 \leq x \leq 3 \\ 0; \ otherwise \end{cases}$$

(1) $a = ?$

(2) 求 $F_X(x)$

(3) 若 x_1, x_2, x_3 為 X 之三個獨立觀察值，則此三者中只有一個
大於 1.5 之機率 $= ?$

解

(1) $\int_{-\infty}^{\infty} f_X(x)dx = \int_0^1 axdx + \int_1^2 adx + \int_2^3 (-ax+3a)dx = 1$

$\therefore a = \dfrac{1}{2}$

(2) $F_X(x) = \begin{cases} \int_{-\infty}^x f_X(t) = 0; \ x \leq 0 \\ \int_0^x \dfrac{1}{2}tdt = \dfrac{x^2}{4}; \ 0 \leq x \leq 1 \\ \int_0^1 \dfrac{1}{2}tdt + \int_1^x adt = \dfrac{x}{2} - \dfrac{1}{4}; \ 1 \leq x \leq 2 \\ \int_0^1 \dfrac{1}{2}tdt + \int_1^2 \dfrac{1}{2}dt + \int_2^x \left(-\dfrac{1}{2}t + \dfrac{3}{2}\right)dt; \ 2 \leq x \leq 3 \\ \qquad = -\dfrac{x^2}{4} + \dfrac{3}{2}x - \dfrac{5}{4} \\ 1; \ x \geq 3 \end{cases}$

(3) $P(X > 1.5) = 1 - F_X(1.5) = 1 - \left(\dfrac{3}{4} - \dfrac{1}{4}\right) = \dfrac{1}{2}$

$\therefore C_1^3 \left(\dfrac{1}{2}\right)\left(\dfrac{1}{2}\right)^2 = \dfrac{3}{8}$

例題 5：The PDF of random variable X is：　　　　　【交大工工】

$$f_X(x) = \begin{cases} e^{-x}; \ x \geq 0 \\ 0; \ o.w \end{cases}$$

Let X_1 be the smaller of two random observations from X。How
is the PDF of X_1

解　　　$F_{X_1}(x) = P(X_1 \le x) = P(\min(X_1, X_2) \le x)$

$\qquad = 1 - P(\min(X_1, X_2) > x) = 1 - P(X_1 > x, X_2 > x)$

$\qquad = 1 - P(X_1 > x)P(X_2 > x)$

$\qquad = 1 - \left(\int_x^\infty e^{-t}\,dt\right)^2$

$\qquad = 1 - e^{-2x}$

$\therefore f_{X_1}(x) = \begin{cases} \dfrac{dF_{X_1}(x)}{dx} = 2e^{-2x};\ 0 \le x \\ 0;\ else \end{cases}$

例題 6：$f_X(x) = \begin{cases} cxe^{-\frac{x}{2}};\ x \ge 0 \\ 0;\ o.w \end{cases}$ ，求

(1)c

(2)$F_X(x)$

(3)$P(0 \le X \le 4)$

解　　　(1) $\int_0^\infty cxe^{-\frac{x}{2}} = 4c = 1 \Rightarrow c = \dfrac{1}{4}$

(2)$F_X(x) = \int_0^x f_X(t)\,dt = 1 - \dfrac{x}{2}e^{-\frac{x}{2}} - e^{-\frac{x}{2}};\ x \ge 0$

(3)$P(0 \le X \le 4) = F_X(4) - F_X(0) = 1 - 3e^{-2}$

例題 7：Let X be a continuous random variable with CDF $F(x)$ given by

$F(x) = 0.5 + \dfrac{x}{2|x|+1};\ -\infty < x < \infty$

(1) Find $P(1 \le |X| \le 2)$

(2) Find the PDF of X　　　　　　　　　　　【86 台大電機】

解　　　(1)$P(1 \le |X| \le 2) = P(1 < X < 2) + P(-2 < X < -1)$

$\qquad = F(2) - F(1) + F(-1) - F(-2)$

$\qquad = \dfrac{1}{6}$

(2)$f(x) = \dfrac{dF(x)}{dx}$

$$= \begin{cases} \dfrac{1}{2(1+x)^2}; & x \geq 0 \\[3mm] \dfrac{1}{2(1-x)^2}; & x < 0 \end{cases}$$

例題 8：A point is chosen at random on a line segment of length L. Find the probability that the ratio of the shorter segment to the longer one is less tan 1/4　　　　　　　　　　　　　　【95 中央通訊】

解

$P(0 < \dfrac{X}{L-X} < \dfrac{1}{4}) = P(0 < X < \dfrac{L}{5}) = \dfrac{1}{5}$

$P(0 < \dfrac{L-X}{X} < \dfrac{1}{4}) = P(\dfrac{4L}{5} < X < L) = \dfrac{1}{5}$

$\dfrac{1}{5} + \dfrac{1}{5} = \dfrac{2}{5}$

例題 9：The distribution function of a random variable X is given by $F(x) = \alpha + \beta \tan^{-1}\left(\dfrac{x}{2}\right)$; $-\infty < x < \infty$. Determine the constants α, β and the density function of X　　　　　【99 成大電通】

解

$F(x) = \alpha + \beta \tan^{-1}\left(\dfrac{x}{2}\right)$

$\left. \begin{array}{l} F(\infty) = \alpha + \beta \dfrac{\pi}{2} = 1 \\[3mm] F(-\infty) = \alpha - \beta \dfrac{\pi}{2} = 0 \end{array} \right\} \Rightarrow \alpha = \dfrac{1}{2}, \beta = \dfrac{1}{\pi}$

$\therefore f(x) = \dfrac{dF(x)}{dx} = \dfrac{1}{2\pi} \dfrac{1}{1 + \left(\dfrac{x}{2}\right)^2}$

5-2　期望值與變異數

參考在離散型隨機變數中有關期望值（Mean, Expectation, Expected value）之討論，可將連續型隨機變數之期望值定義為：

定義：設 X 為連續型隨機變數，且具 PDF $f_X(x)$，則其期望值定義為

$$E[X] = \int_{-\infty}^{\infty} x f_X(x) dx = \mu_X$$

觀念提示：若 X 為 Discrete，則 $E[X] = \sum_x x f_X(x)$

例題 10：設 $f_X(x) = \begin{cases} 6(1-x)x; & 0 \le x \le 1 \\ 0; & elsewhere \end{cases}$

　　　　求 $E[X] = ?$

解　　$E[X] = \int_0^1 x f_X(x) dx = 6 \int_0^1 x^2(1-x) dx = 6\left(\frac{x^3}{3} - \frac{x^4}{4} \right)\Big|_0^1 = \frac{1}{2}$

定理 5-3

函數之期望值

若 X 之 PDF 為 $f_X(x)$，則函數 $g(X)$ 之期望值為

$$E[g(X)] = \int_{-\infty}^{\infty} g(X) f_X(x) dx$$

觀念提示：若 X 為 Discrete，則

$$E[g(X)] = \sum_x g(X) f_X(x)$$

定理 5-4

(1) a, b 為任意常數，則

　　$E[aX+b] = aE[X] + b$

(2) c_1, c_2 為任意常數，$g_1(X), g_2(X)$ 為任意連續函數，則

　　$E[c_1 g_1(X) + c_2 g_2(X)] = c_1 E[g_1(X)] + c_2 E[g_2(X)]$

證明：(1)由定理 5-3 可得

$$E\,[aX+b] = \int_{-\infty}^{\infty} (ax+b)f_X(x)dx$$

$$= a\int_{-\infty}^{\infty} xf_X(x)dx + b\int_{-\infty}^{\infty} f_X(x)dx = aE\,[X] + b$$

$$(2)E\,[c_1g_1\,(X) + c_2g_2\,(X)] = \int_{-\infty}^{\infty} (c_1g_1\,(X) + c_2g_2\,(X))f_X(x)dx$$

$$= c_1\int_{-\infty}^{\infty} g_1\,(X)f_X(x)dx + c_2\int_{-\infty}^{\infty} g_2\,(X)f_X(x)dx$$

$$= c_1E\,[g_1\,(X)] + c_2E\,[g_2\,(X)]$$

參考離散型隨機變數有關二階統計量變異數（Variance）之定義，連續型隨機變數之 Variance 定義如下：

定義：Variance and Standard deviation

$$Var\,(X) = E[(X-\mu_X)^2] = \int_{-\infty}^{\infty} (x-\mu_X)^2 f_X(x)dx$$

$$\sigma_X = \sqrt{Var\,(x)}$$

定理 5-5

$$(1)Var\,(X) = E\,[X^2] - \mu_X^2 = \int_{-\infty}^{\infty} x^2 f_X(x)dx - \left(\int_{-\infty}^{\infty} xf_X(x)dx\right)^2$$

$$(2)Var\,(X) = E\,[X\,(X-1)] + E\,[X] - \mu_X^2$$

證明：見第二章定理之證明

定理 5-6

若 a, b 為任意常數，則

$$Var\,(aX + b) = a^2 Var(X)$$

證明：參考第二章定理之證明

定理 5-7

Let X be a continuous random variable

$(1) E[X] = \int_0^\infty (1 - F_X(x))dx - \int_{-\infty}^0 F_X(x)dx$

$(2) E[X^2] = \int_0^\infty 2x[(1 - F_X(x)) + F_X(-x)]dx$

證明：$(1) E[X] = \int_{-\infty}^\infty xf_X(x)dx = \int_{-\infty}^0 xf_X(x)dx + \int_0^\infty xf_X(x)dx$

$\int_{-\infty}^0 xf_X(x)dx = \int_{-\infty}^0 x\frac{dF_X(x)}{dx}dx = xF_X(x)\Big|_{-\infty}^0 - \int_{-\infty}^0 F_X(x)dx = -\int_{-\infty}^0 F_X(x)dx$

其中，for $\forall r \leq 0$

$\int_{-\infty}^r xf_X(x)dx \leq rP(X \leq r) < 0$

$\Rightarrow \lim_{r \to -\infty} rP(X \leq r) = 0 \Rightarrow \lim_{x \to -\infty} xF_X(x) = 0$

$\int_0^\infty (1 - F_X(x))dx = x(1 - F_X(x))\Big|_0^\infty + \int_0^\infty x\frac{dF_X(x)}{dx}dx = \int_0^\infty xf_X(x)dx$

其中，for

$\forall r \geq 0, rP(X > r) \leq \int_r^\infty xf_X(x)dx$

$\Rightarrow \lim_{r \to -\infty} rP(X > r) = 0 \Rightarrow \lim_{x \to -\infty} x(1 - F_X(x)) = 0$

$\therefore E[X] = \int_0^\infty (1 - F_X(x))dx - \int_{-\infty}^0 F_X(x)dx$

$(2) E[X^2] = \int_{-\infty}^\infty x^2 f_X(x)dx = \int_{-\infty}^0 x^2 f_X(x)dx + \int_0^\infty x^2 f_X(x)dx$

$\int_{-\infty}^0 x^2 f_X(x)dx = \int_{-\infty}^0 x^2 \frac{dF_X(x)}{dx}dx$

$= x^2 F_X(x)\Big|_{-\infty}^0 - \int_{-\infty}^0 2xF_X(x)dx = \int_0^\infty 2xF_X(-x)dx$

$\int_0^\infty x^2 f_X(x)dx = \int_0^\infty x^2 \frac{dF_X(x)}{dx}dx = \int_0^\infty -x^2 \frac{d(1 - F_X(x))}{dx}dx$

$$= -x^2(1 - F_X(x))\Big|_0^\infty + \int_0^\infty 2x(1 - F_X(x))dx$$

$$= \int_0^\infty 2x(1 - F_X(x))dx$$

$$\therefore E[X^2] = \int_0^\infty 2x[(1 - F_X(x)) + F_X(-x)]dx$$

例題 11：$f_X(x) = \begin{cases} \dfrac{3}{2}x^2; & -1 \le x \le 1 \\ 0; & o.w. \end{cases}$，求

    (1)$E[X]$

    (2)$E[X^2]$

    (3)$Var(X)$

解

(1)$E[X] = \int_{-1}^1 x\dfrac{3}{2}x^2dx = 0$

(2)$E[X^2] = \int_{-1}^1 x^2\dfrac{3}{2}x^2dx = 3\dfrac{x^5}{5}\Big|_1^0 = \dfrac{3}{5}$

(3)$Var(X) = E[X^2] - (E[X])^2 = \dfrac{3}{5}$

例題 12：Show that if the PDF of a random variable X is symmetric ($f_X(x) = f_X(-x)$)，then $E[X] = 0$　　　　【交大電信】

解

$E[X] = \int_{-\infty}^\infty xf_X(x)dx = \int_{-\infty}^0 xf_X(x)dx + \int_0^\infty xf_X(x)dx$

$= -\int_0^\infty xf_X(x)dx + \int_0^\infty xf_X(x)dx$

$= 0$

例題 13：X 之 PDF 為

$$f_X(x) = \begin{cases} \dfrac{1}{2\pi}; & -\pi < x < \pi \\ 0; & else \end{cases}$$ 求

(1)$E[\sin X]$

(2)$E[\cos X]$

(3)$E[(1 - \cos X)^2]$

解

(1)$E[\sin X] = \int_{-\pi}^{\pi} \sin x \frac{1}{2\pi} dx = 0$

(2)$E[\cos X] = \int_{-\pi}^{\pi} \cos x \frac{1}{2\pi} dx = 0$

(3)$E[(1 - \cos X)^2] = \int_{-\pi}^{\pi} (1 - \cos x)^2 \frac{1}{2\pi} dx = \frac{3}{2}$

例題 14：若隨機變數X的密度函數（Density function）$f(X)$，在$X<a$和$X>b, (b>a)$範圍均為零，試證$a \leq E(X) \leq b$，這裡$E(X)$代表X的平均值（Mean value）。

解 因為隨機變數X的密度函數為$f(X)$在$X<a$和$X>b, (b>a)$範圍均為零，所以$E[X] = \int_a^b xf_X(x)dx$

$\Rightarrow a\int_a^b f_X(x)dx \leq \int_a^b xf_X(x)dx \leq b\int_a^b f_X(x)dx$

$\Rightarrow a \leq E[X] \leq b(\because \int_a^b f_X(x)dx = 1)$

例題 15：Consider the function

$$F(x) = \begin{cases} 0, & x<0 \\ x+1/2, & 0 \leq x < 1/2 \\ 1, & x \geq 1/2 \end{cases}$$

If X is a random variable whose cumulative distribution is given by $F(x)$, find (a) the probability of $X=0$, (b)the probability of $0 \leq X \leq 1/4$, (c)the mean of X, and (d) the variance of X.

【98 台聯大】

解 (a)$P(X=0) = \frac{1}{2}$

(b)$P\left(0 \le X \le \frac{1}{4}\right) = F\left(\frac{1}{4}\right) = \frac{3}{4}$

(c)$f(x) = \begin{cases} \frac{1}{2}; & x = 0 \\ 1; & 0 < x \le \frac{1}{2} \\ 0; & elsewhere \end{cases} \Rightarrow E[X] = \frac{1}{2} \times 0 + \int_0^{\frac{1}{2}} x dx = \frac{1}{8}$

(d)$E[X^2] = \frac{1}{2} \times 0 + \int_0^{\frac{1}{2}} x^2 dx = \frac{1}{24} \Rightarrow Var(X) = \frac{1}{24} - \frac{1}{64}$

5-3 變數變換

若 X 為連續型隨機變數，$Y = g(X)$，本節將討論如何由 X 之 PDF，$f_X(x)$ 求 Y 之 PDF，$f_Y(y)$

1. 累積分佈函數（CDF）法

Step1：Find the CDF of Y，$F_Y(y) = P(Y \le y)$

Step2：$f_Y(y) = \dfrac{dF_Y(y)}{dy}$

例題 16：若 $f_X(x) = \begin{cases} 6x(1-x); & 0 < x < 1 \\ 0; & else\,where \end{cases}$

$Y = X^3$ 求 $f_Y(y)$

解　$F_Y(y) = P(Y \le y) = P(X^3 \le y) = P\left(X \le y^{\frac{1}{3}}\right) = F_X\left(y^{\frac{1}{3}}\right)$

$= \int_0^{y^{\frac{1}{3}}} 6x(1-x)dx = 3y^{\frac{2}{3}} - 2y; \ 0 \le y \le 1$

$\therefore f_Y(y) = \dfrac{dF_Y(y)}{dy} = \begin{cases} 2\left(y^{-\frac{1}{3}} - 1\right); & 0 < y < 1 \\ 0; & else\,where \end{cases}$

定理 5-8

若 X 之 PDF 為 $f_X(x)$

(1) $Y = aX$，$\forall a \in R^+$ 則

$$f_Y(y) = \frac{1}{a} f_X\left(\frac{y}{a}\right)$$

$$F_Y(y) = F_X\left(\frac{y}{a}\right)$$

(2) $V = X + b$，$\forall b \in R$ 則，

$$f_V(v) = f_X(v - b)$$

$$F_V(v) = F_X(v - b)$$

證明：(1) $F_Y(y) = P(aX \le y) = P\left(X \le \frac{y}{a}\right) = F_X\left(\frac{y}{a}\right)$

$$f_Y(y) = \frac{dF_Y(y)}{dy} = \frac{dF_X\left(\frac{y}{a}\right)}{dx}\frac{dx}{dy} = \frac{1}{a} f_X\left(\frac{y}{a}\right)$$

(2) $f_V(v) = P(X + b \le v) = P(X \le v - b) = F_X(v - b)$

$$\therefore f_V(v) = \frac{dF_V(v)}{dv} = \frac{dF_X(v - b)}{dx}\frac{dx}{dv} = f_X(v - b)$$

觀念提示：若 $Y = aX$，$a \in R^-$（monotonically decreasing）則

$$F_r(y) = P(Y \le y) = P(aX \le y) = P\left(X \ge \frac{y}{a}\right) = 1 - F_X\left(\frac{y}{a}\right)$$

$$\therefore f_Y(y) = -f_X\left(\frac{y}{a}\right)\frac{1}{a}$$

綜合以上之說明可得定理 5-9。

2.公式法

定理 5-9

X 為連續型隨機變數，$Y = g(X), g(X)$ 為 1 對 1 且可微分之函數，則 Y 之 PDF，$f_Y(y)$ 為

$$f_Y\,(y) = f_X\,(g^{-1}\,(y))\,|J| \qquad (5.1)$$

其中 $J = \dfrac{dx}{dy} = \dfrac{dg^{-1}(y)}{dy}$

證明：(1)若 $Y = g\,(X)$ 為 1 對 1 單調遞增，則

$$f_Y(y) = P\,(Y \le y) = P\,(g(X) \le y) = P\,(X \le g^{-1}(y)) = F_X\,(g^{-1}(y))$$

$$f_Y(y) = \frac{dF_Y(y)}{dy} = f_X\,(g^{-1}(y))\,\frac{dx}{dy} = f_X\,(g^{-1}(y))\,\frac{dg^{-1}(y)}{dy} \qquad (5.2)$$

(2)若 $Y = g\,(X)$ 為 1 對 1 單調遞減，則

$$F_Y\,(y) = P\,(Y \le y) = P\,(g(X) \le y) = P\,(X \ge g^{-1}(y))$$

$$= 1 - F_X\,(g^{-1}(y))$$

$$\therefore f_Y\,(y) = \frac{dF_Y(y)}{dy} = -f_X\,(g^{-1}(y))\,\frac{dg^{-1}(y)}{dy} \qquad (5.3)$$

由（5.2）及（5.3）可得

$$f_Y(y) = f_X\,(g^{-1}(y))\left|\frac{dx}{dy}\right| \qquad (5.4)$$

例題 17：$f_X\,(x) = \begin{cases} e^{-x}; & x > 0 \\ 0; & \text{else where} \end{cases}$, $Y = (aX)^{\frac{1}{m}}$; $a, m > 0$ 求 $f_Y(y)$

解

$$Y = (aX)^{\frac{1}{m}} \Rightarrow X = \frac{Y^m}{a} \Rightarrow \frac{dx}{dy} = \frac{m}{a}Y^{m-1}$$

$$\therefore f_Y(y) = f_X\left(\frac{Y^m}{a}\right)\left|\frac{dx}{dy}\right| = \frac{m}{a}y^{m-1}\,e^{-\frac{y^m}{a}}; \ y > 0$$

觀念提示：若 $g(X)$ 不為 1 對 1 函數，則先將 $g(X)$ 分割成若干個 1 對 1 函數

$$g(X) = \begin{cases} g_1(X); & a_1 \le x \le a_2 \\ g_2(X); & a_2 \le x \le a_3 \\ \vdots \\ g_k(X); & a_k \le x \le a_{k+1} \end{cases}$$

$$f_Y(y) = \sum_{i=1}^{k} f_X\left(g_i^{-1}(y)\right)\left|\frac{dg_i^{-1}(y)}{dy}\right| \qquad (5.5)$$

例題 18：$f_X(x) = \begin{cases} \dfrac{1}{4}; & -1 < x < 3 \\ 0; & else\ where \end{cases}$，$Y = X^2$，求 $f_Y(y)$

解 $\quad Y = \begin{cases} X^2; & 1 < x < 3 \Rightarrow X = \sqrt{Y}, 1 < Y < 9 \\ X^2; & 0 < x < 1 \Rightarrow X = \sqrt{Y}, 0 < Y < 1 \\ X^2; & -1 < x < 0 \Rightarrow X = -\sqrt{Y}, 0 < Y < 1 \end{cases}$

$$\therefore f_Y(y) = f_X\left(\sqrt{y}\right)\left|\frac{dx}{dy}\right| = \frac{1}{4} \cdot \frac{1}{2}y^{-\frac{1}{2}} = \frac{1}{8\sqrt{y}};\ 1 < y < 9$$

$$f_Y(y) = f_X\left(\sqrt{y}\right)\left|\frac{dx}{dy}\right| + f_X\left(-\sqrt{y}\right)\left|\frac{dx}{dy}\right|$$

$$= \frac{1}{8\sqrt{y}} + \frac{1}{8\sqrt{y}} = \frac{1}{4\sqrt{y}};\ 0 < y < 1$$

$$\therefore f_Y(y) = \begin{cases} \dfrac{1}{8\sqrt{y}}; & 1 < Y < 9 \\[3mm] \dfrac{1}{4\sqrt{y}}; & 0 < Y < 1 \end{cases}$$

3.利用均勻分佈隨機變數產生具任意分佈之隨機變數

　　已知 $X \sim U(0,1)$（$f_X(x) = \begin{cases} 1; & 0 < x < 1 \\ 0; & elsewhere \end{cases}$）及隨機變數 Y 之機率密度函數，$f_Y(y)$，我們要求出隨機變數 X 與 Y 之間的轉換關係，其中 $Y = g(X)$ 為可逆之轉換。利用公式法：

$$f_Y(y) = f_X\left(g^{-1}(y)\right)\left|\frac{dx}{dy}\right| = \begin{cases} \left|\dfrac{dx}{dy}\right|; & 0 \leq x \leq 1 \\ 0; & otherwise \end{cases}$$

$$f_Y(y) = \begin{cases} \dfrac{dg^{-1}(y)}{dy}; & \dfrac{dg^{-1}(y)}{dy} > 0 \\[3mm] -\dfrac{dg^{-1}(y)}{dy}; & \dfrac{dg^{-1}(y)}{dy} < 0 \end{cases} \quad 0 \leq x \leq 1$$

　　因此，

$$g^{-1}(y) = \begin{cases} \displaystyle\int_{-\infty}^{y} f_Y(u)du; \; \dfrac{dg^{-1}(y)}{dy} > 0 \\[6mm] -\displaystyle\int_{-\infty}^{y} f_Y(u)du; \; \dfrac{dg^{-1}(y)}{dy} < 0 \end{cases} \qquad 0 \le x \le 1$$

例題 19：Find the transformation $Y = g(X)$ from $X \sim U(0, 1)$ to $Y \sim NE(\lambda)$

$$\left(f_Y(y) = \begin{cases} \lambda e^{-\lambda y} \; ; \; 0 < x < 1 \\ 0 \; ; \; elsewhere \end{cases} \right)$$

解　　$x = g^{-1}(y) = \displaystyle\int_{-\infty}^{y} f_Y(u)du = \int_0^y \lambda e^{-\lambda u}\,du = 1 - e^{-\lambda y}; \; y \ge 0 \Rightarrow$

$Y = -\dfrac{\ln(1 - X)}{\lambda}$, or $Y = -\dfrac{\ln(X)}{\lambda}$

例題 20：Suppose that for some distribution with the random variable X, the probability density function can be shown as

$$f_X(x) = \begin{cases} 2xe^{-x^2}; \; x > 0 \\ 0; \; otherwise \end{cases}$$

Given that there is another random variable Y, with the condition $Y = X^2$

(a) Find the expected value of X

(b) Find the mode of X

(c) Find the probability density function of Y. 【100 高大電機】

解　　(a) $E[X] = \Gamma\left(\dfrac{3}{2}\right) = \dfrac{1}{2}\sqrt{\pi}$

(b) $\dfrac{df(x)}{dx} = 0 \Rightarrow x = \dfrac{1}{\sqrt{2}}$

(c) $f(y) = f_X(\sqrt{y}) \left| \dfrac{dx}{dy} \right|$

例題 21：設隨機變數 X 之 PDF 為

$$f_X(x) = \begin{cases} \dfrac{1}{2}; & -1 < x < 1 \\ 0; & otherwise \end{cases}$$

求下列隨機變數之 PDF

(1)$Y = X^2$ (2)$Z = |X|$

(3)$W = \sin\left(\dfrac{\pi}{2}X\right)$ (4)$T = \cos\left(\dfrac{\pi}{2}X\right)$

解

$(1)f_Y(y) = f_X(x)\left|\dfrac{dx}{dy}\right|$

$\qquad = \dfrac{1}{2\sqrt{y}}(f_Y(\sqrt{y})) + (f_Y(-\sqrt{y}))$

$\qquad = \dfrac{1}{2\sqrt{y}}\left(\dfrac{1}{2} + \dfrac{1}{2}\right) = \dfrac{1}{2\sqrt{y}} \; ; \; 0 < y < 1$

$(2)f_Z(z) = f_X(z) + f_X(-z) = \dfrac{1}{2} + \dfrac{1}{2} = 1 \quad 0 < z < 1$

$(3)f_W(w) = P(W \le w) = P\left(\sin\left(\dfrac{\pi X}{2}\right) \le w\right)$

$\qquad = P\left(X \le \dfrac{2}{\pi}\sin^{-1}w\right)$

$\qquad = F_X\left(\dfrac{2}{\pi}\sin^{-1}w\right)$

$\qquad \therefore f_w(w) = \dfrac{d}{dw}f_W(w) = f_X\left(\dfrac{2}{\pi}\sin^{-1}w\right)\dfrac{2}{\pi}\dfrac{1}{\sqrt{1-w^2}} \quad -1 < w < 1$

另解 $f_W(w) = f_X(x)\left|\dfrac{dx}{dy}\right|,$

$\dfrac{dw}{dx} = \dfrac{2}{\pi}\cos\left(\dfrac{\pi x}{2}\right) \Rightarrow \left|\dfrac{dx}{dw}\right| = \dfrac{1}{\dfrac{\pi}{2}\cos\left(\dfrac{\pi}{2}x\right)} = \dfrac{1}{\dfrac{\pi}{2}\sqrt{1-w^2}} = \dfrac{2}{\pi\sqrt{1-w^2}}$

$\qquad \therefore f_W(w) = \dfrac{1}{2} \cdot \dfrac{2}{\pi\sqrt{1-w^2}} = \dfrac{1}{\pi\sqrt{1-w^2}}$

$(4)F_T(t) = P(T \le t)$

$\qquad = P\left(\cos\left(\dfrac{\pi}{2}X\right) \le t\right)$

$\qquad = P\left(X \le -\dfrac{2}{\pi}\cos^{-1}t \text{ 或 } X \ge \dfrac{2}{\pi}\cos^{-1}t\right)$

$$= 2P\left(\frac{2}{\pi}\cos^{-1}t \le X < t\right)$$

$$= 2\int_{\frac{2}{\pi}\cos^{-1}t}^{1}\frac{1}{2}dx$$

$$= 1 - \frac{2}{\pi}\cos^{-1}t$$

$$F_T(t) = \frac{d}{dt}(F_T(t)) = \frac{2}{\pi\sqrt{1-t^2}} \qquad -1 < t < 1$$

例題 22： $F_X(x) = \begin{cases} 1 - \dfrac{x}{2}; \ 0 \le x \le 2 \\ 0; \ otherwise \end{cases}$

(1) $F_X(x) = $?

(2) X 經由 hard limiter 作用後得到 Y

$Y = \begin{cases} X; \ X \le 1 \\ 1; \ X > 1 \end{cases}$ 求

(a) $P(Y=1) = $?

(b) $F_Y(y) = $?

解

(1) $F_X(x) = \begin{cases} 0; \ x < 0 \\ \int_0^x \left(1 - \dfrac{t}{2}\right)dt = x - \dfrac{x^2}{4}; \ 0 \le x \le 2 \\ 1; \ x > 2 \end{cases}$

(2)(a) $P(Y=1) = P(X>1) = 1 - F_X(1) = 1 - \dfrac{3}{4} = \dfrac{1}{4}$

(b) For $0 < y < 1$

$F_Y(y) = P(Y \le y) = P(X \le y) = F_X(x)$

$\therefore F_Y(y) = \begin{cases} 0; \ y < 0 \\ y - \dfrac{y^2}{4}; \ 0 \le y < 1 \\ 1; \ y \ge 1 \end{cases}$

例題 23：(a)Let X be a random variable uniformly distributed over $(-1/2, 1/2)$. Find the PDF of $Y = \tan(\pi X)$.

(b)Let X be a random variable with PDF (probability density function) $f_X(x) = 2x,\ 0 \le x \le 1$. Find a transform $y = g(x)$ such that the random number $Y = g(X)$ has an exponential distribution with PDF $f_Y(y) = \lambda e^{-\lambda y},\ y \ge 0,\ \lambda > 0$. 【100 台北大通訊】

解　(a)$\dfrac{1}{\pi}\dfrac{1}{1+y^2}$

(b)$f_X(x) = f_Y(g(x)) \left| \dfrac{dg}{dx} \right| \Rightarrow 2x = \lambda e^{-\lambda g(x)} \dfrac{dg}{dx}$

$\Rightarrow g(x) = -\dfrac{1}{\lambda}\ln(1 - x^2)$

例題 24：Let X be a random variable with the following PDF

$$f_X(x) = \begin{cases} e^{-x}; & x > 0 \\ 0 ; & o.w \end{cases}$$

(1)$U = e^X$, find the PDF of U

(2)$V = X^2$, find the PDF of V　　　　　　　　　　　【91 交大電機】

解　(1)$F_U(u) = P(e^X \le u) = P(X \le \ln u) = F_X(\ln u)$

$\therefore f_U(u) = f_X(\ln u) \dfrac{dx}{du}$

$= e^{-\ln u} \dfrac{1}{u} = \dfrac{1}{u^2};\ u > 1$

(2)$F_V(v) = P(X^2 \le v) = P(X \le \sqrt{v}) = F_X(\sqrt{v})$

$\Rightarrow f_V(v) = f_X(\sqrt{v}) \dfrac{dx}{du}$

$= e^{-\sqrt{v}} \dfrac{1}{2} \dfrac{1}{\sqrt{v}}\quad v > 0$

例題 25：Let X be a random variable with PDF

$$f_X(x) = \begin{cases} ce^{-|x|} & ; |x| \geq 1 \\ 0 & ; o.w. \end{cases}$$

(1)Find c

(2)$Y = X^2$, Find PDF of Y　　　　　　　　【92 台大電機】

解

(1) $2c \int_1^\infty e^{-x} dx = 1 \Rightarrow c = \dfrac{1}{2} e$

(2) 1. $X = \sqrt{Y} \Rightarrow f_Y(y) = \dfrac{e}{2} e^{-\sqrt{y}} \dfrac{1}{2\sqrt{y}}; y \geq 1$

　　2. $X = -\sqrt{Y} \Rightarrow f_Y(y) = \dfrac{e}{2} e^{-\sqrt{y}} \dfrac{1}{2\sqrt{y}}; y \geq 1$

　　$\therefore f_Y(y) = \dfrac{1}{2\sqrt{y}} e^{1-\sqrt{y}}; y \geq 1$

例題 26：Let $X \sim U(-1, 1)$, $Y = g(X)$

$$f_Y(y) = \begin{cases} c \exp(-3y); & y > 0 \\ 0; & otherwise \end{cases}$$

Find c and $g(X)$.

解

$f_X(x) = \dfrac{1}{2}; -1 \leq x \leq 1 \Rightarrow f_X(x) = \dfrac{1}{2}(x+1)$

$\displaystyle\int_0^\infty ce^{-3y} dy = 1 \Rightarrow c = 3$

$\Rightarrow F_Y(y) = 1 - e^{-3y} = P(Y \leq y) = P(g(X) \leq y)$

Case 1：$g(x)$ monotonically decreasing

$F_Y(y) = 1 - e^{-3y} = P(Y \leq y) = P(g(X) \leq y)$

　　　　$= P(X > g^{-1}(y)) = 1 - \dfrac{1}{2}(g^{-1}(y)+1)$

　　　　$\Rightarrow e^{-3y} = \dfrac{1}{2}(g^{-1}(y)+1)$

　　　　$\Rightarrow g(X) = -\dfrac{1}{3}\ln\left(\dfrac{1}{2}(X+1)\right)$

Case 2：$g(x)$ monotonically increasing

$F_Y(y)=1-e^{-3y}=P(Y\le y)=P(g(X)\le y)$

$\quad =P(X\le g^{-1}(y))=1-\dfrac{1}{2}(g^{-1}(y)+1)$

$\Rightarrow 1-e^{-3y}=\dfrac{1}{2}(g^{-1}(y)+1)$

$\Rightarrow g(X)=-\dfrac{1}{3}\ln\left(1-\dfrac{1}{2}(X+1)\right)$

例題 27：A random variable with PDF

$$f_X(x)=\begin{cases}e^{-x}; & x\ge 0\\ 0 ; & x<0\end{cases}$$

is quantized by a binary quantizer based on the following rule:

$$Y=\begin{cases}y_1; & x\ge\theta\\ y_0; & x<\theta\end{cases}$$

where $y_1>y_0$. Let $Z=X-Y$ denotes the quantization noise

(1) Find the PDF of Z

(2) Find the optimum values of θ, y_0, y_1 that minimize the mean square quantization noise 【92 中正電機】

解

(1)$f_Z(z)=f_X(x=z+y_1|X\ge\theta)P(X\ge\theta)+f_X(x=z+y_0|X<\theta)P(X<\theta)$

$\quad =\exp(-(z+y_1))u(z+y_1-\theta)+\exp(-(z+y_0))$

$\quad [u(z+y_0)-u(z+y_0-\theta)]$

(2)$E[Z^2]=E[Z^2|X\ge\theta]P(X\ge\theta)+E[Z^2|X<\theta]P(X<\theta)$

$\quad =E[(X-y_1)^2|X\ge\theta]\exp(-\theta)+E[(X-y_0)^2|X<\theta]$

$\quad [1-\exp(-\theta)]$

$\quad =\int_\theta^\infty (x-y_1)^2\exp(-x)dx+\int_0^\theta (x-y_0)^2\exp(-x)dx$

$\quad =g(\theta,y_1,y_0)$

$\dfrac{\partial g}{\partial\theta}=0\Rightarrow \theta_{opt}=\dfrac{y_1+y_0}{2}$

$$\frac{\partial g}{\partial y_1}=0 \Rightarrow y_{1,\,opt}=\frac{\int_\theta^\infty x\,e^{-x}\,dx}{\int_\theta^\infty e^{-x}\,dx}=E\,[x\,|\,x>\theta]$$

$$\frac{\partial g}{\partial y_0}=0 \Rightarrow y_{0,\,opt}=E\,[x\,|\,x<\theta]$$

例題 28：Let X and Y be independent exponential random variables with density function $f_X(x)=\lambda_1 e^{-\lambda_1 x}$ and $f_Y(y)=\lambda_2 e^{-\lambda_2 y}$, respectively. Let β be a Bemoulli random variable, independent of X and Y, with $P\,(\beta=0)=P\,(\beta=1)=1/2$. Define

$$Z=\begin{cases}\max(X,Y), & \beta=1,\\ \min(X,Y), & \beta=0.\end{cases}$$

Find the probability density function of the random variable Z.

【99 台聯大】

解

$$F_{Z|\beta=1}\,(z)=P(\max\,(X,Y)\le z)=P\,(X\le z)P\,(Y\le z)$$
$$=(1-e^{-\lambda_1 z})(1-e^{-\lambda_2 z})$$
$$\Rightarrow f_{Z|\beta=1}\,(z)=\lambda_1 e^{-\lambda_1 z}+\lambda_2 e^{-\lambda_2 z}-(\lambda_1+\lambda_2)e^{-(\lambda_1+\lambda_2)z}$$
$$F_{Z|\beta=0}\,(z)=P(\min\,(X,Y)\le z)=1-P\,(X>z)P\,(Y>z)$$
$$=1-e^{-\lambda_1 z}e^{-\lambda_2 z}$$
$$\Rightarrow f_{Z|\beta=0}\,(z)=(\lambda_1+\lambda_2)e^{-(\lambda_1+\lambda_2)z}$$
$$f_Z(z)=f_{Z|\beta=0}\,(z)P\,(\beta=0)+f_{Z|\beta=1}\,(z)P\,(\beta=1)$$
$$=\frac{1}{2}\,(f_{Z|\beta=0}\,(z)+f_{Z|\beta=1}\,(z))$$
$$=\frac{1}{2}\,(\lambda_1 e^{-\lambda_1 z}+\lambda_2 e^{-\lambda_2 z})$$

例題 29：Assume that the power consumption rate of a cell phone depends on its battery's voltage level. To be precise, if its battery's voltage level is x volts, then the power consumption rate is min $(3x, 9)$mw. It is known that the battery's voltage level is uniformly distibuted on [2, 5] volts. The battery stores 1000 joules of electrical energy. (Note: 1mW = 0.001joule/sec.)

(a)What is the cell phone's expected operating time?

(b)A user has two batteries whose voltage levels are modeled as two independent random variables. He/she would measure the batteries' voltage levels and choose the battery with lower voltage level for the cell phone. What is the cell phone's expected operating time now?　　　【99 台聯大】

解

$X \sim U(2, 5)$

$Y \equiv \min(3X, 9) \Rightarrow Y = \begin{cases} 9; & X \geq 3 \\ 3X; & X < 3 \end{cases} \Rightarrow P(Y=9) = P(Y \geq 3) = \dfrac{2}{3}$

$f_Y(y) = f_X\left(\dfrac{y}{3}\right) \times \dfrac{1}{3} = \dfrac{1}{9}$

$\therefore f_Y(y) = \begin{cases} \dfrac{2}{3}; & y=9 \\ \dfrac{1}{9}; & 6 < y < 9 \end{cases}$

(a)$E\left[\dfrac{10^6}{Y}\right] = \dfrac{2}{3} \times \dfrac{10^6}{9} + \int_6^9 \dfrac{1}{9} \dfrac{10^6}{y} \, dy = \dfrac{2 \times 10^6}{27} + \dfrac{10^6}{9}(\ln 9 - \ln 6)$

(b)$X_i \sim U(2, 5)$; $i = 1, 2$

$X \equiv \min(X_1, X_2) \Rightarrow$

$F_X(x) = P(\min(X_1, X_2) \leq x) = 1 - P(\min(X_1, X_2) > x)$

$\qquad = 1 - [P(X_1 > x)]^2$

$\qquad = 1 - \left(\dfrac{5-x}{3}\right)^2$

$\qquad \Rightarrow f_X(x) = \dfrac{2(5-x)}{9}$; $2 < X < 5$

$Y \equiv \min(3X, 9) \Rightarrow Y = \begin{cases} 9; & X \geq 3 \\ 3X; & X < 3 \end{cases}$

$P(Y=9) = P(X \geq 3) = \dfrac{4}{9}$

$$F_Y(y)=P(3X\le y)=F_X\left(\frac{y}{3}\right)$$

$$\Rightarrow f_Y(y)=f_X\left(\frac{y}{3}\right)\frac{1}{3}=\frac{1}{3}\times\frac{2\left(5-\frac{y}{3}\right)}{9}=\frac{2}{27}\left(5-\frac{y}{3}\right)$$

$$\therefore f_Y(y)=\begin{cases}\dfrac{4}{9};\ y=9\\[2mm]\dfrac{2}{27}\left(5-\dfrac{y}{3}\right);\ 6<y<9\end{cases}$$

$$E\left[\frac{10^6}{Y}\right]=\frac{4}{9}\times\frac{10^6}{9}+\int_6^9\frac{2}{27}\left(5-\frac{y}{3}\right)\frac{10^6}{9}\,dy$$

例題 30：There are three random variables X, Y, and Z, where $Z=X+Y$. Find the probability density (or mass) function of Z for each of the following cases.

1. Suppose that X and Y are independent Poisson variables,

$P(X=x)=e^{-3}\dfrac{3^x}{x!}$, where $x=0,1,2,\cdots,\infty$

$P(Y=y)=e^{-2}\dfrac{2^y}{y!}$, where $y=0,1,2,\cdots,\infty$

2. Suppose that X and Y are independent continuous variables uni formly distributed between 0 and 1.【100 北科大電腦與通訊】

解

(1) $M_Z(t)=M_X(t)\,M_Y(t)=e^{3(e^t-1)}e^{2(e^t-1)}=e^{5(e^t-1)}$

(2) $F(z)=\begin{cases}\dfrac{z^2}{2};\ 0<z<1\\[2mm]1-\dfrac{(2-z)^2}{2};\ 1<z<2\end{cases}$

5-4　條件機率密度函數

在事件（Event）B 發生的條件下，隨機變數 X 之條件機率密度函數（Conditional PDF）表示為 $f_{X|B}(x)$。

$$f_{X|B}\ (x) = \begin{cases} \dfrac{f_X(x)}{P(B)}; \ x \in B \\ 0; \ x \notin B \end{cases} \tag{5.6}$$

觀念提示： *1.*（5.6）與第二章之 Conditional PDF 之形式完全相同

2. 參考第二章之說明，不難得到：

$$E\ [X|B] = \int_{x \in B} x f_{X|B}\ (x)dx \tag{5.7}$$

$$E\ [g\ (X)|B] = \int_{x \in B} g(x) f_{X|B}\ (x)dx \tag{5.8}$$

$$Var\ [X|B] = E\ [X^2|B] - (E\ [X|B])^2 \tag{5.9}$$

$$Var\ [g\ (X)|B] = E\ [g^2\ (X)|B] - (E\ [g\ (X)|B])^2 \tag{5.10}$$

例題 31：$f_X(x) = k(1 - x)x^2$；$0 < x < 1$

　　　(1)$k = $?

　　　(2)$f_{X|X>0.5}\ (x) = $?

　　　(3)$P\ (X > 0.6|X > 0.5) = $?

　　　(4)$E\ [X|X > 0.5] = $?

　　　(5)$Var\ (X|X > 0.5) = $?

解　　(1) $\int_0^1 k(1 - x)\ x^2 dx = 1 \Rightarrow k = 12$

(2) $P\ (X > 0.5) = \int_{0.5}^1 12(1 - x)x^2 dx = \dfrac{11}{16}$

$$\therefore f_{X|X>0.5}\ (x) = \begin{cases} \dfrac{12(1 - x)x^2}{\dfrac{11}{16}}; \ 0.5 < x < 1 \\ 0; \ elsewhere \end{cases}$$

(3) $P\ (X > 0.6|X > 0.5) = \dfrac{P(X > 0.6)}{P(X > 0.5)}$

(4) $E\ [X|X > 0.5] = \int_{0.5}^1 x \dfrac{192(1 - x)x^2}{11} dx$

(5) $Var\ (X|X > 0.5) = \int_{0.5}^1 x^2 \dfrac{192(1 - x)x^2}{11} dx - (E\ [X|X > 0.5])^2$

例題 32：若 X_1, X_2 為獨立且具相同機率分佈之隨機變數，其 PDF 為

$$f_X(x) = \begin{cases} 2x; & 0 < x < 1 \\ 0; & else \end{cases}$$

求 $P(X_1 < X_2 | X_1 < 2X_2) = ?$

解

$$f_{X_1, X_2}(x_1, x_2) = \begin{cases} 4x_1 x_2; & 0 < x_1 < 1, 0 < x_2 < 1 \\ 0; & else \end{cases}$$

$$P(X_1 < X_2 | X_1 < 2X_2) = \frac{P(X_1 < X_2, X_1 < 2X_2)}{P(X_1 < 2X_2)} = \frac{P(X_1 < X_2)}{P(X_1 < 2X_2)}$$

$$= \frac{\int_0^1 \int_{x_1}^1 4x_1 x_2 \, dx_2 \, dx_1}{\int_0^1 \int_{\frac{x_1}{2}}^1 4x_1 x_2 \, dx_2 \, dx} = \frac{\dfrac{1}{2}}{\dfrac{7}{8}} = \frac{4}{7}$$

例題 33：$f_X(x) = \begin{cases} \dfrac{1}{10}; & 0 \le x < 10 \\ 0; & otherwise \end{cases}$ 求

(1) $f_{X|X \le 6}(x)$ (2) $f_{X|X > 8}(x)$

(3) $E[X|X \le 6]$ (4) $E[X|X > 8]$

解

(1) $f_{X|X \le 6}(x) = \begin{cases} \dfrac{f_X(x)}{P(X \le 6)}; & x \le 6 \\ 0; & otherwise \end{cases} = \begin{cases} \dfrac{1}{6}; & 0 \le x \le 6 \\ 0; & otherwise \end{cases}$

(2) $f_{X|X > 8}(x) = \begin{cases} \dfrac{f_X(x)}{P(X > 8)}; & x > 8 \\ 0; & otherwise \end{cases} = \begin{cases} \dfrac{1}{2}; & 8 < x < 10 \\ 0; & otherwise \end{cases}$

(3) $E[X|X \le 6] = \int_0^6 \dfrac{x}{6} \, dx = 3$

(4) $E[X|X > 8] = \int_8^{10} \dfrac{x}{2} \, dx = 9$

例題 34：男女雙方相約每晚七時見面，女方總是準時到達，男方到達時間則在六時至八時之間呈均勻分佈。令 X 代表男方到達時間與六時之差，若男方比女方先到達，則約會時間固

> 定為三小時，反之若男方比女方晚到達，則約會時間在 0～
> $(3-X)$ 之間呈均勻分佈。每天之約會相互獨立。
> (1)令隨機變數 W 為女方之等待時間，求 E[W]
> (2)令隨機變數 T 為約會時間求 E[W]
> (3)若男方在第二次比女方遲到 45 分鐘以上時，女方將提
> 　 出分手，求分手之前約會次數之期望值。

解

$$(1) E[W] = E[W|0 \le X \le 1] P(0 \le X \le 1) + E[W|X>1] P(X>1)$$
$$= E[W|X>1] P(X>1)$$
$$= \frac{1}{2} \times \frac{1}{2} = \frac{1}{4}$$

$$(2) E[D] = E[D|0 \le X \le 1] P(0 \le X \le 1) + E[D|X>1] P(X>1)$$
$$= \frac{1}{2} \times 3 + \frac{1}{2} \times E\left[\frac{3-X}{2}\Big|X>1\right]$$
$$= \frac{3}{2} + \frac{1}{2}\left(\frac{3}{2} - \frac{E[X|X>1]}{2}\right)$$
$$= \frac{3}{2} + \frac{1}{2}\left(\frac{3}{2} - \frac{\frac{3}{2}}{2}\right) = \frac{15}{8}$$

$$(3) X_i \sim G\left(\frac{1}{8}\right) \Rightarrow E[X_1] + E[X_2] = 8 + 8 = 16$$

5-5　動差生成函數

定義：動差生成函數（Moment-generating function MGF）

$$M_X(t) = E[e^{tx}] = \int_{-\infty}^{\infty} e^{tx} f_X(x) dx \tag{5.11}$$

例題 35：求 Γ 分佈及標準常態分佈之 MGF

解　　參考下章中相關分佈之 PDF

(1)Γ分佈

$$M_X(t) = E\left[e^{tx}\right] = \int_0^\infty e^{tx} \frac{\lambda^a}{\Gamma(\alpha)} x^{\alpha-1} e^{-\lambda x} dx$$

$$= \frac{\lambda^a}{\Gamma(\alpha)} \int_0^\infty x^{\alpha-1} e^{-(\lambda-t)x} dx$$

$$= \begin{cases} \dfrac{\lambda^a}{\Gamma(\alpha)} \dfrac{\Gamma(\alpha)}{(\lambda-t)^\alpha} = \left(\dfrac{\lambda}{\lambda-t}\right)^\alpha ; \ t < \lambda \\ 0; \ o.w. \end{cases}$$

(2)標準常態分佈

$$M_X(t) = \frac{1}{\sqrt{2\pi}} \int_{-\infty}^\infty e^{tx} e^{-\frac{x^2}{2}} dx = \frac{1}{\sqrt{2\pi}} \int_{-\infty}^\infty e^{tx-\frac{x^2}{2}} dx$$

$$= \frac{1}{\sqrt{2\pi}} \int_{-\infty}^\infty e^{-\frac{(x-t)^2}{2}+\frac{t^2}{2}} dx = e^{\frac{t^2}{2}}$$

定理 5-10

若隨機變數 X 之 MGF 為 $M_X(t)$，則

(1)$M_{aX+b}(t) = e^{bt} M_X(at)$

(2)$M_X^{(k)}(0) = E\left[X^k\right]$, $E\left[X\right] = M_X'(0)$

(3)$Var\left(X\right) = M_X''(0) - M_X'(0)^2$

(4)若 $X_1, X_2, \cdots, X_n$ 獨立，則 $M_{X_1+X_2+\cdots+X_n}(t) = M_{X_1}(t)\cdots M_{X_n}(t)$

證明：相關證明參考第二章

(1)$M_{aX+b}(t) = E\left[e^{aX+b(t)}\right] = e^{bt} E\left[e^{(at)X}\right] = e^{bt} M_X(at)$

(2)$M_X(t) = \int_{-\infty}^\infty e^{tx} f_X(x) dx \Rightarrow \dfrac{d^k M_X(t)}{dt^k} = \int_{-\infty}^\infty x^k e^{tx} f_X(x) dx$

$\Rightarrow M_X^{(k)}(0) = \int_{-\infty}^\infty x^k f_X(x) dx = E\left[X^k\right]$

(3)$Var\left(X\right) = E\left[X^2\right] - \left(E\left[X\right]\right)^2 = M_X''(0) - \left(M_X'(0)\right)^2$

(4) Let $Y = X_1 + \cdots + X_n$

$\Rightarrow M_Y(t) = E\left[e^{tY}\right] = E\left[e^{t(X_1+\cdots+X_n)}\right]$

$= \int_{-\infty}^\infty \cdots \int_{-\infty}^\infty e^{t(X_1+\cdots+X_n)} f_{X_1,\cdots,X_n}(x_1,\cdots,x_n) dx_1\cdots dx_n$

$= \int_{-\infty}^\infty \cdots \int_{-\infty}^\infty e^{tX_1}\cdots e^{tX_n} f_{X_1}(x_1)\cdots f_{X_n}(x_n) dx_1\cdots dx_n$

$$= E\left[e^{tX_1}\right]\cdots E\left[e^{tX_n}\right] = M_{X_1}(t)\cdots M_{X_n}(t)$$

例題 36：求常態分佈之 MGF　　　　　　　　　　【台大電機】

解　　已知標準常態分佈之 MGF 為　$M_X(t) = e^{\frac{t^2}{2}}$

設常態分佈 $Z = \mu + \sigma X$

$$\therefore M_Z(t) = E\left[e^{t(\mu + \sigma x)}\right] = e^{t\mu} M_X(\sigma t) = e^{t\mu}\, e^{\frac{\sigma^2 t^2}{2}} = e^{t\mu + \frac{\sigma^2 t^2}{2}}$$

例題 37：已知常態分佈之 MGF 為

$$M_X(t) = e^{t\mu + \frac{\sigma^2 t^2}{2}}$$

(1)求對數常態分佈（$Y = e^X$）之各階動差

(2)設 $\mu = 0$，求常態分佈之各階動差

解　　(1) $Y = e^X \Rightarrow Y$ 之 m 階動差

$$E\left[Y^m\right] = E\left[e^{mX}\right] = M_X(m) = e^{\mu m + \frac{\sigma^2 m^2}{2}}$$

(2) $\mu = 0 \Rightarrow M_X(t) = e^{\frac{\sigma^2}{2} t^2} = \sum_{k=0}^{\infty} \frac{\sigma^{2k}(2k)!}{2^k k!}\, \frac{t^{2k}}{(2k)!}$

$$\therefore E\left[X^{2k}\right] = \frac{\sigma^{2k}(2k)!}{2^k k!};\ k = 0, 1, 2, \cdots \quad E\left[X^{2k+1}\right] = 0;\ k = 0, 1, 2, \cdots$$

例題 38：若 X 之 PDF 為

$$f_X(x) = \begin{cases} \lambda e^{-\lambda x};\ x \geq 0 \\ 0;\ else \end{cases}$$

求(1)$M_X(t)$　(2)$E[X]$　(3)$Var(X) = ?$

解

$$M_X(t) = \int_0^{\infty} e^{tx} \lambda e^{-\lambda x}\, dx = \frac{\lambda}{\lambda - t}$$

$$E(X) = M_X'(0) = \left.\frac{\lambda}{(\lambda - t)^2}\right|_{t=0} = \frac{1}{\lambda}$$

$$E(X^2) = M_X''(0) = \left.\frac{2\lambda}{(\lambda - t)^3}\right|_{t=0} = \frac{2}{\lambda^2}$$

$$\therefore Var(X) = \frac{2}{\lambda^2} - \frac{1}{\lambda^2} = \frac{1}{\lambda^2}$$

例題 39：$f_X(x) = \begin{cases} \dfrac{1}{4}xe^{-\frac{x}{2}}; & x > 0 \\ 0; & o.w \end{cases}$

Find：(1)$M_X(t)$　　(2)$E[X]$　　(3)$Var(X)$

解

(1)$M_X(t) = \displaystyle\int_0^\infty e^{tx}\frac{x}{4}e^{-\frac{x}{2}}dx$

$\qquad = \displaystyle\int_0^\infty \frac{x}{4}e^{\left(t-\frac{1}{2}\right)x}dx$

$\qquad = \dfrac{1}{4}\dfrac{1}{\left(t-\dfrac{1}{2}\right)^2}$

(2)$M_X'(t) = -\dfrac{1}{2}\left(t-\dfrac{1}{2}\right)^{-3}$

$\qquad \Rightarrow E[X] = M_X'(0) = 4$

(3)$M_X''(t) = \dfrac{3}{2}\left(t-\dfrac{1}{2}\right)^{-4}$

$\qquad \Rightarrow Var(X) = M_X''(0) - (M_X'(0))^2 = 8$

例題 40：$f_X(x) = \dfrac{1}{2}e^{-|x|}; \ -\infty < x < \infty$

(1) Find MGF of X, and the condition on t for convergence

(2) Use $M_X(t)$ to find $E[X^{2n}]$　　　　　【84 台大電機】

解

(1)$M_X(t) = E[e^{tx}] = \displaystyle\int_{-\infty}^0 e^{tx}\frac{1}{2}e^x dx + \int_0^\infty e^{tx}\frac{1}{2}e^{-x}dx$

$\qquad = \dfrac{1}{2(t+1)}e^{(t+1)x}\Big|_{-\infty}^0 + \dfrac{1}{2(t+1)}e^{(t-1)x}\Big|_{x=0}^\infty$

若 $-1 < t < 1$，則

$M_X(t) = \dfrac{1}{1-t^2}$

(2)$M_X(t) = E[e^{tx}] = \dfrac{1}{1-t^2} = 1 + t^2 + t^4 + t^6 + \cdots$

$$= \sum_{n=0}^{\infty} t^{2n} = \sum_{n=0}^{\infty} \frac{M_X^{(2n)}(0)}{(2n)!} t^{2n}$$

$$\therefore E\left[X^{2n}\right] = (2n)!$$

例題 41：The MGF of X is given by

$$M_X(t) = E\left[e^{tx}\right] = \left(\frac{2}{2-t}\right)^2$$

(1) Find $E\left[X\right]$

(2) Find $Var\left(X\right)$　　　　　　　　　　【91 清大通訊】

$$(1)(\ln\left(M_X(t)\right))' \Big|_{t=0} = \frac{2}{2-t}\Big|_{t=0} = 1 = E[X]$$

$$(2)(\ln\left(M_X(t)\right))'' \Big|_{t=0} = \frac{2}{(2-t)^2}\Big|_{t=0}$$

$$= \frac{1}{2} = Var\left[X\right]$$

5-6　特徵函數

定義：若連續隨機變數 X 之 PDF 為 $f_X(x)$，則其特徵函數（Characteristic Function）為

$$\phi_X(v) = E\left[e^{jvx}\right] = \int_{-\infty}^{\infty} f_X(x)e^{jvx}\,dx = \mathcal{F}\left\{f_X(x)\right\}\Big|_{\omega=-v} \qquad (5.12)$$

其中 $j = \sqrt{-1}$，$\mathcal{F}\{\}$ 表示 Fourier Transform

性質：　1. 若隨機變數 X 之特徵函數為 $\phi_X(v)$，則其 PDF 可由下式唯一的決定（參考 Fourier 及 Inverse Fourier Transform）

$$f_X(x) = \frac{1}{2\pi} \int_{-\infty}^{\infty} \phi_X(v)e^{-jvx}\,dv \qquad (5.13)$$

2. 由 MGF 之定義可知

$$\phi_X(v) = M_X(jv) \qquad (5.14)$$

$$M_X(t) = \phi_X(-jt) \qquad (5.15)$$

3. 若 X 為離散型 $r.v.$，則

$$\phi_X(v) = \sum_x e^{jvx} f_X(x) \tag{5.16}$$

$$4. \phi_X(0) = 1 \tag{5.17}$$

$$5. 若 \ Y = aX + b \text{，則} \ \phi_Y(v) = e^{ibv} \phi_X(av) \tag{5.18}$$

$$6. E[X] = \frac{1}{j} \frac{d}{dv} \phi_X(v) \Big|_{v=0} \tag{5.19}$$

$$7. E[X^n] = \frac{1}{j^n} \frac{d^n}{dv^n} \phi_X(v) \Big|_{v=0} \tag{5.20}$$

$$8. Var(X) = \frac{d^2}{dv^2} [e^{-ju_x v} \phi_X(v)] \Big|_{v=0} \tag{5.21}$$

$$9. 若 \ X, Y \ 相互獨立，Z = X + Y \text{，則}$$

$$\phi_Z(v) = \phi_X(v) \phi_Y(v) \tag{5.22}$$

例題 42：若隨機變數 X 之特徵函數為 $\phi_X(\omega) = \dfrac{1}{2e^{-i\omega} - 1}$，求 $f_X(x) = ?$

解

$$M_X(t) = \phi_X(-it) = \frac{1}{2e^{-i(-it)} - 1} = \frac{1}{2e^{-t} - 1}$$

$$= \frac{e^t}{2 - e^t} = \frac{e^t}{2} \left(\frac{1}{1 - \dfrac{e^t}{2}} \right)$$

$$= \frac{e^t}{2} \left(1 + \frac{e^t}{2} + \left(\frac{e^t}{2} \right)^2 + \cdots \right)$$

$$= \frac{e^t}{2} + \frac{1}{2^2} e^{2t} + \frac{1}{2^3} e^{3t} + \cdots$$

$$\therefore f_X(x) = \begin{cases} \dfrac{1}{2}, & x = 1 \\[2mm] \dfrac{1}{4}, & x = 2 \\[2mm] \dfrac{1}{2^k}, & x = k \\[2mm] \vdots \end{cases}$$

精選練習

1. 設隨機變數 $X \sim N(\mu, \sigma^2)$
   (1)若 $Y = |X|$；求 Y 之 PDF？
   (2)若 $Z = X^2$，求 Z 之 PDF？

2. 求隨機變數 X 之 PDF，若其 CDF 為
   (1)$F_X(x) = \dfrac{x}{5}$；$0 \le x \le 5$
   (2)$F_X(x) = \dfrac{2}{\pi} \sin^{-1}(\sqrt{x})$；$0 \le x \le 1$
   (3)$F_X(x) = e^{3x}$；$-\infty \le x \le 0$
   (4)$F_X(x) = \dfrac{1}{2}x^3 + \dfrac{1}{2}$；$-1 \le x \le 1$

3. 設隨機變數 X 之 PDF 如下圖

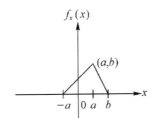

   (1)求 a, b 之關係
   (2)若 $a \ge 0, b \ge 0$，求 b 之最大值

4. 設隨機變數 X 之 PDF 為
   $$f_X(x) = \begin{cases} \dfrac{1}{2a}; & -a \le x \le a \\ 0; & o.w. \end{cases}$$
   $a \to 0$ 求
   (1)$E[\sin X]$
   (2)$E[\cos X]$
   (3)$E[(1 - \cos X)^2]$

5. $f_X(x) = \begin{cases} 2x; & 0 \le x \le 1 \\ 0; & o.w. \end{cases}$
   $Y = aX$，求 $f_Y(y)$

6. 甲、乙兩人均有現金 10000 元，欲購買某上市公司股票其現值為每股 100 元，甲一次購買 100 股，乙則分 100 個月購買，每次花 100 元，假設每個月股票值 $\{X_i, i = 1, \cdots 100\}$ 為 i, i, d，且 $E[X_i] = 100, i = 1, \cdots 100$，問誰能買到的股數較多？why？

7. 若 X 之 CDF 為

$$F_X(x) = \begin{cases} 0; & x < 0 \\ \dfrac{x}{2}; & 0 \le x \le 2 \\ 1; & x > 2 \end{cases} \text{求}$$

(1)$E[X]$

(2)$Var(X)$

8. 若 X 之 CDF 為

$$F_X(x) = \begin{cases} 0; & x < -1 \\ \dfrac{x+1}{2}; & -1 \le x \le 1 \\ 1; & x \ge 1 \end{cases}$$

求 $f_X(x) = ?$

9. 若 X 之 PDF 為

$$f_X(x) = \begin{cases} ax^2 + bx; & 0 \le x \le 1 \\ 0; & o.w. \end{cases}$$

討論 a, b 之關係

10. 若 X 之 CDF 為

$$F_X(x) = \begin{cases} 0; & x < -5 \\ k(x+5)^2; & -5 \le x \le 7 \\ 1; & x \ge 7 \end{cases} \text{求}$$

(1)$k = ?$

(2)$P(X > 4) = ?$

(3)$P(-3 < X \le 0) = ?$

11. 若 $X \sim U(0, 1)$, $Y = -\ln(1 - X)$ 求

(1)$F_Y(y)$

(2)$f_Y(y)$

(3)$E[Y]$

(4)求 $Z = h(X)$ 使得 $f_Z(z) = \begin{cases} 3z^2; & 0 \le z \le 1 \\ 0; & o.w. \end{cases}$

12. 若 $X \sim U(0, 2)$

$$Y = g(X) = \begin{cases} X; & X \le 1 \\ 1; & X > 1 \end{cases} \text{求}$$

(1)$F_Y(y)$ (2)$f_Y(y)$ (3)$E[Y]$

13. 假定 X 是一個連續性隨機變數，其機率分配函數（Probability Distribution Function）為 $F_X(x)$ 且 $F_X(x)$ 為一嚴格遞增（Strictly increasing）函數。令 $Y = F_X(x)$，試求 $F_Y(y)$ 為何？ 【雲科大電機】

14. Consider the following probability density function for a random variable X

$$f_X(x) = \begin{cases} x+1 & for -1 < x < 0 \\ x & for\, 0 < x < 1 \\ 0 & elsewhere \end{cases}$$
　　　　　　　　　　　　　　　　　　　　　　　【交大電信】

(1) Let $Y = \log_e\left(|X|^{\frac{1}{a}}\right)$, where a is a positive constant. Find the probability density function $F_Y(y)$ of Y.

(2) Let $FL(y)$ denote the floor function, that is, $FL(y)$ is the greatest integer less than or equal to y. Let $Z = FL(y)$. Find the probability density function $f_Z(z)$ of Z.

15. A random variable X is uniformly distributed on the sample space $S_X = \{0 \le x \le 10\}$. Let the random variable Y be generated by the following transform:

$$Y = \begin{cases} 2, & 0 \le X \le 2; \\ X, & 2 < X < 6; \\ 6, & 6 \le X \le 10. \end{cases}$$

(1) What is the sample space of Y, S_Y?

(2) What is the probability $P(Y = 2)$?

(3) What is the probability $P(5 \le Y \le 6)$?

(4) Find and sketch the probability distribution of Y?

(5) What is the expected value of Y?　　　　　　　　　【交大控制】

16. Given the distribution function

$$F(x) = \begin{cases} 0, & if\, x < 0; \\ x^2 + 0.2, & if\, 0 \le x < 0.5; \\ x, & if\, 0.5 \le x < 1; \\ 1, & if\, 1 \le x \end{cases}$$

(1) Express $F(x)$ in the form of $a \cdot F^c(x) + b \cdot F^d(x)$, where $F^c(x)$ and $F^d(x)$ denote a continuous and discrete distribution function, respectively.

(2) Find the probability $P(0.2 \le x < 0.75)$.　　　　　　【交大電信】

17. 隨機變數 X 之 CDF 為

$$F_X = \begin{cases} 0; & x \le 0 \\ \frac{x}{4}\left[1 + \ln\left(\frac{4}{x}\right)\right]; & 0 < x \le 4 \,;\, 求 \\ 1; & x > 4 \end{cases}$$

(1)$P(X \le 1)$　　　(2)$P(1 \le X \le 3)$　　　(3)$f_X(x)$　　　【交大電子】

18. 男女相約於下午 5～6 時在公園見面，雙方約定，不論誰先到均應等對方 10 分鐘，二人到達時間獨立，且於 5～6 時間任一時刻到達之可能性相等，求

(1)男方先到之機率　　　(2)二人相遇之機率

(3)已知二人有相遇，男方先到之機率

19. 隨機變數 X 之 PDF 為
$$f(x)=\begin{cases}k\sqrt{x};\ 0<x<1\\0;\ elsewhere\end{cases}$$
   (1)求 $k=$?　　(2)求 $F(x)$　　(3)$P(0.3<X<0.6)=$?

20. 隨機變數 X 之 PDF 為
$$f(x)=\begin{cases}\dfrac{1}{4},\ |x|\le 2\\0;\ elsewhere\end{cases}$$
   $Y=4X^2+1$
   (a)求隨機變數 Y 之 PDF　　(b)求隨機變數 Y 之 CDF

21. 已知 X 等機率分佈在區間$(0,3)$上，求 $x^2-5x+6\ge 0$ 之機率 ？　　【92 台大電機】

22. 已知係數 b 與 c 互為獨立而且等機率分佈在區間$[0,1]$上，求方程式 $x^2+2bx+c=0$ 有實根之機率 ？　　【交大控制】

23. 已知 $F_1(x)$ 及 $F_2(x)$ 為任意 2 個分佈函數
   (1)若 $\alpha F_1(x)+\beta F_2(x)$ 為分佈函數，則 α 與 β 之條件為何 ？
   (2)若 $F_1^k(x)$ 亦為機率分佈函數，則常數 k 之條件為何 ？　　【84 交大統研】

24. 已知分佈函數 $F(x)$如下，試找出一離散分佈函數，$F_d(x)$，及一連續分佈函數，$F_c(x)$，such that $F(x)=(1-k)F_c(x)+kF_d(x)$, what is k?
$$F(x)=\begin{cases}\dfrac{\exp(x)}{4};\ x\in(-\infty,0)\\[2mm]\dfrac{1}{2};\ x\in[0,1)\\[2mm]1-\exp(-x);\ x\in[1,\infty)\end{cases}$$
　　【淡江數學】

25. Write down your answer as True (T) or False (F) for each following question. You need to explain your reasoning (Your reasoning may be a counterexample if the statement is false.). Random guess receives no credit.
   (a)If continuous random variable, X, has distribution function
$$F_X(x)=\begin{cases}0;\ x<0\\x^2;\ 0\le x\le 1\\1;\ x>1\end{cases}$$
   Then $P\left(X=\dfrac{1}{2}\right)=\dfrac{1}{4}$
   (b)If a fair coin is tossed ten times and comes up tails all ten times, the probability of head on the eleventh trial is larger than the probability of tail.
   (c)Two events with non-zero probabilities can not be both mutually exclusive and independent.
   (d)The three events E, F, and G are said to be independent if $P(E\cap F\cap G)=P(E)P(F)P(G)$.
   (e)If a random variable is not discrete, it must be continuous.　　【96 交大電信】

26. 已知隨機變數 X, Y 之間有 $Y = g(X)$ 之關係，其中函數 $g(X)$ 如下，試以 X 之分佈與密度函數，表示 Y 之分佈與密度函數

$$g(t) = \begin{cases} t+c; \ t \geq 0 \\ t-c; \ t<0 \end{cases}; \ c \in R^+$$
【91 交大電信】

27. 已知 X 之密度函數為 $f_X(x) = u(x) - u(x-1)$，$Y = \dfrac{-1}{\lambda}\ln(1-x)$ 之密度函數 $f_Y(y)$ 為何？並驗證其為密度函數（$\lambda \in R^+$）
【91 交大電子】

28. 已知隨機變數 X 的密度函數如下，求 $Y = X^{-1}$ 之密度函數？

$$f_X(x) = \frac{1}{\pi}\frac{1}{1+x^2}, \ x \in (-\infty, \infty)$$
【90 交大資訊】

29. 已知隨機變數 X 的密度函數如下，求 $Y = e^X$ 之密度函數？

$$f_X(x) = \frac{1}{\sigma\sqrt{2\pi}}\exp\left[\frac{-(x-u)^2}{2\sigma^2}\right]$$
【台大電機】

30. 已知隨機變數 X 的密度函數如下，求：

$$f_X(x) = \frac{1}{\sqrt{2\pi}\sigma}\exp\left(\frac{-x^2}{2\sigma^2}\right)$$
【92 中央通訊】

(1) $P[X \leq 5 | X > 1] = ?$

(2) 取 $Y = 5X^2 + 10$ 則 $E[Y] = ?$

31. 已知某隨機變數 X 具有：$E[X] = 2$ 及 $Var[X] = 3$，求

(1) $E[(1+2X)^2] = ?$

(2) $Var(4+3X) = ?$
【83 交大控制】

32. 已知某電子線路板插入系統時，有 1/3 的機率會立即故障，若沒有立即故障，則往後的可用壽命分佈將呈 e^{-x} 的形式，若以 X 代表其可用壽命，求：

(1) X 之分佈函數與 $P[X > 10] = ?$

(2) $E[X]$, $Var(X) = ?$
【83 交大控制】

33. 有關隨機變數 X 及其動差母函數 $M_X(t)$　　　【85 清大統計、83 交大控制】

(1) 動差母函數 $M_X(t)$ 之定義為何？

(2) 證明 $E[X^k] = M_X^{(k)}(0)$；

(3) 若 X 之分佈為指數分佈 $f(x) = 5e^{-5x}u(x)$，求其動差母函數

34. 已知隨機變數 X 分佈在 $(-\infty, \infty)$ 且 $f(x) = e^{-|x|}/2$，試求動差母函數 $M_X(t)$，其有效範圍為何？並請用以計算 $E[X^{2n}] = ?$
【84 台大電機】

35. 已知某值域為非負實數之隨機變數，其密度函數為 $f(x) = \lambda e^{-\lambda x}$，$\lambda > 0$ 且 $x > 0$；試問 $x = 1/\lambda$ 之機率，並用動差母函數計算變異數。
【清華電機】

36. If random variable X with PDF $f_X(x) = k\exp(-|x|)$; $-\infty < x < \infty$. Find

(1) $k = ?$　　(2) $E(X) = ?$　　(3) $Var[X] = ?$

(4) $E[\sin X] = ?$　　(5) $F_X(x) = ?$　　(6) $P(-3 < X < 3) = ?$

(7) $M_X(t) = ?$　　(8) $Y = X^2$, $f_Y(y) = ?$

37. The probability $P(A)$ of any event A defined on a sample space, Ω, can be expressed in terms of conditional probabilities, $P(A|B_n)$. Where B_n are mutually exclusive events, $n = 1, 2, \cdots,$ N, whose union equals Ω, that is $B_n \cap B_m = \phi, n \neq m$ $\bigcup_{n=1}^{N} B_n = \Omega$ (Universal Space),

    (1) Prove that $P(A) = \sum_{n=1}^{N} P(A|B_n)P(B_n)$

    (2) In the automated manufacturing of memory chips, company Z produces one defective chip for every five good chips. The defective chips (DC) have a time of failure X that obeys the PDF (Probability Distribution Function) $F_X(x|DC) = (1 - e^{-x/2})u(x)$, ($x$ in month) while the time for failure for the good chips (GC) obeys the PDF $F_X(x|GC) = (1 - e^{-x/10})u(x)$, ($x$ in month). A chip is purchased. What is the probability that the chip will fail before six months of use? 【96 中山電機】

38. The police are searching for a criminal who is hiding somewhere within 5 km from the victim's house. The criminal is equally likely to hide at any spot in the circular region centered at the victim's house (radius 5 km). It is assumed that the criminal does not move during the police search. Denote the distance between the criminal's hiding spot and the victim's house by X km.

    (1) What is the PDF of X?

    (2) The police have not found the criminal yet after searching everywhere within 3 km from the victim's house. What is the conditional PDF $f_{X|X>3}(x|X>3)$?

    Figure1: Possible hiding region of the criminal.

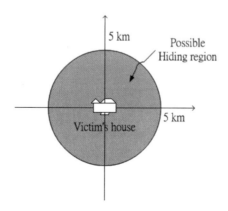

【97 台大電信】

39. Please derive the following MGFs:

    (a)If X has the PMF:
    $$P_X(x) = \begin{cases} \alpha^x e^{-\alpha}/x! & x = 0, 1, 2, \cdots \\ 0 & \textit{otherwise.} \end{cases}$$

Please derive its MGF $\phi_X(s) = E[e^{sX}]$. You have to give detailed derivation to get full credits.

(b)If X has the PDF:

$$f_X(x) = \frac{1}{\sqrt{2\pi}} e^{-\frac{(x-1)^2}{2}}$$

Please derive its MGF $\phi_X(s) = E[e^{sX}]$. You have to give detailed derivation to get full credits.　　　　　　　　　　【100 台大電信】

40. One cumulative distribution function is represented by

$$F_X(x) = \begin{cases} 0, & \text{for } x<0; \\ 1 - \exp\left(\frac{-x}{2}\right), & \text{for } 0 \le x < 2; \\ 1 - 0.3 \cdot \exp\left(\frac{-x}{2}\right), & \text{for } x \ge 2 \end{cases}$$

Find the probability $P(1 < x < 4)$　　　　　　　　　【97 高大電機】

41. A particle leaves the origin under the influence of the force of gravity and its initial velocity v forms an angle ϕ with the horizontal axis. The path of the particle reaches the ground at a distance

$$d = \frac{v^2}{g} \sin 2\phi$$

from the origin. Assuming that ϕ is a random variable uniform between 0 and $\pi/2$ determine: the probability that $d \le d_0$.

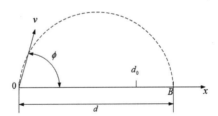

【97 台科大電子】

42. Suppose a point is selected at random from inside a circle. The radius of the circle is 2. Let random variable Y be the distance of the point from the origin.

(1) Find the sample space of Y, $S_Y = ?$

(2) Find $P[Y \le y] = ?$　　　　　　　　　　　　【97 高科大通訊】

43. Suppose the random variable X is exponentially distributed with PDF

$$f_x(x) = e^{-x}, x > 0$$

Find $P(X^3 - 6X^2 + 6X - 5 > 0)$.　　　　　　　　　【97 北大通訊】

44. Let $f(x) = \frac{1}{2}x^2 e^{-x}$, $0 < x < \infty$ be the p.d.f. of X.

(1) Find the moment-generating function $M_X(t)$ of X.

(2) Find the mean $E(X)$ and variance $Var(X)$.　　　　　　　　【96 清大資訊】

45. In a nonlinear electronic detector, the input signal X is a random variable with the following probability distribution:

$$f(x) = \begin{cases} \dfrac{1+x}{2}, & -1 < x < 1 \\ 0, & elsewhere \end{cases}$$

The output signal Y is also a random variable and is designed to be $Y = X^2$. Find the probability distribution of Y.　　　　　　　　【97 交大電子】

46. Let the random variable, X, have the moment generating function $M_X(t) = e^{3t + 2t^2}$.

(1) Find the mean and variance of X, respectively.

(2) Give the probability density function of X.

(3) Let $Y = (X - 3)/2$, how is Y distributed?

(4) Let $Z = Y^2$, how is Z distributed?　　　　　　　　【97 清大資訊】

47. Consider two independent identical distribution (i.i.d) random variables, X and Y.

(1) Find the probability density function of random variable, $Z = X + Y$. Now, if the probability density functions of X and Y are with

$$f_X(x) = f_Y(y) = \frac{1}{a} rect\left(\frac{x}{a}\right) = \begin{cases} \dfrac{1}{a}, & -\dfrac{a}{2} \leq x \leq \dfrac{a}{2} \\ 0, & otherwise \end{cases}$$

(2) Find the Characteristic function of X and Z, where $\phi_X(\omega) = E[e^{j\omega x}]$.

(3) Compute the probability density function of Z.　　　　　　　　【97 中山通訊】

48. The random variable X has the triangular PDF $f_X(x) = ctri\left(\dfrac{x}{a}\right)$.

(1) Find the cdf of X.

(2) Find the transformation needed to generate X from the uniform random variable U in the interval $[0, 1]$.

49. The p.d.f. of X is $f(x) = \theta x^{\theta - 1}$, $0 < x < 1$, $0 < \theta < \infty$ and let $Y = -2\theta \ln(X)$. Name the distribution of Y and find the expectation $E(Y)$ and variance $Var(Y)$.　　　　　　　　【96 清大資訊】

50. X is a continuous random variable uniformly distributed on $(0, 1)$.

(a) $Y = (2X - 1)$. Find the PDF $f_Y(y)$ of Y.

(b) $Z = \sqrt{-2\ln(X)}$. Find the PDF $f_Z(z)$ of Z.　　　　　　　　【96 暨南資工】

51. The probability density function of the random variable X is $f_X(x) = \dfrac{1}{x^2}$, $x \geq 1$. Define a new random variable Y as $Y = \begin{cases} X^3, & if X \leq 2 \\ 8, & if X > 2 \end{cases}$.

(1) Find the expected value $E\,(Y)$, and the variance $Var(Y)$.

(2) Find the variance of $3Y-5$.　　　　　　　　　　　　　　【 96 元智光電 】

52.　Let μ, A, B be given positive real numbers.

　　(1) Suppose $P(x)$ is a function defined in the interval $[-B, A]$. Solve the following differential equation:

　　$\mu P'(x)+0.5P''(x)=0$, $P(A)=1$, $P\,(-B)=0$

　　(2) Show that $P(x)$ is an increasing function of x in the interval $[-B, A]$ and $P(x)\in[0, 1]$, $\forall$ $x\in[-B, A]$.

　　(3) Suppose $A=B$. Let X be a random variable that is uniformly distributed in the interval $[-A, A]$. Let $Y\in\{0, 1\}$ be a binary random variable. In addition, $P\{Y=1|X=x\}=P(x)$, $\forall x\in[-A, A]$. Calculate $E\,[Y]$, the expected value of the random variable Y.

　　　　　　　　　　　　　　　　　　　　　　　　　　【 96 中山資工 】

53.　Find the required transformation $Y=g\,(X)$ from $X\sim U(0, 1)$ to random variable Y with PDF

$$F_Y\,(y)=\begin{cases}y\exp\left(-\dfrac{y^2}{2}\right); \ y\geq 0\\[2mm]0; \ elsewhere\end{cases}$$

54.　Let S be a random variable with the PDF

$$f_S\,(s)=A\exp\left[-\frac{\pi}{8}s^2-\frac{\pi}{4}s-3.5\ln 2-\frac{\pi}{8}\right]$$

　　Find the value of A? And find its mean and standard deviation?　　【 96 高雄電機通訊 】

55.　A Gaussian random variable has a probability density function given by

$$f_X\,(x)=\frac{1}{\sqrt{2\pi}\sigma}\exp\left[-\frac{1}{2}\frac{(x-\mu)^2}{\sigma^2}\right]$$

　　Suppose we have two random sample generator X_1 and X_2. We randomly choose one of them and get a sample of $x=3$. Suppose that the distribution for samples from X_1 and X_2 are $N(1, 4)$ and $N(4, 1)$. What is the probability that this sample comes from X_1.

　　(a)If X_1 and X_2 are equally likely to be chosen?

　　(b)If X_1 is two times more likely than X_2 to be chosen?　　　【 95 中山資工乙 】

56.　A firehouse is to be built at some point along a road of length L. A fire is uniformly likely to occur at any point along the road.

　　(a)If we build the firehouse at a point at distance a from the left endpoint of the road, what is the expected distance the fire truck will have to travel to the fire?

　　(b)Where should the firehouse be located to minimize the expected travel distance to a fire?

　　　　　　　　　　　　　　　　　　　　　　　　　　【 99 中山電機通訊 】

57.　Let $Z=X_1+X_2$

　　(a)Show that $\Phi_Z\,(\omega)=\Phi_{X_1}(\omega)\Phi_{X_2}(\omega)$

(b)If $f_{X_1}(x)=f_{X_2}(x)=\dfrac{1}{\sqrt{2\pi}}\exp\left(-\dfrac{(x-\mu_X)^2}{2}\right);\ -\infty<x<\infty$, find $\Phi_Z(\omega), f_Z(z)$.

【98 中山電機通訊】

58. Let X be a random variable and $A=\{X\le b\}$

(a)Find the conditional probability distribution function, $F_{X|A}(x|A)$

(b)What is the conditional PDF, $F_{X|A}(x|A)$ 【98 中山電機通訊】

59. X, Y, i.i.d. random variables, $X\sim U(0, 1)$. Define $Z=X^2$, $W=\max(X, Y)$

(1) Find distribution function of Z

(2) Find E (Z)

(3) Find distribution function of W

(4) Find E (W) 【98 交大資訊】

60. Random variable $X\sim N(0, 1)$

$$Y=g(X)=\begin{cases} 0; & |X|\ge 1 \\ X; & -1<X<1 \end{cases}$$

(a)Find the PDF of Y

(b)If we consider the periodic extension, that is, the extended $g(X)$ is defined as

$$g(X)=\sum_{n=-\infty}^{\infty}(X-2n)rect\left(\frac{X-2n}{2}\right)$$

Find the PDF of Y 【98 中山電機通訊】

61. Let random variable $Y=X^2$, and the probability density function $f_X(x)=\dfrac{1}{\sqrt{2\pi}}e^{-\frac{x^2}{2}}$. Find the

probability density function $f_Y(y)$ of the random variable Y.

【99 高一科電通】【98 清大資應】

62. X and Y are two independent random variables. The cumulative density function (C.D.F) of

X is shown in Figure 1 and the probability density function (P.D.F) of Y is shown in Figure

2. Please (1) find the value of $a+b+c$ (2) find the P.D.F of $Z=X+Y$

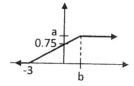

Figure 1: C.D.F. of X

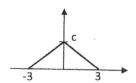

Figure 2: P.D.F. of Y

【99 台大電信】

63. Let X has CDF $F(x)$ and $Y=F(x)$. Please find the PDF of Y and calculate $P(Y>0.6)$. If we

have a uniform random variable generator, please show how to generate random variable Z

such that

$$f_Z(z) = \begin{cases} \dfrac{1}{2}z; & 0 \le z \le 2 \\ 0; & otherwise \end{cases}$$

【98 台大電信】

附錄：Leibniz 微分法則

(1) $\dfrac{d}{dx} \displaystyle\int_a^x f(t)dt = f(x)$

(2) $\dfrac{d}{dx} \displaystyle\int_x^b f(t)dt = -f(x)$

(3) $\dfrac{d}{dx} \displaystyle\int_a^{u(x)} f(t)dt = f(u(x))\dfrac{du}{dx}$

(4) $\dfrac{d}{dx} \displaystyle\int_{v(x)}^{u(x)} f(t)dt = f(u(x))\dfrac{du}{dx} - f(v(x))\dfrac{dv}{dx}$

(5) $\dfrac{d}{dx} \displaystyle\int_a^b f(x,t)dt = \displaystyle\int_a^b \dfrac{\partial f(x,t)}{\partial x}dt$

(6) Leibniz 積分式微分公式

$$\dfrac{d}{dx} \int_{v(x)}^{u(x)} f(x,t)dt = \int_{v(x)}^{u(x)} \dfrac{\partial f(x,t)}{\partial x}dt + f(x,u(x))\dfrac{du}{dx} - f(x,v(x))\dfrac{dv}{dx}$$

6

常用的連續型機率分佈

6-1　均勻分佈

6-2　指數分佈

6-3　Gamma（Γ）分佈

6-4　常態分佈

6-5　Beta 分佈、Weibull 分佈及 Cauchy 分佈

6-6　由常態分佈所衍生之機率分佈

附錄一：常用的連續型機率分佈

附錄二：標準常態分佈之 CDF

附錄三：特殊函數

6-1 均勻分佈

定義：Uniform distribution on (a, b)

若隨機變數 X 之 PDF 為

$$f_X(x) = \begin{cases} \dfrac{1}{b-a}; & a < x < b \\ 0; & elsewhere \end{cases}$$

則稱 X 為具參數(a, b)之均勻分佈（Uniform Distribution），表示為 $X \sim U(a, b)$

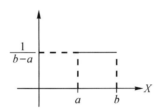

Check：$\displaystyle\int_a^b f_X(x)dx = \frac{1}{b-a}\int_a^b dx = 1$

說例：$X \sim U(0, 10) \Rightarrow$

(1) $P(2 < X < 9) = \dfrac{9-2}{10} = \dfrac{7}{10}$

(2) $P(1 < X < 4) = \dfrac{4-1}{10} = \dfrac{3}{10}$

(3) $P(X > 6) = \dfrac{10-6}{10} = \dfrac{4}{10}$

(4) $P(X < 2) = \dfrac{2-0}{10} = \dfrac{2}{10}$

例題 1：公車自早上 7 點鐘起，每隔 15 分鐘一班，若某人每日抵達車站之時間均勻分佈於（7：00, 7：30）求

(1) 等車時間小於 5 分鐘之機率

(2) 等車時間大於 12 分鐘之機率

解　　若 T 代表等車時間，X 代表到站時間

$(1)P\ (T<5)=P(10<X<15)+P(25<X<30)=\dfrac{5}{30}+\dfrac{5}{30}=\dfrac{1}{3}$

$(2)P\ (T>12)=P(0<X<3)+P(15<X<18)=\dfrac{3}{30}+\dfrac{3}{30}=\dfrac{1}{5}$

定理 6-1

$X\sim U\ (a,\ b)$，則

$(1)E\ [X]=\dfrac{a+b}{2}$

$(2)Var\ (X)=\dfrac{(b-a)^2}{12}$

證明：$(1)E\ [X]=\displaystyle\int_a^b xf_X(x)\,dx=\dfrac{1}{b-a}\int_a^b x\,dx=\dfrac{1}{2(b-a)}\ (b^2-a^2)=\dfrac{b+a}{2}$

$(2)E\ [X^2]=\displaystyle\int_a^b x^2\dfrac{1}{b-a}\,dx=\dfrac{1}{b-a}\dfrac{b^3-a^3}{3}=\dfrac{b^2+a^2+ab}{3}$

$\therefore Var(X)=E\ [X^2]-\ (E\ [X])^2=\dfrac{b^2+a^2+ab}{3}-\left(\dfrac{a+b}{2}\right)^2=\dfrac{(b-a)^2}{12}$

定理 6-2

$X\sim U\ (a,\ b)$ 則 X 之 **CDF**，$F_X\ (x)$ 為

$F_X\ (x)=\begin{cases}0;\ x<a\\[2mm]\dfrac{x-a}{b-a};\ a\le x\le b\\[2mm]1;\ x>b\end{cases}$

證明：若 $x<a$，顯然 $F_X(x)=0$

若 $a\le x\le b$，則 $F_X(x)=\displaystyle\int_{-\infty}^x\dfrac{1}{b-a}\,dt=\dfrac{1}{b-a}\int_a^x dt=\dfrac{x-a}{b-a}$

若 $x>b$，則 $F_X(x)=\displaystyle\int_a^b\dfrac{1}{b-a}\,dt=1$

例題 2：若 $X\sim U(0,\ 1)$，求

　　　$(1)M_X(t)$

　　　$(2)E\ [X]$，$Var\ (X)$

解　(1)$E\ [e^{tx}] = \int_0^1 e^{tx} f_x(x) dx = \int_0^1 e^{tx} dx = \dfrac{e^t - 1}{t}$

(2)$E\ [X] = \dfrac{d}{dt}\ (M_X(t))\Big|_{t=0} = \dfrac{te^t - e^t - 1}{t^2}\Big|_{t=0} = \dfrac{te^t}{2t}\Big|_{t=0} = \dfrac{te^t + e^t}{2}\Big|_{t=0}$

$\quad = \dfrac{1}{2}$

$E\ [X^2] = M_X''(t)\Big|_{t=0} = \dfrac{t^2 e^t - 2(te^t - e^t + 1)}{t^3}\Big|_{t=0} = \dfrac{1}{3}$

$Var\ (X) = M_X''(0) - (M_X'(0))^2 = \dfrac{1}{3} - \dfrac{1}{4} = \dfrac{1}{12}$

例題3：Let X be a continuous random variable having a uniform probability density function over the interval $(-1, 1)$ .i.e, X has a zero density outside the interval $(-1, 1)$ and a constant density inside the interval.　【交大運輸】

(a)Find $E\ (X)$ and $Var\ (X)$

(b)Find $E(|X|)$ and $Var(|X|)$

(c)Determine the cumulative distribution of Y, if $Y = X^2$.

(d)Determine the cumulative distribution of Y, if $Y = |X|$.

解　$X \sim U\ (-1, 1) \Rightarrow f_X(x) = \begin{cases} \dfrac{1}{2}; & -1 \le x \le 1 \\ 0; & o.w. \end{cases}$

(a)$E\ [X] = \int_{-1}^1 x\dfrac{1}{2}\ dx = 0$

$E\ [X^2] = \int_{-1}^1 x^2 \dfrac{1}{2}\ dx = \dfrac{1}{3}$

$\Rightarrow Var\ (X) = \dfrac{1}{3}$

(b)$E[|X|] = \int_{-1}^1 |x|\dfrac{1}{2}\ dx = \int_{-1}^0 \dfrac{-x}{2}\ dx + \int_0^1 \dfrac{x}{2}\ dx = \dfrac{1}{2}$

$E[|X|^2] = E\ [X^2] = \dfrac{1}{3}$

$\therefore Var(|X|) = \dfrac{1}{3} - \left(\dfrac{1}{2}\right)^2 = \dfrac{1}{12}$

(c)$F_Y(y) = P\ (Y \le y) = P\ (X^2 \le y) = P\ (-\sqrt{y} \le X \le \sqrt{y})$

$$\Rightarrow F_X(\sqrt{y}) - F_X(-\sqrt{y}) = \frac{\sqrt{y}+1}{2} - \frac{-\sqrt{y}+1}{2} = \sqrt{y}$$

(d)同上

$$F_Y(y) = P(|X| \le y) = P(-y \le X \le y) = y;\ 0 < y \le 1$$

例題 4：$X \sim U(0, 1), Y = aX + b, a > 0, b > 0$，試證明

$Y \sim U(b, a+b)$

解
$$f_X(x) = \begin{cases} 1;\ 0 \le x \le 1 \\ 0;\ o.w \end{cases}$$

$$\Rightarrow F_X(x) = \begin{cases} 0;\ x < 0 \\ x;\ 0 \le x \le 1 \\ 1;\ x > 1 \end{cases}$$

$$Y = aX + b \Rightarrow F_Y(y) = P(Y \le y) = P(aX + b \le y)$$

$$= P\left(X \le \frac{y-b}{a}\right)$$

$$= F_X\left(\frac{y-b}{a}\right)$$

$$\Rightarrow F_Y(y) = \begin{cases} 0;\ y < b \\ \dfrac{y-b}{a};\ b \le y \le a+b \\ 1;\ y \ge a+b \end{cases}$$

$$\Rightarrow f_Y(y) = \begin{cases} \dfrac{1}{a},\ b \le y \le a+b \\ 0;\ o.w. \end{cases}$$

$$\therefore Y \sim U(b, a+b)$$

例題 5：若 X 均勻分佈於 $(-1, 1)$，與 $(3, 5)$，求 $f_X(x), F_X(x)$

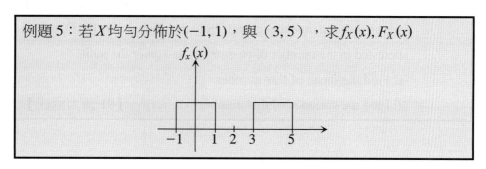

解

(1)$f_X(x) = \begin{cases} \dfrac{1}{4}; & -1 \le x \le 1 \\ \dfrac{1}{4}; & 3 \le x \le 5 \\ 0; & o.w. \end{cases}$

(2)$F_X(x) = \begin{cases} 0; & x \le -1 \\ \displaystyle\int_{-1}^{x} \frac{1}{4}\,dx = \frac{x+1}{4}; & -1 \le x \le 1 \\ \displaystyle\int_{-1}^{1} \frac{1}{4}\,dx = \frac{1}{2}; & 1 < x \le 3 \\ \frac{1}{2} + \displaystyle\int_{3}^{x} \frac{1}{4}\,dx = \frac{x-1}{4}; & 3 < x \le 5 \\ 1; & x > 5 \end{cases}$

例題 6：Let X be a continuous random variable with PDF and CDF $f_X(x)$, $F_X(x)$. Let Y be a random variable defined by $Y = F_X(x)$.

(1) Find the PDF of Y.

(2) Discuss possible applications of the result in (1). 【91 台大電機】

解

(1)$f_Y(y) = 1, \ 0 \le y \le 1$

(2)先產生 $Y \sim U(0, 1)$，再進行 $X = F_X^{-1}(Y)$ 之變數變換，則可製造出任意 PDF 為 $f_X(x)$ 之 random variable X。

例題 7：Suppose that by any time t, the number of people that have arrived at a train station is a Poisson random variable with mean λt. If the initial train arrives at a time that is uniformly distributed over $(0, T)$, we are interested in the number of passengers that enter the train.

(1) Find the mean of this number.

(2) Find the variance of this number. 【91 清大通訊】

解 (1) Let X: the number of passengers that enter the train

$$E[X] = E[E[X|T]]$$
$$= E[\lambda T]$$
$$= \lambda E[T] = \frac{\lambda T}{2}$$

(2) $E[X^2] = E[E[X^2|T]]$
$$= E[\lambda T + \lambda^2 T^2]$$
$$= \lambda E[T] + \lambda^2 E[T^2]$$
$$\therefore Var(X) = E[X^2] - (E[X])^2 = \lambda E[T] + \lambda^2\{E[T^2] - (E[T])^2\}$$
$$= \lambda E[T] + \lambda^2 Var(T)$$
$$= \lambda \frac{T}{2} + \lambda^2 \frac{T^2}{12}$$

例題 8：The random variable X has two possible values $+1$ and -1, and X is added by a uniform random variable N over $(-2, 2)$ to form a new random variable Y. The value of Y is decided by passing Y through a sign function:

$$Y = \begin{cases} +1; & X+N \geq 0 \\ -1; & X+N < 0 \end{cases}$$

Assume the occurrence probabilities of $X=+1$ and $X=-1$ are 0.6 and 0.4, respectively.

(1) What is the probability of $X=-1$ when $Y=+1$?

(2) To reduce the probability in (1), we enlarge the amplitude of X more than unity. What is the minimal amplitude of X such that the probability is below 0.1? 【93 中央通訊】

解 (1) $\dfrac{2}{11}$ (2) $\dfrac{0.4 \times \frac{1}{4}(2-a)}{0.4 \times \frac{1}{4}(2-a) + 0.6 \times \frac{1}{4}(2+a)} \leq 0.1$

例題 9：A boy is frequently late in meeting his girl friend by an averaged frequency of two times out of three times. When he is late, his late time span is uniformly distributed from 0 to 15 minutes. Whenever he is late for more than 10 min., his girl friend will walk away. Assumed that they meet daily and their meeting time is always scheduled at 9 PM and ended at 10 PM. What is the PDF of their meeting time length? What is their averaged daily meeting time length?

【93 交大電子】

解

$$(1) f_T(t) = \begin{cases} \dfrac{2}{3} \times \dfrac{1}{3}; & T = 0 \\[2mm] \dfrac{1}{3}; & T = 60 \\[2mm] \dfrac{2}{3} \times \dfrac{2}{3} \times \dfrac{1}{10}; & 50 < T < 60 \end{cases}$$

$$(2) E[T] = \frac{1}{3} \times 60 + \frac{2}{3} \times \frac{2}{3} \times \frac{1}{10} \int_{50}^{60} t\,dt$$

6-2　指數分佈

在第三章中，我們考慮了布阿松（Poisson）分佈，在時間長度為 t 時，事件發生 n 次，$N(t) = n$ 機率為

$$P(N(t) = n) = \frac{e^{-\lambda t}(\lambda t)^n}{n!}; \quad n = 0, 1, 2, \cdots \tag{6.1}$$

其中 λ 表示每單位時間平均發生之次數，換言之，$\dfrac{1}{\lambda}$ 表事件發生之平均間隔時間（Mean time between arrivals）若隨機變數 T 代表第一次發生所需等待時間（Waiting time）或相鄰兩事件發生之間隔時間（Interarrival time）

$$\text{If } T > t \Rightarrow N(t) = 0$$

$$\therefore P\,(T > t\,) = P\,(N(t) = 0) = e^{-\lambda t}$$

$$F_T(t) = P\,(T < t) = 1 - P\,(T > t) = 1 - e^{-\lambda t}$$

$$\Rightarrow f_T(t) = \frac{dF_T(t)}{dt} = \lambda e^{-\lambda t} \qquad (6.2)$$

定義：指數分佈（Exponential distribution）：若隨機變數 X 之 PDF 為

$$f_X(x) = \begin{cases} \lambda e^{-\lambda x}; & x > 0 \\ 0; & else\,where \end{cases} \qquad (6.3)$$

則稱 X 為具參數 λ 之指數分佈，表示為 $X \sim NE\,(\lambda)$

觀念提示：若以事件發生一次所需平均時間 $\beta = \dfrac{1}{\lambda}$ 為參數，則指數分佈

可改寫為

$$f_X(x) = \begin{cases} \dfrac{1}{\beta} e^{-\frac{x}{\beta}}; & x > 0 \\ 0; & else\,where \end{cases} \qquad (6.4)$$

例題 10：若 $N(t)$ 代表為在時間間隔 t 內到達之數目，且 $N(t)$ 為 Poisson random variable.

(1)若 T 代表第一個到達的時間，求 T 之 PDF，$f_T(t) = ?$

(2)若平均每小時有 10 個到達，求 inter-arrival time > 15 分鐘 之機率

解　(1)$P\,(T > t) = P\,(N\,(t) = 0) = e^{-\lambda t} \Rightarrow F_T(t) = 1 - e^{-\lambda t}$

$\therefore f_T(t) = \dfrac{dF_T(t)}{dt} = \lambda e^{-\lambda t};\ t > 0$

$$(2)\lambda = \frac{10}{60} = \frac{1}{6}$$

$$\therefore f_T(t) = \frac{1}{6} e^{-\frac{t}{6}}$$

$$\therefore P(T > 15) = P(N(15) = 0) = \int_{15}^{\infty} \frac{1}{6} e^{-\frac{t}{6}} dt = e^{-\frac{15}{6}}$$

定理 6-3

若 $X \sim NE(\lambda)$，則

$$P(X > s + t \mid X > t) = P(X > s) \tag{6.5}$$

證明：$\because F_X(x) = \int_0^x f_X(t)\, dt = 1 - e^{-\lambda t}$

$$\therefore P(X > s + t \mid X > t) = \frac{P(X > s + t)}{P(X > t)} = \frac{1 - F_X(s + t)}{1 - F_X(t)} = \frac{e^{-\lambda(s + t)}}{e^{-\lambda t}} = e^{-\lambda t}$$

$$= P(X > s)$$

觀念提示：　1. 本定理為指數分佈之無記憶性（Memoryless）特性

2.（6.5）亦可改寫為：

$$P(X > s + t) = P(X > s)P(X > t) \tag{6.6}$$

3. 若某粒子衰變（Decay）所需之時間成指數分佈，定理 6-3
   在說明若此粒子經過時間 t 仍未衰變，則它可在維持時間
   s 不衰變之機率與一開始能維持時間 s 不衰變之機率相同

4. 若某物件之使用壽命呈指數分佈，則自某個參考時間點 t
   $= 0$ 算起，此物件壽命為 10 天之機率與已知其已使用了一
   個月，還能再使用 10 天之機率相等。

例題 11：Prove that if X is a positive, continuous, memoryless random variable with distribution function F, then $F(x) = 1 - e^{-\lambda x}$, for some λ

> > 0. This shows that the exponential is the only distribution on (0, ∞) with the memoryless property. 　　【100 成大電通】

證明：If X is a positive, continuous, memoryless random variable, then

$P(X > x + dx | X > x) = P(X > dx)$

$\Rightarrow \dfrac{P(X > x + dx)}{P(X > x)} = P(X > dx)$

$\Rightarrow 1 - P(X \le x + dx) = [1 - P(X \le x)][1 - P(X \le dx)]$

$\Rightarrow P(X \le x + dx) - P(X \le x) = P(X \le dx)[1 - P(X \le x)]$

$\Rightarrow f_X(x)\,dx = f_X(0)dx[1 - F_X(x)]$

Let $f_X(0) = \lambda$, for some $\lambda > 0$, then we have

$f_X(x) = \lambda[1 - F_X(x)]$

Differentiate on both side, we have

$\dfrac{df_X(x)}{dx} = -\lambda f_X(x)$

$\therefore f_X(x) = ce^{-\lambda x}$

　From the initial condition $f_X(0) = \lambda$, we can obtain $c = \lambda$. Therefore,

$f_X(x) = \lambda e^{-\lambda x}$

定理 6-4

若 $X \sim NE(\lambda)$，則

(1) $E[X] = \dfrac{1}{\lambda}$

(2) $Var(X) = \dfrac{1}{\lambda^2}$

(3) $M_X(t) = \dfrac{\lambda}{\lambda - t}$ $(t < \lambda)$

證明：(1) $E[X] = \displaystyle\int_0^\infty x\lambda e^{-\lambda x}\,dx = -\lambda \left(\dfrac{x}{\lambda} e^{-\lambda x} \Big|_0^\infty + \dfrac{x}{\lambda^2} e^{-\lambda x} \Big|_0^\infty \right)$

$\qquad = \dfrac{1}{\lambda}$

(2) $E[X^2] = \displaystyle\int_0^\infty x^2\lambda e^{-\lambda x}\,dx = \lambda \left(\dfrac{x^2}{\lambda} e^{-\lambda x} \Big|_0^\infty + \dfrac{2x}{\lambda^2} e^{-\lambda x} \Big|_0^\infty + \dfrac{2}{\lambda^3} e^{-\lambda x} \Big|_0^\infty \right)$

$$= \frac{2}{\lambda^2}$$

$$\therefore Var = E\,[X^2] - (E\,[X])^2 = \frac{1}{\lambda^2}$$

$$(3)\,M_X(t) = E\,[e^{tx}] = \int_0^{\infty} e^{tx}\,\lambda e^{-\lambda x}\,dx$$

$$= \lambda \int_0^{\infty} e^{(t-\lambda)x}\,dx = \frac{\lambda}{\lambda - t};\ t < \lambda$$

定理 6-5

若 $X \sim NE\,(\lambda)$，則

$$E\,[X^n] = \frac{n!}{\lambda^n}$$

證明：由定理 6-4 之證明之延伸可得

定理 6-6

若 $X \sim NE\,(\lambda)$, then $Y = [X]$ (smallest integer that $> X$) is a Geometric random variable with parameter $p = 1 - e^{-\lambda}$

證明：
$$f_Y(y) = P\,(Y = y) = P\,(y - 1 \le X < y)$$
$$= F_X(y) - F_X(y-1) = (1 - e^{-\lambda y}) - (1 - e^{-\lambda(y-1)})$$
$$= e^{-\lambda(y-1)}(1 - e^{-\lambda})$$
$$= (1 - p)^{y-1}p;\ y = 1, 2, \cdots$$

定理 6-7

If $X_1, \cdots, X_n$ are independent exponential random variables having respective parameters $\lambda_1, \cdots, \lambda_n$，then the random variable $X = \min\,(X_1, \cdots, X_n)$ is exponential with parameter $\sum\limits_{i=1}^{n} \lambda_i$

證明：$P(X > x) = P(\min(X_1, \cdots, X_n) > x) = P(X_1 > x, \cdots X_n > x)$

$$= \prod_{i=1}^{n} P(X_i > x)$$

$$= \prod_{i=1}^{n} e^{-\lambda_i x}$$

$$= \exp\left(-\sum_{i=1}^{n} \lambda_i x\right)$$

$$\Rightarrow f_X(x) = \frac{d}{dx}\left(1 - \exp\left(-\sum_{i=1}^{n} \lambda_i x\right)\right) = \sum_{i=1}^{n} \lambda_i\, e^{-\sum_{i=1}^{n} \lambda_i x}$$

$$\Rightarrow E[X] = \frac{1}{\sum\limits_{i=1}^{n} \lambda_i}$$

例題 12：如§1-5 所述，若 n 個開關串接，且各開關獨立運作，各個開關壽命分別為具參數 $\lambda_1, \cdots, \lambda_n$ 之指數分佈，求系統運作時間超過 t 之機率？

 若系統運作時間為 T，則利用定理 6-7 可得 $P(T > t) = \exp\left(-\sum\limits_{i=1}^{n} \lambda_i t\right)$

例題 13：There are 5 telephone operators taking service calls from customers. The service time for each operator has an exponential distribution with the same parameter, which is equal to 5 (in minutes). Suppose that you call, all 5 operators are busy, but there is no other customer waiting to be answered before you. And your call will be answered by the first available operator.

(1) What is your average waiting time?

(2) What is the probability that you will wait at least 5 minutes?

解　　$X = \min(X_1, \cdots X_5) \Rightarrow X \sim NE\left(\sum\limits_{i=1}^{5} \lambda_i\right) = NE\left(\sum\limits_{i=1}^{5} \frac{1}{5} = 1\right)$

(1) 1　(2) e^{-5}

例題 14：若 X 為具參數 λ 之指數分佈

(1)若 $F_X(a) = \dfrac{1}{2}$，求 $a = ?$

(2)求 $P(1 \le X \le 2) = ?$

(3)求 $P(X < 1 \text{ or } X > 2) = ?$

(4)若 $P(X \ge 0.01) = \dfrac{1}{2}$，求 $\lambda = ?$

(5)接續(4)，若 $P(X \ge b) = 0.9$，求 $b = ?$

解

(1)$F_X(x) = 1 - e^{-\lambda x}; \ x > 0$

$\therefore F_X(a) = 1 - e^{-\lambda a} = \dfrac{1}{2} \Rightarrow a = \dfrac{\ln 2}{\lambda}$

(2)$P(1 \le X \le 2) = F_X(2) - F_X(1) = e^{-\lambda} - e^{-2\lambda}$

(3)$P(X < 1 \text{ or } X > 2) = 1 - P(1 \le X \le 2)$

$\qquad\qquad\qquad\qquad\quad = 1 - e^{-\lambda} + e^{-2\lambda}$

(4)$P(X \ge 0.01) = 1 - F_X(0.01) = e^{-0.01\lambda} = \dfrac{1}{2}$

$\quad \Rightarrow \lambda = 100\ln 2$

(5)$P(X \ge b) = 1 - F_X(b) = e^{-\lambda b} = 0.9$

$\quad \Rightarrow b = \dfrac{-\ln 0.9}{\lambda} = -\dfrac{\ln 0.9}{100\ln 2}$

例題 15：若一汽車之電池壽命呈指數分佈，且平均值為 10000 公里，若此車已開了 8000 公里，某人將駕車進行 5000 公里之旅行，求在旅程結束前不需進行電池更換之機率為何？

【台大電機】

解

設電池之壽命為 T，則

$f_T(t) = \dfrac{1}{10} e^{-\frac{1}{10}t}, \ t > 0$（以 1000 公里為單位）

$\Rightarrow F_T(t) = 1 - e^{-\frac{1}{10}t}$

$P(T > 5) = 1 - F_T(5) = 1 - (1 - e^{-\frac{1}{2}}) = e^{-\frac{1}{2}} \approx 0.604$

> 例題 16：設獨立作業之甲乙二號公車皆可駛向目的地，且兩者發車
> 時間皆為指數分佈。甲之平均發車時間 30 分鐘，乙則為
> 20 分鐘，求此人等車時間之機率分佈及期望值

解 若 X 表甲車之發車時間 $\Rightarrow X \sim NE\left(\dfrac{1}{30}\right)$

若 Y 表乙車之發車時間 $\Rightarrow Y \sim NE\left(\dfrac{1}{20}\right)$

令 $Z = \min(X, Y) \Rightarrow f_Z(z) = P(\min(X, Y) \le z)$

$\qquad = 1 - P(X > z, Y > z)$

$\qquad = 1 - P(X > z)(Y > z)$

$\qquad = 1 - \left[\displaystyle\int_z^\infty \frac{1}{30} e^{-\frac{1}{30}x} \, dx\right]\left[\displaystyle\int_z^\infty \frac{1}{20} e^{-\frac{1}{20}y} \, dy\right]$

$\qquad = 1 - e^{-\left(\frac{1}{20} + \frac{1}{30}\right)z}$

$\Rightarrow f_Z(z) = \dfrac{d}{dz} f_Z(z) = \left(\dfrac{1}{20} + \dfrac{1}{30}\right) e^{-\left(\frac{1}{20} + \frac{1}{30}\right)z}; \ 0 < z < \infty$

$\Rightarrow Z \sim NE\left(\dfrac{1}{20} + \dfrac{1}{30}\right)$

$\therefore E[Z] = \displaystyle\int_0^\infty z f_Z(z) \, dz = \dfrac{1}{\dfrac{1}{30} + \dfrac{1}{20}} = 12$

> 例題 17：假設在一通信系統中訊息之傳遞時間為一隨機變數 T，且滿
> 足 $P(T > t) = e^{-\lambda t}; \ t > 0$
> (1)求隨機變數 T 之 CDF
> (2)$P\left(\dfrac{1}{\lambda} < T < \dfrac{2}{\lambda}\right) = ?$
> (3)$f_T(t) = ?$

解 (1)$F_T(t) = P(T \le t) = 1 - P(T > t)$

$\qquad \therefore F_T(t) = \begin{cases} 0; & t < 0 \\ 1 - e^{-\lambda t}; & t > 0 \end{cases}$

(2)$P\left(\dfrac{1}{\lambda} < T < \dfrac{2}{\lambda}\right) = F_T\left(\dfrac{2}{\lambda}\right) - F_T\left(\dfrac{1}{\lambda}\right)$

$$(3) f_T(t) = \frac{dF_T(t)}{dt} = \begin{cases} 0; & t < 0 \\ \lambda e^{-\lambda t}; & t > 0 \end{cases}$$

例題 18：假設在一西餐廳中每一顧客被服務之時間為一指數分佈隨機變數，且其平均值為 4 分鐘。若某一顧客在未來之 6 天均至此餐廳用餐，求至少有 4 天，其被服務之時間少於 3 分鐘之機率？

解

$$P(X < 3) = \frac{1}{4} \int_0^3 e^{-\frac{x}{4}} dx = 1 - e^{-\frac{3}{4}} \approx 0.5276$$

$Y =$ the number of days a person is served in less than 3 minutes

$$P(Y \geq 4) = \sum_{y=4}^6 \binom{6}{y} (0.5276)^y (0.4724)^{6-y}$$

例題 19：若 $X \sim NE(\lambda)$，$Y = 2X$，求 $f_Y(y) = ?$

解

$$F_Y(y) = P(Y \leq y) = P(2X \leq y) = P\left(X \leq \frac{y}{2}\right) = F_X\left(\frac{y}{2}\right)$$

$$f_Y(y) = \frac{dF_Y(y)}{dy} = f_X\left(\frac{y}{2}\right) \cdot \frac{1}{2} = \frac{\lambda}{2} e^{-\frac{\lambda}{2}y}; \, y > 0$$

Note：顯然 $Y \sim NE\left(\frac{\lambda}{2}\right)$，由本題目之結果可得以下定理

定理 6-8

若 $X \sim NE(\lambda)$，$Y = kX$，且 $k > 0$，則 $Y \sim NE\left(\frac{\lambda}{k}\right)$

例題 20：$X \sim NE(\alpha)$, $Y \sim NE(\beta)$, X, Y 相互獨立

(1) $Z = \min(X, Y)$，求 $f_Z(z)$

(2) $Z = \max(X, Y)$，求 $f_Z(z)$

(3) 求 $P(X < Y)$　　　　　　　　　　　【83 交大資訊】

解　$f_X(x) = \alpha e^{-\alpha x}, f_Y(y) = \beta e^{-\beta x}, x > 0, y > 0$

(1)$F_Z(z) = P(\min(X, Y) \le z) = 1 - P(\min(X, Y) > z)$

$\qquad = 1 - P(X > z)P(Y > z)$

$\qquad = 1 - e^{-\alpha z}e^{-\beta z}$

$\therefore f_Z(z) = (\alpha + \beta)\, e^{-(\alpha+\beta)z}, z \ge 0$

(2)$F_Z(z) = P(\max(X, Y) \le z) = P(X \le z)P(Y \le z)$

$\qquad = (1 - e^{-\alpha z})(1 - e^{-\beta z})$

$\therefore f_Z(z) = \alpha e^{-\alpha z} + \beta e^{-\beta z} - (\alpha + \beta)\, e^{-(\alpha+\beta)z}, z \ge 0$

(3)$P(X < Y) = \int_0^\infty \int_0^y \alpha\beta e^{-\alpha x}e^{-\beta x}\, dxdy = \dfrac{\alpha}{\alpha + \beta}$

例題 21：Guests arrive at a hotel in accordance with a Poisson process at a rate of 6 per hour.

(1) What is the probability that no guest arrives during 10 minutes?

(2) What is the probability that it takes no more than 4 min from the arrival of the 10th to 11th guest?

(3) Suppose that for the last 10 min. no guest has arrived.

What is the probability that the next guest will arrive in less than 4 min?　　　　　　　　　　　　　　　　　　　【92 清大通訊】

解　(1) 每小時 6 人,即每 10 分鐘 1 人

$\quad P(N(t) = 0) = \dfrac{e^{-1}1^0}{0!} = e^{-1} = P(T > 10)$

(2)$f_T(t) = \dfrac{1}{10}e^{-\frac{t}{10}}; t > 0 \quad (\lambda = \dfrac{1}{10}$ 人$/min)$

$\quad P(T \le 4) = \int_0^4 \dfrac{1}{10}e^{-\frac{1}{10}t}\, dt = 1 - e^{-\frac{2}{5}}$

(3)$P(T < 14 | T > 10) = 1 - P(T \ge 14 | T > 10)$

$\qquad\qquad\qquad = 1 - P(T \ge 14)$

$\qquad\qquad\qquad = 1 - e^{-\frac{2}{5}}$

例題 22：Assume that the objects locate randomly on the plane such that for any region of area A, the number of objects in that region has a Poisson distribution with mean λA. Consider an arbitrary point in the plane and let X denotes its distance from its nearest object. Find $P(X>t)$ 【90 清大通訊】

解

$F_X(t)=P(X\le t)=1-P(X>t)$

$P(X>t)=P(\text{only one object within } A=\pi t^2)$

$$=e^{-\lambda\pi t^2}\frac{(\lambda\pi t^2)^1}{1!}=\lambda\pi t^2 e^{-\lambda\pi t^2}$$

$$\therefore f_X(t)=\frac{dF_X(t)}{dt}=\begin{cases}2\lambda^2\pi^2 t^3 e^{-\lambda\pi t^2} & ;\ t\ge 0\\ 0 & ;\ o.w.\end{cases}$$

例題 23：Suppose the time until the next eruption of the volcano that destroyed Pompeii is modeled as an exponential random variable X with average of 100 years starting from the last eruption in 1944.

(1) Given that the volcano has not erupted up to 2006, i.e., $X>62$, let $Y=X-62$ be the remaining time until the next eruption, find the average remaining time until the next eruption, $E[Y|X>62]$.

(2) Suppose X is modeled as uniformly distributed random variable between 0 and 200. let $Y=X-62$ be the remaining time until the next eruption, find the average remaining time until the next eruption 【96 元智通訊】

解

(1)$E[Y|X>62]=E[X|X>62]-62=162-62=100$

(2)$E[X|X>62]=\int_{62}^{200}x\frac{1}{138}dx=131$

$E[Y|X>62]=131-62=69$

例題 24：A customer entering a store is served by clerk i with probability p_i; $i = 1, \cdots, n$. The time taken by clerk i to service a customer is an exponentially distributed random variable with parameter α_i; $i = 1, \cdots, n$

(1) Find the PDF of the time, T, taken to service a customer

(2) Find $E[T]$, $Var(T)$　　　　　　　　　【95 雄大通訊】

(1)$f_T(t) = \sum_{i=1}^{n} p_i \alpha_i \exp(-\alpha_i t)$

(2)$E[T] = \sum_{i=1}^{n} \frac{p_k}{\alpha_k}$, $Var(T) = \sum_{i=1}^{n} p_k \frac{2}{\alpha_k^2} - \left(\sum_{i=1}^{n} \frac{p_k}{\alpha_k} \right)^2$

例題 25：The waiting time T of a customer at a store counter is zero if there is no one else waiting at the counter, and an exponential random variable with mean 2 if there is someone waiting at the counter. The probability that someone is waiting when the customer arrives at the counter is 3/4.

(a)Find the cumulative distribution function of T.

(b)Find the mean and variance of T.　　　　【100 中興電機】

(a)$F_T(t) = F_{T|A}(t)P(A) + F_{T|\overline{A}}(t)P(\overline{A})$

(b)$E[T] = E[T|A]P(A) + E[T|\overline{A}]P(\overline{A})$

例題 26：The lifetime of a light bulb is an exponential random variable X with parameter λ i.e., the p.d.f. of the random X is defined as $f_X(x) = \lambda e^{-\lambda x}$, $x \geq 0$

(1) Describe and prove the memoryless property of the random variable X.

(2) Suppose 100 new light bulbs are installed at time $t = 0$. Find the

probability that all light bulbs are still working at time $t = 10$.

(Hint: Use the parameter λ to express the answer.)

【100 中正電機通訊】

$P(X \geq 10) = e^{-10\lambda}$

$\Rightarrow P$(all light bulbs are still working at time $t = 10$): $(e^{-10\lambda})^{100}$

6-3　Gamma（Γ）分佈

參考上節之敘述，若 T 代表 Poisson arrival 中第一次發生所需之等待時間，則 T 為指數分佈，若 T 代表第 α 次發生所需之等待時間，則

$$P(T > t) = P(\text{at time } t \text{ 至多發生}(\alpha - 1)\text{次})$$

$$= P(N(t) \leq (\alpha - 1))$$

$$= \sum_{n=0}^{\alpha-1} \frac{e^{-\lambda t}(\lambda t)^n}{n!} \quad (6.7)$$

$$\therefore F_T(t) = 1 - P(T > t) = 1 - \sum_{n=0}^{\alpha-1} \frac{e^{-\lambda t}(\lambda t)^n}{n!} \quad (6.8)$$

$$\therefore f_T(t) = \frac{dF_T(t)}{dt} = \lambda e^{-\lambda t} \sum_{n=0}^{\alpha-1} \frac{(\lambda t)^n}{n!} - \lambda e^{-\lambda t} \sum_{n=1}^{\alpha-1} \frac{(\lambda t)^{n-1}}{(n-1)!}$$

$$= \lambda e^{-\lambda t} \frac{(\lambda t)^{\alpha-1}}{(\alpha-1)!} = \frac{\lambda^\alpha}{(\alpha-1)!} e^{-\lambda t} t^{\alpha-1} \quad (6.9)$$

定義：若連續隨機變數 X 之 PDF 為

$$f_X(x) = \lambda e^{-\lambda t} \frac{(\lambda x)^{\alpha-1}}{(\alpha-1)!} = \frac{\lambda^\alpha}{\Gamma(\alpha)} x^{\alpha-1} e^{-\lambda x}; \; x > 0, \; \alpha \in N$$

則稱 X 為以 α，λ 為參數之 Γ 分佈，表示為 $X \sim \Gamma(\alpha, \lambda)$

觀念提示：　1.顯然的，若 $\alpha = 1$，則 Γ 分佈退化為指數分佈

$\Gamma(1, \lambda) \rightarrow NE(\lambda)$

2.Γ 分佈亦稱為 Erlang 隨機變數

例題 27：某便利商店之顧客，以平均二分鐘間隔之 Poisson arrival 抵達，求某日之第一與第三個顧客之間隔時間 ≥ 4 分鐘之機率

解　　若 X 代表 the inter-arrival time between the 1st and 3rd customers

$\Rightarrow X \sim \Gamma\left(2, \dfrac{1}{2}\right)$ 且 $\lambda = \dfrac{1}{2}\left(\dfrac{number\ of\ arrivals}{\min ute}\right)$

$P(X \geq 4) = \displaystyle\int_4^\infty \frac{x}{\Gamma(2)2^2} e^{-\frac{x}{2}}\,dx$

$\qquad\qquad = P(N(4) < 2)$

$\qquad\qquad = \displaystyle\sum_{n=0}^1 \frac{e^{-\lambda}(\lambda t)^n}{n!} = \sum_{n=0}^1 \frac{e^{-2} 2^n}{n!}$

$\qquad\qquad = 3e^{-2}$

定理 6-9

$X \sim \Gamma(\alpha, \lambda)$

(1) $E[X] = \dfrac{\alpha}{\lambda}$

(2) $Var(X) = \dfrac{\alpha}{\lambda^2}$

證明：$\because \displaystyle\int_0^\infty f_X(x)\,dx = 1 \Rightarrow \int_0^\infty x^{\alpha-1}e^{-\lambda x}\,dx = \frac{\Gamma(\alpha)}{\lambda^\alpha}$

$\quad E[X] = \displaystyle\int_0^\infty \frac{\lambda^\alpha}{\Gamma(\alpha)} x^\alpha e^{-\lambda x}\,dx = \frac{\lambda^\alpha}{\Gamma(\alpha)}\frac{\Gamma(\alpha+1)}{\lambda^{\alpha+1}} = \frac{\alpha}{\lambda}$

$\quad$ 同理可得 $E[X^2] = \dfrac{\alpha(\alpha+1)}{\lambda^2}$

$\quad \therefore Var\,X = E[X^2] - (E[X])^2 = \dfrac{\alpha(\alpha+1)}{\lambda^2} - \left(\dfrac{\alpha}{\lambda}\right)^2 = \dfrac{\alpha}{\lambda^2}$

觀念提示：定理 6-9 亦可由 MGF 來證明，若 $X \sim \Gamma(\alpha, \lambda)$，則其 MGF 為

$\quad M_X(t) = E[e^{tx}] = \dfrac{\lambda^\alpha}{\Gamma(\alpha)} \displaystyle\int_0^\infty e^{tx}e^{-\lambda x}x^{\alpha-1}\,dx$

$\quad\quad = \dfrac{\lambda^\alpha}{\Gamma(\alpha)} \displaystyle\int_0^\infty e^{-(\lambda-t)x}x^{\alpha-1}\,dx$

Let $y = (\lambda-t)x \Rightarrow dy = (\lambda-t)dx$，則原式

$\quad M_X(t) = \left(\dfrac{\lambda}{\lambda-t}\right)^\alpha \dfrac{1}{\Gamma(\alpha)} \displaystyle\int_0^\infty e^{-y}y^{\alpha-1}\,dy = \left(\dfrac{\lambda}{\lambda-t}\right)^\alpha$ 　　　（6.10）

定理 6-10

若 $S_n = X_1 + \cdots + X_n$ 代表一直到第 n 次事件發生所需之時間，則有

$S_n \sim \Gamma(n, \dfrac{1}{\lambda})$

證明：S_n 之 MGF 為

$$M(t) = E\{\exp[t(X_1 + \cdots + X_n)]\}$$

$$= E[e^{tX_1}] \cdots E[e^{tX_n}]$$

$$= \left(\frac{1}{1 - \dfrac{t}{\lambda}}\right)^n$$

$$\therefore S_n \sim \Gamma(n, \frac{1}{\lambda})$$

$$\therefore M_X'(t) = \frac{\alpha \lambda^\alpha}{(\lambda - t)^{\alpha+1}}$$

$$M_X''(t) = \frac{\alpha(\alpha+1)\lambda^\alpha}{(\lambda - t)^{\alpha+2}}$$

故 $E[X] = M_X'(0) = \dfrac{\alpha}{\lambda}$

$$Var(X) = E[X^2] - (E[X])^2 = M_X''(0) - \left(\frac{\alpha}{\lambda}\right)^2$$

$$= \frac{\alpha}{\lambda^2}$$

另解

$$K_X(t) = \ln M_X(t) = \alpha[\ln \lambda - \ln(\lambda - 1)]$$

$$\Rightarrow E[X] = K_X'(0) = \frac{\alpha}{\lambda - t}\bigg|_{t=0} = \frac{\alpha}{\lambda}$$

$$Var[X] = K_X''(0) = \frac{\alpha}{(\lambda - t)^2}\bigg|_{t=0} = \frac{\alpha}{\lambda^2}$$

定理 6-11

若 $X_1, X_2, \cdots, X_n$ 為獨立之 Γ random variables

$X_i \sim \Gamma(\alpha_i, \lambda)$

則 $X = \sum\limits_{i=1}^{n} X_i$ 仍為 Γ random variable with parameters $\left(\sum\limits_{i=1}^{n} \alpha_i, \lambda \right)$

$X \sim \Gamma \left(\sum\limits_{i=1}^{n} \alpha_i, \lambda \right)$

證明：以 $n=2$ 為例，由（6.10）可知

$$M_X(t) = E\left[e^{t(X_1 + X_2)} \right]$$

$$= M_{X_1}(t) \, M_{X_2}(t)$$

$$= \left(\frac{\lambda}{\lambda - t} \right)^{\alpha_1} \left(\frac{\lambda}{\lambda - t} \right)^{\alpha_2}$$

$$= \left(\frac{\lambda}{\lambda - t} \right)^{\alpha_1 + \alpha_2}$$

故 $X \sim \Gamma\,(\alpha_1 + \alpha_2, \lambda)$。依此類推，當 $X = \sum\limits_{i=1}^{n} X_i$

$$X \sim \Gamma \left(\sum\limits_{i=1}^{n} \alpha_i, \lambda \right)$$

定理 6-12

若隨機變數 X 代表物件之使用壽命,則在時間 x 之單位時間內之故障率（Failure rate），$R\,(x)$ 為 $R\,(x) = \dfrac{f_X(x)}{1 - F_X(x)}$

證明：物件在時間 $(x, x+dx)$ 內故障之機率為 $f_X(x)\,dx$

$$R\,(x) = \lim_{\Delta x \to 0} \frac{P(x \le X \le x + \Delta x \mid X \ge x)}{\Delta x}$$

$$= \lim_{\Delta x \to 0} \frac{1}{\Delta x} \frac{P(x \le X \le x + \Delta x)}{P(X \ge x)}$$

$$= \lim_{\Delta x \to 0} \frac{1}{\Delta x} \frac{f_X(x) \Delta x}{1 - P(X \le x)}$$

$$= \frac{f_X(x)}{1 - F_X(x)}$$

$$X \sim NE\,(\lambda) \Rightarrow R(x) = \frac{f(x)}{1 - F(x)} = \frac{\lambda e^{-\lambda x}}{e^{-\lambda x}} = \lambda$$

$(1)\lambda = \dfrac{1}{\mu_X}$

(2)λ：單位時間事件發生率

(3)λ：單位時間故障（失敗）率

例題 28：(a)Trucks arriving at a depot satisfy the conditions of Poisson experiment with rate 6 per hour. Use the exponential distribution to model the interarrival time.

If a truck arrives at 10：14 A.M., what is the probability that the next truck will not arrive until after 10：45 A.M. ?

(b)For the above trucks, model the time between an arrival and the tenth following arrival. What is the variance ? What is the probability that the tenth arrival will occur within 2 hours ?

【交大資科】

(a)Let X be the time which the next truck arrives.

$$\therefore P\,(X>31)=P（在 31 分鐘內沒有下一輛卡車到達）$$

$$=\exp\left(-\frac{6}{60}\times 31\right)=\exp\,(-3.1)$$

(b)X be the time between an arrival and the tenth following arrival.

$$\therefore X\sim\Gamma(10,6)即 f_X\,(x)=\frac{6^{10}\,x^9\,e^{-6x}}{9!},\,0<x<\infty$$

$$\Rightarrow P\,(X\le 2)=\int_0^2 \frac{6^{10}\,x^9\,e^{-6x}}{9!}\,dx=1-\sum_{x=0}^{9}\frac{12^x\,e^{-12}}{x!}$$

$$E\,[X]=\frac{10}{6},\text{ and } Var\,(X)=\frac{10}{36}$$

例題 29：證明 "The sum of *i.i.d.* exponential random variables has the Γ PDF".

The Poisson process has interarrival times X_1, $X_2\cdots$ that are *i.i.d.* exponential random variables with mean $\frac{1}{\lambda}$. Thus, the time of nth arrival is

$$S_n = X_1 + X_2 + \cdots + X_n$$

$$\therefore M_{S_n}(t) = \prod_{i=1}^{n} M_{X_i}(t)$$

exponential random variable 之 PDF 為 $\dfrac{\lambda}{\lambda - t}$

$$\Rightarrow M_{S_n}(t) = \left(\dfrac{\lambda}{\lambda - t}\right)^n$$

此與 Gamma random variable 之 MGF 相同

觀念提示：由本例之結果可得以下定理：

定理 6-13

若 $X_1, \cdots, X_n$ 為獨立且具參數 λ 之指數隨機變數，則

$$\sum_{i=1}^{n} X_i \sim \Gamma\,(n, \lambda)$$

說例：若一電池之壽命為具參數 λ 之指數分佈，一收音機需一電池才能運作，今置入 n 個電池，則此收音機總共之操作時間為具參數 (n, λ) 之 gamma 隨機變數。

例題 30：$X \sim Po\,(\lambda)$，$\lambda \sim NE(1)$，證明 $P\,(X = n) = \left(\dfrac{1}{2}\right)^{n+1}$

解

$$P\,(X = n) = \int_0^\infty \dfrac{e^{-\lambda}\lambda^n}{n!} f_\Lambda\,(\lambda)d\lambda$$

$$= \int_0^\infty \dfrac{e^{-\lambda}\lambda^n}{n!} e^{-\lambda} d\lambda = \int_0^\infty \dfrac{e^{-2\lambda}\lambda^n}{n!} d\lambda$$

Let $\lambda = \dfrac{t}{2}$

$$\Rightarrow 原式 = \dfrac{1}{n!} \int_0^\infty e^{-t} \left(\dfrac{t}{2}\right)^n d\left(\dfrac{t}{2}\right)$$

$$= \dfrac{1}{n!} \left(\dfrac{1}{2}\right)^{n+1} \int_0^\infty e^{-t} t^n dt$$

由本章附錄三 Gamma 函數之定義可知 $\int_0^\infty e^{-t} t^n dt = n!$

$$\therefore 原式 = \frac{1}{n!} \times \left(\frac{1}{2}\right)^{n+1} \times n! = \left(\frac{1}{2}\right)^{n+1}$$

例題 31：Let X be a Poisson random variable with parameter λ. Let Y and Z be independent, identically-distributed exponential random variables with parameter μ.

(1) Show that $P(Y \leq y) = P(X \geq 1)$ if $\lambda = \mu y$

(2) Compute the PDF of W, where $W = Y + Z$

(3) Show that $P(W \leq w) = P(X \geq 2)$ if $\lambda = \mu w$

Actually it can be shown that if W is the sum of m independent, identically-distributed exponential random variables with parameter μ, then $P(W \leq w) = P(X \geq m)$ if $\lambda = \mu w$

(4) Can you prove the equality by giving an example to show that these two probabilities are the probability of the same event in an experiment 【83 台大電機】

解

(1) $P(Y \leq y) = \int_0^y \mu e^{-\mu t} \, dt = 1 - e^{-\mu y}$

$P(X \geq 1) = \sum_{x=1}^{\infty} \frac{e^{-\lambda} \lambda^x}{x!} = 1 - P(X=0) = 1 - e^{-\lambda}$

$\therefore P(Y \leq y) = P(X \geq 1)$ if $\mu y = \lambda$

(2) $F_W(w) = P(Y + Z \leq w) = \int_0^w \int_0^{w-z} f_{Y,Z}(y, z) \, dy \, dz$

$\quad\quad = -\mu w \exp(-\mu w) - \exp(-\mu w) + 1$

$f_W(w) = \dfrac{dF_W(w)}{dw} = \mu^2 w \exp(-\mu w)$, or

$f_W(w) = \int_0^w f_{Y,Z}(w - z, z) \, dz$

$\quad\quad = \int_0^w f_Y(w - z) f_Z(z) \, dz$

$$= u^2 w \exp(-\mu w), \; w > 0$$

$$(3) F_W(w)\Big|_{\lambda = \mu w} = -\mu w \exp(-\mu w) - \exp(-\mu w) + 1$$

$$= 1 - e^{-\lambda} - e^{-\lambda}\lambda$$

$$P(X \geq 2) = \sum_{x=2}^{\infty} \frac{e^{-\lambda}\lambda^x}{x!} = 1 - P(X=0) - P(X=1)$$

$$= 1 - e^{-\lambda} - e^{-\lambda}\lambda$$

$$(4) W = Y_1 + \cdots + Y_m, \; \{Y_i\} \; i.i.d., \; Y_i \sim NE(\mu)$$

$$P(X \geq m) = P(W \leq w)\Big|_{\lambda = \mu w}$$

觀念提示：某元件之單位時間故障率為 μ，若有 m 個備份元件，則其壽

命為 Gamma distribution, $W \sim \Gamma\left(m, \dfrac{1}{\mu}\right)$.

$P(W \leq w)$：壽命 $\leq w$ 之機率

意即平均之故障數為 μw

$P(X \geq m)$：一直到時間 w 時，元件之故障數目 $> m$ 之機率

兩者意義相同

例題 32：Let X_1, X_2, X_3 be mutually independent random variables with exponential distributions with means 1, 2, 3, respectively.

Find the moment generating function of $X_1 + 2X_2 + 2X_3$

【90 清大通訊】

解　　　Let $Z = X_1 + 2X_2 + 2X_3$

$$\Rightarrow M_Z(t) = E[e^{tZ}] = E[e^{t(X_1 + 2X_2 + 3X_3)}]$$

$$= E[e^{tX_1}]E[e^{2tX_2}]E[e^{3tX_3}]$$

指數分佈之 MGF 為 $\left(1 - \dfrac{t}{\lambda}\right)^{-1}$

$$\therefore M_Z(t) = \left(1 - \frac{t}{\lambda_1}\right)^{-1}\left(1 - \frac{2t}{\lambda_2}\right)^{-1}\left(1 - \frac{3t}{\lambda_3}\right)^{-1}$$

$$= \frac{1}{1-t} \cdot \frac{1}{1-4t} \cdot \frac{1}{1-9t}$$

例題 33：已知單位時間顧客前往櫃檯結帳人數滿足 Poisson Process，且平均每 2 分鐘 1 人

(1) 10 分鐘內結帳人數之 variance？

(2)第 3 位與第 4 位客人之間隔時間大於 3 分鐘之機率？

(3) 20 分鐘內多於 20 人結帳之機率？

(4)第 3 位和第 5 位客人之時間間隔之 variance？

【83 交大資科】

解

(1)每 2min 1 人 $\Rightarrow \lambda = 0.5$ 人／min

$$f_X(x) = \frac{e^{-\lambda t}(\lambda t)^x}{x!} = \frac{e^{-5} 5^x}{x!}; \ x = 0, 1, 2, \cdots$$

$$Var(x) = \lambda t = 5$$

(2)$f_T(t) = 0.5 e^{-0.5t}; \ t > 0$

$$\therefore P(T > 3) = \int_3^\infty f_T(t) dt = e^{-\frac{3}{2}}$$

(3)$f_X(x) = \frac{e^{-(0.5 \times 20)}(0.5 \times 20)^x}{x!} = \frac{e^{-10} 10^x}{x!}; \ x = 0, 1, 2, \cdots$

$$P(X > 20) = \sum_{x=21}^\infty f_X(x)$$

$$= 1 - \sum_{x=0}^{20} \frac{e^{-10} 10^x}{x!}$$

(4)$T \sim \Gamma(\alpha = 2, \lambda = \frac{1}{2})$

$$f_T(t) = \frac{t^{2-1} e^{-\frac{t}{2}}}{\Gamma(2) \cdot 2^2} = \frac{t e^{-\frac{t}{2}}}{4}; \ t \geq 0$$

$$Var(T) = 2 \times 2^2 = 8$$

例題 34：For i.i.d. random variables $X_1, X_2, \cdots, X_{10}$ with exponential distribution, what is the distribution of the sample mean $\frac{X_1 + X_2 + \cdots + X_{10}}{10}$?

【97 台大電信】

解　　$f_X(x) = \begin{cases} \lambda e^{-\lambda x}; & x > 0 \\ 0; & else\ where \end{cases}$

$$M_X(t) = E\,[e^{tX}] = \frac{\lambda}{\lambda - t}$$

$$\Rightarrow M_Y(t) = E\Big[e^{\frac{X_1 + X_2 + \cdots X_{10}}{10}}\Big] = \left(\frac{\lambda}{\lambda - \frac{1}{10}t}\right)^{10}$$

$$\therefore X \sim \Gamma(10,\ 10\lambda)$$

6-4　常態分佈

定義：常態分佈（Normal distribution）

若隨機變數 X 之 PDF 為

$$f_X(x) = \frac{1}{\sqrt{2\pi}\sigma}\exp\left(-\frac{(x - \mu)^2}{2\sigma^2}\right); \ -\infty < x < \infty \qquad (6.11)$$

則稱 X 為具期望值 μ，變異數 σ^2 之常態分佈，表示為

$X \sim N(\mu,\ \sigma^2)$

觀念提示：Normal random variable 亦稱之為 Gaussian random variable，
　　　　　廣泛使用於通訊、信號處理領域中，用以模擬背影雜訊。

說例：$X \sim N(\mu,\ \sigma^2)$ Show that

(1) $\int_{-\infty}^{\infty} f_X(x)\,dx = 1$

(2) $E\,[X] = \mu$

(3) $Var\,(X) = \sigma^2$

証明：(1) 令 $I = \int_{-\infty}^{\infty}\frac{1}{\sqrt{2\pi\sigma^2}}\exp\left(-\frac{(x - \mu)^2}{2\sigma^2}\right)dx$

令 $y = \dfrac{x - \mu}{\sigma} \Rightarrow I$ 可改寫為

$$I = \frac{1}{\sqrt{2\pi}}\int_{-\infty}^{\infty}\exp\left(-\frac{y^2}{2}\right)dy$$

$$\Rightarrow I^2 = \left(\frac{1}{\sqrt{2\pi}} \int_{-\infty}^{\infty} \exp\left(-\frac{y^2}{2}\right) dy\right)\left(\frac{1}{\sqrt{2\pi}} \int_{-\infty}^{\infty} \exp\left(-\frac{z^2}{2}\right) dz\right)$$

$$= \frac{1}{\sqrt{2\pi}} \int_{-\infty}^{\infty} \int_{-\infty}^{\infty} \exp\left(-\frac{(y^2+z^2)}{2}\right) dydz$$

$$\Leftrightarrow \begin{cases} y = r\cos\theta \\ z = r\sin\theta \end{cases}$$

$$\Rightarrow I^2 = \frac{1}{\sqrt{2\pi}} \int_0^{2\pi}\int_0^{\infty} \exp\left(-\frac{r^2}{2}\right) rdrd\theta = \frac{1}{\sqrt{2\pi}} \int_0^{2\pi} -\exp\left(-\frac{r^2}{2}\right)\Big|_0^{\infty} d\theta$$

$$= \frac{1}{\sqrt{2\pi}} \int_0^{2\pi} d\theta = 1$$

$(2)M_X(t) = E[e^{tx}] = \dfrac{1}{\sqrt{2\pi}\sigma} \displaystyle\int_{-\infty}^{\infty} \exp(tx) \exp\left(-\dfrac{(x-\mu)^2}{2\sigma^2}\right) dx$

$$= \frac{\exp\left(\mu t + \frac{\sigma^2}{2} t^2\right)}{\sqrt{2\pi}\sigma} \int_{-\infty}^{\infty} \exp\left(-\frac{(x-(\mu+t\sigma^2))^2}{2\sigma^2}\right) dx \qquad (6.12)$$

$$= \exp\left(\mu t + \frac{\sigma^2}{2} t^2\right)$$

$$\therefore M'_X(t) = (\mu + \sigma^2 t) \exp\left(\mu t + \frac{\sigma^2}{2} t^2\right)$$

$$M''_X(t) = (\mu + \sigma^2 t)^2 \exp\left(\mu t + \frac{\sigma^2}{2} t^2\right) + \sigma^2 \exp\left(\mu t + \frac{\sigma^2}{2} t^2\right)$$

$$\Rightarrow E[X] = M'_X(0) = \mu$$

$$E[X^2] = M''_X(0) = \mu^2 + \sigma^2$$

$$\therefore Var(X) = E[X^2] - (E[X])^2 = \sigma^2$$

另解：

$$K_X(t) = \ln M_X(t) = \mu t + \frac{1}{2}\sigma^2 t^2$$

$$\Rightarrow E[X] = K'_X(0) = \mu$$

$$Var[X] = K''_X(0) = \sigma^2$$

另證：$(2)E[X] = \displaystyle\int_{-\infty}^{\infty} \frac{x}{\sqrt{2\pi\sigma^2}} \exp\left[-\frac{(x-\mu)^2}{2\sigma^2}\right] dx$

$$= \frac{1}{\sqrt{2\pi}} \int_{-\infty}^{\infty} (\mu + \sigma y) \exp\left[-\frac{y^2}{2}\right] dy$$

$$= \mu + \frac{\sigma}{\sqrt{2\pi}} \int_{-\infty}^{\infty} y \exp\left[-\frac{y^2}{2}\right] dy = \mu$$

$$\left(\because y\exp\left(-\frac{y^2}{2}\right)\text{為 } odd\ function\right)$$

(3) $Var\ (X) = E[(X-\mu)^2]$

$$= \frac{1}{\sqrt{2\pi}}\int_{-\infty}^{\infty}(\mu+\sigma y-\mu)^2\exp\left(-\frac{y^2}{2}\right)dy$$

$$= \frac{\sigma^2}{\sqrt{2\pi}}\int_{-\infty}^{\infty}y^2\exp\left(-\frac{y^2}{2}\right)dy$$

$$= \frac{2\sigma^2}{\sqrt{2\pi}}\int_{0}^{\infty}y^2\exp\left(-\frac{y^2}{2}\right)dy$$

令 $z=\frac{y^2}{2}\Rightarrow dz=ydy$

$$\therefore 原式 = \frac{2\sigma^2}{\sqrt{2\pi}}\int_{0}^{\infty}z^{\frac{1}{2}}\exp\ (-z)dz = \frac{2\sigma^2}{\sqrt{2\pi}}\Gamma\left(\frac{3}{2}\right)$$

$$= \frac{2\sigma^2}{\sqrt{2\pi}}\frac{1}{2}\Gamma\left(\frac{1}{2}\right) = \sigma^2$$

觀念提示： 1. 由（6.11）可得 $f_X\ (\mu-x) = f_X\ (\mu+x)$，換言之 $X\sim N\ (\mu,\ \sigma^2)$ 之 PDF 以 $X=\mu$ 為中心左右對稱，如圖 6-1 所示：

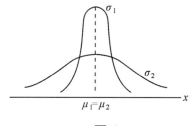

圖 6-1

2. 如圖 6-1 所示，σ 代表了隨機變數分佈集中之程度

3. μ 稱為位置參數（location parameter），σ 稱為形狀參數（shape parameter）

定義：標準常態分佈（Standard Normal distribution）

若隨機變數 Z 之 PDF 為：

$$f_Z(z) = \frac{1}{\sqrt{2\pi}}\exp\left(-\frac{z^2}{2}\right);\ -\infty < z < \infty \tag{6.13}$$

則 $f_Z(z)$ 稱為 Standard normal distribution.

觀念提示： 1.與（6.11）比較，顯然的 $Z \sim N(0, 1)$，換言之，標準常態

分佈為常態分佈在 $\mu = 0, \sigma^2 = 1$，時的特例。

2.參考說例一，可輕易證明

(1) $\int_{-\infty}^{\infty} f_Z(z)dz = 1$

(2) $E[Z] = 0$

(3) $Var(Z) = 1$

3. Normal distribution 對稱於 $X = \mu$，且圖形之寬窄由 σ^2 決定，

而 Standard Normal distribution 對稱於 $Z = 0$，且寬窄固定

（$\sigma^2 = 1$）

定理 6-14

若 $X \sim N(\mu, \sigma^2)$，$Y = a + bX$; $\forall a, b \in R$

則 $Y \sim N(a + b\mu, b^2\sigma^2)$

證明：由（6.12）可得

$$M_Y(t) = M_{a+bX}(t) = e^{at} M_X(bt) = \exp\left((a + b\mu)t + \frac{b^2\sigma^2}{2}t^2\right)$$

比較（6.11）可得：$Y = a + bX \sim N(a + b\mu, b^2\sigma^2)$

觀念提示： 1. The linear (affine) transformation of a Gaussian random variable is still Gaussian.

2.（6.13）為（6.11）在作 $Z = \dfrac{X - \mu}{\sigma}$ 之變數轉換後，所得之

結果

故 $f_Z(z)$ 仍為 Gaussian，且由本定理可得

$$E[Z] = \frac{-\mu}{\sigma} + \frac{1}{\sigma}\mu = 0$$

$$Var(Z) = \frac{1}{\sigma^2}\sigma^2 = 1$$

3.本定理亦可由變數變換法求證

定義：The CDF of a Standard Normal random variable

$$\Phi_Z(z) = P(Z \le z) = \int_{-\infty}^{z} f_Z(t)\,dt \tag{6.14}$$

定義：若 $P(Z > x) = \alpha \Rightarrow x = Z_\alpha$

觀念提示：$Z_{1-\alpha} = -Z_\alpha$

例題 35：某大學研究所之入學考試有 4000 人應考，將錄取 400 人，已知學生之成績分佈 $X \sim N(120, 60^2)$

(1)某生考 220 分約佔總考生之第幾名？

(2)求最低錄取分數。

解　(1) $P(X > 220) = P\left(\dfrac{X - 120}{60} > \dfrac{220 - 120}{60}\right)$

$\qquad\qquad = P(Z > 1.666)$

$\qquad\qquad = 1 - \Phi_Z(1.666)$

$\qquad\qquad \approx 0.0475$

$\quad$ ∴應考人數超過 220 分之比例

$\qquad 4000 \times 0.0475 = 190$ 名

(2)設最低錄取分數 x

$$\frac{400}{4000} = P(X > x) = P\left(\frac{X - 120}{60} > \frac{x - 120}{60}\right) = 0.1$$

∴ $\Phi_Z(z) = 1 - 0.1 = 0.9 \Rightarrow z \approx 1.28$

觀念提示：*1.* 若 $X \sim N(\mu, \sigma^2)$

$\qquad$ (1) $P(X > x) = \alpha$，則 $x = \mu + Z_\alpha \sigma$

$\qquad$ (2) $P(X < x) = \alpha$，則 $x = \mu - Z_\alpha \sigma$

$\quad$ *2.* 在數位通信中，常以 Q-function 來表示位元錯誤機率，定義如下：

$$Q(z) = P(Z \ge z) = \frac{1}{\sqrt{2\pi}} \int_{z}^{\infty} \exp\left(-\frac{t^2}{2}\right) dt = 1 - \Phi_Z(z)$$

定理 6-15

若 $Z \sim N(0, 1)$，則

(1)$\Phi_Z(-z) = 1 - \Phi_Z(z)$

(2)$P(-a < Z < a) = 2\Phi_Z(a) - 1$

(3)$\Phi_Z(0) = \dfrac{1}{2}$

證明：(1)$\Phi_Z(-z) = \displaystyle\int_{-\infty}^{-z} f_Z(t)dt = \int_z^{\infty} f_Z(t)dt$

$\qquad\qquad\quad = 1 - \displaystyle\int_{-\infty}^z f_Z(t)dt$

$\qquad\qquad\quad = 1 - \Phi_Z(z)$

$\qquad$(2)$P(-a < Z < a) = P(Z < a) - P(Z < -a)$

$\qquad\qquad\qquad\qquad = \Phi_Z(a) - \Phi_Z(-a)$

$\qquad\qquad\qquad\qquad = \Phi_Z(a) - (1 - \Phi_Z(a))$

$\qquad\qquad\qquad\qquad = 2\Phi_Z(a) - 1$

觀念提示：　1. 定理 6-13 可由圖 6-2 加以瞭解

$\qquad\qquad\quad$2. $\Phi_Z(z)$ 之值可由本章末所提供之表格中查出

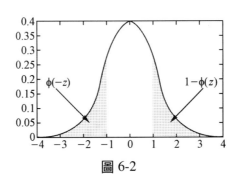

圖 6-2

例題 36：$X \sim N(\mu, \sigma^2)$，Find

$\qquad$(1)$P(|X - \mu| \le \sigma)$

$\qquad$(2)$P(|X - \mu| \le 2\sigma)$

$\qquad$(3)$P(|X - \mu| \le 3\sigma)$　　　　【大同電機】

解　$(1) P(|X - \mu| \le \sigma) = P\left(\left|\dfrac{X - \mu}{\sigma}\right| \le 1\right) = P(-1 \le Z \le 1) = 2\Phi_Z(1) - 1$

where $Z = \dfrac{X - \mu}{\sigma} \sim N(0, 1)$

$(2) P(|X - \mu| \le 2\sigma) = P\left(\left|\dfrac{X - \mu}{\sigma}\right| \le 2\right) = P(-2 \le Z \le 2) = 2\Phi_Z(2) - 1$

$(3) P(|X - \mu| \le 3\sigma) = P\left(\left|\dfrac{X - \mu}{\sigma}\right| \le 3\right) = P(-3 \le Z \le 3) = 2\Phi_Z(3) - 1$

Note：$\Phi_Z(z)$ 之值需查表求得

定理 6-16

$X \sim N(\mu, \sigma^2)$，則

$$P(a \le X \le b) = \Phi\left(\dfrac{b - \mu}{\sigma}\right) - \Phi\left(\dfrac{a - \mu}{\sigma}\right)$$

證明：$P(a \le X \le b) = P\left(\dfrac{a - \mu}{\sigma} \le Z \le \dfrac{b - \mu}{\sigma}\right)$

其中 $Z = \dfrac{X - \mu}{\sigma}$ 為標準常態分佈

$$\therefore P(a \le X \le b) = P\left(Z \le \dfrac{b - \mu}{\sigma}\right) - P\left(Z \le \dfrac{a - \mu}{\sigma}\right)$$

$$= F_Z\left(\dfrac{b - \mu}{\sigma}\right) - F_Z\left(\dfrac{a - \mu}{\sigma}\right) = \Phi\left(\dfrac{b - \mu}{\sigma}\right) - \Phi\left(\dfrac{a - \mu}{\sigma}\right)$$

定理 6-17

$\{X_i\}_{i = 1, \cdots, n}$ are independent and identically distributed (i.i.d.) random variables. The distribution of X_i is $X_i \sim N(\mu_i, \sigma_i^2)$. Then the distribution of $X = \sum\limits_{i=1}^{n} X_i$ is $X \sim N\left(\sum\limits_{i=1}^{n} \mu_i, \sum\limits_{i=1}^{n} \sigma_i^2\right)$

證明：

$$M_X(t) = E[e^{tx}] = E\left[e^{i \sum\limits_{i=1}^{n} X_i}\right]$$

$$= \prod\limits_{i=1}^{n} E[e^{tX_i}] = \prod\limits_{i=1}^{n} \exp\left(t\mu_i + \dfrac{\sigma_i^2}{2} t^2\right)$$

$$= \exp\left(t \sum\limits_{i=1}^{n} \mu_i + \dfrac{t^2}{2} \sum\limits_{i=1}^{n} \sigma_i^2\right)$$

例題 37：某國家成年人體重，X，之分佈為 $N(\mu, \sigma^2)$。假設 $P(X \leq 160)$ $= \dfrac{1}{2}$ 且 $P(X \leq 140) = \dfrac{1}{4}$，求 μ, σ，並求出 $P(X \geq 200) = ?$ 求此國家成年人體重至少 200 磅的人口中超過 220 磅的比率？

【84 台大電機】

解

由 $\Phi(0) = \dfrac{1}{2} = P(X \leq 160)$ 可知 $\mu = 160$

再由 $P(X \leq 140) = P\left(\dfrac{x - 160}{\sigma} \leq \dfrac{140 - 160}{\sigma}\right) = \Phi\left(\dfrac{-20}{\sigma}\right)$

$$= 1 - \Phi\left(\dfrac{20}{\sigma}\right) = \dfrac{1}{4}$$

可得 $\Phi\left(\dfrac{20}{\sigma}\right) = 0.75 \Rightarrow$ 經查表可得 $\sigma \approx 29.6$

$\therefore P(X \geq 200) = P\left(\dfrac{X - 160}{29.6} \geq \dfrac{200 - 160}{29.6}\right) \approx 0.0885$

$$P(X \geq 220 | X \geq 200) = \dfrac{P(X \geq 220)}{P(X \geq 200)} \approx 24.4\%$$

例題 38：假設二位元訊息（「0」或「1」）將由 A 地被傳送至 B 地。若位元訊息為「1」，則 2V 之電壓將被送出，若位元訊息為「0」，則 $-2V$ 之電壓將被送出，假設「0」或「1」被傳送之機率均等。假設通道雜訊，N 為一具有標準常態分佈之隨機變數，則在 B 地所接收到之訊號電壓 R 可表示為 $R = +2 + N$ 或 $R = -2 + N$。當 B 地接收到訊號之後，接收機將根據以下之法則判斷發射端之訊號：

若 $R > 0.5$；判斷發射端之訊號為「1」

否則判斷發射端之訊號為「0」

求平均判斷錯誤之機率？

解

$P(error) = \dfrac{1}{2}P(error|message\ is\ "1") + \dfrac{1}{2}P(error|message\ is\ "0")$

$$= \dfrac{1}{2}P(N < -1.5) + \dfrac{1}{2}P(N > 2.5)$$

$$= \frac{1}{2}[1 - \Phi(1.5) + 1 - \Phi\{2.5\}]$$

例題 39：某位上班族每天由家裏通勤至辦公室，平均而言，單趟之
車程為 24 分鐘，標準差為 3.8 分鐘，假設車程所花費之時
間為常態分佈之隨機變數，

(a)求車程所花費之時間至少 0.5 小時之機率？

(b)若辦公室 9：00A.M. 必須打卡，且此人每天 8：45 由家
裏出發，求此人遲到之機率？

(c)若此人於 8：35 由家裏出發，辦公室於 8：50 至 9：00 提
供免費咖啡，求此人無法喝到免費咖啡之機率？

(d)求此人於接下來的三天內有兩天車程所花費之時間至少 0.5
小時之機率？

解　　　　(a) $\frac{30 - 24}{3.8} = 1.58$

$\therefore P(X > 30) = P(Z > 1.58) = \int_{1.58}^{\infty} \frac{1}{\sqrt{2\pi}} \exp\left(-\frac{z^2}{2}\right) dz$

$\qquad\qquad\qquad\qquad = 1 - \Phi(1.58)$

(b) $\frac{15 - 24}{3.8} = -2.37$

$\therefore P(X > 15) = P(Z > -2.37) = \int_{-2.37}^{\infty} \frac{1}{\sqrt{2\pi}} \exp\left(-\frac{z^2}{2}\right) dz$

$\qquad\qquad\qquad\qquad = \Phi(2.37)$

(c) $\frac{25 - 24}{3.8} = 0.26$

$\therefore P(X > 25) = P(Z > 0.26) = \int_{0.26}^{\infty} \frac{1}{\sqrt{2\pi}} \exp\left(-\frac{z^2}{2}\right) dz$

$\qquad\qquad\qquad\qquad = 1 - \Phi(0.26)$

(d) Let the answer in (a) is p, then we get $\binom{3}{2} p^2 (1 - p)$

例題 40：$X \sim N(300, 50^2)$. Two events are defined as follows:

$A = (200 < X < 325)$, $B = (280 < X < 400)$

Calculate $P(A|B)$ and $P(A)$. 【88 成大通訊】

解

$$P(A) = P(200 < X < 325) = P\left(\frac{-100}{50} < Z < \frac{25}{50}\right)$$

$$= P(-2 < Z < 0.5)$$

$$= \phi(0.5) - \phi(-2) = 0.6687$$

$$P(A|B) = \frac{P(AB)}{P(B)} = \frac{P(280 < X < 325)}{P(B)} = \frac{0.3469}{0.6326} = 0.5484$$

例題 41：X_1, X_2 為 independent $N(0, 1)$ random variables

$Y_1 = 3X_1 + 4X_2$

$Y_2 = X_1^2 + 4X_2^2$

$Y_3 = 6X_1^2 X_2$

求 $Var(Y_1) + Var(Y_2) + Var(Y_3)$ 【中山電機】

解

$$M_X(t) = \exp\left(\mu t + \frac{\sigma^2}{2}t^2\right) = \exp\left(\frac{t^2}{2}\right)$$

$$= 1 + \frac{t^2}{2} + \frac{1}{2}\left(\frac{t^2}{2}\right)^2 + \frac{1}{3!}\left(\frac{t^2}{2}\right)^3 + \cdots$$

$$\Rightarrow E[X^n] = \frac{d^n}{dt^n}(e^{\frac{t^2}{2}})\Big|_{t=0}$$

$$\therefore E[X^2] = 1, E[X^3] = 0, E[X^4] = 3$$

(1) $Var(Y_1) = 9Var(X_1) + 16Var(X_2) = 25$

(2) $Var(Y_2) = Var(X_1^2) + Var(X_2^2)$

$$= 2[E[X_1^4] - ([E[X_1^2]])^2] = (3-1) \times 2 = 4$$

(3) $Var(Y_3) = 36Var(X_1^2 X_2) = 36[E[(X_1^2 X_2)^2] - (E[X_1^2 X_2])^2]$

$$= 36[E[X_1^4] \cdot E[X_2^2] - (E[X_1^2])^2 \cdot (E[X_2])^2]$$

$$= 36 \times 3 \times 1 = 108$$

例題 42：X_1 and X_2 are two independent Gaussian random variables
$X_1 \sim N(\mu_1, \sigma_1{}^2)$, $X_2 \sim N(\mu_2, \sigma_2{}^2)$
$Y = aX_1 + bX_2$, a, b are two non-zero constants. Prove that Y is
also Gaussian. 【92 暨南資工】

解

$$M_Y(t) = E[e^{tY}] = E[e^{t(aX_1 + bX_2)}]$$

$$= E[e^{atX_1}] \cdot E[e^{btX_2}]$$

$$= \exp\left(\mu_1(at) + \frac{1}{2}\sigma_1{}^2(at)^2\right) \exp\left(\mu_2(bt) + \frac{1}{2}\sigma_2{}^2(bt)^2\right)$$

$$= \exp\left[(a\mu_1 + b\mu_2)t + \frac{1}{2}(a^2\sigma_1{}^2 + b^2\sigma_2{}^2)t^2\right]$$

$$\therefore Y \sim N(a\mu_1 + b\mu_2, a^2\sigma_1{}^2 + b^2\sigma_2{}^2)$$

觀念提示：獨立常態分佈之線性組合仍為常態分佈

例題 43：The input X to a communication system is -1, 0, or 1 with equal
probability. The channel output $Y = aX + N$, where N is zero-mean
Gaussian random variable with variance σ^2, $a > 0$. Decision is
made by comparing Y to two threshold η and $-\eta$. That is, if $Y >
\eta$, then $\hat{X} = 1$; if $Y < -\eta$, then $\hat{X} = -1$; otherwise $\hat{X} = 0$.
(1) Find $P(Y \leq \eta | X = 1)$
(2) Find $P(X = -1 | Y > -\eta)$
(3) Find $P(\hat{X} = 0 | X = 0)$
(4) Find the BER 【94 中正電機】

解

$$(1) P(Y \leq \eta | X = 1) = P\left(\frac{Y - a}{\sigma} \leq \frac{\eta - a}{\sigma} \middle| X = 1\right) = Q\left(\frac{a - \eta}{\sigma}\right)$$

$$(2) P(X = -1 | Y > -\eta) = \frac{P(X = -1, Y > -\eta)}{P(Y > -\eta)}$$

$$P(Y > -\eta) = \frac{1}{3}[P(Y > -\eta | X = -1) + P(Y > -\eta | X = 0)$$

$$+ P(Y > -\eta | X = 1)]$$

$$= \frac{1}{3}\left[Q\left(\frac{a-\eta}{\sigma}\right) + Q\left(\frac{-\eta}{\sigma}\right) + Q\left(\frac{-a-\eta}{\sigma}\right)\right]$$

$$(3)P(\hat{X}=0|X=0) = P(-\eta < Y < \eta|X=0) = Q\left(\frac{-\eta}{Q}\right) - Q\left(\frac{\eta}{Q}\right)$$

$$(4)P_e = \frac{1}{3}\left[Q\left(\frac{a-\eta}{\sigma}\right) + 2Q\left(\frac{\eta}{\sigma}\right) + Q\left(\frac{a-\eta}{\sigma}\right)\right]$$

例題 44：Let X be a Gaussian random variable with mean 30 and variance 36. Construct a new random variable

$Z = \frac{X}{6} - 5$. Find the probability density function for Z.

【100 中興電機】

$$M_Z(t) = E\left[e^{t\left(\frac{X}{6}-5\right)}\right] = E\left[e^{\left(\frac{t}{6}\right)X}\right]e^{-5t} = e^{\mu\left(\frac{t}{6}\right) + \frac{1}{2}\sigma^2\left(\frac{t}{6}\right)^2} \times e^{-5t} = e^{\frac{t^2}{2}}$$

例題 45：X is modeled as uniformly distributed random variable between -2 and 2. Suppose X is encoded into the symbol U and the signal at the destination is given by $Y = U + N$, where N is Gaussian with mean 0 and variance σ^3

(1) Suppose that $U = \alpha X$ and the estimate at the receiver is $\hat{X} = \frac{Y}{\alpha}$.

Compute the value of α such that $E[U^2] = 1$ and calculate the mean square error of the estimate

(2) Suppose a binary quantizer is performed at the transmitter such that

$$U = \begin{cases} 1; & X \in [0, 2] \\ 0; & X \in [-2, 0] \end{cases}$$

Based on the received signal Y, the estimate at the receiver is made such that

$$\hat{X} = \begin{cases} 1; & Y \geq 0 \\ -1; & Y < 0 \end{cases}$$

calculate the mean square error of the estimate

(3) When variance σ^2 is large, would you choose the scheme in (1) or the scheme in (2)?　　　　　　　　【96 清大電機】

解

$(1)E[U^2] = \alpha^2 E[X^2] = 1 \Rightarrow \alpha = \pm\dfrac{\sqrt{3}}{2}$

$E[(\hat{X} - X)^2] = E\left[\left(\dfrac{Y}{\alpha} - X\right)^2\right] = E\left[\left(\dfrac{N}{\alpha}\right)^2\right] = \dfrac{4}{3}\sigma^2$

$(2)P(U = 1) = P(X \in [0, 2]) = \dfrac{1}{2}, P(U = -1) = P(X \in [-2, 0]) = \dfrac{1}{2}$

$P(\hat{X} = -1|U = 1) = Q\left(\dfrac{1}{\sigma}\right) = P(\hat{X} = 1|U = -1) = p$

$\therefore P(\hat{X} = -1|U = 1) = \dfrac{1}{2}p = P(\hat{X} = 1, U = -1)$

$P(\hat{X} = -1, U = -1) = \dfrac{1}{2}(1 - p) = P(\hat{X} = 1, U = 1)$

$\Rightarrow E[(\hat{X} - X)^2] = \dfrac{1}{2}(1 - p)\displaystyle\int_0^2 (1 - x)^2 \dfrac{1}{2}dx +$

$\dfrac{1}{2}(1 - p)\displaystyle\int_{-2}^0 (-1 - x)^2 \dfrac{1}{2}dx$

$+ \dfrac{1}{2}p\displaystyle\int_0^2 (-1 - x)^2 \dfrac{1}{2}dx + \dfrac{1}{2}p\displaystyle\int_{-2}^0 (1 - x)^2 \dfrac{1}{2}dx$

$= \dfrac{1}{3} + 4Q\left(\dfrac{1}{\sigma}\right)$

Scheme (2)

例題 46：A signal $s = 3$ is transmitted from a satellite but is corrupted by additive noise W. The received signal X is modeled as $X = s + W$. When the weather is good, which happens with probability 2/3, W is normal with zero mean and variance 4. When the weather is bad, which happens with probability 1/3, W is normal with zero mean and variance 9. In the absence of any weather information, (1) Find the probability density function of X, and

> (2) Find the probability that X is between 2 and 4, (Express your answer in terms of the cumulative distribution function $\phi(z) = P[Z \leq z]$ of a standard normal random variable Z.)
>
> 【97 交大電子】

解　(1) Let G: good weather, B: bad weather

$$f_X(x) = f_{X|G}(x)P(G) + f_{X|B}(x)P(B)$$
$$= \frac{2}{3}N(3,4) + \frac{1}{3}N(3,9)$$

$$(2)\, P(2 \leq X \leq 4) = \frac{2}{3}\left[\Phi\left(\frac{4-3}{2}\right) - \Phi\left(\frac{2-3}{2}\right)\right]$$
$$+ \frac{1}{3}\left[\Phi\left(\frac{4-3}{2}\right) - \Phi\left(\frac{2-3}{2}\right)\right]$$

6-5　Beta 分佈、Weibull 分佈及 Cauchy 分佈

設隨機變數 X 代表 n 次 Bernoulli trials 中第 α 次成功的成功率。Y 代表當成功率為 p 時成功的次數，則

$$P(Y=y) = f_Y(y) = \binom{n}{y}p^y(1-p)^{n-y};\, y = 0, 1, 2, \cdots$$

$P(X>p) = P$（n 次 Bernoulli trials 中第 α 次成功之成功率至少為 p）

$\quad = P$（n 次 Bernoulli trials 中至多完成 $(\alpha-1)$ 次｜成功率 p）

$$= P(Y \leq (\alpha-1)) = \sum_{y=0}^{\alpha-1}\binom{n}{y}p^y(1-p)^{n-y}$$

$$\therefore F_X(p) = 1 - P(X>p) = \sum_{y=0}^{\alpha-1}\binom{n}{y}p^y(1-p)^{n-y} \tag{6.15}$$

$$\therefore f_X(p) = \frac{d}{dp}F_X(p) = \frac{\Gamma(n+1)}{\Gamma(\alpha)\Gamma(n-\alpha+1)}p^{\alpha-1}(1-p)^{n-\alpha} \tag{6.16}$$

定義：Beta distribution

若隨機變數 X 之 PDF 為

$$f_X(x) = \frac{\Gamma(\alpha+\beta)}{\Gamma(\alpha)\Gamma(\beta)} x^{\alpha-1}(1-x)^{\beta-1}; \, 0 < x < 1, \, \alpha, \beta > 0 \qquad (6.17)$$

則稱 X 為具參數 α, β 之 Beta 分佈表示為 $X \sim \text{Beta}\,(\alpha, \beta)$

定理 6-18

Beta (α, β) 之特性

(1) Beta $(\alpha, \beta) = $ Beta (β, α)

(2) Beta $(\alpha, \beta) = \displaystyle\int_0^\infty x^{\alpha-1}(1+x)^{-\alpha-\beta}\,dx$

(3) Beta $(\alpha, \beta) = \dfrac{\Gamma(\alpha)\Gamma(\beta)}{\Gamma(\alpha+\beta)}; \, \alpha, \beta > 0$

證明：見本章附錄

觀念提示： *1.* 比較（6.17）與（6.16）可知 $\beta = n - \alpha + 1$，換言之，β 為前 $(n-1)$ 次 trials 中失敗之次數，總次數 $n = \alpha + \beta - 1$。

2. X 之 CDF，（6.15）可表示為：

$$F_X(p) = 1 - \sum_{y=0}^{\alpha-1} \binom{\alpha+\beta-1}{y} p^y (1-p)^{\alpha+\beta-1-y} \qquad (6.18)$$

3. 由（6.18）可知若 $X \sim \text{Beta}\,(\alpha, \beta)$，則 Y 為具參數 $(n, p) = (\alpha+\beta-1, p)$ 之二項分佈

例題 47：$Y \sim U(0, 1)$, Given $Y = y$, $X \sim \text{Beta}\,(n, y)$

(1) $P\,(X=2) = $?

(2) $f_{Y|X}\,(y|2) = $?

解　(1) $f_{X|Y}\,(x|y) = \dbinom{n}{x} y^x (1-y)^{n-x}; \, x = 0, 1, 2, \cdots n$

$Y \sim U(0, 1)$

$\therefore f_{X,Y}\,(x, y) = f_{X|Y}\,(x|y) f_Y\,(y) = \dbinom{n}{x} y^x (1-y)^{n-x};$

$$x = 0, 1, \cdots n; \ 0 < y < 1$$

$$\Rightarrow f_X(x) = \int_0^1 f_{X, Y}(x, y) \, dy$$

$$= \binom{n}{x} \frac{\Gamma(x+1)\Gamma(n-x+1)}{\Gamma(n+2)} = \frac{1}{n+1}; \ x = 0, 1, \cdots n$$

顯然地 $X \sim U(0, n)$

$$\therefore P(X = 2) = \frac{1}{n+1}$$

$$(2) f_{Y|X}(y|2) = \frac{f_{X, Y}(2, y)}{P(X=2)} = \frac{\binom{n}{2} y^2 (1-y)^{n-2}}{\dfrac{1}{n+1}}$$

$$= \frac{\Gamma(n+2)}{\Gamma(3)\Gamma(n-1)} y^2 (1-y)^{n-2}$$

故 $Y|_{X=2} \sim \text{Beta}(3, n-1)$

例題 48： 若 X 之 PDF 為

$$f_X(x) = \begin{cases} cx^5(1-x)^3; \ 0 < x < 1 \\ 0; \ o.w \end{cases}$$

求 $c = ?$

解

$$\int_0^1 cx^5(1-x)^3 dx = c\text{Beta}(6, 4) = 1$$

$$\because \text{Beta}(6, 4) = \frac{\Gamma(6)\Gamma(4)}{\Gamma(10)} = \frac{5! \ 3!}{9!} = \frac{1}{504}$$

$$\therefore c = 504$$

例題 49： 若 $X \sim \text{Beta}(2, 9)$，求 $P(X \le 0.1) = ?$

解

$$f_X(x) = \frac{\Gamma(11)}{\Gamma(2)\Gamma(9)} x^{2-1}(1-x)^{9-1} = 90x(1-x)^8; \ 0 < x < 1$$

$$\therefore P(X \le 0.1) = \int_0^{0.1} 90x(1-x)^8 \, dx$$

$$= 1 - \sum_{y=0}^{10} \binom{2+9-1}{y} (0.1)^y (0.9)^{10-y}$$

$$= 1 - (0.9)^{10} - 10 \times (0.1) \times (0.9)^2 = 1 - 1.9 \times 0.9^9$$

定義：Weibull 分佈

設 $\lambda, \beta > 0$。若隨機變數 X 之 PDF 為

$$f_X(x) = \begin{cases} \lambda \beta x^{\beta-1} e^{-\lambda x^{\beta}}; & x \geq 0 \\ 0; & else \end{cases}$$

則稱 X 為以 λ, β 為參數之 Weibull 分佈，表示為 $X \sim W(\lambda, \beta)$。

觀念提示： *1.* 若 X 為以 λ 為參數之指數分佈，則 $Y = X^{\frac{1}{\beta}}$ 為以 λ, β 為參數
之 Weibull 分佈。

$$2. F_X(x) = P(X \leq x) = \int_0^x f_X(t)dt = \lambda \beta \int_0^x t^{\beta-1} \exp(-\lambda t^{\beta}) \, dt$$
$$= 1 - \exp(-\lambda x^{\beta}); \; x > 0$$

例題 50： 某電池壽命為 T 小時，若 T 為 $\lambda = 0.1$，$\beta = 0.5$ 之 Weibull 分
佈，求 $P(T > 300) = ?$

解

$$P(T > 300) = 1 - P(T \leq 300) = 1 - f_T(300)$$
$$= 1 - (1 - \exp(-0.1\sqrt{300}))$$
$$= \exp(-\sqrt{3})$$

定理 6-19

若 $X \sim W(\lambda, \beta)$，則

$$E[X] = \left(\frac{1}{\lambda}\right)^{\frac{1}{\beta}} \Gamma\left(1 + \frac{1}{\beta}\right)$$

證明： $E[X] = \int_{-\infty}^{\infty} x f_X(x)dx = \int_0^{\infty} x \lambda \beta x^{\beta-1} \exp(-\lambda x^{\beta})dx$
$$= \lambda \beta \int_0^{\infty} x^{\beta} \exp(-\lambda x^{\beta})dx$$

Let $Y = \lambda x^{\beta} \Rightarrow dx = \left(\frac{1}{\lambda}\right)^{\frac{1}{\beta}} \frac{1}{\beta} y^{\frac{1}{\beta}-1} dy$

$\therefore E[X] = \lambda \beta \int_0^{\infty} \left(\frac{y}{\lambda}\right) \exp(-y) \left(\frac{1}{\lambda}\right)^{\frac{1}{\beta}} \frac{1}{\beta} y^{\frac{1}{\beta}-1} dy$

$$= \left(\frac{1}{\lambda}\right)^{\frac{1}{\beta}} \int_0^\infty \exp(-y) \, y^{\frac{1}{\beta}} dy = \left(\frac{1}{\lambda}\right)^{\frac{1}{\beta}} \Gamma\left(1 + \frac{1}{\beta}\right)$$

定義：Cauchy 分佈

若隨機變數 X 之 PDF 為

$$f_X(x) = \frac{1}{\pi} \frac{\sigma}{(x-\mu)^2 + \sigma^2}; \; -\infty < x < \infty, \, \mu \in R, \, \sigma > 0$$

則稱 X 具參數 μ，σ 之 Cauchy 分佈，表示為 $X \sim C(\mu, \sigma)$

Cauchy 分佈之累積分配函數

$$F_X(x) = P(X \le x) = \frac{1}{\pi} \int_{-\infty}^x \frac{\sigma}{(t-\mu)^2 + \sigma^2} dt$$

$$= \frac{1}{\pi\sigma} \int_{-\infty}^x \frac{1}{1 + \left(\frac{t-\mu}{\sigma}\right)^2} dt = \frac{1}{\pi} \int_{-\infty}^{\frac{x-\mu}{\sigma}} \frac{1}{1+y^2} dy$$

$$= \frac{1}{2} + \frac{1}{\pi} \tan^{-1}\left(\frac{x-\mu}{\sigma}\right)$$

定理 6-20

若 $X \sim C(0, 1)$，則 X 之期望值及變異數均不存在。

6-6　由常態分佈所衍生之機率分佈

1. Chi-Square 分佈

定義：若 $Z_1, Z_2, \cdots Z_n$ 為 *i.i.d.*（Independent and identically distributed）隨機變數，且 $Z_i \sim N(0, 1)$，若隨機變數 X 滿足

$$X = Z_1^2 + Z_2^2 + \cdots + Z_n^2$$

則 X 為 Chi-Square distribution with n degrees of freedom 通常表示為 $X \sim \chi_n^2$

當 $n = 1$ 時，$X = Z^2, Z \sim N(0, 1)$，可求出 X 之 MGF：

$$M_X(t) = E[\exp(tX)] = E[\exp(tZ^2)]$$

$$= \int_{-\infty}^{\infty} \exp(tx^2) f_Z(x) dx = \frac{1}{\sqrt{2\pi}} \int_{-\infty}^{\infty} \exp(tx^2) \exp\left(-\frac{x^2}{2}\right) dx$$

$$= \frac{1}{\sqrt{2\pi}} \int_{-\infty}^{\infty} \exp\left(\frac{-x^2(1-2t)}{2}\right) dx$$

Let $\bar{\sigma}^2 = (1 - 2t)^{-1}$，則原式：

$$M_X(t) = \frac{1}{\sqrt{2\pi}} \int_{-\infty}^{\infty} \exp\left(-\frac{x^2}{2\bar{\sigma}^2}\right) = \frac{1}{\sqrt{1-2t}} \frac{1}{\sqrt{2\pi}\sigma} \int_{-\infty}^{\infty} \exp\left(-\frac{x^2}{2\bar{\sigma}^2}\right) dx$$

$$= \frac{1}{\sqrt{1-2t}}$$

延伸至 n 為任意正整數時

$$M_X(t) = E[\exp(tX)] = E\left[\exp\left(t\sum_{i=1}^{n} Z_i^2\right)\right] = E\left[\prod_{i=1}^{n} \exp(tz_i^2)\right]$$

$$= \prod_{i=1}^{n} E[\exp(tZ_i^2)] = (1 - 2t)^{-\frac{n}{2}} \tag{6.19}$$

比較（6.10）與（6.19）可知，（6.19）即為 $\Gamma\left(\dfrac{n}{2}, \dfrac{1}{2}\right)$ 之 MGF 換

言之，Chi-square 隨機變數 with n degrees of freedom，與 $\Gamma\left(\dfrac{n}{2}, \dfrac{1}{2}\right)$

具相同之 PDF；將 $\alpha = \dfrac{n}{2}, \lambda = \dfrac{1}{2}$ 代入 λ 隨機變數之 PDF 中可得：

$$f_X(x) = \frac{\dfrac{1}{2}\exp\left(-\dfrac{x}{2}\right)\left(\dfrac{x}{2}\right)^{\frac{n}{2}-1}}{\Gamma\left(\dfrac{n}{2}\right)}; x > 0$$

定理 6-21

若 $X_1 \sim \chi_{n_1}^2$，$X_2 \sim \chi_{n_2}^2$，且 X_1，X_2 獨立，則 $X_1 + X_2 \sim \chi_{n_1+n_2}^2$

證明：利用 MGF 即可得證

定理 6-22

$X \sim \chi_n^2$，則

$E[x] = n, Var(X) = 2n$

證明：利用定理 6-8，將 $\alpha = \dfrac{n}{2}, \lambda = \dfrac{1}{2}$ 代入後即可得證

例題 51：If $X_1, X_2, \cdots X_n$ are independently and Normally distributed with mean 0 and variance σ^2, the random variable $\sum\limits_{i=1}^{n} \left(\dfrac{X_i}{\sigma} \right)^2$ is distributed as what?

解

$\because X_i = N(0, \sigma^2); i = 1, 2, \cdots n, \{X_i\}$ i..i.d.

$\therefore \dfrac{X_i}{\sigma} \sim N(0, 1)$

$\therefore \left(\dfrac{X_i}{\sigma} \right)^2 \sim \chi^2(1)$

$\Rightarrow \sum\limits_{i=1}^{n} \left(\dfrac{X_i}{\sigma} \right)^2 \sim \chi^2(n)$

2. Rayleigh 分佈

　　Rayleigh 分佈常應用於無線通信系統，當信號在無線通道中受到多重路徑（Multipath）的影響時，接收到的信號振幅所產生的時變（隨機）的現象。

定義：若隨機變數 X 之 PDF 為

$$f_X(x) = \begin{cases} \dfrac{x}{\sigma^2} \exp\left(-\dfrac{x^2}{2\sigma^2} \right); \ 0 < x < \infty \\ 0; \ o.w. \end{cases} \tag{6.20}$$

則稱 X 為具 Rayleigh 分佈之隨機變數。

　　由（6.20）可得 X 之 CDF，期望值及變異數

$$F_X(x) = \int_0^x f_X(t)\, dt = 1 - \exp\left(-\dfrac{x^2}{2\sigma^2} \right) \tag{6.21}$$

$$E[X] = \int_0^\infty x f_X(x)\, dx = \sqrt{\dfrac{\pi}{2}}\, \sigma \tag{6.22}$$

證明：

$$E[X] = \int_0^\infty x \dfrac{x}{\sigma^2} \exp\left(-\dfrac{x^2}{2\sigma^2} \right) dx$$

$$\text{let } u = \dfrac{x^2}{2\sigma^2} \Rightarrow E[X] = \sqrt{2}\sigma \Gamma\left(\dfrac{3}{2} \right) = \sqrt{\dfrac{\pi}{2}}\, \sigma$$

$$Var\,(X) = E\,[X^2] - (E\,[X])^2 = \int_0^\infty x^2 f_X(x)\,dx - \frac{\pi}{2}\sigma^2 = \left(2 - \frac{\pi}{2}\right)\sigma^2$$

（6.23）

其中

$$E\,[X^2] = \int_0^\infty x^2 \frac{x}{\sigma^2} \exp\left(-\frac{x^2}{2\sigma^2}\right) dx$$

$$\text{let } u = \frac{x^2}{2\sigma^2} \Rightarrow E\,[X^2] = \int_0^\infty 2\sigma^2 u \exp\,(-u)\,du = 2\sigma^2$$

3. Lognormal 分佈

若隨機變數 $Y \sim N(\mu, \sigma^2)$ 且 $X = \exp(Y)$，則顯然的 X 之範圍為 $(0, \infty)$，且 X 之累積分佈函數為

$$F_X\,(x) = P\,(X \le x) = P(\exp\,(Y) \le x) = P\,(Y \le \ln x) = P\left(Z \le \frac{\ln x - \mu}{\sigma}\right)$$

$$= \Phi\left(\frac{\ln x - \mu}{\sigma}\right) = \frac{1}{\sqrt{2\pi}} \int_\infty^{h(x)} \exp\left(-\frac{t^2}{2}\right) dt$$

（6.24）

其中 $h(x) = \dfrac{\ln x - \mu}{\sigma}; x > 0$

X 之 PDF 可由（6.24）微分，利用 Leibniz 微分法則可得

$$f_X\,(x) = \frac{1}{x\sigma\sqrt{2\pi}} \exp\left[-\frac{(\ln x - \mu)^2}{2\sigma^2}\right]; 0 < x < \infty$$

定義： 若隨機變數 X 之 PDF 為

$$f_X(x) = \frac{1}{x\sigma\sqrt{2\pi}} \exp\left[-\frac{(\ln x - \mu)^2}{2\sigma^2}\right]; 0 < x < \infty$$

（6.25）

則稱 X 為具有參數 (μ, σ^2) 之 Lognormal 隨機變數。

觀念提示： 通常 Lognormal distribution 與 Weibull distribution 類似，均可用來表示產品之壽命

定理 6-23

若 X 為 Lognormal random variable，則

$(1) E\,[X] = \exp\left(\mu + \dfrac{\sigma^2}{2}\right)$

(2)$Var(X) = \exp(2\mu + \sigma^2)(e^{\sigma^2} - 1)$

證明：

$$E[X] = E[e^Y] = \exp\left(\mu t + \frac{\sigma^2}{2}t^2\right)\bigg|_{t=1} = \exp\left(\mu + \frac{\sigma^2}{2}\right)$$

$$E[X^2] = E[e^{2Y}] = \exp\left(\mu t + \frac{\sigma^2}{2}t^2\right)\bigg|_{t=2} = \exp(2\mu + 2\sigma^2)$$

$$Var(X) = \exp(2\mu + 2\sigma^2) - \exp 2\left(\mu + \frac{\sigma^2}{2}\right)$$

$$= \exp(2\mu + 2\sigma^2)(\exp(\sigma^2) - 1)$$

例題 52：若燈泡之生命期為 Lognormal 分佈，其參數為 $\mu = 10$ 週，$\sigma = 1.5$ 週

　　　　(1)求此燈泡之生命期超過 10000 週之機率？

　　　　(2)若燈泡之生命期超過某週數之機率大於 99%，求此週數？

解
$$P(X > 10000) = 1 - P(Y \leq \ln 10000) = 1 - \Phi(-0.52)$$

$$= 1 - 0.3 = 0.7$$

$$P(X > x) = P(Y > \ln x) = 1 - \Phi\left(\frac{\ln x - 10}{1.5}\right) = 0.99$$

$$\Rightarrow \frac{\ln x - 10}{1.5} = -2.33 \Rightarrow x = 668.48 \text{ 週}$$

精選練習

1. $X \sim N(10, 25)$, Find

   (1)$P(5 \leq X \leq 12)$

   (2)求 k 使 $P(X \geq k) = 0.9$ 　　　　　　　　　　　　　　　　【清大資工】

2. 設某次考試成績分佈為平均值 65，標準差 10 之常態分佈，現欲錄取前 20%，最低錄取分數為何？　　　　　　　　　　　　　　　　　　　　　　【清大資工】

3. $X \sim N(\mu, \sigma^2)$，求 a, b 使 $a + bX \sim N(0, 1)$？

4. 若 $\phi(a_1) = p_1$，$\phi(a_2) = p_2$，$0 < p_1 < p_2 < 1$，令 $X \sim N(\mu, \sigma^2)$

求證 $P\,(\mu+a_1\sigma \le X \le \mu+a_2\sigma)=p_2-p_1$

5.　$X \sim N\,(\mu, \sigma^2)$，令 $Z=(X-\mu)^2$，求證

$$Z \sim \Gamma\left(\frac{1}{2}, \frac{1}{2}\right)$$

6.　設 X 均勻分佈於 $(0, 1) \cup (2, 3)$ 求 $F_X(x)=$ ？

7.　若 X 為具參數 λ 之指數分佈，$Y=cX, c>0$

　　(1)求 Y 之 PDF？　　　(2)Y 為何種分佈？

8.　令 $X_1, \cdots, X_n$ 表示一系列獨立且具有期望值為 0 變異數為 $Var\,(X_i)=i$ 之常態分佈隨機變數，$W=aX_1+a^2X_2+\cdots+a^nX_n$，求 PDF of W。

9.　If $X \sim N(61, 10^2)$，求

　　(1)$P\,(X \le 46)$　　　(2)$P(51<X<71)=$ ？

10.　X is an Exponential random variable, $Var\,(X)=25$，求

　　(1)$f_X(x)=$ ？　　　(2)$E\,[X^2]=$ ？　　　(3)$P\,(x>5)=$ ？

11.　X is a Gamma random variable with parameters $\alpha=2, \lambda=2$，求

　　(1)$E\,[X]=$ ？

　　(2)$Var\,(X)=$ ？

　　(3)$P(0.5 \le X \le 1.5)=$ ？

12.　$X \sim U\,(-5, 5)$，求

　　(1)$f_X(x)=$ ？

　　(2)$F_X(x)=$ ？

　　(3)$E\,[X]=$ ？

　　(4)$E\,[e^X]=$ ？

13.　$X \sim \Gamma\,(\alpha, \lambda)$，則 X 之 PDF 為 $f_X(x)=\dfrac{\lambda^2}{(a-1)!}x^{a-1}\exp\,(-\lambda x); x>0$

　　求證 $\int_0^\infty f_X\,(x)\,dx=1$

14.　$X \sim NE\,(\lambda)$，求證 $E\,[X^n]=\dfrac{n!}{\lambda^n}$

15.　X is a Normal random variable. $E\,[X]=0, P(|X| \le 10)=0.1$，求 $\sigma_X=$ ？

16.　若一機率實驗之取樣值均勻分佈於區間 $(0, 10)$。隨機變數 X 定義為：

　　$X(s)=1$　if　$s \in [0, 2), X\,(s)=-1$　if　$s \in [2, 5)$

　　$X(s)=3$　if　$s \in [5, 7), X\,(s)=-1$　if　$s \in [7, 10)$

　　(1)畫出隨機變數 X 之 probability mass function (PMF)以及 cumulative distribution function (CDF)。

　　(2)求出隨機變數 X 之期望值 μ 以及變異數 σ^2。

17.　If number of events occurring in any fixed interval of length t is a Poisson random variable with parameter λt, show that the inter event time distribution is an exponential distribution.

18. 證明指數分佈隨機變數為無記憶性

19. 證明不等式 $Q(x) < \dfrac{1}{2}\exp\left(-\dfrac{x^2}{2}\right)$; $x \geq 0$

20. 證明若隨機變數 X 之分佈函數 $F_X(x)$ 為連續函數，則其經函數轉換 $Y = F_X(x)$ 後，隨機變數 Y 必呈均勻分佈　　　　　　　　　　　　　　【91 交大統計、74 台大資訊】

21. 已知隨機變數 X 之分佈為 $U(3, 3)$，求下式有實根之機率？
   $4t^2 + 4xt + (x + 2) = 0$　　　　　　　　　　　　　　　　　　　【淡江數學】

22. 已知隨機變數 X_1 與 X_2 互為獨立，且都具有 $U(0, 1)$ 之分佈，證明 $\sqrt{X_1}$ 與 max (X_1, X_2) 具有相同之分佈　　　　　　　　　　　　　　　　　　【83 交大統研】

23. 已知某裝置之可用壽命具如下之指數分佈，其中時間 t 以天為單位，求該裝置之壽命少於 50 天之機率
   $$f(t) = \begin{cases} 0.01\exp\left(\dfrac{-t}{\beta}\right); & t \geq 0 \\ 0; & t < 0 \end{cases}$$　　　　　　　　　　　　　　　　　【87 清華工工】

24. 已知顧客抵達某旅館之人數滿足平均每小時 6 人之 Poisson 分佈，求：
   (1)某 10 分鐘內沒有顧客之機率？
   (2)第 10 位與第 11 位顧客之間隔不大於 4 分鐘之機率？
   (3)已經 10 分鐘沒有顧客抵達，請問 4 分鐘內有顧客抵達之機率？【92 清大通訊】

25. 已知單位時間內前往櫃檯結帳之顧客人數符合 Poisson Process，而且平均每 2 分鐘 1 人，求：
   (1) 10 分鐘內結帳人數之變異數為何？
   (2)第 3 位與第 4 位結帳之客人，其間隔時間大於 3 分鐘之機率？
   (3)在 20 分鐘內有多於 20 人結帳之機率？
   (4)第 3 位與第 5 位結帳客人之時間間隔之變異數為何？　　　　　【交大資訊】

26. 某電話總機單位時間收到電話數目呈平均每分鐘 4 通之 Poisson 分佈，取 X 表示收到 2 通電話的等待時間（分鐘），$P(X \leq 1) = ?$　　　　　　　　【86 交大控制】

27. 已知隨機變數 Y 與 Z 皆為高斯分佈，並且 $\sigma_Y^2 = \sigma_Z^2 = 1$，$\mu_Y = a$，$u_Z = b$，現有另一隨機變數 X，其與 Y, Z 之關係為 $P[X = Y] = p$ 及 $P[X = Z] = 1 - p$，求 X 之期望值與變異數？　　　　　　　　　　　　　　　　　　【92 台大電機、91 台大電子】

28. 已知隨機變數 X 之分佈為 $N(0, 1)$，也就是標準常態分佈，求隨機變數 $Y = X^2$ 之分佈，期望值與變異數？　　　　　　　　　　　　　　　　　　　　【92 清華通訊】

29. 已知隨機變數 X 具有 $U(0, 1)$ 之分佈，證明 $Y = -2\ln X$ 具有自由度為二之卡方分佈 $\chi^2(2)$　　　　　　　　　　　　　　　　　　　　　　　　　　　【台大土木】

30. The time between arrivals of customers in a supermarket is an exponential random variable T with expected value 0.01. Given $T > 0.02$，find
   (1)$E[T|T > 0.02]$　　(2) Var $[T|T > 0.02]$

31. Let X be a gamma random variable with parameters γ and λ. Derive a formula for the moment generating function $M_X(t)$ and use it to calculate the mean $E(X)$ and the variance $Var(X)$. 【97 成大電腦與通訊所】

32. The number of failures of computer network is assumed to possess Poisson distribution. The mean time to failure of the nerwork is 3 months. What is the probability that the network will not fail within two years? Derive your exact answer from two possible distributions (Hint: define two random variables first). 【97 交大電信所】

33. Consider a random variable X with the PDF:

$$f_X(x) = 0.15\,[u(x) - u(x-2)] + 0.1e^{-\frac{x}{3}}u(x) + \frac{C'}{\sqrt{\pi}}e^{-\frac{(x-2)^2}{4}};$$

where $u(x)$ is the unit step function and C' is a constant. Consider the following statements:

i.The value of the constant C' is 0.1.

ii.$E[X] = 2$.

iii.The variance of X is 3.2.

iv.$P\{X \le 2\} = 0.8 - 0.3e^{-\frac{2}{3}}$.

Which of the statements above is (are) TRUE?

(A)i(B)ii(C)iii(D)iv(E)None of the above. 【100 台大電信】

34. Let X be an exponential random variable with mean $1/\lambda$. Find $E[X|X>5]$. 【97 交大電子】

35. Let Y have a uniform distribution $U(0, 1)$, and let

$X = a + (b-a)Y, a < b$

Find the distribution function $F(x) = P(X \le x)$. 【97 清大資訊】

36. Customers arrive randomly at a bank teller's window. Given that one customer arrived during a particular 10-minute period, let X equal the time within the 10 minutes that the customer arrived. Suppose X has the uniform distribution $U(0, 10)$

(1) Find the mean of X.

(2) Find the variance of X. 【97 清大資訊】

37. Let X equal the weight (in grams) of eggs. Assuming that the distribution of X is the normal distribution given by $N(55, 100)$, find

(1)$P(57.5 \le X \le 67.5)$

(2)$P(47.5 \le X \le 60)$

[Hint:] The following function values may be useful for your computation.

$$P(Z \le z) = \phi(z) = \int_{-\infty}^{z} \frac{1}{\sqrt{2\pi}} e^{-w^2/2}\, dw$$

$\phi(0.25) = 0.5987$, $\phi(0.5) = 0.6915$, $\phi(0.75) = 0.7734$, $\phi((1)) = 0.8413$, $\phi(1.25) = 0.8944$, $\phi(1.5) = 0.9332$ 【97 清大資訊】

38. Consider a continuous random variable X with a normal (Gaussian) distribution with mean 10 and variance 25.

   (1) Determine the probability $P(X > 20)$. Write your answer in terms of the cumulative distribution function ϕ of a standard normal random variable Z, i.e. $\phi(z) = P(Z \leq z)$.

   (2) For a random variable Y defined by $Y = 2X + 5$, what is the probability density function for the random variable Y? What are the mean and variance for Y?　　【 97 清大資訊 】

39. Suppose the random variable X has PDF

   $f_X(x) = \lambda^2 x e^{-\lambda x}, x > 0, \lambda > 0$

   (1) Find the mean and variance of X.

   (2) Determine the function $g(X)$ such that the random variable $Y = g(X)$ is uniformly distributed on $[-1, 1]$.　　【 97 北大通訊 】

40. Assume that random variable X has a gamma distribution with probability density function, which is defined by

   $$f_X(x) = \begin{cases} \dfrac{1}{\beta^\alpha \Gamma(\alpha)} x^{\alpha-1} e^{-x/\beta}, & if\ x > 0 \\ 0 & otherwise \end{cases}$$

   where $\alpha > 0$ and $\beta > 0$. The gamma function $\Gamma(\alpha)$ is defined by

   $\Gamma(\alpha) = \int_0^\infty x^{\alpha-1} e^{-x} dx$

   for $\alpha > 0$ and has the following properties, e.g., $\Gamma(\alpha) = (\alpha - 1)\Gamma(\alpha - 1)$, $\Gamma(n+1) = n!$, $\Gamma(1/2) = (\pi)^{1/2}$ and $\Gamma(1) = 1$.

   (1) For $\alpha = 1/2$ and $\beta = 2$, please evaluate the mean $\mu = E[X]$, and variance $\sigma_X^2 = E[(X - E[X])^2]$

   (2) For $\alpha = v/2$ and $\beta = 2$, we have the so-called chi-square distribution, again, find the mean μ and σ_X^2 for random variable X.

   (Note: v is the degree of freedom and $v > 0$)　　【 97 中山通訊 】

41. It is observed that customers arrive at a store at an average rate of 36 persons per hour. Let T be the waiting time for the customer, what is the probability for the customer to wait for more than two minutes?　　【 97 高大電機 】

42. Let X be the input to a communication channel and let Y be the output. The input to channel is +1 volt or −1 volt with equal probability. The output of channel is the input plus a noise voltage N that uniformly distributed in the interval from +2 volts to −2 volts. Find $P[X = +1, Y \leq 0]$ and the probability that Y is negative given that X is +1.　　【 97 台科大電子 】

43. X is an exponential random variable with parameter $\lambda = 1$.

   (1) Compute the probability density function of the random variable Y which is defined as $Y = \ln(X)$.

   (2) Compute the probability mass function of $I =$ integer part of X.　　【 96 交大電信 】

44. Let X have the bata distribution, which has a probability density function $f_X(x) = Cx^{a-1}(1 - x)^{\beta-1}$, $0 < x < 1$, where C is the normalization constant. Determine the probability density function of the random variable $X^{-1} - 1$. 　【96 中央通訊】

45. Let $Y = e^x$ where X is a Gaussian random variable with mean m and variance σ^2.
    (1) Find the PDF of Y.
    (2) Find the mean and variance of Y. 　【97 中興電機】

46. Let T be the time between emissions of particles by a radio-active atom. It is assumed that T is a random variable with an exponential distribution. Its probability density function is given as follows:

$$f(t) = \begin{cases} \lambda e^{-\lambda t} & t \geq 0 \\ 0 & elsewhere \end{cases}$$

where λ is a positive constant.

(a)Derive the mean and variance of the random variable T.

(b)Derive the cumulative distribution function for the random variable T.

(c)What are the probabilities $P(T = 1/\lambda)$ and $P(T > 2/\lambda)$? Show your calculation. 　【100 清大資訊】

47. Let Z be the Gaussian random variable with zero mean and unit variance. Find $E[X^4]$. 　【96 北科大資工】

48. X is Gaussian random variable with PDF $f_X(x) = \dfrac{1}{\sqrt{2\pi}\sigma} \exp\left(-\dfrac{x^2}{2\sigma^2}\right)$; $-\infty < x < \infty$

    (a)Find the moment generating function of X.

    (b)Show that $E[|X|^{k+2}] = (k+1)\sigma^2 E[|X|^k]$ for nonnegative integer k.

    (c) Compute $E[|X|^k]$ for every positive integer k. 　【96 北科大電機】

49. A communication system accepts a positive voltage V as input and outputs a voltage $Y = \alpha V + N$, where $\alpha = 0.01$ and N is a Gaussian random variable with mean 0 and variance 9. Find the value of V that gives $P(Y < 0) = 10^{-5}$ based on the information that $Q(4.0) = 3.17 \times 10^{-5}$, $Q(4.5) = 3.40 \times 10^{-6}$ 　【96 中興電機通訊】

50. In the circuits of Fig. 6-3, $R = \dfrac{1}{4}\Omega$ is a constant resistance and voltage source E is a random variable of Gaussian with zero mean and variance σ^2. Find the cumulative distribution function for the power loaded on the resistor. 　【95 台科大電子】

Fig. 6-3

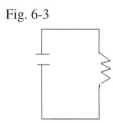

51. Let X and Y be independent, and (X, Y) be the jointly Gaussian random variable with zero mean and same variance of 4. Find the probability $P(X^2 + Y^2 < 16)$ 【96 交大電控】

52. A Gaussian random variable has a probability density function denoted by $N(\mu, \sigma^2)$. Suppose we have two random sample generator X_i, $i = 1, 2$. We randomly choose one of them and get a sample of $x = 3$ .Suppose that the distribution for samples from X_i, $i = 1, 2$. are $N(1, 4)$ and $N(4, 1)$. What is the probability that this sample comes from X_1.

(a)if X_i, $i = 1, 2$. are equally likely to be chosen?

(b)if X_1 is two times more likely than X_2 to be chosen? 【95 中山資工】

53. If the p.d.f. of X is

$$f(x) = \frac{1}{\sqrt{32\pi}} \exp\left[-\frac{(x+3)^2}{32}\right]; \ -\infty < x < \infty$$

(a)Find the mean and variance of X

(b)Find the moment generating function of X

(c)Define $Y = \frac{X+3}{4}$, what is the distribution of Y?

(d)Define $Z = Y^2$, what is the distribution of Z? 【95 清大資訊甲】

54. Consider independent and identical Gaussian random variables X_i, $i = 1, 2, \cdots, M$, with mean and variance equal to 0 and 1 respectively. Please find

(1) The probability density function of $Y = \sum\limits_{i=1}^{M} X_i$.

(2) The probability density function of $Z = \sqrt{X_1^2 + X_2^2}$. 【95 中央通訊】

55. The exponential random variable X has the following density function

$$f_X(x) = \begin{cases} \lambda e^{-\lambda x}; & x > 0 \\ 0; & else \ where \end{cases}$$

Find $E[X^n]$, $n > 0$. 【95 北科大資工】

56. The life of a base-station is exponentially distributed, with the mean life of six years. If five base-stations, operated independently, are being built at the same time. What is the probability that at least three will still stand after twelve years? 【96 高雄大電機通訊】

57. If the probability of obtaining a "HEAD" in a toss experiment is considered as a random

variable X, with uniform PDF $U(0, 1)$. Now suppose that we have performed an experiment of tossing a coin 3 times, and 2 "HEADs" are observed. What is the conditional density of X given this observation?　　　　　　　　　　　　　　　【98 北科大電通】

58. Let X be a Normal random variable with mean 2 and variance 5.

    (a)Derive and find the mean and variance of random variable $Y = 6X + 8$.

    (b)Derive and find the mean and variance of random variable $Y = 6X^2$.【99 中山電機通訊】

59. For a Poisson process over a time interval t, the probability distribution of the number of Poisson events, designated X, can be written as

    $$f_X(x) = \frac{e^{-\lambda t}(\lambda t)^x}{x!}; \, x = 0, 1, 2, \cdots, \lambda > 0$$

    where λ is the average number of Poisson events per unit time.

    Answer the following time-to-Poisson-events problems:

    (a)Find the probability that the first Poisson event does not occur until the end of the time T (that is, the probability that up to a time T will elapse until one Poisson event has occurred).

    (b)Find the probability that the second Poisson event does not occur until the end of the time T (this is, the probability that up to a time T will elapse until two Poisson events have occurred).　　　　　　　　　　　　　　　【96 交大電子】

60. Suppose the counts recorded by a Geiger counter follow a Poisson process with an average of 3 counts per minute.

    (a)What is the probability that there are no counts in a 20 seconds interval?

    (b)What is the probability that the first count occurs in less than 10 seconds?

    (c)Suppose there is no counts in the first minute, what is the probability that first count occurs in the next minute?　　　　　　　　　　　　　　　【95 清大電機】

61. In the wafer process, the number of defects on a chip affects its yield rate. A chip will fail if it has one or more defects on it. Assume that a 100-mil^2 wafer contains 50 defects and the number of defects in a small area follows the Poisson distribution. If the wafer is to be cut into many chips of equal size, find the maximum size of each chip so that the probability of chip failure is less than 20 percent. You may assume that the wafer area can be cut into an integer number of chips without fragments.　　　　　　　　　　　　　【95 北科大資工】

62. Suppose that 25% of the photos in a photo collection contain skies. For each photo, its blue hue is measured by taking the average of the blue channel over all pixels. For photos that contain skies, the values of the blue hue X will be normally distributed with a mean of 200 and a variance of 20. For photos that do not contain skies, the blue hue X will be normally distributed with a mean of 100 and a variance of 20. Suppose that a photo is selected at ran-

dom from the collection and its blue hue X is measured.

(1) Determine the conditional probability that the photo contains a sky given that $X=x$

(2) For what value of x is the conditional probability in (1) greater than 0.5?

【100 清大資訊】

63. A Gaussian random variable with zero mean ($\mu=0$) and variance σ^2 is applied to a device that has only two possible outputs, zero or one. The output zero occurs when the input is negative, and the output one occurs when the input is zero or positive. What is the output probability density function? Rework the problem when $\mu=0.5$, $\sigma=1$. 【100 雲科大電機】

64. Consider $n+m$ trials having a common probability of success p. The value of p is chosen from an uniform population $(0, 1)$. What is the conditional distribution of p given that n successes have been observed from the $n+m$ trials. 【92 台大電信】

附錄一：常用的連續型機率分佈

	PDF	Mean	Variance	MGF
Normal $\quad N$ (μ, σ^2)	$f_X(x) = \dfrac{1}{\sqrt{2\pi}\sigma} \exp\left(-\dfrac{(x-\mu)^2}{2\sigma^2}\right);$ $-\infty < x < \infty$	μ	σ^2	$\exp\left(\mu t + \dfrac{\sigma^2}{2} t^2\right)$
Bivariate Normal Distribution BN $(\mu_X, \mu_Y,$ $\sigma_X^2, \sigma_Y^2, \rho_{XY})$	$f_{X,Y}(x,y) = \dfrac{1}{2\pi\sigma_X\sigma_Y\sqrt{1-\rho_{XY}^2}} \exp\left[-\dfrac{Q(x,y)}{2(1-\rho_{XY}^2)}\right]$ $-\infty < x, y < \infty$ $Q(x,y) = \left(\dfrac{x-\mu_X}{\sigma_X}\right)^2 - 2\rho_{XY}\left(\dfrac{x-\mu_X}{\sigma_X}\right)\left(\dfrac{y-\mu_Y}{\sigma_Y}\right) + \left(\dfrac{y-\mu_Y}{\sigma_Y}\right)^2$			$M_{X,Y}(t_1, t_2) =$ $\exp\left[\begin{array}{l}\mu_X t_1 + \mu_Y t_2 + \\ \dfrac{1}{2}(\sigma_X^2 t_1^2 + 2\rho_{XY}\sigma_X\sigma_Y t_1 t_2 + \sigma_Y^2 t_2^2)\end{array}\right]$
Standard Normal $N(0, 1)$	$f_Z(z) = \dfrac{1}{\sqrt{2\pi}} \exp\left(-\dfrac{z^2}{2}\right);$ $-\infty < z < \infty$	0	1	$\exp\left(\dfrac{1}{2} t^2\right)$
Exponential $X \sim NE(\lambda)$	$f_X(x) = \begin{cases} \lambda e^{-\lambda t}; & x > 0 \\ 0; & \text{else where} \end{cases}$	$\dfrac{1}{\lambda}$	$\dfrac{1}{\lambda^2}$	$\dfrac{\lambda}{\lambda - t}$
Gamma $X \sim \Gamma(n, \lambda)$	$f_X(x) = \dfrac{\lambda^n}{\Gamma(\alpha)} x^{n-1} e^{-\lambda x}; \ x > 0,$ $n \in N$	$\dfrac{n}{\lambda}$	$\dfrac{n}{\lambda^2}$	$\left(\dfrac{\lambda}{\lambda - t}\right)^n$
Uniform $X \sim U(a, b)$	$f_X(x) = \begin{cases} \dfrac{1}{b-a}; & a < x < b \\ 0; & \text{elsewhere} \end{cases}$	$\dfrac{a+b}{2}$	$\dfrac{(b-a)^2}{12}$	

附錄二：標準常態分佈之 CDF

z	0.00	0.01	0.02	0.03	0.04	0.05	0.06	0.07	0.08	0.09
0.0	0.500000	0.503989	0.507978	0.511967	0.515953	0.519939	0.532922	0.527903	0.531881	0.535856
0.1	0.539828	0.543795	0.547758	0.551717	0.555760	0.559618	0.563559	0.567495	0.571424	0.575345
0.2	0.579260	0.583166	0.587064	0.590954	0.594835	0.598706	0.602568	0.606420	0.610261	0.614092
0.3	0.617911	0.621719	0.625516	0.629300	0.633072	0.636831	0.640576	0.644309	0.648027	0.651732
0.4	0.655422	0.659097	0.662757	0.666402	0.670031	0.673645	0.677242	0.680822	0.684386	0.687933
0.5	0.691462	0.694974	0.698468	0.701944	0.705401	0.708840	0.712260	0.715661	0.719043	0.722405
0.6	0.725747	0.729069	0.732371	0.735653	0.738914	0.742154	0.745373	0.748571	0.751748	0.754903
0.7	0.758036	0.761148	0.764238	0.767305	0.770350	0.773373	0.776373	0.779350	0.782305	0.785236
0.8	0.788745	0.791030	0.793892	0.796731	0.799546	0.802338	0.805106	0.807850	0.810570	0.813267
0.9	0.815940	0.818589	0.821214	0.823815	0.826391	0.828944	0.831472	0.833977	0.836457	0.838913
1.0	0.841345	0.843752	0.946136	0.848495	0.850830	0.853141	0.855428	0.857690	0.859929	0.862143
1.1	0.864334	0.866500	0.868643	0.870762	0.872857	0.874928	0.876976	0.878999	0.881000	0.882977
1.2	0.884930	0.886860	0.888767	0.890651	0.892512	0.894350	0.896165	0.897958	0.899727	0.901475
1.3	0.903199	0.904902	0.906582	0.908241	0.909877	0.911492	0.913085	0.914657	0.916207	0.917736
1.4	0.919243	0.920730	0.922196	0.923641	0.925066	0.926471	0.927855	0.929219	0.930563	0.931888
1.5	0.933193	0.934478	0.935744	0.936992	0.938220	0.939429	0.940620	0.941792	0.942947	0.944083
1.6	0.945201	0.946301	0.947384	0.948449	0.949497	0.950529	0.951543	0.952540	0.953521	0.954486
1.7	0.955435	0.956367	0.957284	0.958185	0.959071	0.959941	0.960796	0.961636	0.962462	0.963273
1.8	0.964070	0.964852	0.965621	0.966375	0.967116	0.967843	0.968557	0.969258	0.969946	0.970621
1.9	0.971283	0.971933	0.972571	0.973197	0.973810	0.974412	0.975002	0.975581	0.976148	0.976705
2.0	0.977250	0.977784	0.978308	0.978822	0.979325	0.979818	0.980301	0.980774	0.981237	0.981691
2.1	0.982136	0.982571	0.982997	0.983414	0.983823	0.984222	0.984614	0.984997	0.985371	0.985738
2.2	0.986097	0.986447	0.989791	0.987126	0.987455	0.987776	0.988089	0.988396	0.988696	0.988989
2.3	0.989276	0.989556	0.989830	0.990097	0.990358	0.990613	0.990863	0.991106	0.991344	0.991576
2.4	0.991802	0.992024	0.992240	0.992451	0.992656	0.992857	0.993053	0.993244	0.993431	0.993613
2.5	0.993790	0.993963	0.994132	0.994297	0.994457	0.994614	0.994766	0.994915	0.995060	0.995201
2.6	0.995339	0.995473	0.995604	0.995731	0.995855	0.995975	0.996093	0.996207	0.996319	0.996427
2.7	0.996533	0.996636	0.996736	0.996833	0.996928	0.997020	0.997110	0.997197	0.997282	0.997365
2.8	0.997445	0.997523	0.997599	0.997673	0.997744	0.997814	0.997882	0.997948	0.998012	0.998074
2.9	0.998134	0.998193	0.998250	0.998305	0.998359	0.998411	0.998462	0.998511	0.998559	0.998605
3.0	0.998650	0.998694	0.998736	0.998777	0.998817	0.998856	0.998893	0.998930	0.998965	0.998999
3.1	0.999032	0.999065	0.999096	0.999126	0.999155	0.999184	0.999211	0.999238	0.999264	0.999289
3.2	0.999313	0.999336	0.999359	0.999381	0.999402	0.999423	0.999443	0.999462	0.999481	0.999499
3.3	0.999517	0.999533	0.999550	0.999566	0.999581	0.999596	0.999610	0.999624	0.999638	0.999650
3.4	0.999663	0.999675	0.999687	0.999698	0.999709	0.999720	0.999730	0.999740	0.999749	0.999758
3.5	0.999767	0.999776	0.999784	0.999792	0.999800	0.999807	0.999815	0.999821	0.999828	0.999835
3.6	0.999841	0.999847	0.999853	0.999858	0.999864	0.999869	0.999874	0.999879	0.999883	0.999888
3.7	0.999892	0.999896	0.999900	0.999904	0.999908	0.999912	0.999915	0.999918	0.999922	0.999925
3.8	0.999928	0.999931	0.999933	0.999936	0.999938	0.999941	0.999943	0.999946	0.999948	0.999950
3.9	0.999952	0.999954	0.999956	0.999958	0.999959	0.999961	0.999963	0.999964	0.999966	0.999967

Cumulative Standard Normal Distribution $\Phi_Z(z) = P\,(Z \le z) = \dfrac{1}{\sqrt{2\pi}} \displaystyle\int_{-\infty}^{z} \exp\left(-\frac{1}{2}t^2\right) dt$

附錄三：特殊函數

（一）Gamma（Γ）函數

定義：$\Gamma(n) = \int_0^\infty x^{n-1} e^{-x} dx \ (n > 0)$ (1)

稱為 Gamma 函數，其循環公式為：

$$\Gamma(n+1) = n\Gamma(n), \ n \in R, \ n > 0 \tag{2}$$

$$\Gamma(k+1) = k!, \ k \in N$$

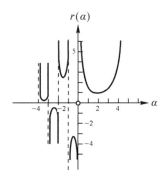

証明：依定義：$\Gamma(n) = \int_0^\infty x^{n-1} e^{-x} dx, \ \Gamma(n+1) = \int_0^\infty x^n e^{-x} dx$

利用分部積分法 $\int u dv = uv - \int v du$

令 $u = x^n, \ dv = e^{-x} dx \Rightarrow du = nx^{n-1} dx, \ v = -e^{-x}$

$\therefore \Gamma(n+1) = x^n(-e^{-x}) \Big|_0^\infty + n\int_0^\infty x^{n-1} e^{-x} dx$

$\qquad = \lim_{x \to \infty} \left(-\frac{x^n}{e^x} \right) + n\Gamma(n)$

$\qquad = n\Gamma(n)$

觀念提示： *1.* $\Gamma(1) = 1$

        2. 若 n 為正整數

$$\Gamma(\alpha + n) = (\alpha + n - 1)\Gamma(\alpha + n - 1) \tag{3}$$

$$= \cdots = (\alpha + n - 1)\cdots\cdots(\alpha + 1)\alpha\Gamma(\alpha)$$

故可得

$$\Gamma(n+1) = n! \tag{4}$$

$$3. \Gamma\left(\frac{1}{2}\right) = \sqrt{\pi} \tag{5}$$

証明：$\Gamma(0.5) = \int_0^\infty x^{-\frac{1}{2}} e^{-x} dx \quad \Leftrightarrow x = t^2 \Rightarrow dx = 2tdt$

$$\Rightarrow \Gamma(0.5) = 2\int_0^\infty e^{-t^2} dt = 2\frac{\sqrt{\pi}}{2} = \sqrt{\pi}$$

4. $\Gamma(n)$ 之第二定義式：

$$\Leftrightarrow x = -\ln y$$

$$\Gamma(n) = \int_0^1 (-\ln y)^{n-1} dy = \int_0^1 \left(\ln\left(\frac{1}{y}\right)\right)^{n-1} dy \tag{6}$$

例題 1：$\int_0^1 \dfrac{dx}{\sqrt{-\ln x}} = ?$

解　　$\Leftrightarrow t = -\ln x \Rightarrow x = e^{-t}, dx = -e^{-t}dt$

$$\int_0^1 \frac{dx}{\sqrt{-\ln x}} = \int_\infty^0 \frac{-e^{-t}}{\sqrt{t}} dt = \int_0^\infty t^{-\frac{1}{2}} e^{-t} dt = \Gamma\left(\frac{1}{2}\right) = \sqrt{\pi}$$

（二）Bata 函數

定義：$B(m, n) = \int_0^1 x^{m-1}(1-x)^{n-1} dx; m > 0, n > 0 \tag{7}$

稱之為 Bata 函數，Bata 函數亦可以不同之形式出現：

(1) $y = ax, \Rightarrow dy = adx$

$$B(m, n) = \frac{1}{a^{m+n-1}}\int_0^a y^{m-1}(a-y)^{n-1} dy \tag{8}$$

(2) $x = \sin^2\theta \Rightarrow 1 - x = \cos^2\theta, dx = 2\sin\theta\cos\theta d\theta$

$$B(m, n) = 2\int_0^{\frac{\pi}{2}} (\sin\theta)^{2m-1}(\cos\theta)^{2n-1} d\theta \tag{9}$$

(3) $x = \dfrac{y}{y+a} \Rightarrow dx = \dfrac{ady}{(y+a)^2}$

$$B(m, n) = \int_0^\infty \left(\frac{y}{y+a}\right)^{m-1}\left(\frac{a}{y+a}\right)^{n-1}\frac{ady}{(y+a)^2} = a^n\int_0^\infty \frac{y^{m-1}}{(y+a)^{m+n}} dy \tag{10}$$

觀念提示：1. 利用(9)式可計算三角函數之定積分：

$$令\begin{cases}2m-1=a\\2n-1=b\end{cases}\Rightarrow\begin{cases}m=\dfrac{1+a}{2}\\n=\dfrac{1+b}{2}\end{cases}\text{則有}$$

$$\int_0^{\frac{\pi}{2}}\sin^a\theta\cos^b\theta\,d\theta=\frac{1}{2}B\left(\frac{1+a}{2},\frac{1+b}{2}\right)\tag{11}$$

2. $B\,(m,n)=B\,(n,m)$（具變數對稱性）

3. Bata 函數與 Gamma 函數的關係：

$$B\,(m,n)=\frac{\Gamma(m)\Gamma(n)}{\Gamma(m+n)}\tag{12}$$

證明：$\Gamma\,(m)=\displaystyle\int_0^\infty u^{m-1}e^{-u}\,du$, 令 $u=x^2, du=2xdx$，代入可得：

$$\Gamma\,(m)=2\int_0^\infty x^{2m-1}e^{-x^2}\,dx$$

同理$\Gamma\,(n)=2\displaystyle\int_0^\infty y^{2n-1}e^{-y^2}\,dy$

$$\Gamma\,(m)\Gamma\,(n)=4\int_0^\infty\int_0^\infty y^{2n-1}x^{2m-1}e^{-(x^2+y^2)}\,dx\,dy$$

利用變數轉換 $x=\rho\cos\theta, y=\rho\sin\theta$，代入可得：

$$\Gamma\,(m)\Gamma\,(n)=4\int_0^{\frac{\pi}{2}}\int_0^\infty(\rho\sin\theta)^{2n-1}(\rho\cos\theta)^{2m-1}e^{-\rho^2}\rho\,d\rho\,d\theta$$

$$=[2\int_0^{\frac{\pi}{2}}(\sin\theta)^{2n-1}(\cos\theta)^{2m-1}\,d\theta][2\int_0^\infty\rho^{2(m+n)-1}e^{-\rho^2}\,d\rho]$$

$$=B\,(m,n)\Gamma\,(m+n)$$

$$\therefore B\,(m,n)=\frac{\Gamma(m)\Gamma(n)}{\Gamma(m+n)}$$

得證

例題 2：求 $I=\displaystyle\int_0^{\frac{\pi}{2}}\sqrt{\tan\theta}\,d\theta=$?

解　　$I=\displaystyle\int_0^{\frac{\pi}{2}}\sin^{\frac{1}{2}}\theta\cos^{-\frac{1}{2}}\theta d\theta$　　因此

$$\begin{cases}2m-1=\dfrac{1}{2}\\2n-1=-\dfrac{1}{2}\end{cases}\Rightarrow m=\frac{3}{4}, n=\frac{1}{4}$$

$$I=\int_0^{\frac{\pi}{2}}\sin^{\frac{1}{2}}\cos^{-\frac{1}{2}}\theta d\theta=\frac{1}{2}B\left(\frac{3}{4},\frac{1}{4}\right)$$

$$= \frac{1}{2}\Gamma\left(\frac{3}{4}\right)\Gamma\left(\frac{1}{4}\right)$$

$$= \frac{1}{2}\frac{\pi}{\sin\frac{\pi}{4}} = \frac{\pi}{\sqrt{2}}$$

例題 3：求 $\int_0^{\frac{\pi}{6}}\cos^7 3\theta \sin^4(6\theta)d\theta = ?$

解 $\quad \sin6\theta = 2\sin3\theta\cos3\theta$

$$\int_0^{\frac{\pi}{6}}\cos^7 3\theta \sin^4 6\theta d\theta = \int_0^{\frac{\pi}{6}}\cos^7 3\theta(2\sin 3\theta\cos 3\theta)^4 d\theta$$

$$= \frac{16}{2}\int_0^{\frac{\pi}{2}}\sin^4 t \cos^{11} t dt$$

$$= \frac{8}{3}B\left(\frac{5}{2}, 6\right)$$

$$= \frac{\frac{8}{3}\Gamma\left(\frac{5}{2}\right)\Gamma(6)}{\Gamma\left(P\frac{12}{2}\right)} = \frac{4096}{135135}$$

例題 4：求 $\int_0^2 x^3\sqrt{8 - x^3}\,dx = ?$

解 $\quad \Leftarrow x^3 = 8y \Rightarrow dx = \frac{2}{3}y^{-2/3}\,dy$

$$\int_0^2 x^3\sqrt{8 - x^3}\,dx = \int_0^1 2y^{\frac{1}{3}}\sqrt[3]{8(1 - y)}\frac{2}{3}y^{\frac{-2}{3}}\,dy = \frac{8}{3}\int_0^1 y^{-\frac{1}{3}}(1 - y)^{\frac{1}{3}}\,dy$$

$$= \frac{8}{3}B\left(\frac{2}{3}, \frac{4}{3}\right)$$

$$= \frac{8}{3}\frac{\Gamma\left(\frac{2}{3}\right)\Gamma\left(\frac{4}{3}\right)}{\Gamma(2)} = \frac{8}{9}\Gamma\left(\frac{1}{3}\right)\Gamma\left(\frac{2}{3}\right) = \frac{8}{9}\frac{\pi}{\sin\frac{\pi}{3}}$$

$$= \frac{16\pi}{9\sqrt{3}}$$

（三）誤差函數

定義：誤差函數（Error function）為：

$$\text{erf}(x) = \frac{2}{\sqrt{\pi}} \int_0^x \exp(-t^2) dt \tag{12}$$

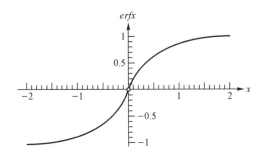

觀念提示：隨機變數 $Z \sim N(0, 1)$，令 $X = \dfrac{|Z|}{\sqrt{2}}$，則可輕易求得 X 之 PDF

$$f_X(x) = \frac{2}{\sqrt{\pi}} \exp(-x^2),\ x \geq 0$$

故 erf (x) 即為 X 之 CDF，故可得以下性質：

(1) $\text{erf}(-x) = -\text{erf}(x)$（奇函數）

(2) $\text{erf}(0) = 0$

(3) $\text{erf}(\infty) = 1$

定義：補誤差函數（Complementary error function）

$$\text{erfc}(x) = \frac{2}{\sqrt{\pi}} \int_x^\infty \exp(-t^2)\, dt \tag{14}$$

性質如下：

(1) $\text{erf}(x) + \text{erfc}(x) = 1$

(2) $\text{erfc}(0) = 1$

(3) $\text{erfc}(\infty) = 0$

定義：Q 函數

$$Q(z) = P(Z \geq z) = \frac{1}{\sqrt{2\pi}} \int_z^\infty \exp\left(-\frac{t^2}{2}\right) dt = 1 - \Phi_Z(z) \tag{15}$$

其中 $\Phi_Z(z)$ 為標準常態分佈之 CDF

$$\Phi_Z(z) = \frac{1}{\sqrt{2\pi}} \int_{-\infty}^{z} \exp\left(-\frac{t^2}{2}\right) dt$$

Q 函數之特性：

(1)$\Phi_Z(z) + \Phi(z) = 1$

(2)$Q(-\infty) = 1,\ Q(0) = 0.5,\ Q(\infty) = 0$

(3)$Q(z) + Q(-z) = 1$

7 多重連續型隨機變數

7-1 聯合機率密度函數

7-2 二維隨機變數之函數

7-3 條件機率密度函數

7-4 獨立隨機變數

7-5 多變數的變數變換

7-6 雙變數常態分佈

7-7 三維以上之連續型隨機變數

附錄：重積分與座標（變數）變換

7-1　聯合機率密度函數

定義：聯合累積分佈函數（Joint CDF）：X, Y 為連續型隨機變數，則

$$F_{X,Y}(x, y) = P(X \le x, Y \le y) \qquad (7.1)$$

　　　稱為 X, Y 之 joint CDF

觀念提示： 1. $F_X(x)$, $F_Y(y)$ 稱為 X, Y 之 Marginal CDF

　　　　　　 2. 三個以上隨機變數之 joint CDF

$$F_{X,Y,Z}(x, y, z) = P(X \le x, Y \le y, Z \le z) \qquad (7.2)$$

例題 1：$X \sim U(-1, 1), Y \sim U(-2, 1)$，求 $F_{X,Y}(x, y) = ?$

---

(1)若 $x \le -1, y \le -2$，則

$F_{X,Y}(x, y) = 0$

(2)若 $-1 < x < 1, y \le -2$，則

$F_{X,Y}(x, y) = \dfrac{x+1}{2} \times 0 = 0$

(3)若 $-1 < x < 1, -2 < y < 1$，則

$F_{X,Y}(x, y) = \dfrac{x+1}{2} \times \dfrac{y+2}{3} = \dfrac{(x+1)(y+2)}{6}$

(4)若 $-1 < x < 1, y > 1$，則

$F_{X,Y}(x, y) = \dfrac{x+1}{2} \times 1 = \dfrac{(x+1)}{2}$

(5)若 $x > 1, y > 1$，則

$F_{X,Y}(x, y) = 1$

(6)若 $x > 1, y \le -2 \Rightarrow F_{X,Y}(x, y) = 1 \times 0 = 0$

(7)若 $x > 1, -2 < y < 1 \Rightarrow F_{X,Y}(x, y) = 1 \times \dfrac{y+2}{3} = \dfrac{y+2}{3}$

(8)若 $x \le -1$, $-2 < y < 1 \Rightarrow F_{X,Y}(x, y) = 0$

(9)若 $x \le -1$, $y > 1 \Rightarrow F_{X,Y}(x, y) = 0$

由以上之討論不難得到以下定理：

定理 7-1

(1) $\displaystyle\lim_{\substack{x \to \infty \\ y \to \infty}} F_{X,Y}(x, y) = 1$

(2) $\displaystyle\lim_{x \to \infty} F_{X,Y}(x, y) = F_Y(y)$，$\displaystyle\lim_{y \to \infty} F_{X,Y}(x, y) = F_x(x)$

(3) $\displaystyle\lim_{x \to -\infty} F_{X,Y}(x, y) = 0$，$\displaystyle\lim_{y \to -\infty} F_{X,Y}(x, y) = 0$

例題 2：Is the function $G(x, y) = u(x)u(y)[1 - e^{-(x+y)}]$ a valid CDF?

【99 暨南電機】

解

$$G(-\infty, -\infty) = G(-\infty, y) = G(x, -\infty) = 0, \ G(\infty, \infty) = 1,$$

$$G(\infty, y) = u(y) = F(y) \Rightarrow f(y) = \delta(y),$$

$$G(x, \infty) = u(x) = F(x) \Rightarrow f(x) = \delta(x)$$

Yes.

例題 3：若 $F_{X,Y}(x, y) = \begin{cases} (1 - e^{-x})(1 - e^{-y}); & x > 0, y > 0 \\ 0; & else \end{cases}$

求 $F_X(x)$，$F_Y(y)$

解

(1) $F_X(x) = \displaystyle\lim_{y \to \infty} F_{X,Y}(x, y) = (1 - e^{-x})(1 - e^{-\infty}) = 1 - e^{-x}; \ x > 0$

(2) $F_Y(y) = \displaystyle\lim_{x \to \infty} F_{X,Y}(x, y) = (1 - e^{-\infty})(1 - e^{-y}) = 1 - e^{-y}; \ y > 0$

定義：聯合機率密度函數（Joint PDF）

若 X, Y 為連續型隨機變數，則

$$f_{X,Y}(x,y) = \frac{\partial^2}{\partial x \partial y}F_{X,Y}(x,y) \qquad (7.3)$$

稱為 X, Y 之 Joint PDF

觀念提示： 1. $F_{X,Y}(x,y) = \int_{-\infty}^{x}\int_{-\infty}^{y}f_{X,Y}(u,v)\,dvdu \qquad (7.4)$

2. $P((x,y) \in B) = \iint\limits_{(x,y) \in B} f_{X,Y}(x,y)\,dxdy \qquad (7.5)$

3. 由（7.5）可得：

$$P(a \le X \le b, c \le Y \le d) = \int_{c}^{d}\int_{a}^{b}f_{X,Y}(x,y)\,dxdy \qquad (7.6)$$

例題 4：若 $F_{X,Y}(x,y) = \begin{cases} (1-e^{-x})(1-e^{-y}); & x>0, y>0 \\ 0; & else \end{cases}$

求 $f_{X,Y}(x,y) = ?$

解　$f_{X,Y}(x,y) = \dfrac{\partial^2 F_{X,Y}(x,y)}{\partial x \partial y} = \dfrac{\partial}{\partial x}(1-e^{-x})\,e^{-y} = e^{-x}e^{-y}; \; x>0, y>0$

例題 5：若 X, Y 之 joint PDF 為

$f_{X,Y}(x,y) = \begin{cases} 1; & 0 \le x \le 1, 0 \le y \le 1 \\ 0; & else \end{cases}$，求

(1)$P(|X - Y| < \dfrac{1}{2})$

(2)$P(|X + Y| > \dfrac{1}{2})$

解　(1)$P(|X - Y| < \dfrac{1}{2}) = P(-\dfrac{1}{2} < X - Y < \dfrac{1}{2})$

即圖中斜線部分面積

$= 1 - \dfrac{1}{2} \times \dfrac{1}{2}$

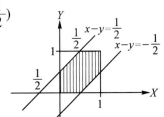

$$= \frac{3}{4}$$

$(2) P(|X + Y| > \frac{1}{2})$

$= P(|X + Y| > \frac{1}{2}) + P(|X + Y| < -\frac{1}{2})$

$= P(X + Y > \frac{1}{2})$

$= 1 - \frac{1}{2} \times \frac{1}{2} \times \frac{1}{2} = \frac{7}{8}$

定理 7-2

$(1) \int\limits_{-\infty}^{\infty} \int\limits_{-\infty}^{\infty} f_{X,Y}(x, y) \, dx \, dy = 1$　　　　　　　　　　　　　　（7.7）

$(2) f_X(x) = \int\limits_{-\infty}^{\infty} f_{X,Y}(x, y) \, dy$　　　　　　　　　　　　　（7.8）

$f_Y(y) = \int\limits_{-\infty}^{\infty} f_{X,Y}(x, y) \, dx$　　　　　　　　　　　　　（7.9）

$(3) F_X(x) = \int\limits_{-\infty}^{x} \int\limits_{-\infty}^{\infty} f_{X,Y}(u, v) \, dv \, du$　　　　　　　　　　（7.8）

$F_Y(y) = \int\limits_{-\infty}^{y} \int\limits_{-\infty}^{\infty} f_{X,Y}(u, v) \, dv \, du$　　　　　　　　　（7.10）

觀念提示：1. $f_X(x), f_Y(y)$ 為 Marginal PDF

　　　　　2. $F_X(x), F_Y(y)$ 為 Marginal CDF

證明：(1)由（7.4）可知

　　　$\int\limits_{-\infty}^{\infty} \int\limits_{-\infty}^{\infty} f_{X,Y}(x, y) \, dx \, dy = F_{X,Y}(\infty, \infty)$

　　　在定理 7-1 (1)可得 $F_{X,Y}(\infty, \infty) = 1$

　　(2) $f_X(x) = \frac{dF_X(x)}{dx} = \frac{d}{dx} (\int\limits_{-\infty}^{x} \int\limits_{-\infty}^{\infty} f_{X,Y}(u, v) \, dv \, du)$

　　　　$= \int\limits_{-\infty}^{\infty} f_{X,Y}(x, v) \, dv$

　　同理可證得（7.9）

$(3) F_X(x) = \lim_{y \to \infty} F_{X,Y}(x, y) = \lim_{y \to \infty} \int_{-\infty}^{x} \int_{-\infty}^{y} f_{X,Y}(u, v)\, dv du$

$$= \int_{-\infty}^{x} \int_{-\infty}^{y} f_{X,Y}(u, v)\, dv du$$

同理可證得（7.11）

例題 6：Suppose X and Y are continuous random variables, the joint PDF of X and Y, is given by

$$f_{X,Y}(x, y) = \begin{cases} 6xy, & 0 \le x \le 2, 0 \le y \le 1, 0 \le x + 2y \le 2 \\ 0 & otherwise \end{cases}$$

(1) Derive the marginal PDF of Y, $f_Y(y)$.

(2) Find $P(0.5 \le Y \le 1)$.

(3) Find $P(0 \le X \le 1, 0 \le Y \le 0.5)$.

(4) Find $P(1 \le Y \le 2)$. 【96 北科大電通】

解

$(1) f_Y(y) = \int_{0}^{2-2y} f(x, y) dx = 12y(1 - y)^2 ; 0 \le y \le 1$

$(2) P(0.5 \le Y \le 1) = \dfrac{5}{16}$

$(3) P(0 \le X \le 1, 0 \le Y \le 0.5) = \int_{0}^{1} \int_{0}^{\frac{1}{2}} f(x, y)\, dy dx = \dfrac{3}{8}$

$(4) P(1 \le Y \le 2) = \int_{1}^{2} \int_{0}^{\frac{2-x}{2}} f(x, y)\, dy dx = \dfrac{5}{16}$

例題 7：$f_{X,Y}(x, y) = \begin{cases} c; & 0 \le y \le x \le 1 \\ 0; & else \end{cases}$

(1) 求 $c = ?$

(2) $F_{X,Y}(x, y) = ?$

解 (1) $\displaystyle\int_0^1\int_0^x f_{X,Y}(x,y)dydx=1$

$\Rightarrow\displaystyle\int_0^1 cxdx=\frac{c}{2}=1\Rightarrow c=2$

(2) $F_{X,Y}(x,y)=\begin{cases}0;\ x<0\ y<0\\[2mm]\displaystyle\int_0^y\int_v^x 2dudv=2xy-y^2;\ 0\le y\le x\le 1\\[2mm]\displaystyle\int_0^y\int_v^1 2dudv=2y-y^2;\ 0\le y\le 1,x\ge 1\\[2mm]\displaystyle\int_0^1\int_v^1 2dudv=1;\ y\ge 1,x\ge 1\end{cases}$

例題 8：$f_{X,Y}(x,y)=\begin{cases}2e^{-x}e^{-2y};\ 0<x<\infty,0<y<\infty\\0;\ else\end{cases}$；求

　(1) $P(x>1,y<1)$

　(2) $P(x<1)$

　(3) $P(x<a)$

解 (1) $\displaystyle\int_0^1\int_1^\infty 2e^{-x}e^{-2y}\,dxdy=e^{-1}(1-e^{-2})$

(2) $\displaystyle\int_0^\infty\int_0^y 2e^{-x}e^{-2y}\,dxdy=\frac{1}{3}$

(3) $\displaystyle\int_0^a\int_0^\infty 2e^{-x}e^{-2y}\,dydx=\int_0^a e^{-x}\,dx=1-e^{-a}$

例題 9：$f_{X,Y}(x,y)=\begin{cases}\dfrac{1}{2(e-1)}\left(\dfrac{1}{x}+\dfrac{1}{y}\right);\ 1<x<e,1<y<e\\0;\ else\end{cases}$

　求 $f_X(x)=$ ？　【交大工工】

解　　$f_X\,(x)=\displaystyle\int_1^e \frac{1}{2(e-1)}\left(\frac{1}{x}+\frac{1}{y}\right)dy$

$\qquad\qquad =\dfrac{1}{2(e-1)}\left(\dfrac{e-1}{x}+1\right)$

$\qquad\qquad =\dfrac{1}{2x}+\dfrac{1}{2(e-1)};\ 1\le x\le e$

例題 10：$f_{X,Y}\,(x,y)=\begin{cases}kxy;\ 0\le x\le 1,\,0\le y\le 2\\ 0;\ o.w\end{cases}$；求

　　　　(1)$k=$?

　　　　(2)$P\,(X^2+Y^2\le 1)=$?

解　　(1)$\displaystyle\int_0^2\int_0^1 kxydxdy=1\Rightarrow k=1$

$\quad$(2)$P\,(x^2+y^2\le 1)=\displaystyle\iint_{x^2+y^2\le 1} xydxdy=\int_0^{\frac{\pi}{2}}\int_0^1 r^2\sin\theta\cos\theta\,rdrd\theta=\dfrac{1}{8}$

例題 11：$f_{X,Y}\,(x,y)=\begin{cases}kx;\ 0\le x\le 1,\,|y|\le x^2\\ 0;\ o.w.\end{cases}$；求

　　　　(1)$k=$?

　　　　(2)$f_X\,(x),f_Y\,(y)=$?

解　　(1)$1=\displaystyle\int_0^1\int_{-x^2}^{x^2} kxdydx\Rightarrow k=2$

$\quad$(2)$f_X\,(x)=\displaystyle\int_{-x^2}^{x^2} 2xdy=4x^3$

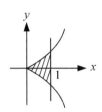

$\qquad f_Y\,(y)=\begin{cases}0;\ y<-1\\ \displaystyle\int_{\sqrt{|y|}}^1 2xdx=1-|y|;\ -1\le y\le 1\\ 0;\ y>1\end{cases}$

例題 12：若 X, Y 為獨立連續型隨機變數，證明
$$P\,(X \le Y) = \int_{-\infty}^{\infty} F_X\,(y) f_Y\,(y) dy$$

解　
$$\begin{aligned}
P\,(X \le Y) &= \iint_{X \le Y} f_{XY}\,(x, y)\,dxdy \\
&= \int_{-\infty}^{\infty} \int_{-\infty}^{y} f_X\,(x) f_Y\,(y)\,dxdy \\
&= \int_{-\infty}^{\infty} F_X\,(y) f_Y\,(y) dy
\end{aligned}$$

例題 13：A needle of length $2a$ is dropped at random on a board covered with parallel vertical lines with distance $2b$ apart and parallel horizontal lines with distance $2c$ apart, $b > a$, $c > a$. We shall determine the probability that the needle intersects one of the lines. Denote by X the distance from the center of the needle to the nearest vertical line and by θ the angle between the needle and the direction of the horizontal lines

(1) What are the PDF of X and θ?

(2) Use X, θ, a, b, c to express the condition that the needle intersects a vertical line.

(3) Use the result of (2) to determine the probability that the needle intersects one of the vertical lines

(4) What is the probability that the needle intersects any of the vertical and horizontal lines?　　　【96 清大電機】

解　
(1) $f_X\,(x) = \dfrac{1}{b}$; $0 < x < b$　　X, θ independent

$f_\theta\,(\theta) = \dfrac{2}{\pi}; 0 < \theta < \dfrac{\pi}{2}$

(2) $a \cos \theta \ge X$

(3) $P\,(a \cos \theta > X) = \dfrac{2}{b\pi} \int_0^{\frac{\pi}{2}} \int_0^{a \cos \theta} dxd\theta = \dfrac{2a}{b\pi}$

(4) Let Y：針之中央至最近之水平線距離

$$\Rightarrow f_Y\,(y)=\frac{1}{c}; \; 0<y<c$$

$$\Rightarrow f_{X,Y,\theta}\,(x,y,\theta)=\frac{2}{bc\pi}$$

P（針與垂直及水平線皆相交）$= P\,(a\cos\theta \geq X, a\sin\theta \geq Y)$

$$=\frac{2}{bc\pi}\int_0^{\frac{\pi}{2}}\int_0^{a\sin\theta}\int_0^{a\cos\theta} dxdyd\theta$$

$$=\frac{a^2}{bc\pi}$$

$\therefore P$（針與垂直或水平線皆相交）$=\dfrac{2a}{b\pi}+\dfrac{2a}{c\pi}-\dfrac{a^2}{bc\pi}$

例題 14：Let X and Y be two independent random variables uniformly distributed over the interval [0, 1]. What is the probability that the quadratic equation $t^2+Xt+2Y=0$ has two real roots? 【98 台聯大】

解 $X^2-8Y>0 \Rightarrow Y<\dfrac{1}{8}X^2 \Rightarrow \int_0^1\int_0^{\frac{1}{8}x^2} dydx=\dfrac{1}{24}$

例題 15：Let X_1, X_2, X_3, X_4 be four independently selected random numbers from (0, 1). Find $P\left(\dfrac{1}{4}<X_{(3)}<\dfrac{1}{2}\right)$. $X_{(3)}$ is the 3rd smallest value in $\{X_1, X_2, X_3, X_4\}$. 【100 成大電通】

解 $f(x_1, x_2, x_3, x_4)=c; \; 0<x_1<x_2<x_3<x_4<1$

$\Rightarrow c=24$

$\therefore f(x_3)=24\displaystyle\int_{x_3}^1\int_0^{x_3}\int_0^{x_2} dx_1dx_2dx_4$

$\qquad = 12\,x_3^2(1-x_3); \; 0<x_3<1$

$\therefore P\left(\dfrac{1}{4}<X_3<\dfrac{1}{2}\right)=\displaystyle\int_{\frac{1}{4}}^{\frac{1}{2}} 12\,x_3^2(1-x_3)dx_3$

例題 16：Let random variables X and Y have the joint PDF:

$$f_{X,Y}(x,y) = \begin{cases} x+y; & 0 \le x \le 1, 0 \le y \le 1 \\ 0; & otherwise \end{cases}$$

(a)Find the marginal PDF of X

(b)Find the joint cdf of X and Y for $x \ge 1, 0 \le y \le 1$

【100 中興電機】

解　　(1)$f_X(x) = \int_0^1 f_{X,Y}(x,y)\,dy = x + \frac{1}{2}; \quad 0 \le x \le 1$

(2)$F(x,y) = \int_0^y \int_0^1 (x+y)dxdy; \quad x \ge 1, 0 \le y \le 1$

例題 17：Let the joint probability density function for random variables X and Y be

$$f_{XY}(x,y) = \begin{cases} c\,xy^2, & 0 < x < y < 1, \\ 0, & elsewhere. \end{cases}$$

(a)Find the constant c.

(b)Find the probability $P(Y > 1/2 | X = 1/4)$.　　【99 台聯大】

解　　$\int_0^1 \int_0^y cxy^2\,dxdy = 1 \Rightarrow c = 10$

$$P\left(Y > \frac{1}{2} \,\middle|\, X = \frac{1}{4}\right) = \frac{P\left(Y > \frac{1}{2}, X = \frac{1}{4}\right)}{P\left(X = \frac{1}{4}\right)} = \frac{\dfrac{10}{4} \int_{\frac{1}{2}}^1 y^2\,dy}{\dfrac{10}{4} \int_{\frac{1}{4}}^1 y^2\,dy} = \frac{8}{9}$$

例題 18：Random variables X and Y have joint PDF.

$$f_{X,Y}(x,y) = \begin{cases} xy, & 0 \le x \le 1, 0 \le y \le 2 \\ 0, & otherwise \end{cases}$$

What is the probability of the event $\{X^2 + Y^2 \le 1\}$?【99 北科大電機】

解　　$P(X^2 + Y^2 \le 1)$

$$= \int_0^{\frac{\pi}{2}} \int_0^1 (r\cos\theta)(r\sin\theta) r\,dr\,d\theta$$

$$= \frac{1}{8}$$

例題 19：Let $F_X(x)$ and $F_Y(y)$ be the distribution function of X and Y, respectively, and let $F_{X,Y}(x, y)$ be the joint distribution function of X and Y. Additionally, let $Z = \max(X, Y)$, $W = \min(X, Y)$.

(1) Show that the distribution function of Z is $F_{X,Y}(z, z)$ and the distribution function of W is $F_X(w) + F_Y(w) - F_{X,Y}(w, w)$.

(2) If $F_{X,Y}(x, y)$ is continuous, find the densities of Z and W.

(3) If X and Y are independent Gaussian random variables with $N(0, 1)$, show that $E(\max(X, Y)) = \dfrac{1}{\sqrt{\pi}}$.　　【96 中山通訊】

解　　$(1) F_Z(z) = P(X \le z, Y \le z) = F_{X,Y}(z, z)$

$\quad F_W(w) = 1 - P(X > w, Y > w)$

$\qquad = 1 - [1 - (F_X(w) + F_Y(w) - F_{X,Y}(w, w))]$

$\qquad = F_X(w) + F_Y(w) - F_{X,Y}(w, w)$

$(2) f_Z(z) = \dfrac{dF_Z(z)}{dz} = \dfrac{\partial F_{X,Y}(x, y)}{\partial x} + \dfrac{\partial F_{X,Y}(x, y)}{\partial y} \bigg|_{(X, Y) = (z, z)}$

$\quad f_W(w) = f_X(w) + f_Y(w) - \left[\dfrac{\partial F_{X,Y}(x, y)}{\partial x} + \dfrac{\partial F_{X,Y}(x, y)}{\partial y} \bigg|_{(X, Y) = (w, w)} \right]$

$(3) F_Z(z) = P(X \le z, Y \le z) = P(X \le z)P(Y \le z) = (F_X(z))^2$

$\quad f_Z(z) = \dfrac{dF_Z(z)}{dz} = 2F_X(z)f_X(z)$

$\quad E[Z] = 2 \int_{-\infty}^{\infty} z f_X(z) \int_{-\infty}^{z} \dfrac{1}{\sqrt{2\pi}} e^{-\frac{1}{2}t^2}\,dt\,dz$

$\qquad = \dfrac{1}{\sqrt{\pi}}$

7-2　二維隨機變數之函數

定義：若隨機變數 X, Y 之 joint PDF 為 $f_{X,Y}(x, y)$，則函數 $g(X, Y)$ 之期望值為：

$$E[g(X, Y)] = \int_{-\infty}^{\infty} \int_{-\infty}^{\infty} g(x, y) f_{X,Y}(x, y)\, dxdy \tag{7.11}$$

觀念提示：
$1.\ E[X] = \int_{-\infty}^{\infty} \int_{-\infty}^{\infty} x f_{X,Y}(x, y)\, dxdy = \int_{-\infty}^{\infty} x f_X(x)\, dx \tag{7.12}$

$E[Y] = \int_{-\infty}^{\infty} \int_{-\infty}^{\infty} y f_{X,Y}(x, y)\, dxdy = \int_{-\infty}^{\infty} y f_Y(y)\, dy \tag{7.13}$

$2.\ E[X + Y] = \int_{-\infty}^{\infty} \int_{-\infty}^{\infty} (x + y) f_{X,Y}(x, y)\, dxdy$

$\qquad = \int_{-\infty}^{\infty} \int_{-\infty}^{\infty} x f_{X,Y}(x, y)\, dxdy + \int_{-\infty}^{\infty} \int_{-\infty}^{\infty} y f_{X,Y}(x, Y)\, dxdy$

$$\tag{7.14}$$

$\qquad = E[X] + E[Y]$

$3.\ E[aX + bY] = \int_{-\infty}^{\infty} \int_{-\infty}^{\infty} (aX + bY) f_{X,Y}(x, Y)\, dxdy$

$\qquad = a\int_{-\infty}^{\infty} \int_{-\infty}^{\infty} x f_{X,Y}(x, y)\, dxdy + b\int_{-\infty}^{\infty} \int_{-\infty}^{\infty} y f_{X,Y}(x, Y)\, dxdy$

$$\tag{7.15}$$

$\qquad = aE[X] + bE[Y]$

根據以上討論，可得到以下定理：

定理 7-3

若 c_1, c_2 為任意常數，g_1, g_2 為任意函數，則

$$E[c_1 g_1(X, Y) + c_2 g_2(X, Y)] = c_1 E[g_1(X, Y)] + c_2 E[g_2(X, Y)] \quad （7.16）$$

例題 20：$f_{X,Y}(x, y) = \begin{cases} e^{-(x+y)}; & x > 0 \\ 0; & else \end{cases}$

　　　求 $E[X+Y] = ?$

解　$$E[X+Y] = \int_0^\infty \int_0^\infty (x+y)\, e^{-(x+y)}\, dxdy$$

$$= \int_0^\infty \int_0^\infty xe^{-x}e^{-y}\, dxdy + \int_0^\infty \int_0^\infty ye^{-x}e^{-y}\, dxdy$$

$$= 1 + 1 = 2$$

與離散型隨機變數相同，衡量兩隨機變數之相關性的參數為共變異數及相關係數

$$Cov(X, Y) = E[(X - \mu_X)(Y - \mu_Y)] = E[XY] - \mu_X \mu_Y \quad （7.17）$$

$$\rho_{XY} = \frac{Cov(X, Y)}{\sigma_X \sigma_Y} \quad （7.18）$$

有關 $Cov(X, Y)$ 及 ρ_{XY} 之各項性質與定理，在第四章多重離散型隨機變數中均已討論

例題 21：若 X, Y 之 joint PDF 為

$f_{X,Y}(x, y) = \begin{cases} 4xy; & 0 < x < 1, 0 < y < 1 \\ 0; & else \end{cases}$，求

(1) $P(Y > X) = ?$

(2) $Cov(X, Y) = ?$

(3) $\rho_{XY} = ?$

解　(1) $P(Y > X) = \int_0^1 \int_0^y 4xy\, dxdy = \dfrac{1}{2}$

$$f_X(x) = \int_0^1 4xy\,dy = 2x$$

$$\Rightarrow E[X] = \int_0^1 xf_X(x)\,dx = \frac{2}{3}$$

$$\Rightarrow E[X^2] = \int_0^1 x^2 f_X(x)\,dx = \frac{1}{2}$$

$$\Rightarrow Var(X) = \frac{1}{2} - \left(\frac{2}{3}\right)^2 = \frac{1}{18}$$

$$f_Y(y) = \int_0^1 4xy\,dx = 2y$$

$$E[Y] = \int_0^1 yf_Y(y)\,dy = \frac{2}{3}$$

$$E[Y^2] = \int_0^1 y^2 f_Y(y)\,dy = \frac{1}{2}$$

$$Var(Y) = \frac{1}{2} - \left(\frac{2}{3}\right)^2 = \frac{1}{18}$$

$$(2)E[XY] = \int_0^1 \int_0^1 4x^2y^2\,dx\,dy = \frac{4}{9}$$

$$\Rightarrow Cov(X, Y) = \frac{4}{9} - \frac{2}{3} \times \frac{2}{3} = 0 = \rho_{XY}$$

Note：$Cov(X, Y) = 0 \Leftrightarrow X, Y$ uncorrelated

例題 22：$f_{X,Y}(x,y) = \begin{cases} e^{-x}; & 0 < y < x < \infty \\ 0; & o.w \end{cases}$ ；求

    (1)$E[Y|X] = ?$

    (2)$E[X|Y] = ?$

    (3)$\rho_{XY} = ?$

解　　(1)$f_X(x) = \int_0^x e^{-x}\,dy = xe^{-x}; \ x > 0$

$$\therefore f_{Y|X}(y\,|\,x) = \frac{f_{X,Y}(x,y)}{f_X(x)} = \frac{1}{x}; \ 0 < y < x < \infty$$

$$\Rightarrow E(Y|X) = \int_0^x y f_{Y|X}(y|x)\,dy = \int_0^x y\frac{1}{x}\,dy = \frac{1}{2}x$$

$(2) f_Y(y) = \int_y^\infty e^{-x}\,dx = e^{-y}; \ y > 0$

$$\therefore f_{X|Y}(x|y) = \frac{f_{X,Y}(x,y)}{f_Y(y)} = e^{-(x-y)}; \ 0 < y < x$$

$$\Rightarrow E(X|Y) = \int_y^\infty x e^{-(x-y)}\,dx = y+1$$

$(3) E[Y] = E[E[Y|X]] = E\left[\frac{1}{2}X\right] = \frac{1}{2}E[X] = \frac{1}{2}\int_0^\infty x e^{-x}\,dx = 1$

$E[X] = E[E[X|Y]] = E[Y+1] = 2$

$$E[X^2] = \int_0^\infty x^3 e^{-x}\,dx = 6$$

$$E[Y^2] = \int_0^\infty y^2 e^{-y}\,dy = 2$$

$$E[XY] = \int_0^\infty \int_0^x xy e^{-x}\,dy\,dx = 3$$

$$\therefore \rho_{XY} = \frac{E[XY] - E[X]E[Y]}{\sqrt{Var(X)}\,\sqrt{Var(Y)}} = \frac{1}{\sqrt{2}}$$

例題 23：若二隨機變數 X, Y 均勻分佈於一半徑為 a 之圓的內部，其聯合機率密度函數為

$$f(x,y) = \begin{cases} \dfrac{1}{\pi a^2}; & x^2 + y^2 < a^2 \\ 0; & elsewhere \end{cases}$$

試求出隨機變數 X 之期望值

解
$$E[X] = \iint x f_{X,Y}(x,y)\,dy\,dx = \frac{1}{\pi a^2}\int_{-a}^{a}\int_{-\sqrt{a^2-y^2}}^{\sqrt{a^2-y^2}} x\,dx\,dy = 0$$

例題 24：Suppose we select independently both the x and y coordinates of a point in the x-y plane from the same normal distribution which is centered at the origin

$$f_X(x) = \frac{1}{\sqrt{2\pi}} \exp\left(-\frac{x^2}{2}\right)$$

What is the expected distance of the random point in the x-y plane from the origin? 【97 交大電機】

解 $$E\left[\sqrt{X^2 + Y^2}\right] = \iint \sqrt{x^2 + y^2}\, \frac{1}{2\pi} \exp\left(-\frac{x^2 + y^2}{2}\right) dxdy = \frac{\sqrt{2\pi}}{2}$$

例題 25：The probability density function of a Chi-square random variable, X with $2n$ degrees of freedom is given by

$$f_X(x) = \begin{cases} \dfrac{1}{(n-1)!} x^{n-1} e^{-x}, & x \geq 0 \\ 0, & otherwise, \end{cases}$$

where n is a positive integer.

(a)Find the expected value $E\left\{e^{-\frac{X}{4}}\right\}$.

Hint: Use the fact that $\int_0^\infty t^{n-1} e^{-t} dt = (n-1)!$ for any positive in teger n.

(b)Let Y be a Chi-square random variable with 2 degrees of freedom, and Y is independent of X. Find the probability $P\left(Y \leq \dfrac{X}{4}\right)$.

【100 中正電機通訊】

解 $$(a) E\left[e^{-\frac{X}{4}}\right] = \left(\frac{4}{5}\right)^n \frac{1}{(n-1)!} \Gamma(n) = \left(\frac{4}{5}\right)^n$$

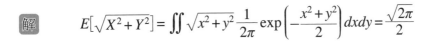

$$(b) \int_0^\infty \int_0^{\frac{x}{4}} f(x,y)dydx = \int_0^\infty f(x) \int_0^{\frac{x}{4}} e^{-y}dydx = E\left[1 - e^{-\frac{x}{4}}\right] = 1 - \left(\frac{4}{5}\right)^n$$

7-3 條件機率密度函數

與4-4節之定義相同，連續隨機變數在給定條件下之PDF定義如下：

定義：條件機率密度函數（Conditional PDF）

The Conditional PDF of Y given $X = x$ is

$$f_{Y|X}(y|x) = \frac{f_{X,Y}(x,y)}{f_X(x)}$$

觀念提示： *1.* 同理 $f_{X|Y}(x|y) = \dfrac{f_{X,Y}(x,y)}{f_Y(y)}$

2. $f_{X,Y}(x,y) = f_{Y|X}(y|x) f_X(x) = f_{X|Y}(x|y) f_Y(y)$

3. $f_{Y|X}(y|x) > 0, \displaystyle\int_{-\infty}^{\infty} f_{Y|X}(y|x)\, dy = 1$

例題 26：Random variables X, and Y are uniformly distributed over the region $0 \le X \le Y \le 4$

(a)Find the marginal densities, $f_X(x), f_Y(y)$ and conditional densities $f_{Y|X}(y|x), f_{X|Y}(x|y)$

(b)Conditioned on the event $X < 3$, repeat part (a).

【92 元智通訊】

解

(a) $\displaystyle\int_0^4 \int_0^y f_{X,Y}(x,y)\, dx\, dy = 1 \Rightarrow f_{X,Y}(x,y) = \begin{cases} \dfrac{1}{8}; & 0 \le x \le y \le 4 \\[2mm] 0; & elsewhere \end{cases}$

$f_X(x) = \displaystyle\int_x^4 f_{X,Y}(x,y)\, dy = \frac{1}{8}(4-x); \ 0 \le x \le 4$

$f_Y(y) = \displaystyle\int_0^y f_{X,Y}(x,y)\, dy = \frac{1}{8}y; \ 0 \le y \le 4$

$f_{Y|X}(y|x) = \dfrac{f_{X,Y}(x,y)}{f_X(x)} = \dfrac{1}{(4-x)}; \ 0 \le x \le y \le 4$

$f_{X|Y}(x|y) = \dfrac{f_{X,Y}(x,y)}{f_Y(y)} = \dfrac{1}{y}; \ 0 \le x \le y \le 4$

(b)Let event A denotes $X < 3$, $\Rightarrow P(A) = \displaystyle\int_0^3 f_X(x)\, dx = \frac{15}{16}$

$$f_{X,Y|A}(x,y) = \begin{cases} \dfrac{f_{X,Y}(x,y)}{P(A)}; & (x\,y) \in A \\ 0; & o.w. \end{cases} = \begin{cases} \dfrac{2}{15}; & 0 \le x \le y \le 4, 0 \le x < 3 \\ 0; & o.w. \end{cases}$$

$$f_{X|A}(x) = \int_x^4 f_{X,Y|A}(x,y)\,dy = \int_x^4 \dfrac{2}{15}\,dy = \dfrac{2}{15}(4-x); \quad 0 \le x < 3$$

$$f_{Y|A}(x) = \begin{cases} \int_0^y f_{X,Y|A}(x,y)dx = \dfrac{2}{15}; & 0 \le y < 3 \\ \int_0^3 f_{X,Y|A}(x,y)\,dx = \dfrac{2}{5}; & 3 \le y \le 4 \end{cases}$$

$$f(x|y|A) = \dfrac{f(x,y|A)}{f(y|A)} = \begin{cases} \dfrac{\frac{2}{15}}{\frac{2}{15}y} = \dfrac{1}{y}; & 0 < x < y < 3, 0 < x < 3 \\ \dfrac{\frac{2}{15}}{\frac{2}{15}} = \dfrac{1}{3}; & 3 < y < 4, 0 < x < 3 \end{cases}$$

$$f(y|x|A) = \dfrac{f(x,y|A)}{f(x|A)} = \dfrac{\frac{2}{15}}{\frac{2}{15}(4-x)} = \dfrac{1}{(4-x)}; \quad 0 < x < y < 4, 0 < x < 3$$

定義：條件期望值（Conditional expected value）

$(1) E[Y|X=x] = \displaystyle\int_{-\infty}^{\infty} y f_{Y|X}(y)\,dy$

$(2) E[X|Y=x] = \displaystyle\int_{-\infty}^{\infty} x f_{X|Y}(x)\,dx$

觀念提示：　*1.* 參考 4-4 節之說明，$E[Y|X]$ 為 X 之函數

　　　　　　2. 函數之條件期望值可參考定理 4-12

$$E[g(X,Y)|Y=y] = \int_{-\infty}^{\infty} g(X,Y) f_{X|Y}(x)\,dx$$

　　　　　　3. 參考第四章定理 4-11 可得

　　　　　　$(1) E[Y] = E[E[Y|X]]$

　　　　　　$(2) E[X] = E[E[X|Y]]$

　　　　　　$(3) E[E[g(X,Y)|Y]] = E[g(X,Y)]$

　　　　　　$(4) E[g(Y)X|Y] = g(Y)E[X|Y]$

證明：$E[g(Y)X|Y] = \int xg(y)f_{X|Y}(x|Y=y)dx$

$\qquad\qquad = g(y)\int xf_{X|Y}(x|Y=y)dx$

$\qquad\qquad = g(y)E[X|Y]$

(5)$E[c|Y] = c$，c 為任意常數

(6)$E[g(Y)|Y] = g(Y)$

(7)$E[(c_1X + c_2Z)|Y] = c_1E[X|Y] + c_2E[Z|Y]$

$\quad c_1, c_2$ 為任意常數

例題 27：X and Y are random variables with the joint PDF

$$f_{X,Y}(x,y) = \begin{cases} 5x^2/2 & -1 \le x \le 1; \ 0 \le y < x^2, \\ 0 & otherwise \end{cases}$$ Let $A = \{Y \le 1/4\}$.

(1) What is the marginal PDF $f_X(x)$?

(2) What is the conditional PDF $f_{X,Y|A}(x,y)$?

(3) What is $f_{Y|A}(y)$?

(4) What is $E[Y|A]$?　　　　　　　　　　【98 中央通訊】

---

(1) $\int_0^{x^2} \dfrac{5x^2}{2}\, dy = \dfrac{5x^4}{2}; \ -1 \le x \le 1$

(2) $P(A) = \displaystyle\int_{-\frac{1}{2}}^{\frac{1}{2}} \int_0^{x^2} \dfrac{5x^2}{2}\, dy\, dx = \dfrac{1}{32}$

$\therefore f_{X,Y|A}(x,y) = 32\dfrac{5x^2}{2} = 80x^2; \ -\dfrac{1}{2} \le x \le \dfrac{1}{2}, \ 0 \le y \le x^2$

(3) $f_{Y|A}(y) = \displaystyle\int_{-\frac{1}{2}}^{-\sqrt{y}} 80x^2 dx + \int_{\sqrt{y}}^{\frac{1}{2}} 80x^2 dx = 2\int_{\sqrt{y}}^{\frac{1}{2}} 80x^2 dx$

$\qquad = \dfrac{160}{3}\left(\dfrac{1}{8} - y^{\frac{3}{2}}\right); \ 0 \le y \le \dfrac{1}{4}$

(4) $E[Y|A] = \displaystyle\int_0^{\frac{1}{4}} yf_{Y|A}(y)dy$

例題 28：A transmitter is sending a signal repeatedly to a receivcer until the signal is recevied. Suppose that the signal is sent N times, where N is a geometric random variable with probability mass function (PMF) $p_N(n) = (1-p)^{n-1}p$ and $p = 0.8$. Let the intensity of the recevied signal be X, where X is a normal random variable whose probability density function (PDF) conditioning on N is

$$f_{X|N}(x|n) = \frac{1}{\sqrt{2\pi n}}\exp\left\{-\frac{\left(x-\frac{n}{2}\right)^2}{2n}\right\}.$$

(a)Find the unconditional mean and variance of X.

(b)Let $p_{N|X}(n|x)$ be the conditional PMF of N given X. Find the ratio $\dfrac{p_{N|X}(n=4|x=2)}{p_{N|X}(n=2|x=2)}$. 【100 台聯大工數 B】

解　(a)$E[X] = E[E[X|N]] = E\left[\dfrac{N}{2}\right] = \dfrac{1}{2}\dfrac{5}{4}$

$E[X^2] = E[E[X^2|N]] = E\left[N + \left(\dfrac{N}{2}\right)^2\right]$

(b)$\dfrac{p(n=4|x=2)}{p(n=2|x=2)} = \dfrac{f(x=2|n=4)\,P(n=4)}{f(x=2|n=2)\,P(n=2)}$

例題 29：$f_{X,Y}(x, y) = \begin{cases} 6y; & 0 \le y < x < 1 \\ 0; & o.w \end{cases}$ ，求

(1)$f_X(x)$

(2)$f_{Y|X}(y|x)$

(3)$E[Y|X=x]$

解　(1)$f_X(x) = \displaystyle\int_0^x 6y\,dy = 3x^2$

$\therefore f_X(x) = \begin{cases} 3x^2; & 0 \le x \le 1 \\ 0; & o.w. \end{cases}$

$(2) f_{Y|X}(y|x) = \dfrac{f_{X,Y}(x,y)}{f_X(x)} = \begin{cases} \dfrac{2y}{x^2}; & 0 \le y \le x \\ 0; & o.w. \end{cases}$

$(3) E[Y|X=x] = \displaystyle\int_0^x y f_{Y|X}(y|x)\,dx = \int_0^x \dfrac{2y^2}{x^2}\,dy$

$\qquad\qquad\quad = \dfrac{2}{3}x$

例題 30：$f_{X,Y}(x,y) = \begin{cases} \dfrac{4x+2y}{3}; & 0 \le x \le 1, 0 \le y \le 1 \\ 0; & o.w. \end{cases}$

Let event $A = \left\{ Y \le \dfrac{1}{2} \right\}$; 求

(1) $P(A) = ?$ 　　　　(2) $f_{X,Y|A}(x,y) = ?$

(3) $f_{X|A}(x) = ?$ 　　　(4) $f_{Y|A}(y) = ?$

解

$(1) P\left(Y \le \dfrac{1}{2} \right) = \displaystyle\int_0^1 \int_0^{\frac{1}{2}} \dfrac{4x+2y}{3}\,dy\,dx$

$\qquad = \displaystyle\int_0^1 \dfrac{4xy+y^2}{3}\bigg|_{y=0}^{\frac{1}{2}}\,dx = \int_0^1 \dfrac{2x+\frac{1}{4}}{3}\,dx = \dfrac{x^2}{3} + \dfrac{x}{12}\bigg|_0^1$

$\qquad = \dfrac{5}{12}$

$(2) f_{X,Y|A}(x,y) = \begin{cases} \dfrac{f_{X,Y}(x,y)}{P(A)}; & (x,y) \in A \\ 0; & o.w. \end{cases}$

$\qquad\qquad\quad = \begin{cases} \dfrac{8(2x+y)}{5}; & 0 \le x \le 1, 0 \le y \le \dfrac{1}{2} \\ 0; & o.w. \end{cases}$

$(3) f_{X|A}(x) = \displaystyle\int_0^{\frac{1}{2}} f_{X,Y|A}(x,y)\,dy = \dfrac{8}{5}\int_0^{\frac{1}{2}}(2x+y)\,dy$

$\qquad\quad = \dfrac{8}{5}(x+1); \ 0 \le x \le 1$

$(4) f_{Y|A}(y) = \displaystyle\int_0^1 \dfrac{8}{5}(2x+y)\,dx = \dfrac{8}{5}(x+1); \ 0 < y < \dfrac{1}{2}$

例題 31：$f_{X,Y}(x,y) = \begin{cases} \dfrac{1}{2}; & -1 \le x \le y, -1 \le y \le 1 \\ 0; & o.w \end{cases}$ ；求

  (1)$f_{X|Y}(x|y) = ?$

  (2)$E[X|Y=y] = ?$

解

(1)$f_Y(y) = \displaystyle\int_{-1}^{y} f_{X,Y}(x,y)dx = \dfrac{y+1}{2}; \quad -1 \le y \le 1$

$f_{X|Y}(x|y) = \dfrac{f_{X,Y}(x,y)}{f_Y(y)} = \begin{cases} \dfrac{1}{1+y}; & -1 \le x \le y \\ 0; & o.w. \end{cases}$

(2)$E[X|Y=y] = \displaystyle\int_{-1}^{y} x f_{X|Y}(x|y)dx = \int_{-1}^{y} x \dfrac{1}{1+y} dx = \dfrac{1}{2(1+y)} x^2 \Big|_{-1}^{y} = \dfrac{y-1}{2}$

例題 32：$f_{X,Y}(x,y) = \dfrac{e^{-y}}{y}$ ；$0 < x < y$，$0 < y < \infty$，求 $E[X^2|Y=y] = ?$

解

$f_{X|Y}(x|y) = \dfrac{f_{X,Y}(x,y)}{\displaystyle\int_{0}^{y} f_{X,Y}(x,y)dx} = \dfrac{\dfrac{1}{y}e^{-y}}{\displaystyle\int_{0}^{y} \dfrac{1}{y}e^{-y}dx} = \dfrac{1}{y}; \quad 0 < x < y$

$E[X^2|Y=y] = \displaystyle\int_{0}^{y} \dfrac{1}{y} x^2 dx = \dfrac{y^2}{3}$

例題 33：Let X and Y denote the time when the frist and second lightings strike in a stormy night. None that X and Y are continuous random variables with a joint PDF $f_{X,Y}(x,y) = \begin{cases} \beta^2 e^{-\beta y} & 0 \le x < y \\ 0 & otherwise \end{cases}$. Please find (1) the PDF of $U = Y - X$, and (2) the conditional PDF $f_{X|Y}(x|y)$.

【100 台大電子】

解 $(1)f(u)=\int f(x,y=x+u)dx=\int_0^\infty \beta^2 e^{-\beta(x+u)}dx=\beta e^{-\beta u}$

$(2)f_{X|Y}=\dfrac{f(x,y)}{f(y)}=\dfrac{1}{y}; 0\le x<y$

例題 34：Let the joint probability density function of X and Y be given by

$f(x,y)=\begin{cases}ye^{-y(1+x)}, & x>0,y>0\\ 0, & otherwise\end{cases}$. (a)Show that $E(X)$ does not exist.

(b)Find $E(X|Y)$. 【96 成大通訊】

解 (a)$E[X]=\int_0^\infty\int_0^\infty xye^{-y(1+x)}dydx=\int_0^\infty \dfrac{x}{(1+x^2)}dx=\infty$

(b)$E[X|Y]=\int_0^\infty x\dfrac{ye^{-y(1+x)}}{\int_0^\infty ye^{-y(1+x)}dx}dx=\dfrac{1}{y}$

例題 35：The random variable X is selected at random from $[0,1]$. Y is then selected at random from $[0,X]$. Find CDF of Y.

【96 高雄第一科大】

解 $f_X(x)=1; 0<x<1$

$f_{Y|X}(y|x)=\dfrac{1}{x}; 0\le y\le x\le 1$

$\therefore f_{X,Y}(x,y)=\dfrac{1}{x}; 0\le y\le x\le 1$

$f_Y(y)=\int_y^1 \dfrac{1}{x}dx=-\ln y; 0\le y\le 1$

$F_Y(y)=\int_0^y -\ln t\,dt=-\left.(t\ln t-1)\right|_0^y$

$=y-y\ln y$

$\therefore F_Y(y)=\begin{cases}0 & ; y<0\\ y-y\ln y & ; 0\le y\le 1\\ 1 & ; y\ge 1\end{cases}$

例題 36：$f(x, y) = 10xy^2$, $0 < x < y < 1$

　　　　$P(0.2 < Y < 0.8|X = 0.25) = ?$　　　　【91 北科大電機】

解　　$f(y|x) = \dfrac{10xy^2}{\displaystyle\int_x^1 10xy^2 dy} = \dfrac{3y^2}{1 - x^3}$

　　　$f(y|x = 0.25) = \dfrac{3y^2}{1 - (0.25)^3}$, $0.25 < y < 1$

　　　$P(0.2 < Y < 0.8) = \displaystyle\int_{0.25}^{0.8} \dfrac{3y^2}{1 - (0.25)^3}\, dy$

例題 37：$S \sim N(\mu, \sigma^2)$, given $S = s$, Random variable $R \sim N(s, 1)$. Find

　　　　(1)$f_{R,S}(r, s)$

　　　　(2)$E[R]$, $Var(R)$, $Cov(R, S)$　　　　【92 台大電信】

解　　(1)$f_{R,S}(r, s) = f_{R|S}(r)f_S(s)$

　　　(2)$E[R] = E[E[R|S]] = E[S] = \mu$

　　　　$Var(R) = E[R^2] - (E[R])^2$

　　　　　　　$= E[E[R^2|S]] - \mu^2$

　　　　　　　$= E[1 + S^2] - \mu^2 = 1 + \sigma^2$

　　　　$Cov(R, S) = E[RS] - E[R]E[S]$

　　　　　　　　$= E[E[RS|S]] - \mu^2$

　　　　　　　　$= E[S^2] - \mu^2 = \sigma^2$

例題 38：Let $P(Y = y|X = x) = \dfrac{x^y e^{-x}}{y!}$; $y = 0, 1, 2, \cdots$, $X \sim N(0, 1)$, $E[Y] = ?$

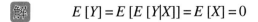

　　　　　　　　　　　　　　　　　　　　　　【98 台大電信電子】

解　　$E[Y] = E[E[Y|X]] = E[X] = 0$

例題 39：設隨機變數 X, Y 之 joint PDF 為

$$f_{X,Y}(x, y) = \begin{cases} kx(x-y); 0<x<2, -x<y<x \\ 0; o.w. \end{cases} ; 求$$

(1)$k = $？

(2)$f_X(x), E[X], Var(X)$

(3)$f_Y(x), E[Y], Var(Y)$

(4)$E[XY]$

(5)$f_{Y|X}(y|x), f_{X|Y}(x|y)$

(6)$P(0 \le Y \le 1 | X \le 1)$

解　(1) $\int_0^2 \int_{-x}^x kx(x-y)\,dydx = 1$

$\Rightarrow 8k = 1$

$\Rightarrow k = \dfrac{1}{8}$

(2)$f_X(x) = \int_{-x}^x \dfrac{1}{8}x(x-y)\,dy = \dfrac{1}{4}x^3; 0<x<2$

$E[X] = \int_0^2 x\dfrac{1}{4}x^3\,dx = \dfrac{8}{5}$

$Var(X) = \int_0^2 \left(x - \dfrac{8}{5}\right)^2 \dfrac{1}{4}x^3\,dx = \dfrac{8}{75}$

(3)$f_Y(y) = \begin{cases} \int_y^2 \dfrac{1}{8}x(x-y)\,dx = \dfrac{1}{48}y^3 - \dfrac{1}{4}y + \dfrac{1}{3}; 0<y<2 \\ \int_{-y}^2 \dfrac{1}{8}x(x-y)\,dx = \dfrac{5}{48}y^3 - \dfrac{1}{4}y + \dfrac{1}{3}; -2<y<0 \end{cases}$

$E[Y] = \int_0^2 y\left(\dfrac{1}{48}y^3 - \dfrac{1}{4}y + \dfrac{1}{3}\right)dy + \int_{-2}^0 y\left(\dfrac{5}{48}y^3 - \dfrac{1}{4}y + \dfrac{1}{3}\right)dy$

$= -\dfrac{8}{15}$

$E[Y^2] = \int_0^2 y^2\left(\dfrac{1}{48}y^3 - \dfrac{1}{4}y + \dfrac{1}{3}\right)dy + \int_{-2}^0 y^2\left(\dfrac{5}{48}y^3 - \dfrac{1}{4}y + \dfrac{1}{3}\right)dy$

$= \dfrac{8}{9}$

$$\therefore Var\,(Y) = E\,[Y^2] - (E\,[Y])^2 = \frac{136}{225}$$

$$(4)E\,[XY] = \int\limits_{0}^{2} \int\limits_{-x}^{x} xy\frac{1}{8}x(x-y)dydx = -\frac{8}{9}$$

$$(5)f_{Y|X}\,(y\,|\,x) = \frac{f_{X,Y}\,(x,y)}{f_X\,(x)} = \begin{cases} \dfrac{\dfrac{1}{8}x(x-y)}{\dfrac{1}{4}x^3} = \dfrac{x-y}{2x^2};\ 0<x<2,\ -x<y<x \\[4mm] 0;\ o.w. \end{cases}$$

$$f_{X|Y}\,(x\,|\,y) = \frac{f_{X,Y}\,(x,y)}{f_Y\,(y)} = \begin{cases} \dfrac{\dfrac{1}{8}x(x-y)}{\dfrac{1}{48}y^3 - \dfrac{1}{4}y + \dfrac{1}{3}};\ 0<x<2,\ 0<y<x \\[6mm] \dfrac{\dfrac{1}{8}x(x-y)}{\dfrac{5}{48}y^3 - \dfrac{1}{4}y + \dfrac{1}{3}};\ 0<x<2,\ -x<y<0 \end{cases}$$

$$(6)P(0 \le y \le 1\,|\,x \le 1) = \frac{P(0 \le y \le 1, x \le 1)}{P(x \le 1)} = \frac{\displaystyle\int_{0}^{1}\int_{0}^{x} f_{X,Y}\,(x,y)dydx}{\displaystyle\int_{0}^{1} \frac{1}{4}x^3 dx}$$

$$= \frac{1}{4}$$

例題 40：$f_{X,Y}\,(x,y) = \begin{cases} \dfrac{1}{\pi};\ X^2+Y^2<1 \\ 0;\ else \end{cases}$ 求 $\rho_{XY} = ?$

解

$$E\,[X] = \int\limits_{-1}^{1} \int\limits_{-\sqrt{1-x^2}}^{\sqrt{1-x^2}} xf_{X,Y}\,(x,y)dydx = 0 = E\,[Y]$$

$$E\,[XY] = \iint\limits_{x^2+y^2<1} xy\frac{1}{\pi}\,dxdy = \int_{0}^{2\pi}\int_{0}^{1} r^2 \cos\theta \sin\theta \frac{1}{\pi}\,rdrd\theta$$

$$= \frac{1}{2\pi}\int_{0}^{1} r^3\,dr \int_{0}^{2\pi} \sin 2\theta d\theta = 0$$

$$\Rightarrow Cov\,(X,Y) = 0 = \rho_{XY}$$

例題 41：X and Y are two random variables with the joint PDF

$$f_{X,Y}(x, y) = \begin{cases} 0.5, & 0 < x < 1, -1 < y < 1 \\ 0, & otherwise \end{cases}$$

Let event $A = \{(X^2 + Y^2) < 1\}$, $R^2 = X^2 + Y^2$, $W = \tan^{-1}\left(\dfrac{Y}{X}\right)$. Find the conditional joint PDF $f_{R,W|A}(r, w)$ and verify if $f_{R|A}(r)f_{W|A}(w) = f_{R,W|A}(r, w)$. 【95 暨南資工】

解

$$\begin{cases} X = R\cos W \\ Y = R\sin W \end{cases} \Rightarrow J = r, f_{X,Y|A}(x, y) = \frac{\frac{1}{2}}{\frac{\pi}{4}} = \frac{2}{\pi}$$

$$f_{R,W|A}(r, w) = f_{X,Y|A}(r\cos w, r\sin w)|J|$$

$$= \frac{2}{\pi}r, \, 0 < r < 1, \, -\frac{\pi}{2} < w < \frac{\pi}{2}$$

$$f_{R|A}(r) = \int f_{R,W|A}(r, w)\,dw = 2r$$

$$f_{W|A}(r) = \int f_{R,W|A}(r, w)\,dr = \frac{1}{\pi}$$

$$\therefore f_{R,W|A}(r, w) = \frac{2}{\pi}r = f_{R|A}(r)f_{W|A}(r)$$

7-4 獨立隨機變數

定理 7-4

X, Y 為連續型隨機變數，且 X, Y 獨立，則

(1) $F_{X,Y}(x, y) = F_X(x)F_y(y)$; $\forall x, y$

(2) $f_{X,Y}(x, y) = f_X(x)f_y(y)$; $\forall x, y$

(3) $P(a < X < b, c < Y < d) = P(a < X < b)P(c < Y < d)$

(4) $Cov(X, Y) = \rho_{XY} = 0$

(5) $Var(X \pm Y) = Var(X) + Var(Y)$

$(6) f_{Y|X}(y) = f_Y(y), f_{X|Y}(x) = f_X(x)$

$(7) E[X|Y] = E[X]$

觀念提示：(1)或可寫為：

$$P(X \leq x, Y \leq y) = P(X \leq x)P(Y \leq y) \,\forall\, x, y \in R$$

證明：(1)若 $F_{X,Y}(x, y) = F_X(x)F_Y(y)$，則

$$f_{X,Y}(x, y) = \frac{\partial^2 F_{X,Y}(x, y)}{\partial x \partial y} = \frac{\partial^2 (F_X(x) F_Y(y))}{\partial x \partial y} = \frac{\partial (F_X(x) f_Y(y)}{\partial x}$$
$$= f_X(x) f_Y(y)$$

故知 $F_{X,Y}(x, y) = F_X(x)F_Y(y) \Rightarrow X, Y$ 獨立

若 X, Y 獨立 $\Leftrightarrow f_{X,Y}(x, y) = f_X(x)f_Y(y)$

$$F_{X,Y}(x, y) = \int_{-\infty}^{y} \int_{-\infty}^{x} f_{X,Y}(u, v)dudv = \int_{-\infty}^{y} f_X(u)du \int_{-\infty}^{y} f_Y(v)dv = F_X(x) F_Y(y)$$

$$(2) f_{X,Y}(x, y) = \frac{\partial^2 F_{X,Y}(x, y)}{\partial x \partial y} = \frac{\partial^2 F_X(x) F_Y(y)}{\partial x \partial y} = \frac{\partial F_X(x)}{\partial x} \frac{\partial F_Y(x)}{\partial y}$$
$$= f_X(x) f_Y(y)$$

$$(3) P(a < X < b, c < Y < d) = \int_{a}^{b} \int_{c}^{d} f_{X,Y}(x, y)dydx$$
$$= \int_{a}^{b} \int_{c}^{d} f_X(x)f_Y(y)\,dydx = \int_{a}^{b} f_X(x)dx + \int_{c}^{d} f_Y(y)dy$$
$$= P(a < X < b)P(c < Y < d)$$

$$(4) E[XY] = \int_{-\infty}^{\infty} \int_{-\infty}^{\infty} xy f_{X,Y}(x, y)dydx = \int_{-\infty}^{\infty} \int_{-\infty}^{\infty} xy f_X(x)f_Y(y)dydx$$
$$= \int_{-\infty}^{\infty} x f_X(x)dx \int_{-\infty}^{\infty} y f_Y(y)dy = E[X]E[Y]$$

$\therefore Cov(X, Y) = E[XY] - E[X]E[Y] = 0 = \rho_{XY}$

$(5) Var(X \pm Y) = Var(X) + Var(Y) \pm Cov(X, Y)$
$$= Var(X) + Var(Y)$$

$(6) f_{Y|X}(y) = \dfrac{f_{X,Y}(x, y)}{f_X(x)} = \dfrac{f_Y(x)f_X(x)}{f_X(x)} = f_Y(y)$

(7) 由$(6) f_{X|Y}(x|y) = f_X(x)$

$\therefore E[X|Y] = \int x f_X(x)dx = E[X]$

例題 42：若 $f_{X,Y}(x,y) = \begin{cases} 2e^{-x-2y}; & x, y > 0 \\ 0; & else \end{cases}$ 問 X, Y 是否獨立？

解

$$f_X(x) = \int_0^\infty 2e^{-x-2y}\,dy = e^{-x}; \ x > 0$$

$$f_Y(y) = \int_0^\infty 2e^{-x-2y}\,dx = e^{-2y}; \ y > 0$$

$$\Rightarrow f_{X,Y}(x,y) = f_Y(y)f_X(x) \quad 故\ X, Y\ 獨立$$

另解：由 $\Rightarrow f_{X,Y}(x,y) = h(x)g(y)$ 可直接判斷 X, Y 為獨立

定義：Mutually independent

若隨機變數 $X_1, \cdots X_n$ 滿足

$$F_{X_1, \cdots X_n}(x_1, \cdots x_n) = F_{X_1}(x_1) \cdots\cdots F_{X_n}(x_n)$$

則稱 $X_1, \cdots X_n$ mutually independent

觀念提示：同理可得，若 $X_1, \cdots X_n$ mutually independent，則

$$f_{X_1, \cdots X_n}(x_1, \cdots x_n) = f_{X_1}(x_1) \cdots\cdots f_{X_n}(x_n)$$

例題 43：X_1, X_2, X_3 之 variances 分別為 $\sigma^2, 3\sigma^2, \sigma^2$，$X_1, X_2$ 獨立，X_2, X_3 獨立，$(X_1 - X_2)$ 與 $(X_2 + X_3)$ 之相關係數為 -0.8。求 X_1 與 X_3 之相關係數？　　　　　　　　　　　　　　【台大電機】

解

$$Var(X_1 - X_2) = Var(X_1) + Var(X_2) = 4\sigma^2$$

$$Var(X_2 + X_3) = Var(X_2) + Var(X_3) = 4\sigma^2$$

$$Cov(X_1 - X_2, X_2 + X_3) = Cov(X_1, X_2) + Cov(X_1, X_3)$$

$$- Cov(X_2, X_2) - Cov(X_2, X_3)$$

$$= Cov(X_1, X_3) - Var(X_2)$$

$$= Cov(X_1, X_3) - 3\sigma^2$$

$$-0.8 = \frac{Cov(X_1, X_3) - 3\sigma^2}{2\sigma \cdot 2\sigma}$$

$$\Rightarrow Cov(X_1, X_3) = -0.2\sigma^2$$

$$\therefore \rho_{X_1 X_3} = \frac{Cov(X_1, X_3)}{\sigma_{X_1} \sigma_{X_3}} = \frac{-0.2\sigma^2}{\sigma^2} = -0.2$$

例題 44：$f_{X,Y}(x, y) = \begin{cases} 2xe^{-y}; & 0 \le x \le 1, 0 \le y \le \infty \\ 0; & o.w. \end{cases}$

Are X, Y independent?　　　　　　　　　　【中央統計】

$$f_X(x) = \int_0^\infty 2xe^{-y}\, dy = 2x; \quad 0 \le x \le 1$$

$$f_Y(y) = \int_0^1 2xe^{-y}\, dx = e^{-y}; \quad 0 \le y \le \infty$$

$$\therefore f_{X,Y}(x, y) = f_X(x) f_Y(y)$$

$$\therefore X, Y \text{ independent}$$

例題 45：Let X, Y be independent uniformly distributed on $(0, 1)$

(1) $Var(X) = ?$

(2) $Cov(2X + Y, 2X - Y) = ?$

(3) $P(X - Y < 0.5) = ?$　　　　　　　　　　【交大資科】

(1) $X \sim U(0, 1)$

$$E[X] = \int_0^1 x\, dx = \frac{1}{2}$$

$$E[X^2] = \int_0^1 x^2\, dx = \frac{1}{3}$$

$$\Rightarrow Var(X) = \frac{1}{3} - \frac{1}{4} = \frac{1}{12}$$

(2) $Cov(2X + Y, 2X - Y) = 4Var(X) - Var(Y) = 4 \cdot \frac{1}{12} - \frac{1}{12} = \frac{1}{4}$

(3) $P(X - Y < 0.5) = 1 - \frac{1}{2} \times \frac{1}{2} \times \frac{1}{2} = \frac{7}{8}$

例題 46：$f_{X,Y}(x,y) = \begin{cases} 8xy; & 0 < y < x < 1 \\ 0; & else \end{cases}$

(1) Are X, Y independent ?

$(2) P\left(|X - Y| > \dfrac{1}{2}\right) = ?$

$(3) P\left(\dfrac{1}{4} < X < \dfrac{1}{2} \,\middle|\, \dfrac{3}{8} < Y < \dfrac{1}{2}\right) = ?$

解

$(1) f_X(x) = \displaystyle\int_0^x 8xy\,dx = 4x^3; \; 0 < x < 1$

$f_Y(y) = \displaystyle\int_y^1 8xy\,dx = 4y(1 - y^2); \; 0 < y < 1$

$\because f_{X,Y}(x,y) \neq f_X(x) f_Y(y)$

$\therefore$ Not independent

$(2) P\left(|X - Y| > \dfrac{1}{2}\right) = P\left(X - Y > \dfrac{1}{2} \quad or \quad X - Y < \dfrac{1}{2}\right)$

$= P\left(X - Y > \dfrac{1}{2}\right)$

$= \displaystyle\int_{\frac{1}{2}}^1 \int_0^{x - \frac{1}{2}} 8xy\,dy\,dx = \dfrac{7}{48}$

$(3) P\left(\dfrac{1}{4} < X < \dfrac{1}{2} \,\middle|\, \dfrac{3}{8} < Y < \dfrac{1}{2}\right) = \dfrac{\displaystyle\int_{\frac{3}{8}}^{\frac{1}{2}} \int_y^{\frac{1}{2}} 8xy\,dx\,dy}{\displaystyle\int_{\frac{3}{8}}^{\frac{1}{2}} f_Y(y)\,dy}$

例題 47：X_1, X_2 are *i.i.d.* with PDF：

$f_X(x) = \begin{cases} 1 - \dfrac{x}{2}; & 0 \le x \le 2 \\ 0; & o.w. \end{cases}$ ；求

$(1) f_{X_1,X_2}(x_1, x_2) = ?$

(2)若 $Z = \max(X_1, X_2)$，求 $F_Z(z) = ?$

解 　　$(1) f_{X_1, X_2}\ (x_1, x_2) = f_{X_1}\ (x_1) f_{X_2}\ (x_2) = \left(1 - \dfrac{x_1}{2}\right)\left(1 - \dfrac{x_2}{2}\right)$

$(2) F_Z(z) = P\ (Z \le z) = P\ (X_1 \le z) P\ (X_2 \le z) = [F_X(z)]^2$

$$F_X(x) = \int\limits_{-\infty}^{x} f_X\ (t) dt = \begin{cases} 0;\ x < 0 \\ x - \dfrac{x^2}{4};\ 0 \le x \le 2 \\ 1;\ x > 2 \end{cases}$$

$$\therefore F_Z(z) = \begin{cases} 0;\ z < 0 \\ \left(z - \dfrac{z^2}{4}\right)^2;\ 0 \le z \le 2 \\ 1;\ z > 2 \end{cases}$$

例題 48：Trains A and B arrive at a station at random between 8 A.M. and 8：20 A.M. Train A stops for four minutes and train B stops for five minutes. Assume that the trains arrive independently of each other. What is the probability that the trains meet at the station？

【96 清華電機】

解 　　Let X：train A 到達時間

　　　　Y：train B 到達時間

$\Rightarrow f_X\ (x) = \dfrac{1}{20}$; $0 \le X \le 20$

$f_Y(y) = \dfrac{1}{20}$; $0 \le Y \le 20$

且 $f_{X, Y}\ (x, y) = f_X\ (x) f_Y\ (y) = \dfrac{1}{400}$

$$P(0 < X - Y \le 5) + P(0 < Y - X \le 4) = \dfrac{1}{400}\left(400 - \dfrac{16^2 + 15^2}{2}\right)$$

$$= \dfrac{319}{800}$$

例題 49：$f_{X, Y}\ (x, y) = \begin{cases} \dfrac{k}{\pi} e^{-\frac{x^2 + y^2}{2}};\ xy > 0 \\ 0 \qquad\qquad ;\ xy > 0 \end{cases}$

(1) Find k

(2) Find $f_X(x), f_Y(y)$

(3) Are X, Y independent? 　　　　　　　　　　　【91 暨南通訊】

(1) $\int_0^\infty \int_0^\infty f_{X,Y}(x,y)\,dxdy + \int_{-\infty}^0 \int_{-\infty}^0 f_{X,Y}(x,y)\,dxdy$

$= \dfrac{2k}{\pi} \cdot \dfrac{\pi}{2} = 1 \Rightarrow k = 1$

$(2) f_X(x) = \begin{cases} \int_0^\infty f(x,y)\,dy & ; x \geq 0 \\ \int_{-\infty}^0 f(x,y)\,dy & ; x < 0 \end{cases} = \begin{cases} \dfrac{1}{\sqrt{2\pi}} e^{-\frac{x^2}{2}} & ; x \geq 0 \\ \dfrac{1}{\sqrt{2\pi}} e^{-\frac{x^2}{2}} & ; x < 0 \end{cases}$

同理 $f_Y(x) = \dfrac{1}{\sqrt{2\pi}} e^{-\frac{y^2}{2}}$; $-\infty < y < \infty$

$(3) f(x,y) \neq f(x)f(y)$

不獨立

例題 50：Let X_1, X_2, X_3, and X_4 be independent exponential random variables, each with parameter λ. Find $P(X_{(4)} \geq 3\lambda)$, where $X_{(k)}$ is the kth order statistic. 　　　　　　　　　　　【98 成大通訊】

解　　$P(X_{(4)} \geq 3\lambda) = P(\min\{X_1, \cdots, X_4\} \geq 3\lambda) = P(X_1 \geq 3\lambda) \cdots P(X_4 \geq 3\lambda)$

$= \left(e^{-3\lambda^2}\right)^4$

例題 51：A fisherman catches fish in a large lake with lots of fish at a Poisson rate of λ fish per hour. If, on a given day, the fisherman spends randomly anywhere between c and d hours in fishing. Find the expected value and the variance of the number of fish he catches 　　　　　　　　　　　【92 台大電子】

解　　Let $X(T)$: the number of fish being caught within period T

$$\Rightarrow f_X(x) = \frac{e^{-\lambda T}(\lambda T)^x}{x!}\ ;\ x=0,1,2,\cdots$$

$$f_T(t) = \frac{1}{d-c};\ c \le t \le d$$

$$E[X(T)] = E[E[X(T)|T]] = E[\lambda T] = \lambda E[T] = \lambda\frac{c+d}{2}$$

$$E[X^2(T)] = E[E[X^2(T)|T]] = E[\lambda T + (\lambda T)^2] = \lambda\frac{c+d}{2} + \lambda^2\frac{c^2+cd+d^2}{2}$$

$$\Rightarrow Var(X(T)) = \lambda\frac{c+d}{2} + \lambda^2\frac{(d-c)^2}{12}$$

7-5　多變數的變數變換

1. 多對一的變數變換

定理 7-5

已知隨機變數 X, Y 之 joint PDF 為 $f_{X,Y}(x,y)$, $Z = g(X,Y)$。求 $f_Z(z)$

1. $Z = X + Y$

$$F_Z(z) = P(X+Y \le z) = P(X \le z-Y)$$
$$= \int_{-\infty}^{\infty}\int_{-\infty}^{z-y} f(x,y)\,dxdy$$
$$\therefore f_Z(z) = \frac{dF_Z(z)}{dz} = \int_{-\infty}^{\infty} f(z-y,y)\,dy$$

2. $Z = X - Y$

$$F_Z(z) = P(X-Y \le z) = P(X \le z+Y)$$
$$= \int_{-\infty}^{\infty}\int_{-\infty}^{z+y} f(x,y)\,dxdy$$
$$\Rightarrow f_Z(z) = \frac{dF_Z(z)}{dz} = \int_{-\infty}^{\infty} f(z+y,y)\,dy$$

3. $Z = XY$

(1) $Y > 0$

$$F_Z(z) = P(XY \le z) = P\left(x \le \frac{z}{Y}\right)$$

$$= \int_{-\infty}^{\infty} \int_{-\infty}^{\frac{z}{y}} f(x, y) dx dy$$

$$\therefore f_Z(z) = \frac{dF_Z(z)}{dz} = \int_{-\infty}^{\infty} \frac{1}{y} f\left(\frac{z}{y}, y\right) dy$$

(2) $Y < 0$

$$F_Z(z) = P\left(X \geq \frac{z}{y}\right) = \int_{-\infty}^{\infty} \int_{\frac{z}{y}}^{\infty} f(x, y) \, dx dy$$

$$\Rightarrow f_Z(z) = \int_{-\infty}^{\infty} -\frac{1}{y} f\left(\frac{z}{y}, y\right) dy$$

由(1)，(2)可得 $f_Z(z) = \int_{-\infty}^{\infty} \frac{1}{|y|} f\left(\frac{z}{y}, y\right) dy$

4. $Z = \dfrac{X}{Y}$

(1) $Y > 0$

$$F_Z(z) = P\left(\frac{X}{Y} \leq z\right) = P(X \leq zY) = \int_{-\infty}^{\infty} \int_{-\infty}^{zy} f(x, y) \, dx dy$$

$$\therefore f_Z(z) = \frac{dF_Z(z)}{dz} = \int_{-\infty}^{\infty} y \cdot f(yz, y) \, dy$$

(2) $Y < 0$

$$F_Z(z) = P\left(\frac{X}{Y} \leq z\right) = P(X \geq zY) = \int_{-\infty}^{\infty} \int_{zy}^{\infty} f(x, y) \, dx dy$$

$$\therefore f_Z(z) = \frac{dF_Z(z)}{dz} = \int_{-\infty}^{\infty} -y \cdot f(yz, y) \, dy$$

由(1)，(2)可得 $f_Z(z) = \int_{-\infty}^{\infty} |y| f(yz, y) \, dy$

例題 52：$X, Y, i.i.d., X \sim N(0, \sigma^2), Z = a\dfrac{X}{Y}$。求 $f_Z(z)$ 　　【96 中山電機】

解　　$f(x, y) = f_X(x) f_Y(y) = \dfrac{1}{2\pi\sigma^2} \exp\left(-\dfrac{x^2 + y^2}{2\sigma^2}\right)$

$$f_Z(z) = \int_{-\infty}^{\infty} \frac{1}{2\pi\sigma^2} \left|\frac{y}{a}\right| \exp\left(-\frac{\left(\frac{yz}{a}\right)^2 + y^2}{2\sigma^2}\right) dy$$

$$= \frac{2}{2\pi|a|\sigma^2} \int_0^{\infty} y \exp\left(-\frac{1}{2\sigma^2}\left(1 + \left(\frac{z}{a}\right)^2\right) y^2\right) dy$$

$$= \frac{1}{\pi|a|\sigma^2} \frac{\sigma^2}{1 + \left(\frac{z}{a}\right)^2} \int_0^{\infty} e^{-\mu} d\mu = \frac{|a|}{\pi(z^2 + a^2)}; \quad -\infty < z < \infty$$

例題 53：$X, Y, i.i.d. X \sim U(0, 1), Z = X + Y$, Find $f_Z(z)$

$W = |X - Y|$，求$f_W(w)$ 【94 台大電信】

解

1. $F_Z(z) = P(X + Y \leq z)$

   (1) $0 \leq z \leq 1$

$$F_Z(z) = \int_0^z \int_0^{z-y} dx\, dy$$
$$= \frac{z^2}{2}$$

   (2) $1 \leq z \leq 2$

$$F_Z(z) = \int_0^z \int_0^{z-y} dx\, dy - (z-1)^2$$
$$= \frac{z^2}{2} - (z-1)^2$$
$$\therefore f_Z(z) = \begin{cases} z & ; 0 \leq z \leq 1 \\ 2-z & ; 1 \leq z \leq 2 \end{cases}$$

2. $F_W(w) = P(|X - Y| \leq w)$
$$= P(0 \leq X - Y \leq w) + P(0 \leq Y - X \leq w)$$
$$= (1 - (1-w)^2) = 2w - w^2$$
$$\therefore f_W(w) = \frac{dF_W(w)}{dw} = 2 - 2w$$

例題 54：Suppose a bus departs from A to B for $60 \sim 100$ minutes (with uniform distribution), then takes another $50 \sim 70$ min (with uniform distribution) to reach the final destination C. Assume these two time spans are independent.

(1) Compute the PDF of the total time span to travel from A to C

(2) What is the probability that the bus spends less than 130 min. to go from A to C. 【90 交大電子】

(1) $f_{X,Y}(x, y) = f_X(x) f_Y(y)$
$$= \frac{1}{800}$$

$$Z = X + Y, \ 110 \le z \le 170$$

$$F_Z(z) = P\ (X + Y \le z)$$

$$= \begin{cases} \dfrac{1}{800}\dfrac{(z-100)^2}{2} & , \ 110 \le z \le 130 \\[3mm] \dfrac{1}{800}\dfrac{(2z-240)\times 20}{2} & , \ 130 \le z \le 150 \\[3mm] 1 - \dfrac{1}{800}\dfrac{(170-z)^2}{2} & , \ 150 \le z \le 170 \\[3mm] 1 & , \ z \ge 170 \end{cases}$$

$$\therefore f_Z(z) = \begin{cases} \dfrac{z-100}{800} & ; \ 110 \le z \le 130 \\[3mm] \dfrac{1}{40} & ; \ 130 \le z \le 150 \\[3mm] \dfrac{170-z}{800} & ; \ 150 \le z \le 170 \end{cases}$$

$$(2)P\ (Z \le 130) = F_Z(130)$$
$$= \frac{1}{800}\frac{(20)^2}{2}$$
$$= \frac{1}{4}$$

例題 55：The random variables X and Y are independent with exponential densities

$$f_X(x) = \alpha \exp(-\alpha x), \ x > 0; \ f_Y(y) = \beta \exp(-\beta y), \ y > 0$$

(1) Find the density of the random variable $Z = 2X + Y$

(2) Find the density of the random variable $W = X - Y$

【91 清華電機】

解　　$(1) f_Z(z) = \displaystyle\int_{-\infty}^{\infty} \frac{1}{2} f_{X,Y}\left(\frac{z-y}{2}, y\right) dy$

$$= \frac{1}{2}\int_{-\infty}^{\infty} \alpha\beta \exp\left(-\alpha\frac{z-y}{2}\right) u\left(\frac{z-y}{2}\right) \exp(-\beta y) u\ (y)\ dy$$

$$= \frac{\alpha\beta}{2} \exp\left(-\frac{\alpha z}{2}\right) \int_0^\infty \exp\left(\left(\frac{\alpha}{2} - \beta\right)y\right) u\left(\frac{z-y}{2}\right) dy$$

$$= \frac{\alpha\beta}{2} \exp\left(-\frac{\alpha z}{2}\right) \int_0^z \exp\left(\left(\frac{\alpha}{2} - \beta\right)y\right) dy$$

$$= \frac{\alpha\beta}{\alpha - 2\beta}\left[\exp(-\beta z) - \exp\left(-\frac{\alpha z}{2}\right)\right]$$

$(2) f_W(w) = \int_{-\infty}^\infty f_{X,Y}(w+y, y)dy$

$$= \int_{-\infty}^\infty \alpha\beta \exp(-\alpha(w+y))u(w+y) \exp(-\beta y)u(y)dy$$

$$= \alpha\beta \exp(-\alpha w) \int_0^\infty \exp(-(\alpha+\beta)y)u(w+y)dy$$

$$= \begin{cases} \alpha\beta \exp(-\alpha w) \int_0^\infty \exp(-(\alpha+\beta)y)dy; & w \geq 0 \\ \alpha\beta \exp(-\alpha w) \int_{-\omega}^\infty \exp(-(\alpha+\beta)y)dy; & w < 0 \end{cases}$$

$$= \begin{cases} \frac{\alpha\beta}{\alpha+\beta} \exp(\beta w); & w < 0 \\ \frac{\alpha\beta}{\alpha+\beta} \exp(-\alpha w); & w \geq 0 \end{cases}$$

例題 56：$X, Y, i.i.d. X \sim U(-1, 1). Z = XY$. Find PDF of Z【86 中正電機】

解

$f_{X,Y}(x, y) = \frac{1}{4}$ $-1 \leq x \leq 1, -1 \leq y \leq 1$

$F_Z(z) = P(XY \leq z)$

(1) $0 < z < 1$

$F_Z(z) = 1 - \frac{1}{4} \cdot 2A$

其中 $A = \int_z^1 \int_{\frac{z}{x}}^1 dy = 1 - z + z \ln z$

$F_Z(z) = 1 - \frac{1}{2}(1 - z + z \ln z)$

$$= \frac{1}{2} + \frac{1}{2}z - \frac{z}{2}\ln z$$

(2)$-1 < z < 0$

$$F_Z(z) = \frac{1}{4} \cdot 2B = \frac{B}{2}$$

其中

$$B = \int_{-1}^{z} \int_{\frac{z}{x}}^{1} dydx = \int_{-1}^{z}\left(1 - \frac{z}{x}\right)dx$$

$$= x - z\ln|x|\Big|_{-1}^{z} = z - z\ln|z| + 1$$

$$\therefore f_Z(z) = \begin{cases} \frac{1}{2} - \frac{1}{2}\ln z - \frac{1}{2} = -\frac{1}{2}\ln z & ; 0 < z < 1 \\ \frac{1}{2} - \frac{1}{2}\ln|z| - \frac{1}{2} = -\frac{1}{2}\ln|z| & ; -1 < z < 0 \end{cases}$$

$$= -\frac{1}{2}\ln|z|; \ -1 < z < 1$$

例題 57：$X \sim U(0, a), f_Y(y) = be^{-by}; y > 0, a > 0, b > 0$. X, Y independent $Z = X + Y$, Find the PDF of Z.　　　　　　【91 中山電機】

解　　$f_{X,Y}(x, y) = \frac{1}{a}be^{-by}, 0 < x < a, y > 0$

$F_Z(z) = P(X + Y \leq z)$

(1) $0 < z < a$

$$\int_0^z \int_0^{z-x} \frac{b}{a}e^{-by}\,dydx = \frac{1}{a}\left(z + \frac{1}{b}(e^{-bz} - 1)\right)$$

(2) $z \geq a$

$$\int_0^a \int_0^{z-x} \frac{b}{a}e^{-by}\,dydx = 1 - \frac{(e^{ab}-1)}{ab}e^{-bz}$$

$$\therefore f_Z(z) = \begin{cases} \frac{1}{a}(1 - e^{bz}) & ; 0 < z < a \\ \frac{e^{ab}-1}{a}e^{-bz} & ; z \geq a \end{cases}$$

例題 58：X, Y i.i.d. $f_X(x) = \lambda_1 e^{-\lambda_1 x}; x \geq 0, f_Y(y) = \lambda_2 e^{-\lambda_2 x}; y \geq 0$

　　　$Z = |X - Y|$. Find PDF of Z.

解

$$F_Z(z) = P\,(-z \le X - Y \le z)$$

$$= \int_0^\infty \int_x^{x+z} \lambda_1\lambda_2 e^{-\lambda_1 x} e^{-\lambda_2 y}\,dydx + \int_0^\infty \int_y^{y+z} \lambda_1\lambda_2 e^{-\lambda_1 x} e^{-\lambda_2 y}\,dxdy$$

$$= \frac{\lambda_1}{\lambda_1+\lambda_2}(1 - e^{-\lambda_2 z}) + \frac{\lambda_2}{\lambda_1+\lambda_2}(1 - e^{-\lambda_1 z})$$

$$\therefore f_Z(z) = \frac{\lambda_1\lambda_2}{\lambda_1+\lambda_2}e^{-\lambda_2 z} + \frac{\lambda_1\lambda_2}{\lambda_1+\lambda_2}e^{-\lambda_1 z};\ z \ge 0$$

例題 59：The PDF of X_1, X_2 are

$$f_{X_1}(x_1) = \Pi\,(x_1) = \begin{cases} 1;\ |x_1| \le \dfrac{1}{2} \\ 0;\ o.w \end{cases}$$

$$f_{X_2}(x_2) = \frac{1}{2}\Pi\!\left(\frac{x_2-1}{2}\right) = \begin{cases} \dfrac{1}{2};\ |x_2 - 1| \le 1 \\ 0;\ o.w \end{cases}$$

$X = X_1 + X_2 + 1$

X_1, X_2 are independent. Calculate the PDF of X.【84 成大電機】

解

Let $Z = X_1 + X_2 \quad \Rightarrow -\dfrac{1}{2} \le z \le \dfrac{5}{2}$

$$F_Z(z) = P\,(X_1 + X_2 \le z)$$

$(1)\,-\dfrac{1}{2} \le z \le \dfrac{1}{2}$

$$f_{X_1,X_2}(X_1, X_2) = \begin{cases} \dfrac{1}{2};\ -\dfrac{1}{2} \le x_1 \le \dfrac{1}{2};\ 0 \le x_2 \le 2 \\ 0;\ o.w \end{cases}$$

$$F_Z(z) = \frac{1}{2}\left(\frac{1}{2}\left(z + \frac{1}{2}\right)^2\right) \quad \Rightarrow f_Z(z) = \frac{2z+1}{4}$$

$(2)\,\dfrac{1}{2} \le z \le \dfrac{3}{2}$

$$F_Z(z) = \frac{1}{2}\left[\frac{1}{2}\left(z + \frac{1}{2}\right)^2 - \frac{1}{2}\left(z - \frac{1}{2}\right)^2\right]$$

$$\therefore f_Z(z) = \frac{1}{2}$$

$(3)\,\dfrac{3}{2} \le z \le \dfrac{5}{2}$

$$F_Z(z) = 1 - \frac{1}{2}\cdot\frac{1}{2}\left(\frac{5}{2} - z\right)^2$$

$$\Rightarrow f_Z(z) = \frac{5-2z}{4}$$

$$X = Z+1 \Rightarrow Z = X-1 \Rightarrow f_X(x) = \begin{cases} \dfrac{2x-1}{4} & ; \dfrac{1}{2} < x < \dfrac{3}{2} \\[2mm] \dfrac{1}{2} & ; \dfrac{3}{2} < x < \dfrac{5}{2} \\[2mm] \dfrac{7-2x}{4} & ; \dfrac{5}{2} < x < \dfrac{7}{2} \end{cases}$$

例題 60：The random variables X and Y have the joint PDF

$f_{X,Y}(x, y) = 2\exp(-(x+y)), 0 \le y \le x < \infty$

Find the PDF of $Z = X + Y$ 　　【89 高雄第一科大電腦通訊】

解　　$f_{X,Y}(x, y) = 2\exp(-(x+y))\, u(x-y)u(y)$

$f_Z(z) = \displaystyle\int_{-\infty}^{\infty} f_{X,Y}(z-y, y)\, dy$

$\quad = \displaystyle\int_{-\infty}^{\infty} 2\exp(-z)\, u(z-2y)u(y)\, dy$

$\quad = 2\displaystyle\int_{0}^{\infty} \exp(-z)\, u(z-2y)\, dy$

$\quad = 2\displaystyle\int_{0}^{\frac{z}{2}} \exp(-z)\, dy$

$\quad = z\exp(-z),\ z \ge 0$

例題 61：Let the PDFs of two random variables X and Y be $f_X(x) = \alpha e^{-\alpha x}$; $x \ge 0$ and $f_Y(y) = \beta e^{-\beta y}$; $y \ge 0$, Find the PDF of the random variable $Z = X + Y$. 　　【99 台大電信】

解　　$f_Z(z) = \displaystyle\int_{-\infty}^{\infty} f_{X,Y}(z-y, y)\, dy$

$\quad = \displaystyle\int_{-\infty}^{\infty} \alpha\beta \exp(-\alpha(z-y))u(z-y)\exp(-\beta y)u(y)\, dy$

$$= \alpha\beta \exp(-\alpha z) \int_0^{\infty} \exp((\alpha - \beta)y)u(z-y)dy$$

$$= \alpha\beta \exp(-\alpha z) \int_0^z \exp((\alpha - \beta)y)dy$$

$$= \frac{\alpha\beta}{\alpha - \beta}[\exp(-\beta z) - \exp(-\alpha z)]$$

例題 62：Let X_1, X_2 be a random sample of size 2 from a distribution with PDF $f(x) = \frac{1}{2}$; $0 < x < 2$, zero elsewhere.

Find the joint PDF of X_1 and X_2, let $Y = X_1 + X_2$. Find the distribution function and the PDF of Y. 【清大工工】

解　$f_Y(y) = \int f_{X_1, X_2}(x_1, y - x_1)\, dx_1$

$0 < y - x_1 < 2 \Rightarrow x_1 < y < 2 + x_1$

(1) $0 < y \le 2$

$f_Y(y) = \int_0^y \frac{1}{4}\, dx_1 = \frac{y}{4}$

(2) $2 < y \le 4$

$f_Y(y) = \int_{y-2}^2 \frac{1}{4}\, dx_1 = 1 - \frac{y}{4}$

$\therefore F_Y(y) = \int_{-\infty}^y f_Y(t)dt = \begin{cases} 0 & ; y < 0 \\ \dfrac{y^2}{8} & ; 0 \le y \le 2 \\ y - 1 - \dfrac{y^2}{8} & ; 2 < y \le 4 \\ 1 & ; y > 4 \end{cases}$

例題 63：X, Y 為獨立之指數隨機變數 $E[X] = \frac{1}{\lambda}$, $E[Y] = \frac{1}{u}$

(1)若 $u \ne \lambda$，$W = X + Y$ 之 PDF = ?

(2)若 $u = \lambda$，$W = X + Y$ 之 PDF = ?

解
$(1) f_W(w) = \int_{-\infty}^{\infty} f_{X,Y}(x, w-x)\, dx = \int_{-\infty}^{\infty} f_X(x) f_Y(w-x)\, dx$

$= \int_0^w \lambda e^{-\lambda x} u e^{-u(w-x)}\, dx = \lambda u e^{-uw} \int_0^w e^{-(\lambda-u)x}\, dx$

$= \begin{cases} \dfrac{\lambda u}{\lambda - u}(e^{-uw} - e^{-\lambda w}); & w \ge 0 \\ 0; & o.w. \end{cases}$

$(2) u = \lambda$

$f_W(w) = \int_0^w \lambda e^{-\lambda x} \lambda e^{-\lambda(w-x)}\, dx = \lambda^2 e^{-\lambda w} \int_0^w dx = \begin{cases} \lambda^2 w e^{-\lambda w}; & w \ge 0 \\ 0; & o.w. \end{cases}$

例題 64：$f_{X,Y}(x, y) = \begin{cases} 6y; & 0 \le y \le x \le 1 \\ 0; & o.w. \end{cases}$ ；若 $Z = Y - X$

　　(1)求 $F_Z(z)$

　　(2)求 $f_Z(z)$

解
(1)$\because Y \le X$

$\therefore Z = Y - X \le 0$，且 Z 之最小值為 -1（$Y=0, X=1$）

$F_Z(z) = P(Z \le z) = P(Y - X \le z)$

當 $z < -1$ 時 $F_Z(z) = 0$

當 $z > 0$ 時 $F_Z(z) = 1$

當 $-1 \le z \le 0$ 時：

$0 \le Z + X = Y \le 1 \Rightarrow -z \le X \le 1$

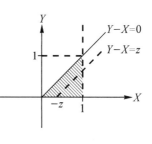

$F_Z(z) = \int_{-z}^{1} \int_0^{x+z} 6y\,dy\,dx = \int_{-z}^{1} 3(x+z)^2\, dx$

$= (x+z)^3 \Big|_{-z}^{1} = (1+z)^3$

$\therefore F_Z(z) = \begin{cases} 0; & z < -1 \\ (1+z)^3; & -1 \le z \le 0 \\ 1; & z > 0 \end{cases}$

另解 $\int_0^{z+1} f_{X,Y}(y-z, y)\,dy = 3(1+z)^2$

$$-1 \leq z \leq 0, y \leq y - z \leq 1 \Rightarrow y \leq z + 1$$

$$(2) f_Z(z) = \frac{dF_Z(z)}{dz} = \begin{cases} 3(1+z)^2; & -1 \leq z \leq 0 \\ 0; & o.w. \end{cases}$$

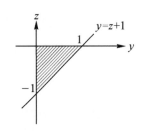

觀念提示: 1. 宜先判斷變數 Z 之範圍

2. 以圖形輔助解題

例題 65: $f_X(x) = \dfrac{e^{-|x|}}{2}; \ -\infty < x < \infty, X, Y$ i.i.d. $Z = X + Y.$ 求 $f_Z(z)$

【82 交大電信】

解

$$f_Z(z) = \int_{-\infty}^{\infty} f_{X,Y}(z-y, y) dy$$

$$= \frac{1}{4} \int_{-\infty}^{\infty} e^{-|z-y|} e^{-|y|} dy$$

$$= \frac{1}{4} \left(\int_{-\infty}^{z} e^{y-z} e^{-|y|} dy + \int_{z}^{\infty} e^{-|y|} e^{z-y} dy \right)$$

$$= \frac{1}{4} \left[e^{-z} \int_{-\infty}^{z} e^{-|y|} e^{y} dy + e^{z} \int_{z}^{\infty} e^{-|y|} e^{y} dy \right]$$

1. 若 $z > 0$

$$f_Z(z) = \frac{1}{4} \left[e^{-z} \int_{-\infty}^{0} e^{2y} dy + e^{-z} \int_{0}^{z} dy + e^{z} \int_{z}^{\infty} e^{-2y} dy \right]$$

$$= \frac{1}{4} e^{-z} (1 + z)$$

2. 若 $z < 0$

$$f_Z(z) = \frac{1}{4} \left[e^{-z} \int_{-\infty}^{z} e^{2y} dy + e^{z} \int_{z}^{0} dy + e^{z} \int_{0}^{\infty} e^{-2y} dy \right]$$

$$= \frac{1}{4} e^{z} (1 - z)$$

$$\therefore f_Z(z) = \frac{1}{4} e^{-|z|} (1 + |z|); \ -\infty < z < \infty$$

5. $Z = \max(X_1, \cdots, X_n)$

其中. $X_1, \cdots, X_n$ 為具 PDF $f_1(x), \cdots, f_n(x)$, CDF $F_1(x), \cdots, F_n(x)$ 之相互獨立 random variables

$$F_Z(z) = P(Z \leq z) = P(\max(X_1, \cdots, X_n) \leq z)$$

$$= P(X_1 \leq z, \cdots, X_n \leq z)$$

$$= P\ (X_1 \le z) \cdots P\ (X_n \le z)$$

$$= \prod_{i=1}^{n} F_{X_i}\ (z)$$

重點提示：若$\{X_i\}$, *i.i.d.* 則

$$F_Z(z) = [F_X(z)]^n \Rightarrow f_Z(z) = \frac{dF_Z(z)}{dz} = n\ [F_X(z)]^{n-1} \frac{dF_X(z)}{dz}$$

6. $Z = \min\ (X_1, \cdots, X_n)$

　　其中 $X_1, \cdots, X_n$ 為具 PDF $f_1(x), \cdots, f_n(x)$，CDF $F_1(x), \cdots, F_n(x)$ 之相互獨立 random variables

$$F_Z(z) = 1 - P\ (Z > z) = 1 - P(\min\ (X_1, \cdots, X_n) > z)$$

$$= 1 - P\ (X_1 > z, \cdots, X_n > z)$$

$$= 1 - P\ (X_1 > z) \cdots P\ (X_n > z)$$

$$= 1 - (1 - F_1\ (z)) \cdots (1 - F_n\ (z))$$

重點提示：若$\{X_i\}$, *i.i.d.* 則

$$F_Z(z) = 1 - [1 - F_X\ (z)]^n \Rightarrow f_Z(z) = n[1 - F_X(z)]^{n-1} \frac{dF_X(z)}{dz}$$

例題 66：Let random variable $Z = \min\ (X_1, X_2, \cdots, X_n)$, where $X_1, \cdots, X_n$ are independent random variables with the same cumulative distribution function (CDF) $F_X(x)$. Find the cumulative distribution function CDF $F_Z(z)$ of the random variable Z.【99 高一科電通】

解

$$F_Z(z) = 1 - P\ (Z > z) = 1 - P(\min\ (X_1, X_2, \cdots, X_n) > z)$$

$$= 1 - P\ (X_1 > z, \cdots, X_n > z)$$

$$= 1 - P\ (X_1 > z) \cdots P\ (X_n > z)$$

$$= 1 - [1 - F_X\ (z)]^n$$

例題 67：Roll fair die 12 times. The outcome is independent from roll to roll, and is equally likely to be 1 through 6. Let X_k = the outcome of the roll.

$Y_1 = \max\{X_1, X_2, X_3\}$, $Y_2 = \max\{X_4, X_5, X_6\}$, $Y_3 = \max\{X_7, X_8, X_9\}$
$Y_4 = \max\{X_{10}, X_{11}, X_{12}\}$, $Z = \min(Y_1, \cdots, Y_4)$, Find $P(Z=4)$

【95 暨南資工】

解

$$F_{Y_1}(y_1) = P(\max(X_1, X_2, X_3) \le y)$$

$$= P(X_1 \le y)P(X_2 \le y)P(X_3 \le y) = \left(\frac{y}{6}\right)^3 ; y = 1, \cdots, 6$$

$$\Rightarrow f_{Y_1}(y_1) = F_{Y_1}(y) - F_{Y_1}(y-1) = \left(\frac{y}{6}\right)^3 - \left(\frac{y-1}{6}\right)^3 ; y = 1, \cdots, 6$$

$Y_1, \cdots, Y_4$ i.i.d.

$$F_Z(z) = P[\min(Y_1, \cdots, Y_4) \le z] = 1 - P[Y_1 > z, \cdots, Y_4 > z]$$

$$= 1 - [P(Y_1 > z)]^4 = 1 - [1 - F_{Y_1}(z)]^4$$

$$= 1 - \left[1 - \left(\frac{z}{6}\right)^3\right]^4$$

$$\therefore P(Z=4) = F_Z(4) - F_Z(3)$$

例題 68：X_1, X_2, X_3, X_4 are 4 *i.i.d.* Rayleigh random variables each with PDF.

$$f_X(x) = \begin{cases} axe^{-\frac{ax^2}{2}} ; x > 0 \\ 0 \quad\quad ; o.w \end{cases} ; a > 0$$

$Y_1 = \min\{X_1, X_2\}$, $Y = \min\{X_3, X_4\}$, $Z = \max\{Y_1, Y_2\}$. Find PDF of Z.

【92 暨南資工】

解

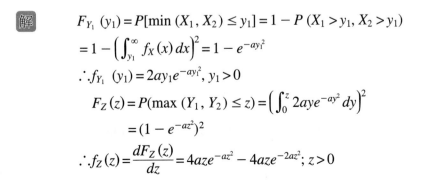

$$F_{Y_1}(y_1) = P[\min(X_1, X_2) \le y_1] = 1 - P(X_1 > y_1, X_2 > y_1)$$

$$= 1 - \left(\int_{y_1}^{\infty} f_X(x)\,dx\right)^2 = 1 - e^{-ay_1^2}$$

$$\therefore f_{Y_1}(y_1) = 2ay_1 e^{-ay_1^2}, y_1 > 0$$

$$F_Z(z) = P(\max(Y_1, Y_2) \le z) = \left(\int_0^z 2aye^{-ay^2}\,dy\right)^2$$

$$= (1 - e^{-az^2})^2$$

$$\therefore f_Z(z) = \frac{dF_Z(z)}{dz} = 4aze^{-az^2} - 4aze^{-2az^2} ; z > 0$$

例題 69：Given joint PDF of random variables X and Y

$$f_{XY}(x, y) = \begin{cases} cxy & ; 0 \le x \le a\,;\, 0 \le y \le b \\ 0 & ; o.w. \end{cases}$$

(1) Solve c

(2) $Z = \max\{2X, 3Y\}$. Find PDF of Z 　　　　　　　【94 交大電資】

解

(1) $\int_0^b \int_0^a f(x, y)\,dxdy = 1 \Rightarrow c = \dfrac{4}{a^2 b^2}$

(2) $F_Z(z) = P(\max(2X, 3Y) \le z) = P\left(X \le \dfrac{z}{2}, Y \le \dfrac{z}{3}\right)$

1. $a \ge \dfrac{z}{2}, b \ge \dfrac{z}{3}$,

　$F_Z(z) = \int_0^{\frac{z}{3}} \int_0^{\frac{z}{2}} f(x, y)\,dxdy = \dfrac{z^4}{26a^2 b^2}$

2. $a < \dfrac{z}{2}, b \ge \dfrac{z}{3}$

　$F_Z(z) = \int_0^{\frac{z}{3}} \int_0^a f(x, y)\,dxdy = \dfrac{z^2}{9b^2}$

3. $a \ge \dfrac{z}{2}, b < \dfrac{z}{3}$

　$F_Z(z) = \int_0^b \int_0^{\frac{z}{2}} f(x, y)\,dxdy = \dfrac{z^2}{4a^2}$

4. $a < \dfrac{z}{2}, b < \dfrac{z}{3}$

　$F_Z(z) = 1$

$\therefore f_Z(z) = \begin{cases} \dfrac{z^3}{9a^2 b^2} & ; z < 2a, z \le 3b \\[2mm] \dfrac{2}{9b^2} z & ; z > 2a, z \le 3b \\[2mm] \dfrac{1}{2a^2} z & ; z \le 2a, z > 3b \\[2mm] 0 & ; z > 2a, z > 3b, z > 0 \end{cases}$

例題 70：Y_1, Y_2 are two independent normal random variables, both with zero mean and variance σ^2. Find the PDF of Z, where $Z = Max\{Y_1, Y_2\} - Min\{Y_1, Y_2\}$ 　　　　　　　【87 台大電機】

解 Let $\begin{cases} X = Max\{Y_1, Y_2\} \\ W = Min\{Y_1, Y_2\} \end{cases}$

則 $Z = X - W, Z > 0$

$F_{X,W}(x, w) = P(X \le x, W \le w) = P(X \le x) - P(X \le x, W > w)$

$\qquad = P(Y_1 \le x)P(Y_2 \le x) - P(w < Y_1 \le x)P(w < Y_2 \le x)$

$\qquad = [F_Y(x)]^2 - [F_Y(x) - F_Y(w)]^2$

$\therefore f_{X,W}(x, w) = \dfrac{\partial^2 F_{X,W}(x, w)}{\partial x \partial w} = 2f_Y(x)f_Y(w)$

$\qquad = \dfrac{1}{\pi\sigma^2} \exp\left(-\dfrac{x^2 + w^2}{2\sigma^2}\right); \ -\infty < w < x < \infty$

$\therefore f_Z(z) = \int_{-\infty}^{\infty} f_{X,W}(z + w, w) dw$

$\qquad = \int_{-\infty}^{\infty} \dfrac{1}{\pi\sigma^2} \exp\left(-\dfrac{(z + w)^2 + w^2}{2\sigma^2}\right) dw$

$\qquad = \dfrac{1}{\sigma\sqrt{\pi}} \exp\left(-\dfrac{z^2}{4\sigma^2}\right); \ z > 0$

例題 71：X_1, X_2, X_3 are *i.i.d.* random variables that are uniformly distributed in [0, 1]

Let $Z = \max(X_1, \min(X_2, X_3))$, determine the PDF of Z

【84 台科大電子】

解 $F_Z(z) = P(Z \le z) = P[\max(X_1, \min(X_2, X_3)) \le z]$

$\qquad = P[X_1 \le z, \min(X_2, X_3) \le z]$

$\qquad = P(X_1 \le z) \cdot P[\min(X_2, X_3) \le z]$

$\qquad = F_X(z)\{1 - P[\min(X_2, X_3)] > z\}$

$\qquad = F_X(z)\{1 - P(X_2 > z)P(X_3 > z)\} = F_X(z)[1 - (1 - F_X(z))^2]$

$\qquad = z[1 - (1 - z)^2]$

$\qquad = 2z^2 - z^3; \ 0 \le z \le 1$

$\therefore f_Z(z) = 4z - 3z^2; \ 0 \le z \le 1$

例題 72：若 $X_1, \cdots, X_n$ 為 n 個連續的獨立且相同分佈（$i.i.d.$）的隨機
變數 $Y = \min\{X_1, \cdots X_n\}$
求：$f_Y(y), F_Y(y)$

解 令 $X_1, \cdots, X_n$，之 PDF 均為 $f(x)$，CDF 均為 $F(x)$，則

$$P(Y > y) = P(\min(X_1, \cdots X_n) > y) = P(X_1 > y, X_2 > y, \cdots, X_n > y)$$

$$= P(X_1 > y)P(X_2 > y)\cdots P(X_n > y) = [1 - F(y)]^n$$

$$\therefore F_Y(y) = 1 - P(Y > y) = 1 - [1 - F(y)]^n$$

$$\Rightarrow f_Y(y) = \frac{dF_Y(y)}{dy} = n[1 - F(y)]^n f(y)$$

例題 73：同上，求 $P(X_n = \max\{X_1, \cdots X_n\}) = ?$

解

$$P(X_n = \max\{X_1, \cdots X_n\}) = P(X_1 \le X_n, \cdots, X_{n-1} \le X_n)$$

$$= \int_{-\infty}^{\infty} P(X_1 \le X_n, \cdots, X_{n-1} \le X_n | X_n = x) f_{X_n}(x) dx$$

$$= \int_{-\infty}^{\infty} P(X_1 \le X, \cdots, X_{n-1} \le X) f(x) dx$$

$$= \int_{-\infty}^{\infty} P(X_1 \le x) \cdots P(X_{n-1} \le x) f(x) dx$$

$$= \int_{-\infty}^{\infty} (F(x))^{n-1} f(x) \, dx = \int_{-\infty}^{\infty} (F(x))^{n-1} dF(x) = \frac{1}{n}[F(x)]^n \Big|_{-\infty}^{\infty}$$

$$= \frac{1}{n}(1 - 0) = \frac{1}{n}$$

例題 74：Let $X_1 \cdots X_n$, $i.i.d.$ random variable，$X_i \sim U(0, 1)$ 若 $M = max(X_1, \cdots, X_n)$

(1) Find $F_M(m)$; $0 \le m \le 1$

(2) Find $f_M(m)$

解　　　　$(1)F_M(m) = P\,(M \le m)$

$= P\,(max\,(X_1, \cdots, X_n) \le m)$

$= P\,(X_1 \le m)P\,(X_2 \le m)\cdots P\,(X_n \le m)$

$= \prod_{i=1}^{n} P\,(X_i \le m)$

$= (\int_0^m dx_i)^n = m^n$

$(2)f_M\,(m) = \dfrac{d}{dm}\,(m^n) = nm^{n-1}$

7. 隨機 $X_1,\ X_2$ 之 joint PDF 為 $f_{X_1, X_2}\,(x_1, x_2)$，$Y_1 = h_1\,(X_1,\ X_2)$、$Y_2 = h_2\,(X_1,$ $X_2)$，h_1, h_2 為 1 對 1 且可微分之函數

如何利用 $f_{X_1, X_2}\,(x_1, x_2)$ 及 $h_1(\quad)$、$h_2(\quad)$，求出 $f_{Y_1, Y_2}\,(y_1, y_2)$

Step1：利用 $\begin{cases} Y_1 = h_1(X_1, X_2) \\ Y_2 = h_2(X_1, X_2) \end{cases}$ 求出 $\begin{cases} X_1 = g_1(Y_1, Y_2) \\ X_2 = g_2(Y_1, Y_2) \end{cases}$

Step2：$f_{Y_1, Y_2}\,(y_1, y_2) = f_{X_1, X_2}\,(g_1\,(Y_1, Y_2),\, g_2\,(Y_1, Y_2))|J|$

其中　$J = \begin{vmatrix} \dfrac{\partial X_1}{\partial Y_1} & \dfrac{\partial X_1}{\partial Y_2} \\ \dfrac{\partial X_2}{\partial Y_1} & \dfrac{\partial X_2}{\partial Y_2} \end{vmatrix}$

例題 75：Find the probability density function (PDF) $f_{V, W}\,(v, w)$ in terms of $f_{X, Y}\,(x, y)$. If $\begin{bmatrix} V \\ W \end{bmatrix} = \begin{bmatrix} +1 & -1 \\ +1 & +1 \end{bmatrix}\begin{bmatrix} X \\ Y \end{bmatrix}$.　　　【99 高一科電通】

解　　　Step1：利用 $\begin{cases} V = X - Y \\ W = X + Y \end{cases}$ 求出 $\begin{cases} X = \dfrac{V + W}{2} \\ Y = \dfrac{W - V}{2} \end{cases}$

Step2：$f_{V, W}\,(v, w) = f_{X, Y}\left(\dfrac{V + W}{2}, \dfrac{W - V}{2}\right)|J|$

其中 $J = \begin{vmatrix} \dfrac{\partial X}{\partial V} & \dfrac{\partial X}{\partial W} \\ \dfrac{\partial Y}{\partial V} & \dfrac{\partial Y}{\partial W} \end{vmatrix} = \dfrac{1}{2}$

例題 76：$f_{X,Y}(x,y) = \begin{cases} e^{-(x+y)}; & x > 0, y > 0 \\ 0; & else \end{cases}$

$Z = \dfrac{Y}{X}$，求 $f_Z(z) = ?$

解 $\begin{cases} Z = \dfrac{Y}{X} \\ U = X \end{cases} \Rightarrow \begin{cases} X = U \\ Y = UZ \end{cases} \Rightarrow J = \begin{vmatrix} \dfrac{\partial X}{\partial U} & \dfrac{\partial X}{\partial Z} \\ \dfrac{\partial Y}{\partial U} & \dfrac{\partial Y}{\partial Z} \end{vmatrix} = U$

$\therefore f_{Z,U}(z,u) = f_{X,Y}(u, uz)|J| = ue^{-u(1+z)}; \begin{matrix} u > 0 \\ z > 0 \end{matrix}$

$\Rightarrow f_Z(z) = \int\limits_0^\infty f_{Z,U}(z,u)\,du = \int\limits_0^\infty ue^{-u(1+z)}\,du = \dfrac{1}{(1+z)^2}$

另解　CDF 法

$F_Z(z) = P(Z \le z) = P\left(\dfrac{Y}{X} \le z\right) = P(Y \le Xz) = \int\limits_0^\infty \int\limits_0^{xz} e^{-(x+y)}\,dy\,dx = \dfrac{z}{1+z}$

$\therefore f_Z(z) = \dfrac{dF_Z(z)}{dz} = \dfrac{1}{1-z} - \dfrac{z}{(1+z)^2} = \dfrac{1}{(1+z)^2}$

$= \int\limits_0^\infty xe^{-(x+xz)}\,dx = \dfrac{1}{(1+z)^2}$

例題 77：若 $S = X + Y$，$W = Y - X$，求上例中 $f_S(s), f_W(w)$

解 (1) $\begin{cases} S = X + Y \\ U = X \end{cases} \Rightarrow \begin{cases} X = U \\ Y = S - U \end{cases} \Rightarrow |J| = \begin{Vmatrix} 0 & 1 \\ 1 & -1 \end{Vmatrix} = 1$

$\because Y \ge 0 \quad \therefore S \ge U$

$f_S(s) = \int\limits_0^s e^{-s}\,d\mu = se^{-s}; \ S \ge 0$

另解　$f_S(s) = \int\limits_{-\infty}^\infty f_{X,Y}(x, s-x)\,u(x)\,u(s-x)\,dx$

(2) $\begin{cases} W = Y - X \\ U = X \end{cases} \Rightarrow \begin{cases} X = U \\ Y = W + U \end{cases} \Rightarrow |J| = \begin{Vmatrix} 1 & 0 \\ 1 & 1 \end{Vmatrix} = 1$

$\because Y \ge 0 \quad \therefore W \ge -U$

$$\because X \geq 0 \quad \because U \geq 0$$

$$w \leq 0$$

$$f_W(w) = \int_{-w}^{\infty} e^{-(w+2\mu)} \, d\mu = \frac{1}{2} e^w$$

$$w \geq 0$$

$$f_W(w) = \int_{0}^{\infty} e^{-(w+2\mu)} \, d\mu = \frac{1}{2} e^{-w}$$

$$\therefore f_W(w) = \frac{1}{2} e^{-|w|}; \ -\infty < w < \infty$$

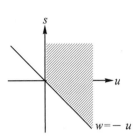

另解　$f_W(w) = \int_{-\infty}^{\infty} f_{X,Y}(x, x+w) \, u(x) \, u(x+w) \, dx$

$$= \begin{cases} \int_{-w}^{\infty} \exp(-(2x+w)) \, dx; \ w \leq 0 \\[2mm] \int_{0}^{\infty} \exp(-(2x+w)) \, dx; \ w > 0 \end{cases}$$

例題 78：令 X_1：某電路故障前正常工作時間，X_2：該電路故障後修復時間

若 X_1, X_2 are i.i.d.（Independent and identically distributed）且分佈為

$$f_X(x) = \begin{cases} e^{-x}; \ x > 0 \\ 0; \ else \end{cases}$$

(1) $U = \dfrac{X_1}{X_1 + X_2}, f_U(u) = \ ?$

(2) $E[U]; Var(U) = \ ?$

---

(1) Let $V = X_1 + X_2 \Rightarrow \begin{cases} U = \dfrac{X_1}{X_1 + X_2} \\ V = X_1 + X_2 \end{cases} \Rightarrow \begin{cases} X_1 = UV \\ X_2 = V(1 - U) \end{cases}$

$$\Rightarrow J = \begin{vmatrix} \dfrac{\partial X_1}{\partial U} & \dfrac{\partial X_1}{\partial V} \\[3mm] \dfrac{\partial X_2}{\partial U} & \dfrac{\partial X_2}{\partial V} \end{vmatrix} = V$$

$$\therefore f_{U,V}(u,v) = f_{X_1}(uv)f_{X_2}(v(1-u))|v| = e^{-uv}e^{-v(1-u)}v$$

$$= ve^{-v}; v > 0, 0 < u < 1$$

$$\therefore f_U(u) = \int_0^\infty ve^{-v}dv = 1; 0 < u < 1$$

另解　$F_U(u) = P\left(\dfrac{X_1}{X_1+X_2} < u\right) = P(X_1 < u(X_1+X_2))$

$$= P\left(X_1 < \frac{u}{1-u}X_2\right)$$

$$= \int_0^\infty \int_0^{\frac{u}{1-u}X_2} \exp(-(X_1+X_2))dX_1 dX_2$$

$$f_U(u) = \frac{dF_U(u)}{du} = \int_0^\infty \exp(-X_2)\exp\left(-\frac{u}{1-u}X_2\right)\frac{X_2}{(1-u)^2}dX_2 = 1$$

$(2) E[U] = \int_0^1 udu = \dfrac{1}{2}$

$$E[U^2] = \int_0^1 u^2 du = \frac{1}{3}$$

$$\therefore Var(U) = \frac{1}{3} - \left(\frac{1}{2}\right)^2 = \frac{1}{12}$$

例題 79：X, Y 為二獨立隨機變數 with PDF

$$f_X(x) = \frac{8}{x^3}; x > 2$$

$$f_Y(y) = 2y; 0 < y < 1$$

(1)求 $Z = XY$ 之 PDF

(2)求 $E[Z] = ?$

解

$(1)\begin{cases} X = U \\ Y = \dfrac{Z}{U} \end{cases} \Rightarrow J = \begin{vmatrix} \dfrac{\partial x}{\partial u} & \dfrac{\partial x}{\partial z} \\ \dfrac{\partial y}{\partial u} & \dfrac{\partial y}{\partial z} \end{vmatrix} = \dfrac{1}{u}$ ， $0 < Y = \dfrac{Z}{U} < 1 \Rightarrow 0 < Z < U, U > 2$

$$\therefore f_Z(z) = \begin{cases} \int_z^\infty \dfrac{16z}{u^5}\,du = \dfrac{4}{z^3}; \ z \geq 2 \\[2mm] \int_2^\infty \dfrac{16z}{u^5}\,du = \dfrac{z}{4}; \ 0 \leq z \leq 2 \\[2mm] 0; \ else \end{cases}$$

另解　$F_Z(z) = P(XY \leq z) = P\left(Y \leq \dfrac{z}{X}\right) = \iint_0^{\frac{z}{x}} \dfrac{16y}{x^3}\,dy\,dx$

$0 < z < x$

$2 < x$

(a)$z \geq 2$

$\therefore f_Z(z) = \int_z^\infty \dfrac{d}{dz}\left(\int_0^{\frac{z}{x}} \dfrac{16y}{x^3}\,dy\right)dx = \int_z^\infty \dfrac{16z}{x^5}dx = \dfrac{4}{z^3}$

(b)$0 < z < 2$

$f_Z(z) = \int_2^\infty \dfrac{d}{dz}\left(\int_0^{\frac{z}{x}} \dfrac{16y}{x^3}\,dy\right)dx = \int_2^\infty \dfrac{16z}{x^5}dx = \dfrac{z}{4}$

(2)$E[Z] = E[XY] = E[X]E[Y] = \int_2^\infty xf_X(x)dx \int_0^1 yf_Y(y)dy = 4 \times \dfrac{2}{3} = \dfrac{8}{3}$

另解　$E[Z] = \int_{-\infty}^\infty zf_Z(z)dz = \int_0^2 z\dfrac{1}{4}zdz + \int_2^\infty z\dfrac{4}{z^3}dz = \dfrac{8}{3}$

例題 80：若隨機變數 X, Y 與 Z 為相互獨立，且均為均勻分佈於 $[0,1]$。
試求出 $P(X+YZ \leq 1) = $?

解　令 $U = YZ \Rightarrow f_U(u) = \int_u^1 \dfrac{1}{z}dz = -\ln u; \ 0 \leq u \leq 1$

$\because X, U$ independent,

$\therefore f_{X,U}(x, u) = -\ln u; \ 0 \leq x \leq 1, 0 \leq u \leq 1$

　令 $W = X + U \Rightarrow X = W - U$

$\Rightarrow |J| = 1$

$\Rightarrow f_{W,U}(w, u) = -\ln u, \ u \leq w \leq 1 + u, \ 0 \leq u \leq 1$

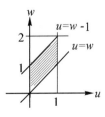

$$\therefore f_W(w) = \begin{cases} \displaystyle\int_0^w (-\ln u)\,du;\ 0 \le w \le 1 \\[4mm] \displaystyle\int_{w-1}^1 (-\ln u)\,du;\ 1 \le w \le 2 \end{cases}$$

$$= \begin{cases} w - w \ln w;\ 0 \le w \le 1 \\ 2 - w + (w-1)\ln(w-1);\ 1 \le w \le 2 \end{cases}$$

$$\Rightarrow P(X + YZ \le 1) = P(W \le 1) = \int_0^1 (w - w\ln w)\,dw$$

$$= \frac{3}{4} \ \text{（利用 Integration by part）}$$

例題 81：$f_{X,Y}(x,y) = \begin{cases} \lambda^2 e^{-\lambda y};\ 0 \le x \le y \\ 0;\ o.w. \end{cases}$

　　　若 $Z = Y - X$，求 $f_Z(z)$

解

$$F_Z(z) = 1 - P(Z > z) = 1 - P(Y > X + z)$$

$$= 1 - \int_0^\infty \int_{x+z}^\infty \lambda^2 e^{-\lambda y}\,dy\,dx$$

$$= 1 - e^{-\lambda z};\ z \ge 0$$

$$\therefore f_Z(z) = \frac{dF_Z(z)}{dz} = \begin{cases} \lambda e^{-\lambda z};\ z \ge 0 \\ 0;\ o.w. \end{cases}$$

另解

$$\begin{cases} Z = Y - X \\ U = Y \end{cases} \Rightarrow \begin{cases} X = U - Z \\ Y = U \end{cases},\ |J| = 1$$

$$f_{U,Z}(u,z) = f_{X,Y}(u - z, u) = \lambda^2 e^{-\lambda u};\ z \le u < \infty$$

$$f_Z(z) = \int_z^\infty \lambda^2 e^{-\lambda u}\,du = \lambda e^{-\lambda z};\ 0 < z < \infty$$

另解

$$\begin{cases} Z = Y - X \Rightarrow Z > 0 \\ U = X \Rightarrow U > 0 \end{cases} \Rightarrow$$

$$\begin{cases} X = U \\ Y = Z + U \end{cases},\ |J| = 1$$

$$\because 0 \le X \le Y\ \therefore 0 \le U \le Z + U \Rightarrow Z \ge 0$$

$$f_{U,Z}(u,z) = f_{X,Y}(u, z+u) = \lambda^2 e^{-\lambda(z+u)};\ \begin{cases} 0 \le z \\ 0 \le u \end{cases}$$

$$f_Z(z) = \int_0^\infty \lambda^2 e^{-\lambda(z+u)} du = \lambda e^{-\lambda z}; \ 0 < z < \infty$$

另解 $\quad Z = Y - X \quad f_Z(z) = \int_0^\infty f_{X,Y}(x, z+x) dx = \int_0^\infty \lambda^2 e^{-\lambda(x+z)} dx = \lambda e^{-\lambda z}$

例題 82：證明隨機變數 $X = A\cos\theta,\ Y = A\sin\theta$ 期望值為 0，變異數為 σ^2，且為相互獨立之常態分佈。 其中 θ 與 A 為相互獨立隨機變數，$\theta \sim U(0, 2\pi)$，A 為 Rayleigh 分佈，其 PDF 為

$$f_A(a) = \begin{cases} \dfrac{a}{\sigma^2} \exp\left(-\dfrac{a^2}{2\sigma^2}\right); \ a \geq 0 \\ 0; \ otherwise \end{cases}$$

解 $\quad \because \theta$ and A are independent,

$\therefore f_{A,\theta}(a, \theta) = f_A(a) f_\theta(\theta) = \dfrac{1}{2\pi} \dfrac{a}{\sigma^2} \exp\left(-\dfrac{a^2}{2\sigma^2}\right); \ a \geq 0, 0 \leq \theta \leq 2\pi$

$\begin{cases} X = A\cos\theta \\ Y = A\sin\theta \end{cases} \Rightarrow \begin{cases} A = \sqrt{X^2 + Y^2} \\ \theta = \tan^{-1} \dfrac{Y}{X} \end{cases}$

$\Rightarrow J = \begin{vmatrix} \dfrac{\partial A}{\partial X} & \dfrac{\partial A}{\partial Y} \\ \dfrac{\partial \theta}{\partial X} & \dfrac{\partial \theta}{\partial Y} \end{vmatrix} = \dfrac{1}{\sqrt{X^2 + Y^2}}$

$f_{X,Y}(x, y) = f_{A,\theta}\left(\sqrt{X^2 + Y^2}, \tan^{-1} \dfrac{Y}{X}\right) \dfrac{1}{\sqrt{X^2 + Y^2}}$

$\qquad = \dfrac{1}{\sqrt{2\pi\sigma^2}} \exp\left(-\dfrac{x^2}{2\sigma^2}\right) \dfrac{1}{\sqrt{2\pi\sigma^2}} \exp\left(-\dfrac{y^2}{2\sigma^2}\right)$

$\qquad = f_X(x) f_Y(y)$

例題 83：$X, Y, i.i.d., X \sim N(\mu, \sigma^2)$，證明 $X + Y$ 與 $X - Y$ 為相互獨立隨機變數。

解 Let $\begin{cases} W = X + Y \\ V = X - Y \end{cases} \Rightarrow \begin{cases} X = \dfrac{W+V}{2} \\ Y = \dfrac{W-V}{2} \end{cases} \Rightarrow J = \dfrac{1}{2}$

$\therefore f_{W,V}(w, v) = \dfrac{1}{2} f_{X,Y}\left(\dfrac{w+v}{2}, \dfrac{w-v}{2}\right)$

$\qquad = \dfrac{1}{4\pi\sigma^2} \exp\left\{-\dfrac{1}{2\sigma^2}\left[\left(\dfrac{w+v}{2} - \mu\right)^2 + \left(\dfrac{w-v}{2} - \mu\right)^2\right]\right\}$

$\qquad = f_W(w) f_V(v)$

$\therefore W, V$ 為獨立

例題 84：Let X and Y be independent (strictly positive) exponential random variables with parameter λ. Are the random variables $X + Y$ and X/Y independent? 【98 成大通訊】

解 Let

$\begin{cases} S = X + Y \\ Z = \dfrac{X}{Y} \end{cases} \Rightarrow \begin{cases} X = \dfrac{ZS}{Z+1} \\ Y = \dfrac{S}{Z+1} \end{cases}; s > 0, z > 0 \Rightarrow J = \begin{vmatrix} \dfrac{Z}{Z+1} & \dfrac{S}{(Z+1)^2} \\ \dfrac{1}{Z+1} & \dfrac{-S}{(Z+1)^2} \end{vmatrix}$

$f_{S,Z}(s, z) = f_{X,Y}\left(X = \dfrac{ZS}{Z+1}, Y = \dfrac{ZS}{Z+1}\right)|J| = \lambda^2 e^{-\lambda s} \dfrac{s}{(z+1)^2}; s > 0, z > 0$

$f_S(s) = \int_0^\infty f_{S,Z}(s, z)\, dz = s\lambda^2 e^{-\lambda s}; s > 0$

$f_Z(z) = \int_0^\infty f_{S,Z}(s, z)\, ds = \dfrac{1}{(z+1)^2}; z > 0$

$\because f_{S,Z}(s, z) = f_S(s) f_Z(z)$

$\therefore$ independent

7-6　雙變數常態分佈

定義：雙變數常態分佈（Bivariate Normal Distribution）

$X \sim N(\mu_X, \sigma_X^2)$、$Y \sim N(\mu_Y, \sigma_Y^2)$，令

$$Q(x, y) = \left(\frac{x - \mu_X}{\sigma_X}\right)^2 - 2\rho_{XY}\left(\frac{x - \mu_X}{\sigma_X}\right)\left(\frac{y - \mu_Y}{\sigma_Y}\right) + \left(\frac{y - \mu_Y}{\sigma_Y}\right)^2 \qquad (7.20)$$

其中 ρ_{XY} 為 X, Y 之相關係數，$-1 \leq \rho_{XY} \leq 1$

若 X, Y 之 joint PDF 為

$$f_{X,Y}(x, y) = \frac{1}{2\pi\sigma_X\sigma_Y\sqrt{1 - \rho_{XY}^2}}\exp\left[-\frac{Q(x, y)}{2(1 - \rho_{XY}^2)}\right] \quad -\infty < x, y < \infty$$

$$(7.21)$$

則稱 (X, Y) 為以 $(\mu_X, \mu_Y, \sigma_X, \sigma_Y, \rho_{XY})$ 為參數之雙變數常態分佈，通常以符號 $BN(\mu_X, \mu_Y, \sigma_X^2, \sigma_Y^2, \rho_{XY})$ 表示之

觀念提示： 1. 若 $X_1, X_2, \cdots, X_n$ jointly Normal, define random vector, $\mathbf{x} = [X_1, X_2, \cdots, X_n]^T$, mean vector $\mathbf{m} = [\mu_1, \mu_2, \cdots, \mu_n]^T$ and covariance matrix $\mathbf{C} = E[(\mathbf{x} - \mathbf{m})(\mathbf{x} - \mathbf{m})^T]$, the joint PDF can be obtained as

$$f_X(\mathbf{x}) = \frac{1}{(2\pi)^{\frac{n}{2}}|\mathbf{C}|^{\frac{1}{2}}}\exp\left[-\frac{1}{2}(\mathbf{x} - \mathbf{m})^T\mathbf{C}^{-1}(\mathbf{x} - \mathbf{m})\right] \qquad (7.22)$$

2. 當 X, Y 不相關時，$\rho_{XY} = 0$，代入（7.20）及（7.21）中可得

$$Q(X, Y) = \left(\frac{x - \mu_X}{\sigma_X}\right)^2 + \left(\frac{y - \mu_Y}{\sigma_Y}\right)^2$$

$$f_{X,Y}(x, y) = \frac{1}{2\pi\sigma_X\sigma_Y}\exp\left[-\frac{1}{2}\left[\left(\frac{x - \mu_X}{\sigma_X}\right)^2 + \left(\frac{y - \mu_Y}{\sigma_Y}\right)^2\right]\right]$$

$$= \frac{1}{\sqrt{2\pi}\sigma_X}\exp\left[-\frac{1}{2}\left(\frac{x - \mu_X}{\sigma_X}\right)^2\right]\frac{1}{\sqrt{2\pi}\sigma_Y}\exp\left[-\frac{1}{2}\left(\frac{y - \mu_Y}{\sigma_Y}\right)^2\right]$$

$$=f_X(x)f_Y(y) \qquad (7.23)$$

3. The joint MGF of X and Y is

$$M_{X,Y}(t_1,t_2)=\exp\left[\mu_X t_1+\mu_Y t_2+\frac{1}{2}(\sigma_X^2 t_1^2+2\rho_{XY}\sigma_X\sigma_Y t_2 t_1+\sigma_Y^2 t_2^2)\right] \qquad (7.24)$$

$$E[X^m Y^n]=\frac{\partial^{m+n} M_{X,Y}(t_1,t_2)}{\partial t_1^m \partial t_2^n}\bigg|_{(0,0)} \qquad (7.25)$$

$$M_{X,Y}(t_1,t_2)=E[\exp(t_1 X+t_2 Y)]=E\left[\sum_{n=0}^{\infty}\sum_{m=0}^{\infty}\frac{(t_1 X)^n (t_2 Y)^m}{n!\,m!}\right]$$

$$=\sum_{n=0}^{\infty}\sum_{m=0}^{\infty}\frac{E[X^n Y^m](t_1)^n (t_2)^m}{n!\,m!} \qquad (7.26)$$

4. If $X\sim N(0,1)$、$Y\sim N(0,1)$，$\rho_{XY}=0$，則

$$f_{X,Y}(x,y)=\frac{1}{2\pi}e^{-\frac{x^2+y^2}{2}}$$

5. 一般而言 $\rho_{XY}=0$，並不能保證(X,Y)獨立，但就 Bivariate Normal distribution 而言，若 $\rho_{XY}=0\Rightarrow$ 由（7.23）可得 $f_{X,Y}(x,y)=f_X(x)f_Y(y)$ 故知(X,Y)必然獨立

6. Marginal PDF：

$$f_X(x)=\int_{-\infty}^{\infty}f_{X,Y}(x,y)dy$$

$$=\frac{\exp\left[-\dfrac{(x-\mu_X)^2}{2\sigma_x^2}\right]}{2\pi\sigma_x\sigma_y\sqrt{1-\rho_{XY}^2}}\int_{-\infty}^{\infty}\left[-\frac{1}{2(1-\rho_{XY}^2)}\left[\left(\frac{y-\mu_Y}{\sigma_Y}\right)-\rho_{XY}\left(\frac{x-\mu_x}{\sigma_x}\right)\right]^2\right]dy$$

$$=\frac{\exp\left[-\dfrac{(x-\mu_X)^2}{2\sigma_X^2}\right]}{2\pi\sigma_X\sigma_Y\sqrt{1-\rho_{XY}^2}}\int_{-\infty}^{\infty}\exp\left(-\frac{1}{2\sigma_Y^2(1-\rho_{XY}^2)}\left[y-\mu_Y-\rho_{XY}\frac{\sigma_Y}{\sigma_X}(x-\mu_X)\right]^2\right)dy$$

$$=\frac{1}{\sqrt{2\pi}\sigma_X}\exp\left[-\frac{(x-\mu_X)^2}{2\sigma_x^2}\right]=N(\mu_X,\sigma_X^2)$$

同理可得：

$$f_Y(y)=\int_{-\infty}^{\infty}f_{X,y}(x,y)\,dx=N(\mu_Y,\sigma_Y^2)$$

$$\therefore f_{Y|X}(y|x)=\frac{f_{X,Y}(x,y)}{f_X(x)}$$

$$= \frac{1}{2\pi\sigma_Y\sqrt{1-\rho_{XY}^2}}\exp\left[-\frac{\left(y-\mu_Y-\rho_{XY}\frac{\sigma_Y}{\sigma_X}(x-\mu_x)\right)^2}{2\sigma_Y^2(1-\rho_{XY}^2)}\right]$$

$$= N\left(\mu_Y+\rho_{XY}\frac{\sigma_Y}{\sigma_X}(x-\mu_x), \sigma_Y^2(1-\rho_{XY}^2)\right) \quad (7.27)$$

故可得以下定理：

定理 7-6

若 $(X, Y)\sim BN(\mu_X, \mu_Y, \sigma_X^2, \sigma_Y^2, \rho_{XY})$，則 given $X = x$, the distribution of Y is

$$Y\big|_{X=x}\sim N\left(\mu_Y+\rho_{XY}\frac{\sigma_Y}{\sigma_X}(x-\mu_x), \sigma_Y^2(1-\rho_{XY}^2)\right)$$

(1) $E[Y|X] = \mu_Y + \rho_{XY}\dfrac{\sigma_Y}{\sigma_X}(x-\mu_X)$ $\quad (7.28)$

(2) $Var(Y|X=x) = \sigma_Y^2(1-\rho_{XY}^2)$ $\quad (7.29)$

例題 85：Let X and Y be joint Gaussian random variables with the following probability density function

$$f_{X,Y}(x,y) = \frac{1}{2\pi}\exp\left(-\frac{x^2+5-2xy-6y+2x+2y^2}{2}\right).$$

(a) Find $E[X]$, $E[Y]$, $E[X^2]$, $E[XY]$, $E[Y^2]$

(b) Find $E[X^2Y]$, $E[XY^2]$

【95 中正電機信號媒體、通訊系統、網路】

解　(a) $[x-u_x \quad y-u_y]\mathbf{C}^{-1}\begin{bmatrix} x-\mu_x \\ y-\mu_y \end{bmatrix} = x^2 - 2xy + 2y^2 - 6y + 2x + 5$

$\Rightarrow C^{-1} = \begin{bmatrix} 1 & -1 \\ -1 & 2 \end{bmatrix}, \mu_X = 1, \mu_Y = 2$

$\Rightarrow C = \begin{bmatrix} 2 & 1 \\ 1 & 1 \end{bmatrix}, \sigma_X^2 = 2, \sigma_Y^2 = 1, \rho = \dfrac{1}{\sqrt{2}}, E[X^2] = 3, E[Y^2] = 5, E[XY] = 3$

(b) $M_{X,Y}(t_1, t_2) = E[\exp(t_1X+t_2Y)]$

$\quad = \exp\left[\mu_X t_1 + \mu_Y t_2 + \frac{1}{2}(\sigma_X^2 t_1^2 + 2\rho_{XY}\sigma_X\sigma_Y t_2 t_1 + \sigma_Y^2 t_2^2)\right]$

$$E[XY^2] = \left. \frac{\partial^3 M_{X,Y}(t_1, t_2)}{\partial t_1 \, \partial t_2^2} \right|_{(0,0)}$$

$$E[X^2Y] = \left. \frac{\partial^3 M_{X,Y}(t_1, t_2)}{\partial t_2 \, \partial t_1^2} \right|_{(0,0)}$$

例題 86：$f_{X,Y}(x, y) = \dfrac{1}{2\pi} \exp[-(x^2 - \sqrt{3}xy + y^2)]$ $-\infty < x, y < \infty$

【93 清大通信】

(1) Find $f_X(x)$

(2) Find $E[Y|X=x]$

(3) Find $Var(Y|X=x)$

(4) Find $M_{X,Y}(t_1, t_2) = E[\exp(t_1 X + t_2 Y)]$

(5) Show that $X + Y$, $X - Y$ are independent random variables

---

解　　　$(1) f_X(x) = \dfrac{1}{2\pi} \displaystyle\int_{-\infty}^{\infty} \exp[-(x^2 - \sqrt{3}xy + y^2)] dy$

$$= \frac{1}{2\pi} \exp\left(-\frac{x^2}{4}\right) \int_{-\infty}^{\infty} \exp\left[-\frac{1}{2 \times \frac{1}{2}}\left(\frac{3}{4}x^2 - \sqrt{3}xy + y^2\right)\right] dy$$

$$= \frac{\sqrt{2\pi}\sqrt{\frac{1}{2}}}{2\pi} \exp\left(-\frac{x^2}{4}\right)$$

$$= \frac{1}{2\sqrt{\pi}} \exp\left(-\frac{x^2}{4}\right)$$

$(2) f_{Y|X}(y|x) = \dfrac{f_{X,Y}(x, y)}{f_X(x)} = \dfrac{1}{\sqrt{\pi}} \exp\left(-\left(y - \dfrac{\sqrt{3}}{2}x\right)^2\right)$

$$\therefore E[Y|X=x] = \frac{\sqrt{3}}{2}x$$

$$\Rightarrow E[Y] = E[E[Y|X=x]] = 0$$

$(3) Var(Y|X=x) = \dfrac{1}{2}$

$(4) M_{X,Y}(t_1, t_2) = E[\exp(t_1 X + t_2 Y)]$

$$= \int_{-\infty}^{\infty} \int_{-\infty}^{\infty} \exp(t_1 x + t_2 y) f_{X,Y}(x, y) \, dxdy$$

$$= \int_{-\infty}^{\infty} \int_{-\infty}^{\infty} \exp{(t_2 y)} f_{Y|X}(y) dy \exp{(t_1 x)} f_X(x) dx$$

$$= \int_{-\infty}^{\infty} M_{Y|X}(t_2) \exp{(t_1 x)} f_X(x) dx$$

$$= \int_{-\infty}^{\infty} \exp{\left(\frac{\sqrt{3}}{2} x t_2 + \frac{1}{4} t_2^2\right)} \exp{(t_1 x)} f_X(x) dx$$

$$= \exp{\left(\frac{1}{4} t_2^2\right)} \frac{1}{2\sqrt{\pi}} \int_{-\infty}^{\infty} \exp{\left(-\frac{1}{4}\left(x^2 + \left(\frac{\sqrt{3}}{2} x t_2 + 4 t_1 x\right)\right)\right)} dx$$

$$= \exp{(t_1^2 + \sqrt{3} t_1 t_2 + t_2^2)}$$

(5) $U = X + Y$, $V = X - Y$

$$f_{U,V}(u, v) = f_{X,Y}\left(x = \frac{u+v}{2}, v = \frac{u-v}{2}\right) \frac{1}{2}$$

$$= \frac{1}{4\pi} \exp{\left[-\frac{1}{4}((2-\sqrt{3}) u^2 + (2+\sqrt{3}) v^2)\right]}$$

例題 87：Let random variables $\mathbf{x} = [X_1, X_2, \cdots X_n]$ be jointly Gaussian with mean $\mathbf{m}$ (in vector form) and covariance matrix $\mathbf{K}$. Let $\mathbf{y} = [Y_1, Y_2, \cdots Y_n]$ and $\mathbf{y} = \mathbf{Ax}$, where $\mathbf{A}$ is an invertible matrix. Find the PDF of $\mathbf{y}$. 【96 中興電機通訊】

解

$E[\mathbf{y}] = \mathbf{Am}$

$Cov(\mathbf{y}) = E[(\mathbf{y} - \mathbf{Am})(\mathbf{y} - \mathbf{Am})^T] = E[(\mathbf{Ax} - \mathbf{Am})(\mathbf{Ax} - \mathbf{Am})^T]$

$\qquad = \mathbf{A}E[(\mathbf{x} - \mathbf{m})(\mathbf{x} - \mathbf{m})^T]\mathbf{A}^T = \mathbf{AKA}^T$

$\mathbf{y} \sim N(\mathbf{Am}, \mathbf{AKA}^T)$

例題 88：若 (X, Y) 之 joint PDF 為

$$f_{X,Y}(x, y) = c \exp{\left[-\frac{1}{2(1-\rho_{XY}^2)}(x^2 - 2\rho_{XY} xy + y^2)\right]} \qquad -\infty < x, y < \infty$$

(1)求 $c = ?$

(2)求 $f_{Y|X}(y|x) = ?$

(3) $E[Y|X=x] = ?$ $Var(Y|X=x) = ?$

解 (1)由（7.20）及（7.21）可知 $\mu_X = \mu_Y = 0$，$\sigma_X = \sigma_Y = 1$

$$\therefore c = \frac{1}{2\pi\sigma_X\sigma_Y\sqrt{1-\rho_{XY}^2}} = \frac{1}{2\pi\sqrt{1-\rho_{XY}^2}}$$

(2)由（7.27）可得

$$\therefore f_{Y|X}(y|x) = \frac{1}{\sqrt{2\pi}\sqrt{1-\rho_{XY}^2}} \exp\left[-\frac{(y-\rho_{XY}x)^2}{2(1-\rho_{XY}^2)}\right]$$

(3)由（7.28），（7.29）可得

$$E[Y|X=x] = \rho_{XY}x$$

$$Var[Y|X=x] = 1 - \rho_{XY}^2$$

例題 89：若$(X, Y) \sim BN(0, 0, \sigma_X^2, \sigma_Y^2, \rho_{XY})$

令 $Z = X\cos\theta + Y\sin\theta$

$W = -X\sin\theta + Y\cos\theta$

試求 θ 之值，使得 Z、W 為相互獨立隨機變數

解
$$\begin{cases} X = Z\cos\theta - W\sin\theta \\ Y = Z\sin\theta + W\cos\theta \end{cases}$$

$$\therefore Q(x, y) = \frac{x^2}{\sigma_X^2} - 2\rho_{XY}\frac{xy}{\sigma_X\sigma_Y} + \frac{y^2}{\sigma_Y^2}$$

$$= \frac{(z\cos\theta - w\sin\theta)^2}{\sigma_X^2} - 2\rho_{XY}\frac{(z\cos\theta - w\sin\theta)(z\sin\theta + w\cos\theta)}{\sigma_X\sigma_Y}$$

$$+ \frac{(z\sin\theta + w\cos\theta)^2}{\sigma_Y^2}$$

Z, W are independent，$\Rightarrow zw$ 項之係數 $= 0$

$$-\frac{\sin\theta}{\sigma_X^2} - \frac{2\rho_{XY}\cos 2\theta}{\sigma_X\sigma_Y} + \frac{\sin 2\theta}{\sigma_Y^2} = \frac{1}{\sigma_X^2\sigma_Y^2}[\sin 2\theta\,(\sigma_X^2 - \sigma_Y^2)$$

$$- 2\rho_{XY}\sigma_X\sigma_Y\cos 2\theta]$$

$$= 0$$

$$\Rightarrow 取 \theta 使 \cot 2\theta = \frac{\sigma_X^2 - \sigma_Y^2}{2\rho_{XY}\sigma_X\sigma_Y}$$

例題 90：Consider the joint PDF of two random variables X and Y given by

$f_{X,Y}(x, y) = c\exp(-(2x^2 + 8y^2))$, $-\infty < x < \infty$, $-\infty < y < \infty$

(1) Determine the value of c

(2) Find $P\left\{Y > 0 \,\middle|\, X > \dfrac{1}{2}\right\}$

(3) Find $E\{XY|Y = 2\}$ 　　　　　　　　　　【82 清大電機】

解

(1) $\displaystyle\int_{-\infty}^{\infty} \exp(-ax^2)dx = \sqrt{\dfrac{\pi}{a}}$, $a > 0$

$\displaystyle\int_{-\infty}^{\infty}\int_{-\infty}^{\infty} c\exp(-(2x^2 + 8y^2))dxdy = 1 \Rightarrow c\sqrt{\dfrac{\pi}{2}}\sqrt{\dfrac{\pi}{8}} = 1$

$\therefore c = \dfrac{4}{\pi}$

(2) $\because X, Y$, independent $\Rightarrow P\left\{Y > 0 \,\middle|\, X > \dfrac{1}{2}\right\} = P(Y > 0) = \dfrac{1}{2}$

(3) $E\{XY|Y = 2\} = E[2X] = 2E[X] = 0$

例題 91：$f_{X,Y}(x, y) = \dfrac{1}{8\pi}\exp\left\{-\dfrac{(x^2 + y^2 - 6x + 2y + 10)}{8}\right\}$, $\begin{array}{l}-\infty < x < \infty \\ -\infty < y < \infty\end{array}$

(1) Find $P(X > 3|Y > 0)$

(2) Find $E[Y|X \le 2]$

(3) Find $Var(X + Y)$ 　　　　　　　　　　【91 清大通訊】

解

$f_{X,Y}(x, y) = \dfrac{1}{8\pi}\exp\left(-\dfrac{1}{2}\left(\dfrac{x-3}{2}\right)^2\right)\exp\left(-\dfrac{1}{2}\left(\dfrac{y+1}{2}\right)^2\right)$

$\qquad = f_X(x)f_Y(y)$

$\therefore X, Y$ 獨立

(1) $P(X > 3|Y > 0) = P(X > 3) = \dfrac{1}{2}$

(2) $E[Y|X \le 2] = E[Y] = -1$

(3) $Var(X + Y) = Var(X) + Var(Y) = 4 + 4 = 8$

例題 92：Random variables X and Y are jointly Gaussian with mean vector [1 2] and covariance matrix $C = \begin{bmatrix} 4 & -4 \\ -4 & 9 \end{bmatrix}$

(1) Find ρ_{XY}

(2) If $Z = 2X + Y$, $W = X - 2Y$, Find $Cov\ (Z, W)$

(3) Find PDF of Z 【91 暨南通訊】

解

(1) $\rho_{XY} = \dfrac{Cov(X, Y)}{\sigma_X \sigma_Y} = \dfrac{-4}{2 \times 3} = -\dfrac{2}{3}$

(2) $Cov\ (Z, W) = E\ [ZW] - E\ [Z] \cdot E\ [W]$

$= E[(2X + Y)(X - 2Y)] - E[2X + Y] \cdot E\ [X - 2Y]$

$= 2Var\ (X) - 2Var\ (Y) - 3Cov\ (X, Y)$

$= 2 \times 4 - 2 \times 9 - 3 \times (-4) = 2$

(3) $\mu_Z = 2E\ [X] + E\ [Y] = 4$

$\sigma_Z^2 = 4Var\ (X) + Var(Y) + 4Cov\ (X, Y)$

$= 4 \times 4 + 9 + 4 \times (-4) = 9$

$Z \sim N(4, 9)$

例題 93：X_1, X_2 are two jointly Gaussian random variables.

$E\ [X_1] = E\ [X_2] = 0$, $Var\ [X_1] = Var\ [X_2] = 5$, $Cov\ [X_1, X_2] = -3$

$\mathbf{y} = \begin{bmatrix} Y_1 \\ Y_2 \end{bmatrix} = \begin{bmatrix} a & c \\ b & d \end{bmatrix} \begin{bmatrix} X_1 \\ X_2 \end{bmatrix} = \mathbf{Ax}$

Find $\mathbf{A}$ such that Y_1, Y_2 are two independent Gaussian random variables. 【91 暨南資工】

$E\ [\mathbf{yy}^T] = AE\ [\mathbf{xx}^T]\mathbf{A}^T = \mathbf{A} \begin{bmatrix} 5 & -3 \\ -3 & 5 \end{bmatrix} \mathbf{A}^T$

Must be diagonal matrix.

7-7　三維以上之連續型隨機變數

　　參考本章有關於二維連續型隨機變數以及在 4-8 中三維以上離散型隨機變數之定義、定理及相關性質的探討

　　在本節一開始，首先對多維連續型隨機變數之 joint PDF 及 joint CDF 定義如下：

定義：若 n 個連續型隨機變數 $X_1, \cdots X_n$ 之 joint CDF 為 $F_{X_1, \cdots X_n}(x_1, \cdots x_n)$，
　　joint PDF 為 $f_{X_1, \cdots X_n}(x_1, \cdots x_n)$，則

$$F_{X_1, \cdots X_n}(x_1, \cdots x_n) = P(X_1 \leq x_1, \cdots X_n \leq x_n)$$

$$= \int_{-\infty}^{x_n} \cdots \int_{-\infty}^{x_1} f_{X_1, \cdots X_n}(t_1, \cdots t_n)\, dt_1 \cdots dt_n \qquad (7.30)$$

　　將（7.30）微分，可得以下定理

定理 7-7

$$f_{X_1, \cdots X_n}(x_1, \cdots x_n) = \frac{\partial^n F_{X_1, \cdots X_n}(x_1, \cdots x_n)}{\partial x_1 \cdots \partial x_n}$$

延伸定理 7-2 可得：

定理 7-8

(1) $f_{X_1, \cdots X_n}(x_1, \cdots x_n) \geq 0$

(2) $\displaystyle\int_{-\infty}^{\infty} \cdots \int_{-\infty}^{\infty} f_{X_1, \cdots X_n}(x_1, \cdots x_n)\, dx_1 \cdots dx_n = 1$

定理 7-9

多變數函數 $h(X_1, \cdots X_n)$ 之期望值為：

$$E\left[h(X_1, \cdots X_n)\right] = \int_{-\infty}^{\infty} \cdots \int_{-\infty}^{\infty} h(x_1, \cdots x_n) f_{X_1, \cdots X_n}(x_1, \cdots x_n)\, dx_1 \cdots dx_n$$

　　顯然的，定理 7-9 為（7.11）之延伸，因牽涉到多重變數之積分，故其複雜度大為提高，但若所考慮的隨機變數具獨立性，則計算量將大幅簡化，相關之定義及衍生之定理如下：

定義：Independent

　　若 $X_1, \cdots X_n$ 相互獨立，則 $f_{X_1, \cdots X_n}(x_1, \cdots x_n) = f_{X_1}(x_1) f_{X_2}(x_2) \cdots f_{X_n}(x_n)$ 對於所有的 $x_1, \cdots x_n$。由獨立性的定義，可輕易地得到以下定理：

定理 7-10

若 $X_1, \cdots X_n$ 獨立，則

(1) $E[X_1 \cdots X_n] = E[X_1] E[X_2] \cdots E[X_n]$

(2) $E[h_1(X_1) \cdots h_n(X_n)] = E[h_1(X_1)] \cdots E[h_n(X_n)]$

證明：自行練習

定理 7-11

$\{X_1 \ X_2 \ \cdots \ X_k\}$ 為 i.i.d., $S_k = X_1 + X_2 + \cdots + X_k$

(1) 若 $X_i \sim N(\mu_i, \sigma_i^2) \Rightarrow S_k \sim N\left(\sum\limits_{i=1}^{k} \mu_i, \sum\limits_{i=1}^{k} \sigma_i^2\right)$

(2) 若 $X_i \sim B(n_i, p) \Rightarrow S_k \sim B\left(\sum\limits_{i=1}^{k} n_i, p\right)$

(3) 若 $X_i \sim G(p) \Rightarrow S_k \sim NB(k, p)$

(4) 若 $X_i \sim NB(\alpha_i, p) \Rightarrow S_k \sim NB\left(\sum\limits_{i=1}^{k} \alpha_i, p\right)$

(5) 若 $X_i \sim Po(\lambda_i) \Rightarrow S_k \sim Po\left(\sum\limits_{i=1}^{k} \lambda_i\right)$

(6) 若 $X_i \sim \Gamma(\gamma_i, \lambda) \Rightarrow S_k \sim \Gamma\left(\sum\limits_{i=1}^{k} \gamma_i, \lambda\right)$

(7) 若 $X_i \sim NE(\lambda) \Rightarrow S_k \sim \Gamma(k, \lambda)$

證明： $\{X_1 \ X_2 \ \cdots \ X_k\}$ 為 i.i.d.，則以下性質成立

(a) $f_{X_1, \cdots X_k}(x_1, \cdots, x_k) = f_{X_1}(x_1) \cdots f_{X_k}(x_k)$

(b) $M_{S_k}(t) = M_{X_1}(t) \cdots M_{X_k}(t)$

僅就部份陳述證明，其餘可依此類推

(2)$X_i \sim B\,(n_i, p) \Rightarrow M_i(t) = (1 - p + pe^t)^{n_i}$

$\quad \Rightarrow M_{S_k}(t) = M_1(t) \cdots M_k\,(t) = (1 - p + pe^t)^{n_1 + \cdots + n_k}$

$\quad \therefore S_k \sim B\!\left(\sum_{i=1}^{k} n_i, p\right)$

(4)$X_i \sim NB\,(\alpha_i, p) \Rightarrow M_i(t) = p^{\alpha_i}(1 + e^t\,(p - 1))^{\alpha_i}$

$\quad \Rightarrow M_{S_k}(t) = M_1(t) \cdots M_k\,(t) = p^{\alpha}(1 + e^t\,(p - 1))^{\alpha}$

$\quad$ where $\alpha = \alpha_1 + \cdots \alpha_k$

$\quad \therefore S_k \sim NB\,(\alpha, p)$

(5)$X_i \sim \Gamma\,(\gamma_i, \lambda) \Rightarrow M_i(t) = \left(1 - \dfrac{t}{\lambda}\right)^{-\gamma_i}$

$\quad \Rightarrow M_{S_k}(t) = M_1(t) \cdots M_k\,(t) = \left(1 - \dfrac{t}{\lambda}\right)^{-\gamma}$

$\quad$ where $\gamma = \gamma_1 + \cdots \gamma_k$

$\quad \therefore S_k \sim \Gamma\,(\gamma, \lambda)$

觀念提示： 1. 以二項分布而言，X_i 表示執行成敗試驗 n_i 次成功 X_i 次之機率，顯然的，執行成敗試驗 n_i 次後再執行 n_j 次成功之次數和與直接進行 $(n_i + n_j)$ 次成功之次數並無不同，故知

$$X_i \sim B\,(n_i, p) \Rightarrow S_k \sim B\!\left(\sum_{i=1}^{k} n_i, p\right)$$

2. 以負二項分佈而言，$NB(\alpha_i, p)$ 表示成功 α_i 所需執行之試驗次數，顯然的，先成功 α_i 次，再成功 α_j 次所需執行之試驗次數和與直接成功 $(\alpha_i + \alpha_j)$ 並無不同，故知

$$X_i \sim NB\,(\alpha_i, p) \Rightarrow S_k \sim NB\!\left(\sum_{i=1}^{k} \alpha_i, p\right)$$

例題 94：某撐竿跳選手已完成第一次跳，得一成績，求

　　　　(1)第二次比第一次跳更高之機率？

　　　　(2)平均還需跳多少次才會比第一次高？假設每次跳的成績為 i.i.d。

解 (1)設第一次成績為 X_1，則

$$P(X_2 > X_1) = \int_0^\infty \int_{x_1}^\infty f_{X_1, X_2}(x_1, x_2)\, dx_2\, dx_1$$

$$= \int_0^\infty f_{X_1}(x_1) \int_{x_1}^\infty f_{X_2}(x_2)\, dx_2\, dx_1$$

$$= \int_0^\infty f(x_1)[1 - F(x_1)]\, dx_1$$

$$= 1 - \frac{1}{2} F^2(x_1)\Big|_0^\infty = \frac{1}{2}$$

(2)若第 n 次時跳的比第一次高，則

$$P(X_2, X_3, \cdots, X_{n-1} < X_1, X_n > X_1)$$

$$= \int_0^\infty \int_0^{x_1} \cdots \int_0^{x_1} \int_{x_1}^\infty f_{X_1, \cdots X_n}(x_1, \cdots x_n)\, dx_n \cdots dx_1$$

$$= \int_0^\infty f(x_1) F^{n-2}(x_1)[1 - F(x_1)]\, dx_1$$

$$= \frac{1}{n-1} F^{n-1}(x_1)\Big|_0^\infty - \frac{1}{n} F^n(x_1)\Big|_0^\infty = \frac{1}{n(n-1)}; \ n = 2, 3, \cdots$$

$$\therefore f_N(n) = \begin{cases} \dfrac{1}{n(n-1)}; \ n = 2, 3, \cdots \\ 0; \ o.w. \end{cases}$$

$$E[N] = \sum_{n=2}^\infty n \frac{1}{n(n-1)} = \sum_{n=1}^\infty \frac{1}{n} = \infty$$

精選練習

1. 設 X, Y 為 i.i.d.且 $X, Y \sim (0, 10)$，求 $Z = \dfrac{X}{Y}$ 之 PDF

2. 設 X, Y 為兩獨立隨機變數，且 $X \sim N(\mu_X, \sigma_X^2)$，$Y \sim N(\mu_Y, \sigma_Y^2)$ 令 $Z = X + Y$，求 Z 之 PDF

3. 設 X, Y 為兩獨立隨機變數，且 $X, Y \sim N(0, 1)$ 求 $Z = X + Y$ 之 PDF

4. 設隨機變數 X, Y 之 PDF 為 　　　　　　　　　　　　　　　　　【中山電機】

$$f_{X,Y}(x, y) = \begin{cases} k(x+y); \ 0 < x < 1, 0 < y < 1 \\ 0; \ o.w. \end{cases}$$

(1) $k = ?$ 　　　　　　　　　　　(2) $f_X(x), f_Y(y) = ?$

(3) $F_X(x), F_Y(y) = ?$ 　　　　　　(4) $E[X], E[Y], E[XY] = ?$

(5) $Var(X), Var(Y), Cov(X, Y) = ?$ 　(6) $\rho_{XY} = ?$

5. 設 X, Y 為兩隨機變數，且其聯合機率密度函數為

$$f_{X,Y}(x,y)=\begin{cases}2; \ 0\le x\le y\le 1\\0; \ o.w.\end{cases}$$

(1)$\rho_{XY}=$?

(2)$W=X+Y$，求 W 之 PDF ?

(3)$Z=\dfrac{X}{Y}$，求 Z 之 PDF ?

(4)$f_Y(y)=$?

(5)$f_{X|Y}(x)=$?

(6)$E[X|Y=y]=$?

6. 設 X, Y 為兩隨機變數，且其聯合機率密度函數為

$$f_{X,Y}(x,y)=\begin{cases}kxy; \ 0<x<1,0<y<1\\0; \ o.w.\end{cases}$$

(1)$k=$?

(2) find $E[Y|X]=$?

(3) find $Var(Y|X)=$?　　　　　　　　　　　　　　　　　【中央】

7. Let Y_N denote the largest of a random sample $X_1, X_2, \cdots X_n$ from the uniform distribution over (0, 1), Let $Z_n=n(1-Y_n)$

(1) Find the PDF of Z_n

(2) Find the limiting distribution of Z_n, $n\to\infty$　　　　　　　　　【交大資工】

8. 設 X, Y 為兩獨立隨機變數，且變異數均為 σ^2。 若 X 之期望值為 0 且 Y 之期望值為 1，求隨機變數 XY 之變異數 ?

9. Let $\{X_j; 1\le j\le n\}$ be independent random variables with density functions $\{f_j; 1\le j\le n\}$. Find the density function of $\max\{X_j\}$ and $\min\{X_j\}$　　　　　　　【清大數學】

10. 設 X, Y 為兩隨機變數，且其聯合機率密度函數為

$$f_{X,Y}(x,y)=\begin{cases}1; \ 0\le x\le 1,0\le y\le 1\\0; \ o.w.\end{cases}$$

求隨機變數 $W=X+Y$ 之機率密度函數

11. 設 X, Y 為兩隨機變數，且其聯合機率密度函數為

$$f_{X,Y}(x,y)=\begin{cases}8xy; \ 0\le y\le x\le 1\\0; \ o.w.\end{cases}$$

求隨機變數 $W=X+Y$ 之機率密度函數 ?

12. 設 X, Y 為兩隨機變數，且其聯合機率密度函數為

$$f_{X,Y}(x,y)=\begin{cases}2; \ 0\le y\le x\le 1\\0; \ o.w.\end{cases}$$

求 $F_{X,Y}(x,y)=$?

13. 設 X, Y 為兩獨立隨機變數，證明

$E[g(X)h(Y)]=E[g(X)]E[h(Y)]$

14. 若 X, Y, Z 之 joint PDF 為

$$f_{X,Y,Z}(x, y, z) = \begin{cases} e^{-z}; \ 0 \le x \le y \le z \\ 0; \ o.w. \end{cases}$$

求(1)$f_{X,Y}(x, y)$

(2)$f_X(x)$

(3)X, Y, Z 是否獨立？

15. 設 X, Y 為兩隨機變數，且其聯合機率密度函數為

$$f_{X,Y}(x, y) = \begin{cases} \dfrac{e^{-\frac{x}{y}} e^{-y}}{y}; \ 0 < x < \infty, 0 < y < \infty \\ 0; \ o.w. \end{cases}$$

求

(1)$P(X > 1 | Y = y)$　　(2)$E[X | Y = y]$

16. 設 X, Y 為兩隨機變數，且其聯合機率密度函數為

$$f_{X,Y}(x, y) = \begin{cases} \dfrac{12}{5} x(2 - x - y); \ 0 < x < 1, 0 < y < 1 \\ 0; \ o.w. \end{cases}$$

試求出在給定 $Y = y$ 之條件下，隨機變數 X 之條件機率密度函數

17. 若 $X \sim U(-1, 1)$，$Y \sim U(-2, 2)$，$Z = X + Y$

求 $f_Z(z)$

18. 若 $X_1, \cdots X_n$ 為 n 個 i.i.d.隨機變數，$Z = \max\{X_1, \cdots X_n\}$

求 $f_Z(z), F_Z(z)$

19. 設 X, Y 為兩隨機變數，且其聯合機率密度函數為

$$f_{X,Y}(x, y) = \begin{cases} x + y; \ 0 \le x \le 1, 0 \le y \le 1 \\ 0; \ o.w. \end{cases}$$

令 $Z = \max\{X, Y\}$，求

(1)$f_Z(z)$　　(2)$F_Z(z)$

20. 設 X, Y 為兩隨機變數，且其聯合機率密度函數為

$$f_{X,Y}(x, y) = \begin{cases} 6e^{-(2x+3y)}; \ x \ge 0, y \ge 0 \\ 0; \ o.w. \end{cases}$$

求 $f_{X,Y|X+Y \le 1}(x, y) = $ ？

21. 設 X, Y 為兩隨機變數，且其聯合機率密度函數為

$$f_{X,Y}(x, y) = \begin{cases} 6y; \ 0 \le y < x < 1 \\ 0; \ o.w. \end{cases}$$

求 $f_{X|Y}(x | y) = $ ？ $E[X | Y = y] = $ ？

22. 設 X, Y 為兩隨機變數，且均勻分佈於 $0 \le x \le 1, 0 \le y \le 1$

(1)分別求出隨機變數 X, Y 之期望值，以及其相關係數。

(2)求出隨機變數 $Y^2 e^X$ 之期望值。

23. 設 X 及 Y 為兩隨機變數，其分佈均為常態分配（Normal distribution），若兩者的均值（Mean）與標準差（Standard deviation）分別為 $\mu_X = 6$, $\mu_Y = 10$, $\sigma_X = 3$, $\sigma_Y = 5$，求 $X + Y > 20$ 的機率。　　　　　　　　　　　　　　【台科大電機】

24. If X is the amount of money that an application engineer spends on gasoline during a day and Y is the corresponding amount of money for which she or he is paid back, the joint density of these two random variables is given by

$$f_{X,Y}(x,y) = \begin{cases} \dfrac{40-x}{100x} & for\ 20 < x < 40,\ x/2 < y < x \\ 0 & elsewhere \end{cases}$$

　　(1) Find the marginal density of X.

　　(2) Find the marginal density of Y.

　　(3) Find the expectation of Y without using the marginal density of Y.

　　(4) If the amount of money the application engineer spent was 32 on gasoline today, what is the expect money for which he or she will be paid back?　　　　【交大電信】

25. Let X and Y be independent random variables. Suppose that X is uniformly distribution on $(0, 3)$ and Y is a Poisson distribution with λ. Find

　　(1) $P\ (X > Y)$　　　　(2) $f\ (Y|X > Y)$　　　　(3) $E\ [Y|X > Y]$

　　where P, f, E are probability, density function, and expectation, respectively.【台大電機】

26. (1) Given n events $A_1, A_2, \cdots, A_n$ Under what conditions will $A_1, A_2, \cdots, A_n$ be mutually Independent ?

　　(2) Given n random variables $X_1, X_2, \cdots, X_n$ with respective probability density functions $f_{X1}, f_{X2}, \cdots, f_{Xn}$ Under what conditions will $X_1, X_2, \cdots, X_n$ be mutually independent ?

　　　　　　　　　　　　　　　　　　　　　　　　　　　　　　　【台大電機】

27. Let X and Y be uniformly distributed random variables. $\{(x, y)|0 < x < y < 1\}$. Find the correlation coefficient ρ_{XY}.　　　　　　　　　　　　　　　　【交大資科】

28. 設 X_1, X_2 為兩隨機變數，且其聯合機率密度函數為

$$f_{X_1,X_2}(x_1, x_2) = \begin{cases} cx_1x_2, & 0 < x_1 < x_2 < 1 \\ 0, & elsewhere \end{cases}$$

　　(1)求出 $c = $?

　　(2)$X_1\ X_2$ 是否獨立？

　　(3)求出 $P\left(0 < X_1 < \dfrac{1}{2}\ \middle|\ X_2 = \dfrac{3}{4}\right)$

　　(4)求出隨機變數 X_2 之期望值與變異數。

29. 設 X, Y 為兩隨機變數，且其聯合機率密度函數為

$$f(x, y) = \begin{cases} 24xy; & 0 \le x \le 1, 0 \le y \le 1, x + y \le 1 \\ 0; & elsewhere \end{cases}$$

求隨機變數 $Z = X + Y$ 之機率密度函數？

30. 設 X, Y 為兩隨機變數，且其聯合機率密度函數為

$$f(x, y) = \begin{cases} \dfrac{x(1 + 3y^2)}{4}; & 0 < x < 2, 0 < y < 1 \\ 0; & elsewhere \end{cases}$$

(1)求出 $f_X(x)$　　　　(2)求出 $f_Y(y)$

(3)求出 $f_{X|Y}(x|y)$　　(4)求出 $P\left(\dfrac{1}{4} < x < \dfrac{1}{2}\middle| Y = \dfrac{1}{3}\right)$

31. 設 X, Y 為兩隨機變數，且其聯合機率密度函數為

$$f_{X,Y}(x, y) = \begin{cases} 1; & 0 \leq x \leq 1, 0 \leq y \leq 1 \\ 0; & elsewhere \end{cases}$$

若已知變數 r 之二次方程式 $r^2 + xr + y = 0$ 具有實數根，求出 X, Y 之條件聯合機率密度函數。

32. 設 X, Y 為兩獨立隨機變數，且其機率密度函數分別為

$$f_X(x) = \begin{cases} \dfrac{1}{2}, & |x| \leq 1 \\ 0, & elsewhere \end{cases}$$

$$f_Y(y) = \begin{cases} e^{-y}, & y > 0 \\ 0, & elsewhere \end{cases}$$

隨機變數 $Z = X + Y$，求 $f_Z(z) = ?$

33. 已知 X, Y 與皆為分佈在區間 $[0, 1]$ 上的隨機變數，並且具有聯合密度函數 $f(x, y, z) = 8xyz$，求 $P[X < Y < Z] = ?$ 【交大資科】

34. 已知隨機變數 X 與 Y 之聯合密度函數如下，求 $P[X < Y] = ?$
$f(x, y) = k(x^2 + xy + y^2), x \in (0, 2); y \in (0, 3)$ 【交大電信】

35. 已知隨機變數 X 與 Y 均定義於 R^+，並且具有聯合密度函數 $f(x, y) = xe^{-x(y+1)}$，求 $Z = XY$ 之密度函數 $f_Z(z) = ?$ 【85 交大資訊】

36. 已知 X 與 Y 互為獨立且均具有 $U(0, 1)$ 之分佈，取 $Z = XY$，求 $f_Z(z) = ?$ 在 $X = 0.5$ 之下，Y 的條件變異數為何？ 【交大資訊】

37. 已知隨機變數 X 之密度函數為 $e^{-|x|}/2$，另外隨機變數 Y 與 X 互相獨立並且與 X 具有相同之分佈，求隨機變數 $Z = X + Y$ 之密度函數？ 【交大電信】

38. 已知隨機變數 X 與 Y 之密度函數分別為 $f_X(x) = 3e^{-3x}u(x)$；$f_Y(y) = 3e^{-3y}u(y)$，$u(t)$ 為單位階梯函數，並且 X, Y 互為獨立，求隨機變數 $W = 3X + 2$ 與 $Z = XY$ 之密度函數？ 【84 清華電機、83 交大控制】

39. 已知 X 與 Y 形成雙變數常態分佈，並且有 $E[X] = E[Y] = 0$，求 $f_{X|Y}(x|y) = ?$ 【台科大電機】

40. 已知 X 與 Y 互為獨立並且分別具有 $N(u_X, \sigma^2)$ 與 $N(u_Y, \sigma^2)$ 之分佈，證明 $U = X + Y$ 與 $V = X - Y$ 互為獨立？ 【交大統計】

41. 某通訊設備，若輸入訊號強度為定值 t，則輸出訊號將為 $N(t, 1)$ 之分佈，現輸入訊號強度 X 為 $N(u, \sigma^2)$ 之分佈，取輸出訊號為 Y，求 $f_{XY}(x, y)$, $E[Y]$, $Var[Y] = ?$
【92 台大電機】

42. 已知隨機變數 X 與 Y 之值域皆為 $[0, \infty)$ 且其聯合密度函數為 $f(x, y) = xe^{-(x+y)}$，試問此二隨機變數是否互為獨立？
【交大電信】

43. 已知 X, Y 具有以下之聯合密度函數，$f(x, y) = \dfrac{1}{y}e^{-x/y}e^{-y}$; $x, y \in (0, \infty)$，求 $P[X > 1 | Y = y] = ?$
【91 交大資訊、82 台大電機】

44. 試證明恆等式：$Var[X] = E[Var[X|Y]] + Var[E[X|Y]]$
【交大資訊、交大電信】

45. 已知隨機變數 X 與 Y 皆分佈在 $[0, 1]$，並且其聯合密度函數為 $f(x, y) = 6xy(2 - x - y)$，求 $E[X|Y] = ?$
【清華工工】

46. 已知隨機變數 X 與 Y 之聯合密度函數如下
$$f(x, y) = k\left(x^2 + \dfrac{xy}{2}\right), x \in (0, 1), y \in (0, 2);$$
(1)常數 $k = ?$　　　(2)$f_X(x) = ?$　　　(3)$P(X > Y) = ?$
(4)$P(Y > 0.5 | X < 0.5) = ?$
【91 交大統計】

47. 證明 $E[X^n] = E[E[X^n|Y]]$
【87 台大電機】

48. 證明
(1)若 X 與 Y 互為獨立則 $Cov(X, Y) = 0$；
(2)若 X 與 Y 具有相同分佈則 $Cov(X - Y, X + Y) = 0$
【92 清大電機】

49. 已知隨機變數 X 與 Y 皆為在區間 $[0, 1]$ 均勻分佈，求
(1) $Var[X] = ?$
(2) $Cov(2X + Y, 2X - Y) = ?$
(3)$P[X - Y < 0.5]$
【交大資訊】

50. 已知 X 與 Y 之聯合質量函數如下，求 $E[X|Y]$
$$f(x, y) = n(n - 1)(y - x)^{n-2}; 0 < x \le y < 1, n \ge 2$$
【84 台大電機】

51. 已知 (X, Y) 為在區域 $x^2 + y^2 \le 2$ 上的均勻分佈，試證明 X 與 Y 不相關但並不互為獨立？
【台大電機】

52. 已知有 2 個電阻，其電阻值 R_1 與 R_2 為互相獨立且具有相同密度函數 $f(r) = 800/r^2$ 之隨機變數，其中 $r \in [400, 800]$；若將此 2 個電阻並聯後得到電阻 R，求：
(1)R^{-1} 之密度函數
(2)$P[7/1600 \le R \le 320] = ?$
【清華電機】

53. 已知隨機變數 X 與 Y 互為獨立且皆具有 $N(0, \sigma^2)$ 之分佈，求隨機變數 $Z = \sqrt{X^2 + Y^2}$ 之密度函數？
【台大電機】

54. 已知 X 與 Y 互為獨立且具密度函數如下，取 $U = X + Y$ 及 $V = X/(X + Y)$，證明 U 與 V 互為獨立 $f_X(x) = e^{-x}, x \in [0, \infty)$; $f_Y(y) = e^{-y}, y \in [0, \infty)$

55. Let X_1, X_2 and X_3 be independent unit normal random variables. If $Y_1 = X_1 + X_2 + X_3$, $Y_2 = X_1 - X_2$, $Y_3 = X_1 - X_3$ compute the joint density function Y_1, Y_2, Y_3. 　　【85 台大電機】

56. Show that

(1)$E(Y) = E[E[Y|X]]$

(2)$E[g(X, Y)] = E[E[g(X, Y)|Y]]$? 　　【清華電機】

57. Let the joint probability density function of random variables X and Y be

$$f(x, y) = \begin{cases} c(x^2 + y^2) & if\ 0 \le x \le 2\ and\ 0 \le y \le 1 \\ 0 & elsewhere \end{cases}$$

(a)Determine the value of c.

(b)Find the marginal probability function $f_X(x)$, $f_Y(y)$ and Calculate $E(X)$ and $E(Y)$.

(c)Find conditional probability distribution function $f_{X|Y}(x|y)$, $f_{Y|X}(y|x)$ and evaluate

$\quad E(Y|X=1)$. 　　【96 清大電機】

58. Given three independent random variables, each uniformly distributed over the interval 0 to 1. What is the probability that they are within a distance of 1/2 of each other ?

　　【96 清大電機】

59. $f_{X,Y}(x, y) = \begin{cases} 2; & 0 \le y \le x \le 1 \\ 0; & elsewhere \end{cases}$. Find

(1)$f_X(x)$

(2)$f_{Y|X}(y|x)$

(3)$E[Y|X=x]$

(4) Let $W = \dfrac{Y}{X}$, find $f_W(W)$

60. Let X, Y be two independent random variables, $X \sim U(0, 20)$, $Y \sim U(50, 80)$

(1) What is the PDF of $Z = X + Y$

(2) What is the smallest integer K such that $P(X + Y \ge K) \le \dfrac{1}{30}$ 　　【90 清大通訊】

61. True or false. No point if without explaining.

(1)$P[AB] = 1$ if $P[A] = P[B] = 1$.

(2) If the PDF $f_X(x)$ of a random variable X satisfies $f_X(x) = f_X(-x)$, the expectation $E[X]$ is equal to zero.

(3) If X and Y are random variables of zero mean, the covariance $Cov(X + Y, X - Y) = 0$

(4) If X and Y are independent normal random variables with mean m and variance σ^2, $X + Y$ is independent of $X - Y$.

(5) If the joint PDF of random variables X and Y are given by $f_{XY}(x, y) = 2e^{-x-y}$ for $0 \le y \le x < \infty$, X and Y are independent. 　　【97 北大通訊】

62. There are 3 light bulbs. The lifetimes of the light bulbs are independent and exponentially distributed with different means. Light bulb, I, II, and III have mean lifetimes of 1000, 1500, and 3000 hours, respectively. If we turn on the 3 light bulbs simultaneously, what is P(Light bulb I is the first one to stop working)? 【97 台大電信】

63. Given the joint PDF of X and Y :
$$f_{X,Y}(x,y) = \begin{cases} \frac{2}{3}|xy| & for -1<x<1, 1<y<2 \\ 0 & otherwise \end{cases}.$$
What is the value of $E[X]$? 【97 台大電信】

64. (1) Assume X is normally distributed with parametes μ and σ, please find the moment-generating function of X.
(2) Let X and Y are jointly normal, please find the variance of $Z = X + Y$, and prove that X and Y are uncorrelated then they are independent. 【97 交大電信所】

65. Let X and Y be two independent random variables with the same density function given by
$$f(x) = \begin{cases} e^{-x} & 0<x<\infty \\ 0 & otherwisae \end{cases}$$
(1) Find $P(X>1)$.
(2) Find $P(X>2Y)$.
(3) Find $P(\min(X,Y)<1)$. 【97 交大資訊】

66. Random variables W, X, Y, Z have the following relations:
$W = X - 0.5$,
$X = 0.9Y + 0.2$,
$Y = -0.5Z + 0.3$.
Consider the following statements about the correlation codfficients:
i. $\rho_{W,X} = 1$,
ii. $\rho_{X,Y} = 0.9$,
iii. $\rho_{Y,Z} = -0.5$,
iv. $\rho_{W,Z} = -1$.
Which of the statements above is (are) TRUE?
(A)i (B)i (C)iii (D)iv (E)None of the above. 【100 台大電信】

67. The joint probability density function for two continuous random variables X and Y is given as follows:
$$f(x,y) = \begin{cases} ce^{-(2x+y)} & 0<x<1 \ and \ 0<y<2 \\ 0 & elsewhere \end{cases}$$
where c is a constant.
(1) Determine the constant c so that it satisfies the property of a joint probability density

function.

(2) Compute the expectation $E(X)$. Show the detailed steps of your derivation.

(3) Compute the conditional probability $P(X > 0.5|Y < 1)$. Show the detailed steps of your derivation. 　　　　　　　　　　　　　　　【97 清大資訊】

68. Given the joint density function X, Y as following

$$f_{X,Y}(x,y) = \begin{cases} \dfrac{(2x+y)}{a} & 0 \le x \le 2, 0 \le y \le 4 \\ 0 & otherwise \end{cases}$$

Find:

(1) The value of a.

(2) The covariance of X, and Y: Cov (X, Y)

(3) The correlation coefficient of X, and Y: ρ_{XY}. 　　　　　　【97 高應大電機】

69. The random vector variable (X, Y) has the joint PDF

$$f_{X,Y}(x,y) = c(x^2 + y^2) \quad 0 \le x \le 1, 0 \le y \le 1$$

(1) What is the value of the constant c?

(2) What is the probability of $P[X > Y]$? 　　　　　　　　　　　【97 中興電機】

70. Suppose the joint PDF of X and Y is

$$f_{X,Y}(x,y) = \begin{cases} kxy(4-x-y), & 0 < x < 1, 0 < y < 1 \\ 0, & otherwise \end{cases}$$

Determine k and compute $E[X|Y=y]$ 　　　　　　　　　　　【97 北大通訊】

71. Let the following $f_{X,Y}(x,y)$ be the joint PDF of random variables X and Y

$$f_{X,Y}(x,y) = \begin{cases} 2e^{-x}e^{-y}, & 0 \le y < x < \infty \\ 0, & elsewhere \end{cases}$$

(1) Find $E[XY]$ first, then answer that whether the X and Y are correlated or uncorrelated?

(2) Find the covariance Cov (X, Y) and ρ_{XY}. 　　　　　【97 中正電機、通訊】

72. Given that the following joint probability density function of random variables X and Y:

$$f_{X,Y}(x,y) = \begin{cases} cxy & 0 \le x \le a, 0 \le y \le b \\ 0 & elsewhere \end{cases}$$

(1) Solve c.

(2) Solve the PDF of the random variable $Z = \max\{2X, 3Y\}$, where the operation $\max\{A, B\}$ picks the largest value of A and B. 　　　　　　　　　【97 北科大通訊】

73. Random variables X and Y have joint PDF

$$f_{X,Y}(x,y) = \begin{cases} (x+y)/8 & 0 \le x \le 2; 0 \le y \le 2 \\ 0 & otherwise \end{cases}$$

Let $A = \{X \le 1\}$

(1) What is $P[A]$? 　　(2) Find $f_{X,Y|A}(x, y)$ 　　(3) Find $f_{Y|A}(y)$ 　　【97 北科大電機】

74. The joint probability density function of X and Y is given by
$$f_{X,Y}(x,y) = \begin{cases} 1 & 0 \le x \le 1 \ and \ 0 \le y \le 1 \\ 0 & otherwise \end{cases}$$
Find the joint cumulative distribution function $F_{X,Y}(x,y) = ?$　【96 高一科電通】

75. Let the random variable Θ be uniformly distributed in the interval $(0, 2\pi)$. Let $X = \cos\Theta$ and $Y = \sin\Theta$. Find $P[X < 0, Y < 0]$.　【96 北科大資工】

76. Random variables X_1, X_2, X_3, X_4 have the joint PDF:
$$f_{X_1,X_2,X_3,X_4}(x_1,x_2,x_3,x_4) \begin{cases} C & 0 \le x_1 \le x_3 \le 1, 0 \le x_2 \le x_4 \le 2, \\ 0 & otherwise, \end{cases}$$
where C is a constant. Consider the following statements:

i. The value of the constant C is 2.

ii. The marginal PDF of X_1 is $f_{X_1}(x_1) = \begin{cases} 2x_1 & 0 \le x_1 \le 1, \\ 0 & otherwise. \end{cases}$

iii. Random variable X_1, X_2, X_3, X_4 are independent.

iv. Random variable $[X_1, X_3]$ and $[X_2, X_4]$ are independent.

Which of the statement above is (are) TRUE?

(A)i　(B)ii　(C)iii　(D)iv　(E)None of above.　【100 台大電信】

77. Let X and Y have joint density $f(x,y) = \frac{6}{7}x$ for $1 \le (x+y) \le 2, x \ge 0, y \ge 0$. Find

(1) $P(Y > X^2)$

(2) $P(\max > 1)$(max means the maximum of X and Y)　【95 海洋電機控制】

78. Given the joint probability density function below,
$$f_{X,Y}(x,y) = \begin{cases} ce^{-2x}e^{-y}, & 0 \le y \le x \le \infty \\ 0, & otherwise \end{cases}$$

(1) Find the constant c.

(2) Find the marginal PDFs of $f_X(x)$ and $f_Y(y)$.

(3) Find the variance of X.

(4) Find the probability $P[X+Y \le 2]$.　【96 交大電控】

79. The random vector (X, Y) has a joint PDF, $f_{X,Y}(x,y) = 4e^{-2(x+y)}, x > 0, y > 0$. Find the probability $P[X^2 < Y]$ in terms of Q function, defined by $Q(l) = \frac{1}{\sqrt{2\pi}} \int_l^\infty e^{-t^2/2} \, dt$.　【96 交大電控】

80. For two random variables X and Y with covariance $Cov(X, Y) = 0$. Find the correlation coefficient $\rho(X+Y, X-Y)$.　【96 台大生醫與資訊】

81. Let $f_{XY}(x,y) = \begin{cases} \dfrac{x(1+by^2)}{a}, & 0 < x < 2, 0 < y < 1 \\ 0, & elsewhere. \end{cases}$

(1) Determine the relationship between a and b so that $f_{XY}(x,y)$ can serve as a joint prob-

ability distribution of the random variables X and Y.

(2) If $a = 4$, find $E(Y|X)$ and $E(Y)$.

(3) Check whether $E(XY) = E(X)E(Y)$ is true or not? Why?　　　　【96 交大電子】

82. Let the joint probability density function of random variables X and Y be

$$f_{X,Y}(x,y) = \begin{cases} c(x^2 + y^2) & if\ 0 \le x \le 2\ and\ 0 \le y \le 1 \\ 0 & otherwise \end{cases}$$

(1) Determine the value of c.

(2) Find the marginal probability function $f_X(x)$, $f_Y(y)$ and Calculate $E(x)$ and $E(Y)$.

(3) Find conditional probability distribution function $f_{X|Y}(x|y)$, $f_{Y|X}(y|x)$ and evaluate

$E(Y|X=1)$.　　　　【96 清大電機】

83. Let the joint probability density function of X and Y be given by

$$f_{X,Y}(x,y) = \begin{cases} ye^{-y(1+x)}, & x>0, y>0 \\ 0, & otherwise \end{cases}.$$

(1) Show that $E(X)$ does not exist.

(2) Find $E(X|Y)$.　　　　【96 成大電通】

84. Give two random variables X and Y with joint probability density function $f_{X,Y}(x,y) = k$ within $|x-1| + |y| < 1$ and $f_{X,Y}(x,y) = 0$ outside the region. Let $W = (X+Y)/2$ and $Z = (X-Y)/2$.

(1) Find k such that $f_{X,Y}(x,y)$ is a valid probability density function.

(2) Are X and Y uncorrelated?

(3) Find the joint probability density function $f_{W,Z}(w,z)$.

(4) Are W and Z independent?　　　　【95 台北通訊甲】

85. The two random variables X and Y are independent with probability density function $f_X(x)$ $= \begin{cases} e^{-x}, & x \ge 0 \\ 0, & x < 0 \end{cases}$ and $f_Y(y) = \begin{cases} e^{-y}, & y \ge 0 \\ 0, & y < 0 \end{cases}$. Let $Z = X+Y$, $W = \dfrac{X}{X+Y}$ and $U = \dfrac{X}{Y}$.

(1) Find the probability density function of U.

(2) Find the joint probability density function of Z and W.

(3) Find the probability density function of W.

(4) Find the variance of Z.　　　　【95 台科大電機】

86. Consider the following statements about two random variables X and Y:

i.If X and Y are independent, the correlation of X and Y must be 0.

ii.If X and Y are uncorrelated, the correlation of X and Y must be 0.

iii.If X and Y are independent, $E[XY]$ must equal to $E[X] \cdot E[Y]$.

iv.If X and Y are correlated, $E[X+Y]$ may not equal to $E[X] + E[Y]$.

Which of the statements above is(are) TRUE?

(A)i　(B)ii　(C)iii　(D)iv　(E)None of the above.　　　　【100 台大電信】

87. Let $X_1, X_2, \cdots, X_n$ are independent identically distributed random variables with PDF $f(x)$ which is positive and continuous for $a < x < b$.

    (1) Determine the PDF of $U = \max (X_1, X_2, \cdots, X_n)$.

    (2) Determine the PDF of $V = \min (X_1, X_2, \cdots, X_n)$. 　　【96 台北大通訊】

88. X and Y are two random variables with joint probability densiy function

    $$f_{XY}(x, y) = \begin{cases} 1 & 0 \le x \le 1, 0 \le y \le 1 \\ 0 & else \end{cases}$$

    Define the random variables $U = X + Y$ and $V = X - Y$.

    (a) Find the joint cumulative distribution function $F_{XY}(x, y)$.

    (b) Find the cumulative distribution function $F_X(x)$ and $F_Y(y)$.

    (c) Are X and Y independent? Explain your answer.

    (d) Find the value of the joint cumulative distribution function $F_{UV}(1, 0)$.

    (e) Find the cumulative distribution function $F_U(u)$ of U.

    (f) Find the probability densiy function $f_U(u)$ of U. 　　【100 北科大電機】

89. If X and Y are independent and each having uniform distribution over $[0, 1]$, please find the probability density function of $Z = \sqrt{X^2 + Y^2}$. 　　【96 交大電信】

90. The joint PDF of two random variables X and Y is $f_{X,Y}(x, y) = 2e^{-x-y}$, $0 \le y \le x \le \infty$. Determine the PDF of $Z = X + Y$. 　　【96 台北大通訊】

91. The joint PDF of random variables X and Y is $f(x, y) = 2e^{-2x}e^{-y}$, $x \ge 0, y \ge 0$. Random variables V, W satisfy: $V = X + Y, X = W - 2Y$.

    (1) Find the marginal PDFs of V, W respectively. i.e., $f_V(v), f_W(w)$.

    (2) Find the joint PDF of $f_{V,W}(v, w)$.

    (3) Are V and W independent random variables? Are they uncorrelated?

    (4) Find the $E[XY]$, $COV[X, Y]$. 　　【96 中正電機（信號）、通訊（網路、系統）】

92. Let X and Y be two random variables with jointly Gaussian distribution being defined as

    $$f_{XY}(x, y) = \frac{1}{2\pi\sigma^2\sqrt{1-\rho^2}} e^{-Q(x,y)} \text{ where } Q(x, y) = \frac{1}{2\sigma^2(1-\rho^2)}[x^2 - 2\rho xy + y^2]$$

    (1) For $\rho = 0$, find the joint probability density function of random variables of $Z = X^2 + Y^2$ and $W = X$

    (2) Compute $f_Z(z)$ from the result of (1). 　　【96 中山電機己】

93. Let X_1 and X_2 be two continuous random variables with joint probability density function

    $$f_{X_1,X_2}(x_1, x_2) = \begin{cases} 4x_1x_2, & if\ 0 < x_1 < 1, 0 < x_2 < 1 \\ 0 & otherwise \end{cases}$$

    (1) Find $f_{X_1}(x_1)$ and $f_{X_2}(x_2)$.

    (2) Find the joint probability density function of Y_1 and Y_2, $f_{Y_1,Y_2}(y_1, y_2)$, where $Y_1 = X_1^2$ and $Y_2 = X_1 X_2$.

(3) Find $f_{Y_1}(y_1)$ and $f_{Y_2}(y_2)$ 【97 中山通訊】

94. A zero-mean normal (Gaussian) random vector $\mathbf{X} = (X_1, X_2)^T$ has covariance matrix $\mathbf{K} = E[\mathbf{XX}^T]$, which is given by

$$\mathbf{K} = \begin{bmatrix} 3 & -1 \\ -1 & 3 \end{bmatrix}$$

Find a transformation $\mathbf{Y} = \mathbf{DX}$ such that $Y = (Y_1, Y_2)^T$ is a normal (or Gaussian) random vector with uncorrelated (and therefore independent) components of unity variance.

【97 中山通訊】

95. Let X and Y be independent exponential random variables with parameter, λ.

(1) What is the CDF of $Z = X + Y$

(2) What is the conditional PDF $f_{X|X+Y}(x)$ 【97 交大電信所】

96. Let X and Y be independent random variables.

$X \sim U(-0.5, 0.5)$, $Y \sim U(0, 2)$, $Z = X + Y$, $V = 2 - Z$

(a)Derive CDF of Z

(b)Plot PDF of V 【98 高應科電機】

97. Given the joint PDF of X and Y: $f_{X,Y}(x, y) = \begin{cases} 1.2(x+1) \ for \ 0 < y < x < 1 \\ 0 \qquad\qquad otherwise \end{cases}$

(1)$E[X] = $?

(2)$E[Y|X = x] = $?

(3) Define $Z = XY$. The CDF $F(z) = Pr\{Z \le z\} = $? 【97 台大電信】

98. Let X, Y, and Z be independent zero-mean, normally distributed random variables. Assume their standard deviations are $\sigma_X = 1$, $\sigma_Y = 2$, $\sigma_Z = 3$, respectively.

(a)Calculate $P(X + Y + Z < 6)$

(b)Calculate $P(3X - 2 < 2Y + Z)$

{You may express the answers in terms of the distribution function of X}

【95 雲科通訊】

99. X is called a lognormal variable, if the $\log X = Y$ has a normal distribution $N(\mu, \sigma^2)$.

(a)Find the density of X.

(b)Find $E(X)$ and Var (X).

(c)Show that if X_i are independent lognormal random variables, their product $X_1 X_2 \cdots X_n$ is also lognormal. 【96 中山通訊】

100. Let X and Y be independent random variables having the same normal density $N(0, \sigma^2)$

(a)Find the density of the random variable Z if $Z = X + Y$

(b)Find the density of the random variable Z if $Z = X^2$

(c) Find the density of the random variable Z if $Z = X^2 + Y^2$ 【96 海洋通訊】

101. The joint probability density function of the two random variables X and Y is given by

$$f(x, y) = \begin{cases} cxy & 0 \le x, y \le 1 \\ 0 & otherwise \end{cases}$$

(a)Find the constant c.

(b)Find the marginal PDF of X and Y. i.e., to find $f_X(x)$ and $f_Y(y)$.

(c)Are the two random variables X and Y independent? Prove your answer.

(d)Find the mean and variance of X. 【100 北科大電腦與通訊】

102. Suppose that X and Y have a continuous joint distribution for which the joint probability density function is as follows:

$$f(x, y) = \begin{cases} x+y & for\ 0 \le x \le 1\ and\ 0 \le y \le 1; \\ 0 & otherwise. \end{cases}$$

Find the expectation $E[Y|X]$ and the variance $Var(Y|X)$. 【100 清大資訊】

103. Let X and Y be continuous random variables with joint PDF $f_{X,Y}(x, y) = k(x+y)^2$ for $0 \le x \le 1, 0 \le y \le 1$, and $y \le x$.

(a)Find k such that $f_{XY}(x, y)$ is a valid PDF.

(b)Find the conditional PDF $f_{Y|X}(y|x)$.

(c)Find $E[XY]$. 【100 台北大通訊】

104. A random variable X with the PDF

$$f_X(x) = \begin{cases} e^{-x}; & x \ge 0 \\ 0; & x < 0 \end{cases}$$

is quantized by a binary quantizer based on the following rule:

$$Y = \begin{cases} y_1; & X \ge \theta \\ y_0; & X < \theta \end{cases}$$

where θ is the decision threshold, $\theta > 0$, $y_1 > y_0$. Let $Z = X - Y$ denote the quantization noise.

(1) Find the PDF of Z

(2) Find the optimum values of θ, y_1, y_0, that minimize the mean square quantization error.

【92 中正電機】

105. Let $P(Y = y | X = x) = \dfrac{x^y e^{-x}}{y!}$ for $y = 0, 1, 2, \cdots\cdots$ and X is a zero mean Gaussian random variable with variance $= 1$. The $E[Y] =$

A.$1/\sqrt{2\pi}$　B.$1/2\pi$　C.$\sqrt{2\pi}$　D.$1/2$　E.None of above 【98 台大】

106. X and Y have the joint PDF $f_{X,Y}(x, y) = \begin{cases} \lambda\mu e^{-(\lambda x + \mu y)} & x \ge 0, y \ge 0, \\ 0 & otherwise. \end{cases}$

Find the PDF of $W = \dfrac{Y}{X}$. 【98 中央通訊】

107. Random variables X and Y have PDFs

$$f_X(x) = \frac{1}{a}[u(x) - u(x-a)]; a > 0$$

$f_Y(y) = b \exp(-by) u(y); b > 0$

(a)Find and sketch PDF of $Z = X + Y$ if X and Y are independent

(b)What is the MGF of Z 【98 中山電機通訊】

108. Let X and Y be zero-mean, unit-variance independent Gaussian random variables. Find the value of R for which the probability (X, Y) falls inside a circle of radius R is $\frac{1}{2}$.

【96 台科大電機】

109. If X and Y are identical distributed normal random variables , and $U = X + Y$, $V = X - Y$. Please prove that

(a)U and V are both normal distributed.

(b)U and V are independent. 【96 交大電信】

110. X and Y are two joint Gaussian random variables. $E[X] = 0$, $E[Y] = 3$, $Var[X] = 4$, $Var[Y] = 16$, $E[XY] = E[X]E[Y] = 0$. Find

(a)$E[X^2Y^2]$

(b)$E[X^3Y^4]$ 【95 暨南資工】

111. X is a Gaussian random variable with mean μ_X and variance σ_X^2, Y is a Gaussian random variable with mean μ_Y and variance σ_Y^2. Assume that X and Y jointly Gaussian with correlation coefficient ρ,

(1) Write down the joint PDF of X and Y.

(2) Find the conditional PDF of X given $Y = y$.

(3) What is the most likely value of X given that $Y = c$? 【95 交大電信】【95 中興電機】

112. Find the joint PDF of U, V, W, where $U = X_1$, $V = X_1 + 2X_2$, $W = X_1 + 2X_2 + X_3$. $X_i \sim N(0, 1)$. i. i. d. random variables 【98 台北大通訊】

113. Two Gaussian random variables X and Y have a correlation coefficient $\rho = 0.25$. The standard deviation of X is 1.9. A linear transformation (coordinate rotation of $\pi/6$) is known to transform X and Y to new random variables that are statistically independent. What is the variance of Y? 【96 東華電機】

114. X_1, X_2 are jointly Gaussian random variables.

$E[X_1] = 1$, $E[X_2] = 0$, $Var[X_1] = 6$, $Var[X_2] = 4$, $E[X_1X_2] = -3$, $Y = X_1 - X_2$.

(a)Find the PDF of Y.

(b)$Z = X_1 + aX_2$ Y and Z are independent. Find a. 【96 暨南資工】

115. (a)Let X_1 an X_2 be independent and identically distributed random variables with common PDF $f(x) = \lambda e^{-\lambda x}$, $x \geq 0$, $\lambda > 0$. Let $Z = X_1 + X_2$. Find the PDF of X_2 given that $Z = c$ and calculate $E[X_2|X_1 + X_2 = c]$.

(b)Let $X_1, X_2, \cdots, X_n$ be independent and identically distributed random variables. Find

$$E[X_2|X_1 + X_2 + \cdots + X_n = c]$$

where c is a constant. 　　　　　　　　　　　【100 台北大通訊】

116. The random variables X and Y are jointly Normal with density function:

$f_{X,Y}(x,y) = \dfrac{1}{8\pi} \exp\left\{-\dfrac{1}{8}[(x-6)^2 + (y-9)^2]\right\}$. Find $E\{E\{Y^2|X\}\}$ and $\mathrm{Var}(3X+4Y)$,

where $E\{\cdot\}$ and $\mathrm{Var}(\cdot)$ represent the expectation and variance, respectively.

　　　　　　　　　　　　　　　　　　　　　　　【100 北科大電腦與通訊】

117. Suppose that reandom variables X and Y are jointly Gaussian.

    (1) Write down the joint PDF of the random variables X and Y. (Hint: Use the mean, variances and correlation coefficient of X and Y i.e., m_X, m_Y, σ_X, σ_Y, ρ_{XY} to express the joint PDF)

    (2) If X and Y are uncorrelated, are they independent? Prove your answer mathematically. (Hint: No credit will be given if there is no proof.) 　　【100 中正電機通訊】

118. Let S denote a set of zero-mean Gaussian random variables and we can treat S as a linear vector space. The inner product between two random variables U and V in S is defined as $\langle U, V \rangle = E[UV]$. Given three zero-mean Gaussian random variables X, Y, Z with variance 2 and $E[XY] = E[ZY] = E[XZ] = 1$

    (1) From the set of 4 vectors $\{(X-Y), Z, (-X+Y), (X+Z)\}$, we can choose three linearly independent vectors. Write down one possible choice

    (2) In your choice, which two vectors are orthogonal to each other

    (3) Start with the two orthogonal vectors, please use Gram-Schmidt process to build a set of three orthonormal vectors. 　　　　　　　　　　【98 台聯大】

119. Let U, V are independent zero-mean, unit variance Gaussian random variables. $X = U + V$, $Y = 2U + V$

    (a) Find the joint characteristic function of X and Y

    (b) Find $E[XY]$ 　　　　　　　　　　　　　　　【98 台北大通訊】

120. (a) Let X and Y be the jointly Gaussian random variables with PDF

$f_{X,Y}(x,y) = \dfrac{1}{2\pi\sqrt{1-\rho^2}} \exp\left[-\dfrac{(x^2 - 2\rho xy + y^2)}{2(1-\rho^2)}\right]$ 　$-\infty < x, y < \infty$

Find the marginal PDF

    (b) Let X, Z and Y be the jointly Gaussian random variables with PDF

$f_{X,Y,Z}(x,y,z) = \dfrac{1}{2\pi\sqrt{\dfrac{3\pi}{2}}} \exp\left[-\dfrac{7}{6}x^2 + \dfrac{1}{6}y^2 - \dfrac{2}{3}xy + \dfrac{1}{2}z^2\right]$ 　$-\infty < x, y < \infty$

Show that X and Z are independent zero-mean, unit-variance Gaussian random variables 　　　　　　　　　　　　　　　　　【98 台北大通訊】

121. Let random variables $W = X + 2Y$, $Z = X - 2Y$, where X and Y are two zero-mean, unit vari-

ance Gaussian random variables with correlation coefficient $\rho = -\dfrac{1}{2}$

(1) Find $P\,(W = X)$

(2) Find $P\,(W > X)$

(3) Find the marginal PDF of W and Z.

(4) Find the correlation of W and Z.

(5) Are W and Z uncorrelated? Independent?.　　　　　　　　【98 中正電機通訊】

122.　The joint PDF of X and Y is

$$f_{X,Y}(x,y) = \begin{cases} \dfrac{(x+y)}{m}; & 0 \le x \le 1, 0 \le y \le 1 \\[2mm] 0; & otherwise \end{cases}$$

Find the joint CDF $F_{X,Y}\,(x,y)$ and derive $E\,[Y|X=x]$　　　　【98 高應科電機】

123.　The joint PDF of X and Y is

$$f_{X,Y}(x,y) = \begin{cases} n(n-1)(y-x)^{n-2}; & 0 \le x \le y \le 1 \\[2mm] 0; & otherwise \end{cases}$$

Compute the conditional expectation of Y given $X=x$ and $E\,[Y]$　　【98 成大電信】

124.　The random variable X and Y have a joint PDF given by

$$f_{X,Y}(x,y) = \begin{cases} \dfrac{2}{x}e^{-2x}, & 0 \le x < \infty, 0 \le y \le x \\[2mm] 0, & otherwise. \end{cases}$$

Find $E\{XY\}$. Hint: $\int_0^\infty z^n e^{-x}dz = \Gamma\,(n+1) = n!$　　　【99 中正電機通訊】

125.　Consider two Gaussian random variables X and Y with the joint PDF

$$f_{X,Y}(x,y) = \dfrac{1}{\pi\sqrt{3}}\exp\left(-\dfrac{2}{3}(x^2 - xy + y^2)\right).$$

(a)Find the conditional PDF $f_{X|Y}\,(x\,|\,y)$.

　It can be proved that X and Y have the same mean and variance.

(b)Find the correlation, covariance, and correlation coefficient of X and Y.【99 暨南通訊】

126.　Suppoose that variables $X_1, \cdots, X_n$ from a random sample of size n from a uniform distribution on the interval $(0, 1)$ and the random variable Y_1 and Y_n are defined as $Y_1 = \min\{X_1, \cdots, X_n\}$ and $Y_n = \max\{X_1, \cdots, X_n\}$.

(a)Determine the value of $P\,(Y_1 \le 0.2\ \text{and}\ Y_n \le 0.7)$.

(b)Determine the probability that the interval from Y_1 to Y_n will not contain the point 1/6.

【100 清大資訊】

附錄：重積分與座標（變數）變換

　　若重積分 $\iint_{R_{XY}} f(x, y)dxdy$ 不易對 x、y 積分，此時可利用原積分式之特性，令任意座標轉換 $x = g(u, v)$, $y = h(u, v)$，將重積分由對 xy 平面的積分轉換成對 uv 平面的積分。二個積分式的轉換步驟如下。

　　⑴首先設定新舊變數間關係式 $x = g(u, v)$, $y = h(u, v)$

　　⑵以新變數的微分 $dudv$ 取代舊變數的微分 $dxdy$。

　　⑶新變數的積分項內再乘上 Jacobian 因子

$$J(u, v) = \frac{\partial(x, y)}{\partial(u, v)} = \begin{vmatrix} x_u & x_v \\ y_u & y_v \end{vmatrix}$$

　　使得 $dxdy = |J(u, v)|dudv$

　　⑷重新設定新變數的積分上下限，代回原雙重積分式，得到新的積分式如下

$$\iint_{R_{XY}} f(x, y)\, dxdy = \iint_{R_{UV}} f(g(u, v), h(u, v))|J(u, v)|dudv$$

說例　（極座標代換積分）$x = r\cos\theta$, $y = r\sin\theta$，求 Jacobian。

解
$$J(r, \theta) = \begin{vmatrix} x_r & x_\theta \\ y_r & y_\theta \end{vmatrix} = \begin{vmatrix} \cos\theta & -r\sin\theta \\ \sin\theta & r\cos\theta \end{vmatrix} = r\cos^2\theta + r\sin^2\theta = r$$

因此 $\iint_{R_{XY}} f(x, y)\, dxdy = \iint_{R_{UV}} (r\cos\theta, r\sin\theta)rdrd\theta$。

三變數函數之變數轉換：

$$令 \begin{cases} x = f(u, v, w) \\ y = g(u, v, w) \\ z = h(u, v, w) \end{cases} \quad 則 J = \begin{vmatrix} \dfrac{\partial x}{\partial u} & \dfrac{\partial x}{\partial v} & \dfrac{\partial x}{\partial w} \\ \dfrac{\partial y}{\partial u} & \dfrac{\partial y}{\partial v} & \dfrac{\partial y}{\partial w} \\ \dfrac{\partial z}{\partial u} & \dfrac{\partial z}{\partial v} & \dfrac{\partial z}{\partial w} \end{vmatrix} = \dfrac{\partial(x, y, z)}{\partial(u, v, w)}$$

其餘 n 維變數轉換之 Jacobian 可依此類推

座標變換

　　利用上述變數轉換的法則可建立三個直角座標系統（卡式、圓柱、球）之間的座標轉換關係。

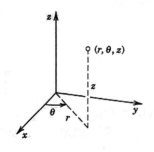

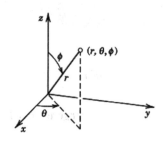

(a)Cylindrical coordinates　　　　(b)Spherical coordinates

(1)卡式$(x, y, z) \leftrightarrow$圓柱$(\rho, \phi, z)$

$$\begin{cases} x = \rho \cos \varphi \\ y = \rho \sin \varphi \\ z = z \end{cases} \Rightarrow \frac{\partial(x, y, z)}{\partial(\rho, \varphi, z)} = \begin{vmatrix} \cos \theta & -\rho \sin \theta & 0 \\ \sin \theta & \rho \cos \theta & 0 \\ 0 & 0 & 1 \end{vmatrix} = \rho$$

$$\therefore \iiint dxdydz = \iiint \rho d\rho d\varphi dz$$

(2)卡式$(x, y, z) \leftrightarrow$球$(\rho, \phi, \varphi)$

$$\begin{cases} x = r \sin \theta \cos \varphi \\ y = r \sin \theta \sin \varphi \\ z = r \cos \theta \end{cases} \Rightarrow \frac{\partial(x, y, z)}{\partial(r, \theta, \varphi)} = \begin{vmatrix} \sin \theta \cos \varphi & r \cos \theta \cos \varphi & -r \sin \theta \sin \varphi \\ \sin \theta \sin \varphi & r \sin \theta \sin \varphi & r \sin \theta \cos \varphi \\ \cos \theta & -r \sin \theta & 0 \end{vmatrix}$$

$$= r^2 \sin \theta$$

$$\therefore \iiint dxdydz = \iiint r^2 \sin \theta \, dr d\theta d\varphi$$

例題：$\displaystyle\int_{-\infty}^{\infty} \exp(-ax^2)dx = \sqrt{\dfrac{\pi}{a}}; a > 0$

証明：　Let

$$I = \int_{-\infty}^{\infty} \exp(-ax^2)dx$$

$$\Rightarrow I^2 = \left(\int_{-\infty}^{\infty} \exp(-ax^2) \, dx \right) \left(\int_{-\infty}^{\infty} \exp(-ay^2) \, dy \right)$$

$$= \int_{-\infty}^{\infty} \int_{-\infty}^{\infty} \exp(-a(y^2 + x^2))dydx$$

$$\Leftrightarrow \begin{cases} x = r \cos \theta \\ y = r \sin \theta \end{cases}$$

$$\Rightarrow I^2 = \int_0^{2\pi} \int_0^{\infty} \exp(-ar^2) r dr d\theta = \int_0^{2\pi} \frac{1}{2a} d\theta = \frac{\pi}{a}$$

$$\therefore \int_{-\infty}^{\infty} \exp(-ax^2) dx = \sqrt{\frac{\pi}{a}}$$

8 機率不等式及中央極限定理

8-1　機率不等式

8-2　大數法則

8-3　中央極限定理

8-1 機率不等式

定理 8-1：Markov inequality

If X is a random variable, $X \geq 0$; then for any value $a > 0$,

$$P(X \geq a) \leq \frac{E[X]}{a}$$

證明：$E[X] = \int_0^\infty x f_X(x)\,dx = \int_0^a x f_X(x)\,dx + \int_a^\infty x f_X(x)\,dx$（95 交大電信）

$$\geq \int_a^\infty x f_X(x)\,dx$$

$$\geq \int_a^\infty x f_X(x)\,dx = a \int_a^\infty f_X(x)\,dx$$

說例：若全班共 60 人，某次機率考試平均 40 分，則可推論超過 80 分
的同學不到 30 人，因

$$P(X \geq 80) \leq \frac{E[X]}{80} = \frac{40}{80} = \frac{1}{2}$$

觀念提示：Let $h(x)$ be nonnegative function, $c > 0$, then

$$P(h(x) \geq c) \leq \frac{E[h(x)]}{c}$$

定理 8-2：Chebyshev inequality

If X is a random variable with mean μ and variance σ^2, then for any value k
> 0

$$P(|X - \mu| \geq k) \leq \frac{\sigma^2}{k^2}$$

證明：$P(|X - \mu| \geq k) = P(|X - \mu|^2 \geq k^2) \leq \dfrac{E[|X - \mu|^2]}{k^2} = \dfrac{Var(X)}{k^2}$

觀念提示： 1. Markov and Chebyshev inequality 之重要性在於即便不知
隨機變數之真正分佈，只要知道其期望值（Markov in-
equality）或知道其期望值與變異數（Chebyshev inequal-
ity）即可推得其機率之極值。

2. Chebyshev inequality 利用變異數來衡量 X 偏離期望值之程

度，X 與 μ 之誤差超過 k 之機率，頂多是 $\dfrac{\sigma^2}{k^2}$。

定理 8-3

由定理 8-2 可得以下 Chebyshev inequality 之一些變形

(1) $P(|X - \mu| < k) \geq 1 - \dfrac{\sigma^2}{k^2}$

(2) $P(|X - \mu| \geq k\sigma) \geq \dfrac{1}{k^2}$

(3) $P(|X - \mu| < k\sigma) \geq 1 - \dfrac{1}{k^2}$

(4) $P(\mu - k < X < \mu + k) \geq 1 - \dfrac{\sigma^2}{k^2}$

證明：(1) $P(|X - \mu| < k) = 1 - P(|X - \mu| \geq k) \geq 1 - \dfrac{\sigma^2}{k^2}$

(2) $P(|X - \mu| \geq k\sigma) \leq \dfrac{\sigma^2}{(k\sigma^2)} = \dfrac{1}{k^2}$

(3) $P(|X - \mu| < k\sigma) \geq 1 - \dfrac{\sigma^2}{(k\sigma^2)} = 1 - \dfrac{1}{k^2}$

(4) 由(1)展開即可得

觀念提示：(2)在說明一隨機變數偏離期望值 k 倍標準差（Standard deviation）之機率至多為 $\dfrac{1}{k^2}$。

例題 1：N fair six-sided die are tossed independently. Let X_i be the point of the ith dice. Use the Chebyshev inequality to estimate the probability that the average point of the dices is in between 3 and 4.

【96 交大資訊聯招】

解　　$E[\overline{X}] = 3.5,\ Var[\overline{X}] = \dfrac{\sigma^2}{N} = \dfrac{35}{12N}$

$\therefore P(3 < \overline{X} < 4) = P(|\overline{X} - 3.5| < 0.5) \geq 1 - \dfrac{\dfrac{\sigma^2}{N}}{0.5^2} = 1 - \dfrac{35}{3N}$

例題2：若某工廠每日之產量平均為 50 個
　　　　(1)求某日產量超過 75 個之機率至多為何？
　　　　(2)若其日產量之變異數為 25 個，求某日產量介於 40 至 60 個
　　　　　之機率至少為何？

　(1)利用 Markov inequality

$$P(X>75) \leq \frac{E[X]}{75} = \frac{50}{75} = \frac{2}{3}$$

　(2)利用 Chebyshev inequality

$$P(|X-50| \leq 10) = P(40 \leq X \leq 60) \geq 1 - \frac{\sigma^2}{(10)^2} = 1 - \frac{1}{4} = \frac{3}{4}$$

例題3：Consider a random variable X in which $P(X \geq 20) = 0.5$, $P(X \leq 10)$
　　　　$= 0.2$, $E[X] = 15$. What is the lower bound for $Var(X) = $？【中央】

解

$$P(X \geq 20) + P(X \leq 10) = 0.7 = P(X \geq 20 \text{ or } X \leq 10)$$
$$= P(|X-15| \geq 5) \leq \frac{Var(X)}{5^2}$$
$$\Rightarrow Var(X) \geq 0.7 \times 25 = 17.5$$

例題4：Two independent random samples of size 8 are drawn from a nor-
　　　　mal population with mean μ and variance 1. If the two sample
　　　　means are $\overline{X_1}$ and $\overline{X_2}$, for what value of k is $P(|\overline{X_1} - \overline{X_2}| > k)$
　　　　$= 0.0456$？　　　　　　　　　　　　　　　　　【交大工工】

解

$$P(|\overline{X_1} - \overline{X_2}| > k) = 0.0456$$
$$\Rightarrow P\left(\frac{|\overline{X_1} - \overline{X_2}|}{\sqrt{\frac{2}{8}}} > \frac{k}{\sqrt{\frac{2}{8}}}\right) = 0.0456$$
$$\left(\because X_1, X_2 \sim N(\mu, 1) \Rightarrow \overline{X_1} - \overline{X_2} \sim N\left(0, \frac{2}{8}\right)\right)$$

$$\Rightarrow P(|Z| > 2k) = 0.0456 \ (Z = 2 \ (\overline{X_1} - \overline{X_2}) \sim N(0, 1))$$

$$P \ (Z > 2k) + P \ (Z < -2k) = 2P \ (Z > 2k)$$

$$= 2(1 - \Phi(2k))$$

$$= 0.0456$$

$$\Rightarrow \Phi(2k) = 0.9772$$

$$\Rightarrow 2k \approx 2 \ （查表） \Rightarrow k \approx 1$$

例題 5：月台上有裝滿三列火車之乘客在等車，若火車進站時間服從 Poisson Process，其中速率 $\lambda = 0.5$train/minute，若 X 代表乘客之等待時間（Minutes），求 $P \ (X \geq 30)$之 Upper bound.

(1)利用 Markov inequality

(2)利用 Chebyshev inequality

Let X_i denote the interarrival time between $(i - 1)$ th and ith train，則 $X_1, X_2, \cdots\cdots$i.i.d., 且 $X_i \sim NE(0.5)$.

The arrival time of the 3rd train is

$$X = X_1 + X_2 + X_3$$

Which is a Γ random variable with parameters $n = 3$, and $\lambda = 0.5$

$$\therefore E[X] = \frac{3}{\lambda} = 6 \quad Var \ (X) = \frac{3}{\lambda^2} = 12$$

$$\therefore M_X(t) = \left(\frac{\lambda}{\lambda - t}\right)^3 = \frac{1}{(1 - 2t)^3}$$

(1) Markov inequality

$$P \ (X \geq 30) \leq \frac{E[X]}{30} = \frac{1}{5}$$

(2) Chebyshev inequality

$$P \ [X \geq 30] = P \ (X - 6 \geq 24) = P[|X - 6| \geq 24] \leq \frac{Var(X)}{24^2} = \frac{1}{48}$$

例題 6：The Taiwan beer company runs a fleet of trucks along 100 miles road. Suppose in a bad week, 20 trucks run out of gas on the way independently. Truck i runs out of gas at a point X_i miles, where $X_i \sim U(0, 100)$.

Let $A_{20} = \dfrac{1}{20}\sum_{i=1}^{n}X_i$

(1) Find the mean and variance of A_{20}

(2) $P(|A_{20} - 50| \le 10) = ?$ 【台大電機】

解

(1) $\because E[X_i] = 50$, $Var(X_i) = \dfrac{100^2}{12}$

$E[A_{20}] = E[X_i] = 50 = \mu$

$Var(A_{20}) = \dfrac{1}{20}Var(X_i) = \dfrac{125}{3} = \sigma^2$

(2) $P(|A_{20} - 50| \ge 10) = P(|A_{20} - \mu| \ge \varepsilon) \le \dfrac{\sigma^2}{\varepsilon^2}$

$\therefore P(|A_{20} - 50| \ge 10) \le \dfrac{\dfrac{125}{3}}{100} = \dfrac{5}{12}$

$\therefore P(|A_{20} - 50| \le 10) \ge 1 - \dfrac{5}{12} = \dfrac{7}{12}$

例題 7：Let X be a random variable that takes on values between 0 and c. That is, $P(0 \le X \le c) = 1$. Show that $Var(X) \le \dfrac{c^2}{4}$ 【95 東華電機】

解

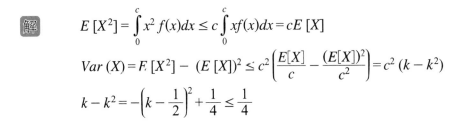

$E[X^2] = \int_0^c x^2 f(x)dx \le c\int_0^c xf(x)dx = cE[X]$

$Var(X) = E[X^2] - (E[X])^2 \le c^2\left(\dfrac{E[X]}{c} - \dfrac{(E[X])^2}{c^2}\right) = c^2(k - k^2)$

$k - k^2 = -\left(k - \dfrac{1}{2}\right)^2 + \dfrac{1}{4} \le \dfrac{1}{4}$

例題 8：Let the probability density function of a random variable X be

$$f(x) = \frac{x^n}{n!}e^{-x}, x \geq 0.$$

Show that

$$P(0 < X < 2n+2) > \frac{n}{n+1}.$$ 【98 成大通訊】

解

$$X \sim \Gamma(n+1, 1) \Rightarrow \begin{cases} E[X] = \dfrac{n+1}{1} = n+1 \\ Var[X] = \dfrac{n+1}{1^2} = n+1 \end{cases}$$

From Chebyshev's inequality, we have

$$P(0 < X < 2\,(n+1)) = P(|X - (n+1)| < (n+1))$$

$$\geq 1 - \frac{Var[X]}{(n+1)^2}$$

$$= 1 - \frac{(n+1)}{(n+1)^2} = 1 - \frac{1}{(n+1)} = \frac{n}{(n+1)}$$

8-2　大數法則

本節將討論機率之收斂性

定理 8-4

弱大數法則（The Weak Law of Large Numbers, WLLN）

Let $X_1, X_2, \cdots, X_n$ be a sequence of independent and identically distributed (i.i.d.) random variables, each having mean $E[X_i] = \mu$. Then, for any $\varepsilon > 0$

$$\lim_{n \to \infty} P\left(\left|\frac{X_1 + X_2 + \cdots + X_n}{n} - \mu\right| > \varepsilon\right) = 0$$

證明：假設 X_i 之變異數為 σ^2，則

$$E\left[\frac{X_1 + X_2 + \cdots + X_n}{n}\right] = \mu$$

$$Var\left(\frac{X_1 + X_2 + \cdots + X_n}{n}\right) = \frac{1}{n^2}(n\sigma^2) = \frac{\sigma^2}{n}$$

利用 Chebyshev inequality

$$P\left(\left|\frac{X_1 + X_2 + \cdots + X_n}{n} - \mu\right| > \varepsilon\right) \leq \frac{\frac{\sigma^2}{n}}{\varepsilon^2} = \frac{\sigma^2}{n\varepsilon^2} \to 0 \text{ as } n \to \infty$$

觀念提示：WLLN 又可表示為

$$\lim_{n \to \infty} P\left(\left|\frac{X_1 + X_2 + \cdots + X_n}{n} - \mu\right| < \varepsilon\right) = 1$$

由 WLLN 不難得到以下定理

定理 8-5

Let X_1, X_2, $\cdots$, X_n be independent Bernoulli random variable, each having parameter p. $S_n = X_1 + X_2 + \cdots\cdots + X_n$，則對任意 $\varepsilon > 0$

$(1) P\left(\left|\frac{S_n}{n} - p\right| \geq \varepsilon\right) \leq \frac{p(1-p)}{n\varepsilon^2}$

$(2) P\left(\left|\frac{S_n}{n} - p\right| \geq \varepsilon\right) \leq \frac{1}{4n\varepsilon^2}$

證明：(1) $\because X_i$ 為 Bernoulli random variable

$\therefore E[X_i] = p, Var(X_i) = p(1-p)$

$\Rightarrow E\left[\frac{S_n}{n}\right] = p, Var\left(\frac{S_n}{n}\right) = \frac{np(1-p)}{n^2}$

利用 Chebyshev inequality

$$P\left(\left|\frac{S_n}{n} - p\right| \geq \varepsilon\right) \leq \frac{\frac{p(1-p)}{n}}{\varepsilon^2} = \frac{r(1-r)}{n\varepsilon^2}$$

$(2)\, p(1-p) = p - p^2 = \frac{1}{4} - \left(p - \frac{1}{2}\right)^2 \leq \frac{1}{4}$

$\therefore \frac{p(1-p)}{n\varepsilon^2} \leq \frac{1}{4n\varepsilon^2}$

$\therefore P\left(\left|\frac{S_n}{n} - p\right| \geq \varepsilon\right) \leq \frac{1}{4n\varepsilon^2}$

定理 8-6

強大數法則（Strong Law of Large Numbers, SLLN）

Let X_1, X_2, $\cdots$, X_n be a sequence of *i.i.d.* random variables, each having mean $E[X_i] = \mu$，則

$$P\left(\lim_{n \to \infty} \frac{X_1 + X_2 + \cdots + X_n}{n} = \mu\right) = 1$$

觀念提示：對 SLLN 而言

$$\frac{X_1 + X_2 + \cdots + X_n}{n} \xrightarrow{a.s.} \mu \qquad （幾乎確定收斂）$$

而 WLLN

$$\frac{X_1 + X_2 + \cdots + X_n}{n} \xrightarrow{P} \mu \qquad （機率型收斂）$$

例題 9：$X_0, X_1, X_2, \cdots, X_n$ be a sequence of *i.i.d.* Poisson random variables, each having mean 1. $Y_i = X_0 + X_i$。Let $S_n = \sum_{i=1}^{n} Y_i$. Find $\lim_{n \to \infty} P\left(\left|\frac{S_n}{n} - 1\right| < \frac{1}{4}\right)$ $= ?$ 【93 清大通信】

解　$S_n = \sum_{i=1}^{n} Y_i = nX_0 + X_1 + \cdots + X_n$

$\Rightarrow \lim_{n \to \infty} \frac{S_n}{n} = \lim_{n \to \infty} \left(X_0 + \frac{X_1 + \cdots + X_n}{n}\right) = X_0 + 1$

$\therefore \lim_{n \to \infty} P\left(\left|\frac{S_n}{n} - 1\right| < \frac{1}{4}\right) = P\left(|X_0| < \frac{1}{4}\right) = P(X_0 = 0) = \exp(-\lambda)$

8-3　中央極限定理

中央極限定理（Central limit theorem）在說明一序列獨立且具相同分佈之隨機變數，不論其機率分佈為何，只要數量夠多，其平均數之機率密度函數均可以常態分佈（Normal distribution）近似之。

定理 8-7：The Central limit theorem (CLT)

Let X_1, $X_2 \cdots\cdots X_n$ be a sequence of independent and identically distributed (i. i.d.) random variables, each having mean μ, and variance σ^2, then

$$Z_n = \frac{\overline{X_n} - \mu}{\frac{\sigma}{\sqrt{n}}} \xrightarrow{d} Z \sim N(0, 1)$$

其中 $\overline{X_n} = \frac{1}{n}\sum_{i=1}^{n} X_i$

觀念提示：　1. $\lim\limits_{n \to \infty} P(Z_n < x) = \Phi(x)$; $-\infty < x < \infty$

2. 通常要求 $n \geq 30$ 即可滿足 CLT

3. $\overline{X_n}$ 之分佈近似於以平均數 μ，變異數為 $\frac{\sigma^2}{n}$ 之常態分佈

$$\overline{X_n} \xrightarrow{d} N\left(\mu, \frac{\sigma^2}{n}\right)$$

證明：$E[\overline{X_n}] = \frac{1}{n}\sum_{i=1}^{n} E[X_i] = \frac{1}{n}n\mu = \mu$

$Var(\overline{X_n}) = Var\left(\frac{1}{n}X_1 + \frac{1}{n}X_2 + \cdots + \frac{1}{n}X_n\right)$

$= \frac{1}{n^2}[Var(X_1) + Var(X_2) + \cdots + Var(X_n)]$

$= \frac{1}{n^2}n\sigma^2$

$= \frac{\sigma^2}{n}$

4. $X = X_1 + X_2 + \cdots + X_n$ 之分佈，當 n 夠大，近似於以平均數 $n\mu$，變異數 $n\sigma^2$ 之常態分佈 $X \xrightarrow{d} N(n\mu, n\sigma^2)$

例題 10：Let $X_1, X_2, X_3, \cdots$ be a sequence of independent and identical random variables, each with expectation μ and variance σ^2. Prove that the distribution $\dfrac{X_1 + X_2 + \cdots + X_n - n\mu}{\sigma\sqrt{n}}$ converges to the distribution of a standard normal random variable.　【97 成大電腦與通訊所】

解　Let $Y_n = \dfrac{1}{\sigma\sqrt{n}}\left(\sum\limits_{i=1}^{n} X_i - n\mu\right)$, let $M_n(t) = E\left[e^{tY_n}\right]$, $M(t) = E\left[e^{tX_i}\right]$

$M_n(t) = E\left[e^{t\frac{1}{\sigma\sqrt{n}}\left(\sum\limits_{i=1}^{n} X_i - n\mu\right)}\right] = \exp\left[-\dfrac{n\mu t}{\sigma\sqrt{n}}\right] E\left[e^{\frac{\sum\limits_{i=1}^{n} X_i}{\sigma\sqrt{n}}}\right]$

$\qquad = \exp\left[-\dfrac{\mu t}{\sigma\sqrt{n}}\right]\left[M\left(\dfrac{t}{\sigma\sqrt{n}}\right)\right]^n$

$\Rightarrow \ln M_n(t) = -\dfrac{\mu t}{\sigma\sqrt{n}} + n \ln M\left(\dfrac{t}{\sigma\sqrt{n}}\right)$ \hfill (a)

$\because M(t) = e^{\mu t + \frac{1}{2}\sigma^2 t^2}$

$\therefore \ln M\left(\dfrac{t}{\sigma\sqrt{n}}\right) = u\dfrac{t}{\sigma\sqrt{n}} + \dfrac{t^2}{2n}$ \hfill (b)

Substitute (b) into (a), we have

$\ln M_n(t) = -\dfrac{n\mu t}{\sigma\sqrt{n}} + n \ln M\left(\dfrac{t}{\sigma\sqrt{n}}\right)$

$\qquad = \dfrac{1}{2}t^2$

$\Rightarrow M_n(t) = e^{\frac{1}{2}t^2}$

$\therefore \lim\limits_{n\to\infty} Y_n = N(0, 1)$

定理 8-8

Let X_1, $X_2 \cdots\cdots X_n$ be a sequence of i.i.d. random variables, each having mean μ, and variance σ^2，令 $X = X_1 + \cdots + X_n$，$\overline{X}_n = \dfrac{1}{n}X$，則

(1) $P\left(\dfrac{\overline{X}_n - \mu}{\dfrac{\sigma}{\sqrt{n}}} \leq x\right) = \Phi(x)$

(2) $P(X \leq x) = \Phi\left(\dfrac{x - n\mu}{\sigma\sqrt{n}}\right)$

(3) $P(\overline{X}_n \leq x) = \Phi\left(\dfrac{x - \mu}{\dfrac{\sigma}{\sqrt{n}}}\right)$

證明：(1)為 CLT

(2)$P(X \leq x) = P(X_1 + \cdots + X_n \leq x) = P\left(\dfrac{X - n\mu}{\sigma\sqrt{n}} \leq \dfrac{x - n\mu}{\sigma\sqrt{n}}\right) = \Phi\left(\dfrac{x - n\mu}{\sigma\sqrt{n}}\right)$

(3)$P(\overline{X_n} \leq x) = P\left(\dfrac{\overline{X_n} - \mu}{\dfrac{\sigma}{\sqrt{n}}} \leq \dfrac{x - \mu}{\dfrac{\sigma}{\sqrt{n}}}\right) = \Phi\left(\dfrac{x - \mu}{\dfrac{\sigma}{\sqrt{n}}}\right)$

CLT 在二項分佈上的應用：

若 X 為具參數 n, p 之二項分佈，參考前章所述，代表了在 n 次獨立的試驗中（Independent trials）成功的次數，其中每次試驗成功之機率為 p，依前章所述，X 可表示為 n 個指標函數之和：

$$X = X_1 + X_2 + \cdots\cdots + X_n$$

其中 $X_i = \begin{cases} 1 \text{；若第 } i \text{ 次試驗成功} \\ 0 \text{；若第 } i \text{ 次試驗失敗} \end{cases}$

可輕易求出

$$E[X_i] = p, \ Var(X_i) = p(1 - p)$$

故由 CLT 可得若 n 夠大，隨機變數

$$Z_n = \dfrac{\overline{X_n} - p}{\sqrt{\dfrac{p(1 - p)}{n}}} \xrightarrow{d} N(0, 1)$$

下圖顯示 $(n, p) = (10, 0.7), (20, 0.7), (30, 0.7), (50, 0.7)$ 時 X 之 PMF，顯然的，當 n 變大時，X 近似於常態分佈

$$X \xrightarrow{d} N(np, np(1 - p))$$

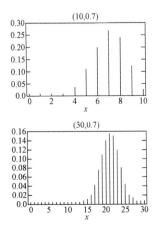
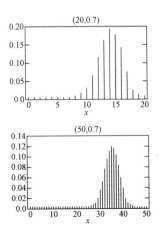

觀念提示：二項分佈之PMF當 p 很大時（成功率高）收斂至常態分佈，
但當 p 很小時（成功率低）收斂至 Poisson 分佈

例題 11：Let S_n be the sum of n independent Bernoulli trials with $p = \frac{1}{2}$.
Compute $P(90 \leq S_{200} \leq 110)$　　　　　　　　【清大資工】

解　　$E[S_{200}] = 200 \times \dfrac{1}{2} = 100$

$Var(S_{200}) = 200 \times \dfrac{1}{2} \times \left(1 - \dfrac{1}{2}\right) = 50$

$\therefore P(90 \leq S_{200} \leq 110) = P\left(\dfrac{-10}{\sqrt{50}} \leq \dfrac{S_{200} - 100}{\sqrt{50}} \leq \dfrac{10}{\sqrt{50}}\right)$

$\qquad\qquad\qquad\qquad\quad = \Phi\left(\dfrac{10}{\sqrt{50}}\right) - \Phi\left(\dfrac{-10}{\sqrt{50}}\right)$

$\qquad\qquad\qquad\qquad\quad = 2\Phi(\sqrt{2}) - 1$

$\qquad\qquad\qquad\qquad\quad \approx 0.842$

例題 12：設燈泡之壽命為指數分佈，期望值為 10 天，求一年（365
天）中需要 50 個以上燈泡之機率？

解　　$E[X] = 10 = \dfrac{1}{\lambda} \Rightarrow \lambda = \dfrac{1}{10}$

$\therefore Var(X) = \dfrac{1}{\lambda^2} = 100$

一年需要 50 個以上之燈泡 $\Rightarrow$ 50 個燈泡之壽命和小於 365 天

$P(S_{50} \leq 365) = P\left(\dfrac{S_{50} - 500}{\sqrt{50 \times 100}} \leq \dfrac{365 - 500}{\sqrt{50 \times 100}}\right)$

$\qquad\qquad\quad = \Phi\left(\dfrac{365 - 500}{\sqrt{5000}}\right)$

$\qquad\qquad\quad = \Phi(-1.91)$

$\qquad\qquad\quad \approx 0.028$

例題 13：Candidates A and B are running for office and 55% of the electorate favor candidate B. What is the probability that in a sample of size 100 at least one-half of those samples will favor candidate A?

【交大資工】

解

$$X_i = \begin{cases} 0, & \textit{ith individual favors candidate B} \\ 1, & \textit{ith individual favors candidate A} \end{cases}$$

$i = 1, 2, \cdots 100$

and $P(X_i = 1) = 0.45$，$i = 1, 2, \cdots 100$

therefore,

$$P\left(\sum_{i=1}^{100} X_i \geq 50\right) = P\left(\frac{\sum X_i - 45}{\sqrt{100 \times 0.45 \times 0.55}} \leq \frac{50 - 45}{\sqrt{100 \times 0.45 \times 0.55}}\right)$$

$$= P(Z \geq 1.01) \quad \text{where } Z = \frac{(\sum X_i - 45)}{\sqrt{100 \times 0.45 \times 0.55}}$$

and use the central limit theorm

$$\approx 0.1562$$

例題 14：If 100 random numbers are selected independently, each uniformly distributed over $(0, 1)$, we are interested in the probability that the sum of these number is at least 45.

Using CLT to obtain an approximation of this probability.

【91 清大通訊】

Let $X = X_1 + \cdots + X_{100}$

$X_i \sim U(0, 1)$

$\Rightarrow E[X_i] = \dfrac{1}{2}, \; Var(X_i) = \dfrac{1}{12}$

$\therefore E[X] = \dfrac{1}{2} \times 100 = 50$

$Var(X) = \dfrac{1}{12} \times 100 = \dfrac{100}{12}$

$$P\,(X \ge 45) = P\left(\dfrac{X-50}{\dfrac{10}{2\sqrt{3}}} \ge \dfrac{-5}{\dfrac{5}{\sqrt{3}}}\right) = P\,(Z \ge -\sqrt{3})$$
$$= 1 - \Phi\,(-\sqrt{3})$$
$$= \Phi\,(\sqrt{3})$$

例題 15：某速食店提供免下車快速購餐服務，若已知顧客被服務時間平均 3.2 minutes，標準差 $\sigma = 1.6$ minutes，觀察 64 位顧客，則他們平均被服務之時間

(1)最多 0.7 分鐘之機率

(2)超過 3.5 分鐘之機率

(3)介於 3.2 分鐘及 3.4 分鐘之機率

解

$n = 64 \Rightarrow \mu_X = 3.2,\ \sigma_{\overline{X}} = \dfrac{\sigma}{\sqrt{n}} = \dfrac{1.6}{8} = 0.2$

(1) $P\,(\overline{X} < 0.7) = P\left(Z < \dfrac{0.7-3.2}{0.2}\right) = P\,(Z < -2.5) = 1 - \Phi(2.5)$
$\qquad\quad = 0.0062$

(2) $P\,(\overline{X} > 3.5) = P\left(Z > \dfrac{3.5-3.2}{0.2}\right) = P\,(Z > 1.5) = 1 - \Phi(1.5) = 0.0668$

(3) $P(3.2 < \overline{X} < 3.4) = P\left(0 < Z < \dfrac{3.4-3.2}{0.2}\right)$
$\qquad\qquad\qquad\quad = P(0 < Z < 1)$
$\qquad\qquad\qquad\quad = \Phi(1) - \Phi(0)$
$\qquad\qquad\qquad\quad = 0.8413 - 0.5$
$\qquad\qquad\qquad\quad = 0.3413$

例題 16：$X_1, \cdots, X_{10}\ i.i.d.\ X_i \sim Po(1)$

(1)利用 Markov inequality, 求出 $P\,(X_1 + \cdots + X_{10} > 15)$ 之範圍

(2)利用 CLT, 求出 $P\,(X_1 + \cdots + X_{10} > 15)$ 之近似值

解　　(1) $P(X_1 + \cdots + X_{10} > 15) \leq \dfrac{E[X_1 + \cdots + X_{10}]}{15} = \dfrac{10}{15} = \dfrac{2}{3}$

(2) Let $Z = X_1 + X_2 + \cdots + X_{10} \rightarrow N(10\mu, 10\sigma^2) = N(10, 10)$

$\therefore P(Z > 15) = \displaystyle\int_{15}^{\infty} \dfrac{1}{\sqrt{2\pi \times 10}} \exp\left(-\dfrac{(Z-10)^2}{20}\right) dz$

Let $Y = \dfrac{Z-10}{\sqrt{10}}$

$\Rightarrow P(Z > 15) = \displaystyle\int_{\frac{5}{\sqrt{10}}}^{\infty} \dfrac{1}{\sqrt{2\pi}} \exp\left(-\dfrac{y^2}{2}\right) dy$

$= 1 - \Phi\left(\dfrac{5}{\sqrt{10}}\right)$

$= 0.0571$

例題 17：There are 144 baseballs, each of which has a mean weight of 5 ounces and a standard deviation of 0.4 ounces. Assume that the weight of individual baseballs are independent and let T represents the total weight of 144 baseballs.

(1) Use Chebyshev inequality to bound the probability $P(710 < T < 730)$

(2) Use CLT to estimate $P(710 < T < 730)$　　【92 北科大電控】

解　　(1) $E[T] = 144 \times 5 = 720$

$Var(T) = 144 \times (0.4)^2 = (4.8)^2$

$P(710 < T < 730) = P(|T - 720| < 10) \geq 1 - \dfrac{(4.8)^2}{10^2} = 0.7696$

(2) $P(710 < T < 730) = P\left(\dfrac{-10}{4.8} < \dfrac{T - 720}{4.8} < \dfrac{10}{4.8}\right) = \Phi\left(\dfrac{25}{12}\right) - \Phi\left(-\dfrac{25}{12}\right)$

$= 2\Phi\left(\dfrac{25}{12}\right) - 1$

例題 18：A fair coin is tossed 1000 times. Use CLT to estimate the probability that the number of heads is between 400 and 600

【93 中正電機】

解　　Let $X = X_1 + X_2 + \cdots + X_{1000}$

$X \sim Bi(1000, 0.5)$

$\therefore E[X] = 500,\ Var(X) = 250$

$\Rightarrow X \sim N(500, 250)$

$\therefore P(400 \leq X \leq 600) = P\left(\dfrac{400 - 500}{5\sqrt{10}} \leq \dfrac{X - 500}{5\sqrt{10}} \leq \dfrac{600 - 500}{5\sqrt{10}}\right)$

$\qquad\qquad\qquad\qquad\qquad = \Phi(2\sqrt{10}) - \Phi(-2\sqrt{10})$

$\qquad\qquad\qquad\qquad\qquad = 2\Phi(2\sqrt{10}) - 1$

例題 19：$Y = X_1 X_2 \cdots X_n$, $X_i > 0$, $X_1,\ \cdots,\ X_n$ are independent random variables. Show that for large n, the density of Y is lognormal.

【94 暨南通訊】

 解　　$\ln Y = \ln X_1 + \cdots + \ln X_n = X$

$\Rightarrow X \sim N(\mu, \sigma^2)$

例題 20：$X_1,\ \cdots,\ X_n$ are i.i.d. random variables. $X_i \sim N(0, 1)$. $S_n = X_1^2 + \cdots + X_n^2$. Find $\lim\limits_{n \to \infty} P(S_n \leq n + 2\sqrt{2n}) = ?$　　【92 清大通訊】

 解　　Let $Y_i = X_i^2 \Rightarrow E[Y_i] = 1$, $Var(Y_i) = E[X^4] - (E[X^2])^2 = 3 - 1 = 2$

$S_n = X_1^2 + \cdots + X_n^2 = Y_1 + \cdots + Y_n \sim N(n, 2n)$

$P(S_n \leq n + 2\sqrt{2n}) = P\left(\dfrac{S_n - n}{\sqrt{2n}} \leq 2\right) = \Phi(2)$

例題 21：Let $\overline{X_1}$ be a sample mean based on a random sample of size 25 drawn from a normal population with mean 8 variance 16. Let $\overline{X_2}$ be the sample mean based on the other independent random sample of size 36 drawn from a normal population with mean 5 and variance 9. What is the PDF of $\overline{X_1} - \overline{X_2}$?　　【85 交大電子】

解　Let $X_i \sim N(8, 16)$

$$\overline{X_1} = \frac{1}{25} \sum_{i=1}^{25} X_i \Rightarrow \overline{X_1} \sim N\left(8, \frac{16}{25}\right)$$

$Y_i \sim N(5, 9)$

$$\overline{X_2} = \frac{1}{36} \sum_{i=1}^{36} Y_i \Rightarrow \overline{X_2} \sim N\left(5, \frac{9}{36}\right)$$

$\therefore X_i, Y_i$ 獨立

$\therefore \overline{X_1}, \overline{X_2}$ 獨立

Let $Z = \overline{X_1} - \overline{X_2} \Rightarrow E[Z] = 8 - 5 = 3$

$$Var(Z) = Var(X_1) + Var(X_2) = \frac{89}{100}$$

$$\therefore N \sim N\left(3, \frac{89}{100}\right)$$

例題 22：A fuse manufacturer knows that 5% of this production is defective. He gives a guarantee on his shipment to 10000 fuses by promising to refund the money if more than c fuses are defective. Determine the smallest value of c so that he need not give a refund more than 1% of the time, next, calculate this value by using of Chebyshev's inequality, and compare with the above result. Reference data:

For $\phi(z) = P\{Z \le z\}$, where $Z \sim N(0, 1)$

$\phi(2.327) = 0.99$, $\phi(2.575) = 0.995$　　　　　【97 北科大通訊】

解　(1) CLT, $X \sim N(500, 475)$

$$\Rightarrow P(X \le c) = P\left(\frac{X - 500}{\sqrt{475}} \le \frac{c - 500}{\sqrt{475}}\right) = P\left(Z \le \frac{c - 500}{\sqrt{475}}\right) \ge 0.99$$

$$\Rightarrow \phi\left(\frac{c - 500}{\sqrt{475}}\right) \ge 0.99$$

$$\Rightarrow \frac{c - 500}{\sqrt{475}} \ge 2.327$$

(2) want $P(X \ge c) \le 0.01$; $X \ge 0$, $c \ge 0$

$$\Rightarrow P(|X| \geq |c|) \leq 0.01 \Rightarrow P(|X - 500| \geq |c - 500|) \leq 0.01$$

$$\Rightarrow \frac{\sigma^2}{|c - 500|^2} \leq 0.01 \Rightarrow |c - 500|^2 \geq 47500$$

$$\Rightarrow c - 500 \geq 218$$

$$\Rightarrow c \geq 718$$

例題 23：The attached table provides the numerical values of $\Phi(n) = P(N \leq n)$, where N is a standard normal random variable. Let $X_1, X_2, \cdots, X_{100}$ be independent identically distributed random variables uniformly distributed on $[1 - \sqrt{3}, 1 + \sqrt{3}]$. The sample mean is defined as $Y = (X_1 + \cdots + X_{100})/100$. Use the central limit theorem to estimate $P(Y \geq 1.05)$.

n	0.49	0.50	0.51	0.52
$\Phi(n)$	0.6879	0.6915	0.6950	0.6985

【99 台聯大】

解

$$X_i \sim U(1 - \sqrt{3}, 1 + \sqrt{3}) \Rightarrow E[X_i] = 1, Var(X_i) = 1$$

$$Y \equiv \frac{1}{100}(X_1 + \cdots + X_{100}) \Rightarrow Y \sim N\left(1, \frac{1}{100}\right)$$

$$P(Y \geq 1.05) = P\left(\frac{Y - 1}{\frac{1}{10}} \geq \frac{1.05 - 1}{\frac{1}{10}}\right)$$

$$= 1 - \Phi(0.5) = 1 - 0.6915 = 0.3085$$

例題 24：The probability that a certain diode will fail before 1500 hours' service equals 0.4. If 10,000 such diodes are tested, use the central limit theorem to estimate the probability that between 3950 and 4180 will have failed before 1500 hours. 【100 台聯大工數 B】

解

$$X \sim N(10^4 \times 0.4, 10^4 \times 0.4 \times 0.6) = N(4000, 2400)$$

$$\Rightarrow P(3950 < X < 4180) = P\left(\frac{3950-4000}{\sqrt{2400}} < \frac{X-4000}{\sqrt{2400}} < \frac{4180-4000}{\sqrt{2400}}\right)$$
$$= \Phi\left(\frac{9}{\sqrt{6}}\right) - \Phi\left(\frac{-5}{2\sqrt{6}}\right)$$

精選練習

1. (a)陳述 Chebyshev inequality
   (b)根據過去之經驗，某教授知道學生之考試成績為一具有期望值 75 變異數 25 之隨機變數，求某一學生之考試成績介於 65 分至 85 分之機率？

2. 若 X 表成人之身高，若 $E[X] = 5.5$ feet，利用 Markov inequality，求出 $P(X \geq 11)$ 之 bound？

3. 接續上題，若 $\sigma_X = 1$，使用 Chebyshev bound 求出 $P(X \geq 11)$ 之 bound？

4. 若 W 代表山羊之體重，$E[W] = 50$ 磅，$\sigma_W = 100$，隨機選擇一山羊，根據山羊體重之平均值，求出此山羊之體重大於 200 磅之機率上限？

5. 一發射機傳送 10^6 bits（位元）其中每個 bit 為「0」or「1」之機率均等且相互獨立
   (1)求至少有 502000 個「1」之機率
   (2)至少有 499000 個但不超過 501000 個「1」之機率

6. 電話可分類為語音（V）與數據（D），其中 $P(V) = 0.8$，$P(D) = 0.2$，每通電話相互獨立，若 A_n 代表在 n 個電話中語音電話之次數，求
   (1)$E[A_{100}]$ (2)$\sigma_{A_{100}}$
   (3)$P(A_{100} \geq 18)$ (4)$P(16 \leq A_{100} \leq 24)$

7. $X_1, X_2, \cdots\cdots, X_n$ are independent uniform random variable, all with expected value $\mu_X = 7$, $Var(X) = 3$
   (1)若 $\overline{X_n} \equiv \dfrac{X_1 + X_2 + \cdots\cdots + X_n}{n}$, the sample mean with n trials, what is $Var(\overline{X_{16}}) = $?
   (2)$P(X_1 > 9) = $?
   (3) Use central limit theorem to estimate $P(\overline{X_{16}} > 9)$

8. 丟擲一公平的硬幣 n 次，每次丟擲之結果相互獨立。當 n 趨近無窮大，X_n 代表 n 次丟擲中正面出現之次數，說明你（妳）對 X_n 之看法？
   (1)根據 central limit theorem？
   (2)根據 the law of large numbers？

9. Suppose that X is a random variable for which $E(X) = 10$, $P(X \leq 7) = 0.2$, $P(X \geq 13) = 0.3$,

Prove that $Var(X) \geq \dfrac{9}{2}$

10. A die is rolled 420 times, what is the probability that sum of the rolls lies between 1400 and 1540？ 【台大電機】

11. 令一錢幣正面之值為 $X=1$，背面之值為 $X=0$。若將此錢幣扔 N 次，並將 N 次結果相加再除以 N，得 $X_N = \dfrac{1}{N}\sum_{i=1}^{N} X_i$

(1)若 $N=2$，X_N 之值有哪些？其機率各為何？並做圖表示。

(2)若 $N=10$，回答(1)中各問題。

(3)何謂中央極限定理（Central limit theorem）？或大數法則？ 【交大電物】

12. Assume that the time between telephone calls arriving at a telephone switch is exponentially distributed with a mean of 3 seconds and the first call arrives at $t=3$ seconds. Find the probability that the 4000th call occurs in the time interval $t=3$ hours 19 minutes and $t=3$ hours 21 minutes. 【交大電信】

13. 已知隨機變數 X 具有期望值 $\mu=8$，變異數 $\sigma^2=9$，但其機率分佈未知。求：

(1)$P(-4<X<20)$

(2)$P(|X-8| \geq 6)$

14. 一枚公正的硬幣被投擲 1000 次，取隨機變數 X 表示人面的出現次數，求 $P(250 \leq X \leq 800)=$？ 【清華統計】

15. 已知某中央電腦系統，其單位時間執行程式數目為具有平均每小時 1 件之 Poisson 分佈：

(1)若 N 為每週執行件數，求 N 之機率質量函數？

(2)試以誤差函數估計 $P(N \geq 172)$之值？ 【台大電機】

16. 已知隨機變數之動差母函數 $M_X(t)=(t^2+t)/2$ 試以 Chebyshev inequality 估計 $P[-2<X<3]$之下限？ 【91 交大電子】

17. 已知某隨機變數 X，其機率密度函數 $f(x)$在區間$[a, b]$之外均為 0，證明：$a \leq E[X] \leq b$ 【清華核工】

18. 已知函數 $h(x)$為恆正，且在區間 (a, b)上有 $h(x) \geq c$，證明 $P[a<X<b] \leq \dfrac{E[h(x)]}{c}$ 【交大資訊】

19. 已知某工廠每日生產數量之平均值為 75，變異數為 25，以 Chebyshev inequality 估計每日生產數量介於 60 與 90 之機率？ 【90 交大資訊】

20. 某工廠每週產量為具有平均值 100 以及變異數 400 之隨機變數 X，以 Markov inequality 估計 $P(X \geq 120)$之上限？ 【91 交大統計】

21. 連續擲一枚公正的骰子，直到點數和大於或等於 360 為止，求至少需要擲 100 次之機率？ 【82、85 交大資訊】

22. 已知某人用一枚不公正之硬幣進行遊戲，該硬幣出現正面之機率為 0.6，規則為若出現正面，則此人將獲得一元，否則將輸 1.5 元；求在進行 100 次之後，此人贏得 20 元以上之機率？　　　　　　　　　　　　　　　　　　　　　【交大資訊】

23. 某人進行一項勝負機率皆為 $p = 0.5$ 之遊戲，而每次之機率均為互相獨立且賭注為 1 元，取 S_n 為玩 n 次之後的贏輸錢數，求 $E[S_n]$ 及 $Var[S_n]$ 之值，並問 $P[-50 \le S_{10000} \le 50] = ?$　　　　　　　　　　　　　　　　　　　　　　　　【86 交大統研】

24. 有 1200 個數字被 4 捨 5 入後到最接近的整數後，再相加在一起，而每個數字因 4 捨 5 入所造成的誤差服從 $U(0.5, 0.5)$ 之分佈，求相加之結果與真實值差異大於 3 之機率？　　　　　　　　　　　　　　　　　　　　　　　　　　　【交大資科】

25. Let $X_1, X_2, \cdots$ be i.i.d. Poisson random variables with parameter 1. Using the Central limit theorem to calculate $\lim\limits_{n \to \infty} \sum\limits_{i=0}^{n} e^{-n} \dfrac{n^i}{i!}$　　　　　　　　　【98 台聯大】

26. Find the probability that among 10,000 random digits, the digit 7 appears not more than 971 times. (please give your answer in terms of $\Phi(y) = \dfrac{1}{\sqrt{2\pi}} \int_{-\infty}^{y} e^{x/2} \, dx$).　【97 交大電信所】

27. A fair coin is tossed 400 times. Let the random variable X be the number of heads.

(1) What is expected value of X?

(2) What is the standard deviation of X?

(3) Describe how you can estimate $P(100 \le X \le 200)$ by the central limit theorem.

　　　　　　　　　　　　　　　　　　　　　　　　　　　　　【97 交大電機】

28. A mathematician decides to reconstruct the whole probability theory based on a new set of probability axioms. The new set of probability axioms has three axioms. Two of them are the same as the axioms that we have been used in the original probability theory. The only different one is the axiom that states $P\{S\} = 3$, which is different from the axiom of $P\{S\} = 1$ that we have commonly used. This means that in the new set of probability axioms, probability now summed up to 3, not 1. Based on this new set of probability axioms, the new probability theory is constructed, which is quite different from the original probability theory we have now. However, the same definition of expectation is still used for the new probability theory, i.e.

$$E[X] = \sum_{x=-\infty}^{\infty} xP\{X=x\},$$

where $P\{X-x\}$ denotes the probability of $X=x$. Answer the following questions:

(a) Consider the experiment of flipping a coin n times. Let random variable X denote the number of heads we see in the experiment. Assume that the coin is a fair coin. According to the new set of probability axioms, what should the probability of $X=x$ be in the new probability theory? Clealy explain why your answer is correct in detail.

(b)Does the original law of large numbers (LLN) still hold in the new probabiity theory? Clearly explain why yes or why not in detail.

(c)Does the definition of conditional probability $P\{A|B\} = \dfrac{P\{A \cap B\}}{P\{B\}}$ still work fine in the new probability theory? Clearly explain why yes or why not in detail.【100 台大電信】

29. Suppose that random variable X is exponential distributed. Let the random variable Y be $Y = 2X + 3$. Solve the following questions.

(a)Use Chebyshev inequality to derive the lower bound for $P(|Y - m_Y| \leq 3)$.

(b)Find the PDF of Y. 【96 中正電機（信號）、通訊（網路、系統）】

30. Prove the inequality that for an arbitrary random variable X, two arbitrary numbers a and n, and $\varepsilon > 0$, we have $P(|X - a|^n \geq \varepsilon^n) \leq \dfrac{E[|X - a|^n]}{\varepsilon^n}$ 【95 中山通訊】【95 台科大電子】

31. Let X be a nonnegative random variable. Prove that for any $t > 0$, $P\ (X \geq t) \leq \dfrac{E(X)}{t}$.

【97 交大資訊】

32. $X_1, X_2, \cdots, X_{150}$ are 150 i.i.d (independent and identically distributed) random variables each with the following PDF (probability density function).

$$f(x) = \begin{cases} 1 - |x|; |x| \leq 1 \\ 0;\ otherwise \end{cases}$$

find the probability $P(|X_1 + \cdots\cdots + X_{150}| \geq 12)$ 【95 暨南資工】

33. Let $\{X_i\}_{i=1,2,\cdots}$ be an i. i. d. sequence of uniform random variables in the interval $(-\pi, \pi)$. Give an approximation of the probability distribution for $Y = \dfrac{X_1 + \cdots + X_n}{n}$ when $n \to \infty$

【96 中興電機通訊】

9 取樣與估計

9-1　取樣

9-2　點估計器

9-3　最大可能性估計器

9-4　區間估計

9-1　取樣

　　對於一未知其機率分佈的隨機變數，我們必須先經由取樣獲得一些數據，再藉由這組數據進行分析以解釋此未知分佈，此即為統計學的基礎。故在統計學中有兩個根本的觀念：母體與樣本。

　　母體即為整個被觀測的對象，從母體中以隨機方式進行 n 次取樣，此 n 個樣本在量測前與量測後之意義是不同的，在量測前每個取樣 X_1, $X_2, \cdots, X_n$ 皆可視為一隨機變數，稱之為樣本，且其分佈服從母體分佈。在量測之後所得到的便是一組數據（數字），$x_1, x_2, \cdots, x_n$。

定義：簡單樣本

　　自母體中以隨機方式進行 n 次取樣，若取樣滿足下列三條件稱為簡單樣本

　　(1)取樣之數量 n 為一常數

　　(2)樣本 $X_1, \cdots, X_n$ 為相互獨立

　　(3)$X_1, \cdots, X_n$ 之機率分佈服從母體之機率分佈

　　若取樣次數 n 並非一常數，而是另一個與 X_i 互相獨立之非負整數隨機變數。定義隨機變數 $Y = X_1 + \cdots + X_N$，則 Y 之期望值與變異數，可由以下定理獲得。

定理 9-1

若 X_i, N, Y 之期望值分別表示為 μ_X, μ_N, μ_Y，$Y = \sum_{i=1}^{N} X_i$

變異數分別表示為 $\sigma_X^2, \sigma_N^2, \sigma_Y^2$，則有

(1)$\mu_Y = \mu_X \mu_N$

(2)$\sigma_Y^2 = \mu_N \sigma_X^2 + \mu_X^2 \sigma_N^2$

證明　(1)$\mu_Y = E\left[\sum_{i=1}^{N} X_i \right]$

$\qquad\qquad = E\left[E\left[\sum_{i=1}^{N} X_i \mid N \right] \right]$

$$= E\,[N\mu_X]$$

$$= \mu_X E\,[N]$$

$$= \mu_X \mu_N$$

$$(2)\,\sigma_Y^2 = Var\left[\sum_{i=1}^{N} X_i\right]$$

$$= E\left[E\left[\left(\sum_{i=1}^{N} X_i\right)^2\Big| N\right]\right] - \left(E\left[\sum_{i=1}^{N} X_i\right]\right)^2$$

$$= E\left[Var\left(\sum_{i=1}^{N} X_i\right) + \left[E\left(\sum_{i=1}^{N} X_i\right)\right]^2\right] - \left(E\left[\sum_{i=1}^{N} X_i\right]\right)^2$$

$$= E\,[NVar\,(X) + (N\mu_X)^2] - \mu_X^2 \mu_N^2$$

$$= \mu_N \sigma_X^2 + \mu_X^2((E\,[N^2] - \mu_N^2)$$

$$= \mu_N \sigma_X^2 + \mu_X^2 \sigma_N^2$$

例題 1：某電話系統每天收到之電話數目 N 為參數 $\lambda = 1000$ 之 Poisson 隨機變數，通話時間 X 則為 Gamma$(3, 0.1)$ 之分佈，且 X 與 N 互為獨立。求

(1)$E\,[N],\ E\,[X] = ?$

(2)每日通話總時間之平均值與變異數　　　【83 台大電機】

---

(1)$\mu_N = 1000$

$$\mu_X = \int_0^\infty x\,\frac{(0.1)^3}{2!}\,x^2\,e^{-\frac{x}{10}}\,dx = \frac{n}{\lambda} = \frac{3}{0.1} = 30$$

(2) Let $Y = X_1 + \cdots + X_N$

$$\Rightarrow \mu_Y = \mu_X \mu_N = 30000$$

$$\sigma_Y^2 = \mu_N \sigma_X^2 + \mu_X^2 \sigma_N^2 = 1200000$$

例題 2：Let $X_1, X_2, \cdots, X_n$ be the outcomes of independent Bernoulli trials

(1)$S_n = X_1 + \cdots + X_n$, where n is a fixed number. What are the distribu tion, mean, and variance of S_n

(2) What are the MGFs of X_i and S_n

(3)$S_N = X_1 + \cdots + X_N$, N is Poisson random number with parameter λ,

$E[S_N] = ?$

(4) What are the MGFs of N and S_N　　　　　　【83 中正電機】

解

(1)$\because X_i \sim B(1, p)$

$\therefore S_n \sim B(n, p)$

$\Rightarrow E[S_n] = np$, $Var(S_n) = np(1 - p)$

(2)$M_{X_i}(t) = E[e^{tX_i}] = 1 - p + pe^t$

$M_{S_n}(t) = E[e^{tS_n}] = E[e^{t(X_1 + \cdots + X_n)}]$

$\qquad = E[e^{tX_1}] \cdots E[e^{tX_n}]$

$\qquad = (1 - p + pe^t)^n$

(3)$E[S_n] = E[X_i] \cdot E[N] = p\lambda$

$Var(S_N) = \mu_N \sigma_X^2 + \mu_X^2 \sigma_N^2$

$\qquad = \lambda p(1 - p) + p^2 \lambda$

$\qquad = \lambda p$

(4)$M_{S_N}(t) = E[e^{tS_N}] = E[E[e^{t(X_1 + \cdots + X_N)}|N]]$

$\qquad = E[(1 - p + pe^t)^N] = e^{-\lambda} \sum_{n=0}^{\infty} (1 - p + pe^t)^n \dfrac{\lambda^n}{n!}$

$\qquad = e^{-\lambda} e^{\lambda(1 - p + pe^t)}$

$\qquad = \exp[\lambda p(e^t - 1)]$

$M_N(t) = E[e^{tN}] = e^{\lambda(e^t - 1)}$

例題 3：Suppose that by any time t, the number of people that have arrived at a train station is a Poisson random variable with mean λt. If the initial train arrives at the a time that is uniformly distributed over $(0, T)$, we are interested in the number of passengers that enter the train.

(1) Find the mean of this number.

(2) Find the variance of this number.　　　　　【91 清大通訊】

解　(1) Let X: the number of passengers that enter the train

$$E\ [X] = E\ [E\ [X|T]]$$
$$= E\ [\lambda T]$$
$$= \lambda E\ [T] = \frac{\lambda T}{2}$$

(2) $E\ [X^2] = E\ [E\ [X^2|T]]$
$$= E\ [\lambda T + \lambda^2 T^2]$$
$$= \lambda E\ [T] + \lambda^2 E\ [T^2]$$
$$\therefore Var\ (X) = E\ [X^2] - (E\ [X])^2 = \lambda E[T] + \lambda^2 \{E\ [T^2] - (E\ [T])^2\}$$
$$= \lambda E\ [T] + \lambda^2 Var\ (T)$$
$$= \lambda \frac{T}{2} + \lambda^2 \frac{T^2}{12}$$

例題 4：A fisherman catches fish in a large lake with lots of λ fish at a Poisson rate of fish per hour. If, on a given day, the fisherman spends randomly anywhere between c and d hours in fishing. Find the expected value and the variance of the number of fish he catches

【92 台大電子】

　Let $X\ (T)$: the number of fish caught within period T

$$\Rightarrow f_X(x) = \frac{e^{-\lambda T}(\lambda T)^x}{x!}; x = 0, 1, 2, \cdots$$

$$f_T(t) = \frac{1}{d-c}; c \le t \le d$$

$$E\ [X\ (T)] = E\ [E\ [X(t)|T]] = E\ [\lambda T] = \lambda E\ [T] = \lambda \frac{c+d}{2}$$

$$E\ [X^2\ (T)] = E\ [E\ [X^2(T)|T]] = E\ [\lambda T + (\lambda T)^2] = \lambda \frac{c+d}{2} + \lambda^2 \frac{c^2 + cd + d^2}{3}$$

$$\Rightarrow Var\ (X(T)) = \lambda \frac{c+d}{2} + \lambda^2 \frac{d-c}{12}$$

例題 5：Let $X_1, X_2, X_3, \cdots$ be a sequence of *i.i.d.* with mean μ. variance σ^2.

Let N be discrete random variables with $E[N] = a$, $E[N^2] = b$

(1)$E[X_1 + \cdots + X_N] = ?$

(2)$E[X_1^2 + \cdots + X_N^2] = ?$

(3)$E[(X_1 + \cdots + X_N)^2] = ?$　　　　【86 台大電信】

解

(1)$E[X_1 + \cdots + X_N] = E[E[X_1 + \cdots + X_N|N]]$

$\because E[X_1 + \cdots + X_N|N=n] = n\mu$

$\therefore E[X_1 + \cdots + X_N] = E[n\mu] = \mu a$

(2)$E[X_1^2 + \cdots + X_N^2|N=n] = n(\sigma^2 + \mu^2)$

$\therefore E[X_1^2 + \cdots + X_N^2] = E[N(\sigma^2 + \mu^2)] = a(\sigma^2 + \mu^2)$

(3)$E[(X_1 + \cdots + X_N)^2|N=n] = Var(X_1 + \cdots + X_n) + [E(X_1 + \cdots + X_n)]^2$

$= n\sigma^2 + (n\mu)^2$

$\therefore E[(X_1 + \cdots + X_N)^2] = E[N\sigma^2 + N^2\mu^2] = a\sigma^2 + b\mu^2$

例題 6：Suppose that $M, K_1, K_2, \cdots; X_1, X_2, \cdots$ are independent random variables, $M, K_1, K_2, \cdots$ are interger-valued and nonnegative random variables, $K_1, K_2, \cdots$ are indentically distributed with common mean $E[K]$ and variance Var (K), and $X_1, X_2, \cdots$ are indentically distributed with common mean $E[X]$ and variance $Var(X)$. Let $S = \sum_{n=1}^{N} X_n$ where $N = \sum_{m=1}^{M} K_m$.

Find $E[N]$, $Var(N)$, $E[S]$, and $Var(S)$. Express them in terms of $E[M], Var(M), E[K], Var(K), E[X]$, and $Var(X)$.【100 台北大通訊】

解

$E[N] = E[E[K_1 + \cdots + K_M|M]] = E[ME[K]] = E[M]E[K]$

$E[N^2] = E[E[(K_1 + \cdots + K_M)^2|M]] = E[M Var(K) + (ME[K])^2]$

$E[S] = E[E[X_1 + \cdots + X_N|N]] = E[NE[X]] = E[X]E[N]$

$E[S^2] = E[E[(X_1 + \cdots + X_N)^2|N]] = E[N Var(X) + (NE[X])^2]$

9-2　點估計器

設 X 為母體隨機變數，$\{X_1, \cdots X_n\}$，為來自母體 X 的一組樣本，為了要對母體的某個或多個參數（如：期望值，變異數，…）進行估計，將樣本進行某種組合，$g\,(X_1, \cdots X_n)$，此種組合可為線性或非線性，則 $g\,(X_1, \cdots X_n)$ 稱為針對被估計參數 θ（可為純量或向量）之估計器（estimator）。若給定一組觀察或量測之值 $\{x_1, \cdots x_n\}$，則 $g\,(x_1, \cdots x_n)$ 稱為該估計器之估計值。

觀念提示：若 θ 為母體之某參數，$\hat{\theta}$ 為 θ 之估計器，估計器 $\hat{\theta}=g\,(X_1, \cdots X_n)$ 為一隨機變數，而 $g(x_1, \cdots x_n)$ 為一實數，即為 θ 之估計值

定義：　1. Unbiased estimator

$E\,[\,\hat{\theta}\,] = \theta$

則稱 $\hat{\theta}$ 為 θ 之 unbiased estimator

2. Consistent estimator

對於容量為 n 之樣本所設計之估計器，若有

$\lim\limits_{n \to \infty} P(|\hat{\theta} - \theta| > \varepsilon) = 0, \; \forall \varepsilon > 0$

則稱 $\hat{\theta}=g\,(X_1, \cdots X_n)$ 為 consistent estimator

3. Efficient estimator

若 $\hat{\theta}$ 與 $\breve{\theta}$ 為兩個不同之估計器，若滿足 $E[(\hat{\theta} - \theta)^2] \leq E[(\breve{\theta} - \theta)^2]$

則稱 $\hat{\theta}$ 較 $\breve{\theta}$ 有效率（efficient）

常用之估計器

(1) Sample mean estimator

$$\overline{X} = \frac{X_1 + \cdots + X_n}{n} = \frac{1}{n}\sum_{i=1}^{n} X_i$$

(2) Sample Variance estimator

$$S^2 = \frac{1}{n-1}\sum_{i=1}^{n}(X_i - \overline{X})^2$$

定理 9-2

已知 $X_1, \cdots X_n$ 為母體 X 之一組簡單樣本，則 Sample mean 及 sample Variance estimators 均為 unbiased estimators

【83 交大電信】【86 交大電子】【99 臺大電信電子】

證明：
$$E\,[\overline{X}] = \frac{1}{n} E\left[\sum_{i=1}^{n} X_i\right]$$

$$= \frac{1}{n} \sum_{i=1}^{n} E\,[X_i] = \frac{1}{n}\,(n\mu) = \mu$$

$$E\,[S^2] = \frac{1}{n-1} E\left[\sum_{i=1}^{n}(X_i - \overline{X})^2\right]$$

$$= \frac{1}{n-1} \sum_{i=1}^{n} E\,[X_i^2 - 2X_i\overline{X} + \overline{X}^2]$$

$$\because E\,[X_i\overline{X}] = E\left[X_i\left(\frac{X_1 + \cdots + X_n}{n}\right)\right] = \frac{1}{n}((n-1)\mu^2 + E\,[X_i^2])$$

$$= \frac{1}{n}\,[n\mu^2 + \sigma^2]$$

$$= \mu^2 + \frac{1}{n}\sigma^2$$

代回原式後可得：

$$E\,[S^2] = \frac{1}{n-1} \sum_{i=1}^{n}\left[(\sigma^2 + \mu^2) - 2\left(\mu^2 + \frac{1}{n}\sigma^2\right) + \left(\frac{\sigma^2}{n} + \mu^2\right)\right]$$

其中
$$Var\,(\overline{X}) = Var\left(\frac{1}{n}\sum_{i=1}^{n} X_i\right)$$

$$= \frac{1}{n^2}\sum_{i=1}^{n} Var\,(X_i)$$

$$= \frac{\sigma^2}{n}$$

$$\Rightarrow E\,[\overline{X}^2] = \frac{\sigma^2}{n} + \mu^2$$

$$\therefore E\,[S^2] = \frac{1}{n-1} \sum_{i=1}^{n}\left[\sigma^2\left(1 - \frac{2}{n} + \frac{1}{n}\right) + \mu^2\,(1 - 2 + 1)\right]$$

$$= \frac{1}{n-1} \sum_{i=1}^{n}\frac{n-1}{n}\sigma^2$$

$$= \sigma^2$$

定理 9-3

$\overline{X}$ 亦為 Consistent estimator 　　　　　　　　　　　　　【清大電機】

證明：應用 Chebyshev's 不等式

$$P(|\overline{X}-\mu|>\varepsilon) \le \frac{\dfrac{\sigma^2}{n}}{\varepsilon^2}=\frac{\sigma^2}{n\varepsilon^2}$$

故當 $n\to\infty$. $\displaystyle\lim_{n\to\infty}P(|\overline{X}-\mu|>\varepsilon)=0$

例題 7：若母體之密度函數為

$$f_X(x)=\frac{1}{\sqrt{2\pi\theta}}\exp\left(-\frac{x^2}{2\theta}\right); \; -\infty<x<\infty$$

$X_1,\cdots X_n$ 為一組簡單樣本

$$Y=\frac{X_1{}^2+\cdots+X_n{}^2}{n}$$

證明 Y 為參數 θ 之 unbiased estimator 　　　　　　【台大土木】

解

$$E[X_i^2]=\frac{1}{\sqrt{2\theta\pi}}\int_{-\infty}^{\infty}x^2\exp\left(-\frac{x^2}{2\theta}\right)dx$$

$$=\sqrt{\frac{2}{\pi\theta}}\int_0^{\infty}\exp\left(-\frac{x^2}{2\theta}\right)dx$$

Let $y=\dfrac{x^2}{2\theta}$ $\Rightarrow$ 原式：$\dfrac{2\theta}{\sqrt{\pi}}\int_0^{\infty}y^{\frac{1}{2}}e^{-y}dy=\dfrac{2\theta}{\sqrt{\pi}}\Gamma\left(\dfrac{3}{2}\right)=\theta$

$$\therefore E[Y]=E\left[\frac{1}{n}\sum_{i=1}^{n}X_i^2\right]=\frac{1}{n}(n\theta)=\theta$$

$\therefore Y$ 為參數 θ 之 unbiased estimator

例題 8：Based on a sample of $n=10$ observations, $x_1,\cdots x_n$, we obtain sample mean $\overline{X}=20.0$ and the sample variance $S^2=3.0$. What would new $\overline{X}$ and S^2 be if

> (1) The number 5 is subtracted from each of the original 10 observations?
>
> (2) Each of the 10 observations is multiplied by 5?
>
> (3) The number 5 is added first to each of the 10 observations and then the new result in each observation be multiplied by 5?
>
> 【83 交大電子】

解　由題意知 $\overline{X}=\dfrac{1}{10}\sum\limits_{i=1}^{10}x_i=20$ ， $S^2=\dfrac{1}{9}\sum\limits_{i=1}^{10}(x_i-\overline{X})^2=3$

(1) Let $y_i=x_i-5$

$$\Rightarrow \overline{Y}=\frac{1}{10}\sum_{i=1}^{10}y_i=\frac{1}{10}\sum_{i=1}^{10}(x_i-5)=\overline{X}-5=15$$

$$S_Y^2=\frac{1}{9}\sum_{i=1}^{10}(y_i-\overline{Y})=\frac{1}{9}\sum_{i=1}^{10}(x_i-5-\overline{X}+5)^2$$

$$=\frac{1}{9}\sum_{i=1}^{10}(x_i-\overline{X})^2=S^2=3$$

(2) $y_i=5x_i$

$$\Rightarrow \overline{Y}=\frac{1}{10}\sum_{i=1}^{10}5x_i=5\overline{X}=100$$

$$S_Y^2=\frac{1}{9}\sum_{i=1}^{10}(5x_i-5\overline{X})^2=\frac{25}{9}\sum_{i=1}^{10}(x_i-\overline{X})^2=25S^2=75$$

(3) $y_i=5(x_i+5)$

$$\Rightarrow \overline{Y}=\frac{1}{10}\sum_{i=1}^{10}5(x_i+5)=5(\overline{X}+5)=125$$

$$S_Y^2=\frac{1}{9}\sum_{i=1}^{10}[5(x_i+5)-5(\overline{X}+5)]^2$$

$$=\frac{25}{9}\sum_{i=1}^{10}(x_i-\overline{X})^2=25S^2=75$$

例題 9：When we perform an experiment, event A occurs with probability p. We want to estimate p by using R_n, the relative frequency of A over n independent trials.

> (1) How many trials are needed so that the probability R_n differs from $p = 0.01$ by more than 0.001 is less than 0.01.
>
> (2) Find the mean, variance and characteristic function of R_n.
>
> 【91 交大電信】

解

$$X_i = \begin{cases} 1; \ A \quad occur \\ 0; \ esle \end{cases} \Rightarrow f_{X_i}(x_i) = \begin{cases} p; \ X_i = 1 \\ 1-p; \ X_i = 0 \end{cases}$$

$$R_n = \frac{1}{n}\sum_{i=1}^{n} X_i$$

(1) $E[R_n] = p, \ Var(R_n) = \dfrac{p(1-p)}{n}$

From Chebyshev's inequality

$$P(|R_n - 0.01| \geq 0.001) \leq \frac{\dfrac{p(1-p)}{n}}{(0.001)^2} = 0.01$$

$$\Rightarrow n = 990000$$

(2) $\Phi_{R_n}(\omega) = E[e^{i\omega R_n}] = E\left[\exp\left(i\frac{\omega}{n}\sum_{i=1}^{n} X_i\right)\right]$

$$= E\left[\exp\left(i\frac{\omega}{n}X_i\right)\right]^n$$

$$= \left[p\exp\left(\frac{i\omega}{n}\right) + (1-p)\right]^n$$

9-3　最大可能性估計器

　　若已知母體 X 為具有參數 λ 之 Poisson 分佈。$X_1, \cdots X_n$ 為一組簡單樣本，則有

$$P(X_1 = x_1; X_2 = x_2, \cdots X_n = x_n) = \frac{e^{-\lambda}\lambda^{x_1}}{x_1!}\cdots\frac{e^{-\lambda}\lambda^{x_n}}{x_n!} \tag{9.1}$$

$$= \frac{e^{-n\lambda} \lambda^{(x_1 + \cdots + x_n)}}{x_1! \cdots x_n!}$$

觀察以上之結果可知，不同的 λ 值會有不同之發生機率，顯然的最有可能（即機率最大）得到$(x_1, \cdots x_n)$這組觀察值的λ，可以合理的作為參數 λ 之最佳估計結果

定義：Likelihood function $L(\theta)$

若母體 X 之 PDF 為$f_X(x; \theta)$，其中 θ 為待估計的參數。$\{X_i\}_{i=1,\cdots n}$ 為 X 之一組簡單樣本，則其 joint PDF 即為 Likelihood function

觀念提示：1.若待估計參數只有一個，則$L(\theta)$為單變數函數，若為兩個以上，則$L(\theta)$為多變數函數（向量函數）

2.若母體 X 為離散型隨機變數，則$L(\theta)$為各 PMF 之乘積

定義：最大可能性估計器（Maximum likelihood estimator）

當求得$L(\theta)$之後，若找出$\hat{\theta}$使得當 $\theta=\hat{\theta}$時$L(\theta)$為極大。則稱$\hat{\theta}$為 θ 之 Maximum-Likelihood Estimator (MLE)

$$\hat{\theta}_{MLE} = \arg \max_{\theta} L(\theta)$$

$$= \arg \max_{\theta} \prod_{i=1}^{n} f_{X_i}(x_i; \theta) \tag{9.2}$$

通常求出 MLE 之方法為將$L(\theta)$對 θ 微分，並令其結果為 0 即可求得$\hat{\theta}_{MLE}$。值得特別注意的是，通常針對$\prod_{i=1}^{n} f_{X_i}(x_i; \theta)$之微分較為繁雜，故為了簡化計算並不直接對$L(\theta)$微分，改為對$\ln[L(\theta)]$微分，其原因為自然對數函數為單調遞增，故$L(\theta)$與$\ln[L(\theta)]$之極大值所發生之位置相同。

例題 10：Consider the random variable X with PDF given by

$$f_X(x) = \frac{x}{\theta^2} \exp\left(-\frac{x}{\theta}\right); x > 0; \theta > 0$$

(1) Find the MLE for θ based on a random sample of size n

(2) Is the estimator in (1) unbiased? 【85 交大電子】

解　(1)$L(\theta) = \prod_{i=1}^{n} f_{X_i}(x_i;\theta) = \dfrac{x_1 \cdots x_n}{\theta^{2n}} \exp\left(-\dfrac{1}{\theta} \sum_{i=1}^{n} x_i\right)$

$\therefore \ln L(\theta) = \ln(x_1 \cdots x_n) - 2n \ln(\theta) - \dfrac{1}{\theta} \sum_{i=1}^{n} x_i$

$\dfrac{d}{d\theta} \ln L(\theta) = \dfrac{-2n}{\theta} + \dfrac{1}{\theta^2} \sum_{i=1}^{n} x_i = 0$

$\Rightarrow \hat{\theta}_{MLE} = \dfrac{1}{2n} \sum_{i=1}^{n} x_i = \dfrac{1}{2}\overline{X}$

(2)$E[\hat{\theta}_{MLE}] = \dfrac{1}{2} E[\overline{X}] = \dfrac{1}{2} \int_0^{\infty} \dfrac{x^2}{\theta^2} \exp\left(-\dfrac{x}{\theta}\right) dx$

$\qquad\qquad = \dfrac{1}{2} \int_0^{\infty} y^2 e^{-y}\, \theta\, dy$

$\qquad\qquad = \dfrac{\theta}{2} \Gamma(3) = \theta$

$\therefore \hat{\theta}_{MLE}$ is unbiased

例題 11：已知母體為 Bernoulli distribution，即 $P(X=1)=p$，$P(X=0)$
$=1-p$，自母體中取出一組簡單樣本 $X_1, \cdots X_n$ 求參數 p 之
MLE？　　　　　　　　　　　　　　　　　【83 交大資科】

解　$L(p) = p^s(1-p)^{n-s}$

其中 $S = \sum_{i=1}^{n} X_i$

$\Rightarrow \ln[L(p)] = s \ln p + (n-s)\ln(1-p)$

$\dfrac{d\ln[L(p)]}{dp} = \dfrac{s}{p} + \dfrac{s-n}{1-p} = 0$

$\Rightarrow \hat{p} = \dfrac{s}{n} = \overline{X}$

例題 12：已知母體 $X \sim N(\mu, 1)$, $X_1, \cdots X_{20}$ 為簡單樣本。若 x_i 之確實值
不慎遺失，但知其中恰有 14 個 x_i 之值小於 0。求 μ 之 MLE

解　$f_X(x) = \dfrac{1}{\sqrt{2\pi}} \exp\left(-\dfrac{(x-\mu)^2}{2}\right)$

$$P(X<0) = \frac{1}{\sqrt{2\pi}} \int_{-\infty}^{0} \exp\left(-\frac{(x-\mu)^2}{2}\right) dx = \frac{1}{\sqrt{2\pi}} \int_{-\infty}^{-\mu} \exp\left(-\frac{y^2}{2}\right) dy$$

$$= \Phi(-\mu)$$

$X_1, \cdots X_{20}$ 中恰有 14 個小於 0 之機率為

$$L(\mu) = [\Phi(-\mu)]^{14}[1-\Phi(-\mu)]^6$$

$$\frac{dL(\mu)}{d\mu} = 14[\Phi(-\mu)]^{13}[1-\Phi(-\mu)]^6 \Phi'(-\mu) - 6(\Phi(-\mu))^{14}$$

$$(1-\Phi(-\mu))^5 \Phi'(-\mu)$$

$$= 2(\Phi(-\mu))^{13}[1-\Phi(-\mu)]^5 \Phi'(-\mu)[7-7\Phi(-\mu)-3\Phi(-\mu)]$$

$$= 0$$

$$\Rightarrow \Phi(-\mu) = 0.7$$

$$\Rightarrow \hat{\mu}_{MLE} = -0.525$$

例題 13：設母體 $X \sim N(\mu, \sigma^2), x_1, \cdots x_n$ 為一組樣本值，求 μ 及 σ^2 之 MLE？

【86 中正電機】

解

$$L(\mu, \sigma^2) = \left(\frac{1}{2\pi\sigma^2}\right)^{\frac{n}{2}} \exp\left(-\frac{1}{2\sigma^2} \sum_{i=1}^{n}(x_i-\mu)^2\right)$$

$$\Rightarrow \ln L(\mu, \sigma^2) = -\frac{n}{2}\ln(2\pi) - \frac{n}{2}\ln(\sigma^2) - \frac{1}{2\sigma^2}\sum_{i=1}^{n}(x_i-\mu)^2$$

$$\frac{\partial}{\partial\mu}\ln[L(\mu, \sigma^2)] = \frac{1}{\sigma^2}\sum_{i=1}^{n}(x_i-\mu) = 0$$

$$\Rightarrow \hat{\mu}_{MLE} = \frac{1}{n}\sum_{i=1}^{n}x_i = \overline{X}$$

$$\frac{\partial}{\partial\sigma^2}\ln[L(\mu, \sigma^2)] = -\frac{n}{2\sigma^2} + \frac{1}{2\sigma^4}\sum_{i=1}^{n}(x_i-\mu) = 0$$

$$\Rightarrow \hat{\sigma}_{MLE}^2 = \frac{1}{n}\sum_{i=1}^{n}(X_i-\overline{X})^2$$

顯然的 $\hat{\mu}$ 為 unbiased 而 $\hat{\sigma}^2$ 為 biased

9-4　區間估計

定義：設母體 X 之分佈中包含未知參數 θ，若估計值 a 與 b 滿足 $P(a < \theta < b) = 1 - \alpha$ 則稱區間 (a, b) 為參數 θ 之 $100(1 - \alpha)$% 信賴區間（confidence interval），a 與 b 則分別為 Lower 及 upper confidence limit。$(1 - \alpha)$ 稱為信賴係數（confidence coefficient）

觀念提示：由於點估計必與實際值有誤差，故本節進一步決定某一信心水準下之信賴區間。

　　考慮一組取自平均值為 μ 之母體之簡單樣本 $X_1, \cdots X_n$，$\overline{X}$ 為取樣平均。若

$$P(|\overline{X} - \mu| \leq h) = 1 - \alpha; \; h > 0, \; \alpha \in (0, 1)$$

　　則稱 $(1 - \alpha)$ 為 confidence coefficient，$(\overline{X} - h, \overline{X} + h)$ 為參數 μ 之 $100(1 - \alpha)$% 之 confidence interval，亦即我們有 $100(1 - \alpha)$% 的信心（機率），參數 μ 會落在 $(\overline{X} - h, \overline{X} + h)$ 中

觀念提示：(1)若 α 趨近於 0，則 h 之值變大（信賴區間變大）

(2)若 $\overline{X} \sim N\left(\mu, \dfrac{\sigma^2}{n}\right)$，則可直接求出 α 與 h 之關係

$$
\begin{aligned}
P(|\overline{X} - \mu| \leq h) &= P\left(\frac{-h}{\frac{\sigma}{\sqrt{\mu}}} \leq \frac{\overline{X} - \mu}{\frac{\sigma}{\sqrt{n}}} \leq \frac{h}{\frac{\sigma}{\sqrt{\mu}}}\right) \\
&= \Phi\left(\frac{h}{\frac{\sigma}{\sqrt{n}}}\right) - \Phi\left(\frac{-h}{\frac{\sigma}{\sqrt{n}}}\right) \\
&= 1 - 2\Phi(-Z_c) \qquad\qquad (9.3) \\
&= 1 - \alpha
\end{aligned}
$$

其中

$$Z_c = \frac{h}{\frac{\sigma}{\sqrt{n}}} = \frac{h\sqrt{n}}{\sigma} \qquad\qquad (9.4)$$

$$\Rightarrow \Phi(-Z_c) = \frac{\alpha}{2}\left(\Phi(Z_c) = 1 - \frac{\alpha}{2}\right) \qquad\qquad (9.5)$$

故當 α 值給定時，經由查表可得到 Z_c（亦即 h）之值，進一

步即可求得 confidence interval $(\overline{X} - h, \overline{X} + h)$

(3) 即便母體並非常態分佈，由大數法則及中央極限定理可知，只要 n 夠大，$\overline{X}$ 仍可視為常態分佈。

(4) 若給定 confidence interval, $2h$, 及 confidence coefficient, $(1 - \alpha)$，亦可推得所需要的最少取樣之次數：為使 $P(|\overline{X} - \mu| \leq h) \geq 1 - \alpha$，則由 （9.3）～（9.5）可知必須選擇足夠大之 sample size n 以滿足

$$\frac{h}{\frac{\sigma}{\sqrt{n}}} \geq Z_c \tag{9.6}$$

換言之

$$n \geq \left(\frac{\sigma Z_c}{h}\right)^2 \tag{9.7}$$

說例：考慮兩個互為獨立之母體 X, Y,分別自其中取出簡單樣本 $\{X_1, \cdots X_m\}$, $\{Y_1, \cdots Y_n\}$。若我們要估計的是二母體平均值之差，$\mu_X - \mu_Y$，（先利用 $\overline{X}$ 與 $\overline{Y}$ 估計 μ_X 與 μ_Y），則 confidence interval 為何？（X, Y 為常態分佈，或 m 與 n 夠大）

解   Let $Z = \overline{X} - \overline{Y} \Rightarrow E[Z] = \mu_X - \mu_Y$，且

$$Var(Z) = \frac{\sigma_X^2}{m} + \frac{\sigma_Y^2}{n}$$

Let $\sigma = \sqrt{\frac{\sigma_X^2}{m} + \frac{\sigma_Y^2}{n}}$，$Z_c$ 滿足 $\Phi(-Z_c) = \frac{\alpha}{2}$，則由（9.4）可得 $h = \sigma Z_c$，故可得交互參數 $\mu_X - \mu_Y$ 之 $100(1 - \alpha)\%$ confidence interval 為 $(\overline{x} - \overline{y} - \sigma Z_c, \overline{x} - \overline{y} + \sigma Z_c)$

其中 $\overline{x}, \overline{y}$ 分別為獨立之母體 $X, Y,$ 之樣本觀測平均值

例題 14：某 IC 製造廠隨機抽取 1000 件 IC 加以檢查，發現其中有 23 件不良品。求該工廠產品不良率的 95% confidence interval.

【淡江土木】

解 Let $X_i = 1$ 表示第 i 個產品為不良品

$X_i = 0$ 表示第 i 個產品為正常品

由題意可得　$\overline{X} = \dfrac{23}{1000} = 0.023$

可將 0.023 視為不良品之機率

顯然的，X_i 為 Bernoulli random variable

$\sigma^2 = p(1 - p) = 0.0225 \Rightarrow \sigma = 0.15$

95% 之 confidence interval

$\Rightarrow 100(1 - \alpha) = 95$

$\Rightarrow \alpha = 0.05$

$\Rightarrow \Phi(-Z_c) = \dfrac{\alpha}{2} = 0.025$

查表 $\Rightarrow Z_c = 1.96$

$\therefore$ confidence interval：

$$\left(\overline{X} - \frac{\alpha Z_c}{\sqrt{n}},\ \overline{X} + \frac{\sigma Z_c}{\sqrt{n}} \right) = \left(0.023 - \frac{0.15 \times 1.96}{\sqrt{1000}},\ 0.023 + \frac{0.15 \times 1.96}{\sqrt{1000}} \right)$$

$$= (0.00137,\ 0.0323)$$

例題 15： $\{X_i, i = 1, \cdots, n\}$ denote n i.i.d. random variables with variance $\sigma^2 = 10$. Find the smallest number of n so that the probability is 0.988 that its sample mean $\overline{X} = \dfrac{1}{n} \sum\limits_{i=1}^{n} X_i$ differs from real mean μ by less than $\dfrac{1}{2}$ using CLT 【交大電信】

解

$$P(|\overline{X} - \mu| \le 0.5) = P\left(\left| \frac{\overline{X} - \mu}{\frac{\sqrt{10}}{\sqrt{n}}} \right| \le \frac{0.5}{\frac{\sqrt{10}}{\sqrt{n}}} \right)$$

$$= P\left(\frac{-0.5\sqrt{n}}{\sqrt{10}} \le \frac{\overline{X} - \mu}{\frac{\sqrt{10}}{\sqrt{n}}} \le \frac{0.5\sqrt{n}}{\sqrt{10}} \right)$$

$$= \Phi\left(\frac{0.5\sqrt{n}}{\sqrt{10}}\right) - \Phi\left(\frac{-0.5\sqrt{n}}{\sqrt{10}}\right)$$

$$= 2\Phi\left(\frac{0.5\sqrt{n}}{\sqrt{10}}\right) - 1$$

$$= 0.988$$

$$\Rightarrow \Phi\left(\frac{0.5\sqrt{n}}{\sqrt{10}}\right) = 0.994$$

$$\Rightarrow \frac{0.5\sqrt{n}}{\sqrt{10}} = 2.51$$

$$\Rightarrow n = 352$$

例題 16：In determining a confidence interval for the mean of a normal population whose variance is assumed known, how large a sample is needed to make the confidence interval one third as it is when the sample size is n? 【85 交大電子】

解　　From（9.4）$Z_c = \dfrac{h}{\dfrac{\sigma}{\sqrt{n}}} \Rightarrow n = Z_c \dfrac{\sigma}{\sqrt{n}}$

For constant Z_c, σ, confidence interval: $2h \propto \dfrac{1}{\sqrt{n}}$

$$\therefore \frac{h_1}{h_2} = \frac{\sqrt{n_2}}{\sqrt{n_1}} \Rightarrow \frac{h_1}{\frac{1}{3}h_1} = \frac{\sqrt{n_2}}{\sqrt{n_1}} = 3$$

$$\Rightarrow n_2 = 9n_1$$

$\therefore$ the sample size is $9n$.

精選練習

1.　Answer the following problems:

(1) Let X be a random variable with the exponential distribution. Then through a certain random sampling on X, we obtain a sample mean designated as $\overline{X}$. Sketch the distribution of the sample mean $\overline{X}$ for two extreme cases of the sample size n: (i)$n=1$ and (ii)$n \to \infty$.

(2) Suppose 10 white rats are used in a biomedical study where the white rats are injected with cancer cells and given a cancer drug that is designed to increase their survival rate. The survival time, in months, are 14, 17, 27, 18, 12, 8, 22, 13, 19, and 12. Assume that the exponential distribution applies. Use the maximum likelihood method to estimate the mean survival time.　　　　　　　　　　【97 交大電子】

2.　Let $X_1, X_2 \cdots$ be a sequence of independent identically distributed random variables with mean m_X and variance σ_X^2, and let N be an integer-valued random variable independent of the X_k's. The mean and variance of N are m_N and σ_N^2, respectively. Let

$$S = \sum_{k=1}^{N} k X_k$$

Determine the mean of S.　　　　　　　　　　　　　　【97 北大通訊】

3.　Let $X_1, X_2, \cdots\cdots, X_N$ be a set of independent random variables, where each X_i is normal random variable with mean equal to u and variance equal to σ^2. Please derive the moment generating function Y, where $Y = X_1 + X_2 + \cdots + X_N$ and N is a Poisson random variable with mean λ.　　　　　　　　　　　　　　　　　　　　　【97 北科大通訊】

4.　Let $X_1, X_2, \cdots$ denote a sequence of independent, identically distributed random variables with exponential probability density function(PDF)

$$f_{X_i}(x) = \begin{cases} e^{-x} & x \geq 0 \\ 0 & otherwise \end{cases}$$

(1) Let n denote a constant, find the PDF of the derived random variable $Y = \sum_{i=1}^{n} X_i$

(2) Let N denote a geometric (1/5) random variable with probability mass function

$$P_N(n) = \begin{cases} \dfrac{1}{5}\left(1 - \dfrac{1}{5}\right)^{n-1}, & n = 1, 2 \cdots \\ 0, & otherwise \end{cases}$$

What is the moment-generating function (MGF) of $Z = X_1 + X_2 + \cdots + X_N$?

(3) Find the PDF of Z.　　　　　　　　　　　　　　　　【97 聯大通訊】

5.　Let $X_1, X_2, \cdots, X_n$ be i.i.d. (independent and identically distributed) random variables with $E[X_i] = \mu$ and $Var[X_i] = \sigma^2$. Let $\hat{\mu} = \dfrac{1}{n}\sum_{i=1}^{n} X_i$. What is the value of a in $\theta = a\hat{\mu}$ will generate the minimum-mean-square-error estimator of μ? (i.e., find the optimum value of $a = a_0$ to minimize $E[(\theta - \mu)^2]$). When $n \to \infty$, $a_0 \to$?　　　　　【96 中原電子通訊】

6. Consider an experiment that produces observations of sample values of a random variable X with unknown yet finite variance $Var\,[X]$ and mean $E\,[X]$. The observed sample value of the i-th trial is denoted by X_i. Define $M_n\,(X) = \frac{1}{n}\Sigma_{i=1}^n X_i$ and $V_n(X) = \frac{1}{n}\Sigma_{i=1}^n (X_i - M_n(X))^2$. Consider the following statements:

i. $M_n\,(X)$ is an unbiased estimate of $E\,[X]$.

ii. $V_n\,(X)$ is an unbiased estimate of $Var\,[X]$.

iii. $V_n\,(X)$ is an asymptotically unbiased estimate of $Var\,[X]$.

iv. $\{M_n\,(X)\}$ is a sequence of consistent estimates of $E\,[X]$.

Which of the statements above is(are) TRUE?

(A)i　(B)ii　(C)iii　(D)iv　(E)None of the above.　　　　　【100 台大電信】

7. A random variable S is given by $S = \sum_{i=1}^N X_i$, where the random variable X_i are independent, identically distributed with the probability density function

$$f(x) = \frac{1}{\sqrt{2}} \exp\left(-\frac{x^2}{2}\right)$$

(a)Find the characteristic function of S.

(b)Now suppose that N is a random variable taking the values 1, 2 ... and is independent of a sequence of X_i. Given the mean of N is 10 and the variance of N is 5, find the mean and variance of S.　　　　　【95 台科大電機】

8. Consider the problem of estimating a parameter θ observed in additive noise. The observations are given by

$Z_i = \theta + V_i$; $i = 1, \cdots, N$

We assume that the V_i are independent, identically distributed Gaussian random variables with zero mean and variance σ_v^2. We also assume that θ is Gaussian random variable with zero mean and variance σ_θ^2. What is the MAP(maximum a posteriori) estimate $\hat\theta_{MAP}$ for θ?

【94 暨大通訊】

9. Consider the binary digital communication system in which the transmitted signals corresponding to the two hypotheses H_0 and H_1 are $+1$ and -1, respectively. We thus have $Z = Y + V$, where Y is transmitted random variable, Z is a received random variable, and V is zero mean Gaussian with variance σ^2.

(1) We are required to estimate the value of the signal y corresponding to Y based on a single signal observation z corresponding to Z. What is the MAP(maximum a posteriori) estimate $\hat y_{MAP}$ for if we assume the prior probabilities for the two hypotheses to be the same?

(2) If we have multiple independent observations, z_i, $i = 1, \cdots, N$. What is the MAP estimate $\hat{y}_{MAP}$ based on z_i, $i = 1, \cdots, N$?　　　　　　【暨大通訊】

10. There is a factory produced thousands of nails. In order to ensure the output quality, they randomly sampled the length of 10 nails to get the mean of samples and standard deviation (σ). One daily data are shown as below: (unit: length in inches)

　　0.8　0.81　0.81　0.82　0.81　0.82　0.8　0.82　0.81　0.81　【96 高雄應科大電機】

11. Answer the following issues dedicated to random sampling:

(a)If $\bar{x}$ and s are the mean and standard deviation of a random sample from a normal population with unknown variance, derive $a(1 - \alpha)$ 100% confidence interval for estimating the mean of the population.

(b) Testing a statistical hypothesis on the basis of the random sampling is usually carried out in terms of both the null hypothesis, denoted H_0, and the alternative hypothesis, denoted H_1. Use the normal-curve approximation to illustrate the probability that H_0 is accepted when, in fact, H_0 is false.　　　　　　【96 交大電子】

12. Let $X_1, \cdots, X_n$ be i.i.d. random variables, $X_i \sim N(\mu, \sigma^2)$. Please compute $Cov(X_i - \bar{X}, \bar{X})$.

　　　　　　【98 成大通訊】

13. Let x_n; $n = 1 \cdots N$ be the N independent samples of a random variable X

(1) What are the sample mean (m) and sample variance (v) of the sample data?

(2) find the expected values $E[m]$ and $E[v]$　　　　　　【99 台大生醫資訊電子】

14. Let $X_1, \cdots, X_n$ be a random sample of size n from a continuous distribution function with mean μ and variance σ^2. $\bar{X}_n = \dfrac{1}{n}\sum\limits_{i=1}^{n} X_i$

(a)What are $E(\bar{X}_n)$ and $Var(\bar{X}_n)$

(b)Let $\mu = 100$, $\sigma^2 = 40$, $n = 90$. Use Central limit theorem to calculate $P(99 < \bar{X}_n < 101)$

　　　　　　【98 交大資訊】

10

臆測測試

10-1　簡介

10-2　最大可能性 檢測器

10-3　單邊的臆測測試

10-4　雙邊臆測測試

10-5　Bayes 決定法則

10-1　簡介

　　臆測測試（Hypothesis testing）在根據所收集到之數據（隨機變數或隨機向量），設計決定法則（decision rule）以做出最佳的決策。舉例而言，在數位通信系統中使用不同的信號傳輸以代表二位元數字「0」或「1」。故在接收機，我們希望決定或判斷發射端哪一個訊號被傳送。另外一個例子發生於雷達系統中，信號經發射後，接收機檢查接收信號是否含有來自目標物的反射信號。在此情況下，我們必須決定是否接收到由目標物反射的信號或只是接收到背景雜訊而已，接收機的目標因此為根據所收到的信號決定目標物出現或是沒有出現。其它有關臆測測試之應用範圍廣泛，包含語音辨認：判斷被說出的字為何？聲納系統：判斷水面下是否有潛艦？地質學：判斷地底下是否有石油？醫學：判斷患者是否有惡性腫瘤？

　　對於假設或臆測是否正確，我們只需要是或否的答案。對於這個主題有許多不同的名稱，就機率而言稱之為臆測測試（hypotheses testing），而統計學家稱之為重要性測試（significance testing），在電信以及雷達領域稱之為信號檢測（signal detection）。若可能的結果僅有二種，則稱之為二位元檢測理論，以統計的觀點詮釋則稱為簡單臆測測試（simple hypothesis testing）或二位元臆測測試（binary hypothesis testing），有些問題可能的結果有兩個以上，則稱之為multiple hypothesis testing。

　　在臆測測試中常用之定義如下：

(1)H_0：零臆測（null hypothesis），意味著此情況為正常，沒有變化，如沒有目標物出現，沒有惡性腫瘤等。

(2)H_1：選擇臆測（Alternative hypothesis），意味著情況發生變化：如目標物出現，有惡性腫瘤等。

　　我們根據所收集之數據（取樣值）做出決定接受（Accept）或拒絕（Reject）H_0，假設這些收集的數據彼此相互獨立，所以我們有兩個可能的錯誤。

第一種型態的錯誤：在 H_0 為真的條件下我們接受 H_1 之機率。我們也稱這樣的錯誤為誤警報（False Alarm），通常表示為 α。

$P_{FA} = \alpha = P(H_1|H_0)$：誤警報機率（False alarm probability）

第二種型態的錯誤：在 H_1 為真的條件下我們接受 H_0 之機率。我們也稱這樣的錯誤為漏失（Miss），因為它代表著我們漏失了一個正確的診斷，或漏失了檢測出目標物出現，通常表示為 β。

$P_{miss} = \beta = P(H_0|H_1)$：漏失機率（Miss probability）

我們也可定義在 H_1 為真的條件下我們正確的檢測出選擇臆測之機率。就醫學而言，此為正確的檢測出不尋常行為之機率；就雷達系統而言，此為正確的檢測出目標物出現之機率。此機率有時候稱之為測試之功率（Power）：

$P_D = P(H_1|H_1)$：檢測出之機率

顯然的，$P_D = 1 - P_{miss}$

有兩種基本方法解決上述問題。貝氏法（Bayesian approach）將每一種形式的錯誤指定一些代價（cost），例如在雷達系統中，我們指定一些代價給誤警報（false alarm）並指定不同的代價給漏失（miss）。接下來我們找出決定的法則以使得平均的代價達到最小。另外一種方法並不需要平均代價，在檢測理論中，這種方法稱之為尼曼－皮爾森（Neyman-Pearson）檢測。

例題 1：考慮二位元數位通信系統，發送端在傳送「0」時之電壓為 m_0 伏特，傳送「1」時之電壓為伏特 m_1（$m_1 > m_0$），通道雜訊為常態（高斯）分佈，如下圖所示。試設計最佳接收機（決定臨界值 η），使得位元平均錯誤機率為最小（假設傳送「0」與傳送「1」之機率相同）。

$$P(H_1) = P(H_0) = \frac{1}{2}$$

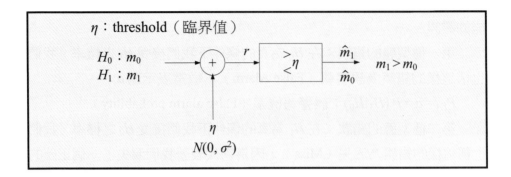

解　　$f_{R|H_0}(r) \sim N(m_0, \sigma^2)$

$f_{R|H_1}(r) \sim N(m_1, \sigma^2)$

$P(H_1|H_0 \text{ is true}) = P(R > \eta|m_0) = \int_{\eta}^{\infty} f_{R|H_0}(r)\,dr$

$P(H_0|H_1 \text{ is true}) = P(R < \eta|m_1) = \int_{-\infty}^{\eta} f_{R|H_1}(r)\,dr$

根據全機率定理

$P_e(\eta) = P(H_1|H_0 \text{ is true})P(H_0) + P(H_0|H_1 \text{ is true})P(H_1)$

$\qquad = \frac{1}{2}\left[\int_{\eta}^{\infty} f_{R|H_0}(r)\,dr + \int_{-\infty}^{\eta} f_{R|H_1}(r)\,dr\right]$

最佳接收機設計之目的在於找出 η 使得 $P_e(\eta)$ 最小

根據 Leibnitz's 微分法則

$\therefore \dfrac{dP_e}{d\eta} = 0 = \dfrac{1}{2}\left[-f_{R|H_0}(\eta) + f_{R|H_1}(\eta)\right]$

η 必需滿足

$f_{R|H_0}(\eta) = f_{R|H_1}(\eta)$

$\Rightarrow \exp\left(-\dfrac{(\eta - m_0)^2}{2\sigma^2}\right) = \exp\left(-\dfrac{(\eta - m_1)^2}{2\sigma^2}\right)$

$\Rightarrow \eta_{opt} = \dfrac{m_0 + m_1}{2}$

則最小之錯誤機率為

$P_e\Big|_{\eta = \eta_{opt}} = \dfrac{1}{2}\left[Q\left(\dfrac{\eta_{opt} - m_0}{\sigma}\right) + 1 - Q\left(\dfrac{\eta_{opt} - m_1}{\sigma}\right)\right]$

$\qquad = \dfrac{1}{2}\left[2Q\left(\dfrac{m_1 - m_0}{2\sigma}\right)\right]$

$\qquad = Q\left(\dfrac{m_1 - m_0}{2\sigma}\right)$

其中　$Q(z) = P(Z \geq z) = \dfrac{1}{\sqrt{2\pi}} \displaystyle\int_z^\infty \exp\left(-\dfrac{t^2}{2}\right) dt$

10-2　最大可能性檢測器

考量例 1 之二位元最佳接收機設計，其目的在於滿足錯誤機率為最小。將觀測空間（observation space）分割為 R_1 與 R_0 兩個區域，在不限制 $P(H_0), P(H_1), f_{R|H_1}(r), f_{R|H_0}(r)$ 下，根據全機率定理，平均之位元錯誤率可表示為：

$$P_e = P(H_1|H_0 \text{ is true})P(H_0) + P(H_0|H_1 \text{ is true})P(H_1) \qquad (10.1)$$
$$= P(H_0)\int_{R_1} f_{R|H_0}(r)dr + P(H_1)\int_{R_0} f_{R|H_1}(r)dr$$

由於 $\int_{R_0} f_{R|H_1}(r)dr = 1 - \int_{R_1} f_{R|H_1}(r)dr$，故原式：

$$P_e = P(H_1) + \int_{R_1} [P(H_0)f_{R|H_0}(r) - P(H_1)f_{R|H_1}(r)]dr \qquad (10.2)$$

為了使 P_e 最小，由上式可得：所有會讓被積分函數為負之 r 值必須指定給 R_1，故可得

$$\frac{f_{R|H_1}(r)}{f_{R|H_0}(r)} \overset{H_1}{\underset{}{>}} \frac{P(H_0)}{P(H_1)} \qquad (10.3)$$

$$\Rightarrow (r - m_0)^2 - (r - m_1)^2 \overset{H_1}{\underset{}{>}} 2\sigma^2 \ln\frac{P(H_0)}{P(H_1)}$$

$$r \overset{H_1}{\underset{}{>}} \frac{m_1 + m_0}{2} + \frac{\sigma^2}{m_1 - m_0}\ln\frac{P(H_0)}{P(H_1)} = \eta_{opt} \qquad (10.4)$$

觀念提示：(1) $\dfrac{f_{R|H_1}(r)}{f_{R|H_0}(r)} = L(r)$ 定義為 likelihood ratio

(2) 若 $P(H_0) = \dfrac{1}{2} = P(H_1)$，則 $\eta_{opt} = \dfrac{m_1 + m_0}{2}$，與之前的推導方式所得之結果相同

(3) 在 η_{opt} 之條件下，錯誤機率為：

$$P_e\big|_{\eta = \eta_{opt}} = Q\left(\frac{m_1 - m_0}{2\sigma}\right) = Q\left(\frac{d}{\sigma}\right) \qquad (10.5)$$

其中 $d = \dfrac{m_1 - m_0}{2}$ 顯然代表 $m_1 (m_0)$ 與臨界點之距離。換言之，若 d 值大且（或）σ 值小（雜訊功率小），則 P_e 降低

(4) $P(H_0) = \dfrac{1}{2} = P(H_1)$（事前機率相同），則有

$$f_{R|H_0}(r) \overset{H_1}{\underset{H_0}{\lessgtr}} f_{R|H_1}(r)dr \qquad (10.6)$$

亦即選擇條件 PDF 較大之臆測，此種判斷法則稱為最大可能性（Maximum Likelihood, ML）檢測器

(5) Simple (binary) Hypothesis，Multiple observations：藉由收集較多之數據以改善系統性能，參考下例之說明：

例題 2：考慮一 ON-OFF keying（OOK）數位調變，當訊息為「1」時傳送一振幅為 A（$A > 0$）之信號，反之，當訊息為「0」時，則不傳送任何信號。則收集 N 個數據後，可得以下之臆測測試問題：

$H_0 : r(n) = w(n)$; $n = 0, 1, \cdots, N-1$

$H_1 : r(n) = A + w(n)$; $n = 0, 1, \cdots, N-1$

其中 $w(n) \sim N(0, \sigma^2)$ 為白色（相互獨立）高斯雜訊，假設 $P(H_0) = \dfrac{1}{2} = P(H_1)$，則根據 ML 法則決定最佳接收機以及平均之位元錯誤率

解　根據 ML 法則可得：

$$\dfrac{\dfrac{1}{(2\pi\sigma^2)^{N/2}} \exp\left[-\dfrac{1}{2\sigma^2} \sum\limits_{n=0}^{N-1} (r(n) - A)^2 \right]}{\dfrac{1}{(2\pi\sigma^2)^{N/2}} \exp\left[-\dfrac{1}{2\sigma^2} \sum\limits_{n=0}^{N-1} r^2(n) \right]} \overset{H_1}{\underset{H_0}{\gtrless}} 1$$

整理後可得 decision rule 為：

$$\bar{r} \overset{H_1}{>} \frac{A}{2} \qquad (10.7)$$

其中

$$\bar{r} \equiv \frac{1}{N} \sum_{n=0}^{N-1} r(n)$$

為取樣平均（sample mean）。顯然的取樣平均仍為隨機變數。其條件 PDF 為

在 H_0 為真的條件下，$\bar{r} \sim N\left(0, \frac{\sigma^2}{N}\right)$

在 H_1 為真的條件下，$\bar{r} \sim N\left(A, \frac{\sigma^2}{N}\right)$

由以上之分析可得當 N 變大時，雜訊功率（變異數）降低。接下來計算在此 decision rule 下系統之位元錯誤機率

$$
\begin{aligned}
P_e &= \frac{1}{2} \left[P\left(H_0 | H_1\right) + P\left(H_1 | H_0\right) \right] \\
&= \frac{1}{2} \left[P\left(\bar{r} < \frac{A}{2} \Big| H_1\right) + P\left(\bar{r} > \frac{A}{2} \Big| H_0\right) \right] \\
&= \frac{1}{2} \left[1 - Q\left(\frac{\frac{A}{2} - A}{\sqrt{\frac{\sigma^2}{N}}} \right) + Q\left(\frac{\frac{A}{2}}{\sqrt{\frac{\sigma^2}{N}}} \right) \right] \qquad (10.8) \\
&= Q\left(\sqrt{\frac{NA^2}{4\sigma^2}} \right)
\end{aligned}
$$

顯然的系統性能隨著 N 變大或 A 變大或 σ 變小而變好。根據以上的討論可得，基於滿足錯誤機率最小的 decision rule 為

$$f_{R|H_1}(r) P(H_1) \overset{H_1}{>} f_{R|H_0}(r) P(H_0) \qquad (10.9)$$

其中，若為 multiple observations，則 r 為隨機向量，其尺寸為觀測之總量。

由 Bayes rule

$$P(H_i|r) = \frac{f_{R|H_i}(r)P(H_i)}{f_r(r)}$$

代入上式後可得

$$P(H_1|r) \overset{H_1}{\underset{}{>}} P(H_0|r) \qquad\qquad (10.10)$$

稱之為最大事後機率檢測器（Maximum a posteriori, MAP）檢測器。換言之，最小錯誤機率檢測器等同於 MAP detector，在事前機率相同的條件下（$P(H_0) = 1/2 = P(H_1)$），可進一步簡化為 ML detector。

例題 3：Let us regard binary data transmission over an AWGN channel as a problem of binary hypothesis testing. The two hypotheses are

$H_0 : z = A + w$

$H_1 : z = -A + w$

where A is a positive constant, w is a zero-mean Gaussian noise whose variance is σ^2, and z is the observed signal at the receiver. Let $P(H_0)$, $P(H_1)$ denote the a-priori probabilities of H_0 and H_1, respectively. The decision rule is:

Decide as H_0 if $z > \eta$.

The value of η should be chosen to minimize the probability of making an erroneous (i.e. incorrect) decision.

(a) If $P(H_0) = 0.6$, then is η greater than 0 or less than 0? In other words, which choice is true: $\eta > 0$ or $\eta < 0$?

(b) If $P(H_0) = P(H_1) = 0.5$, $\eta = ?$

(c) Continued from (b), what is the probability of making an erroneous decision? Please express your answer in terms of A, σ, and the Q function .

(d)The log-likelihood ratio of H_0 and H_1, denoted as L_{01}, is defined as $\dfrac{f(z|H_0)}{f(z|H_1)}$, where $f(z|H_0)$ and $f(z|H_1)$ are the conditional probability densities given H_0 and H_1, respectively, when the observed signal is z. Find the value of L_{01} for $A=1$, $\sigma=2$, $z=0.84$.

(e)Assume $P(H_0)=P(H_1)=0.5$, $A=1$, $\sigma=2$, $z=0.84$. Find the probability that the transmitter sent out A, instead of $-A$, to the receiver. In other words, what is the probability that H_0 is true?

【99 台科大電子】

解

(a)$P(H_0)f_{Z|H_0}(z) \overset{H_0}{>} P(H_1)f_{Z|H_1}(z) \Rightarrow z \overset{H_0}{>} \dfrac{\sigma^2}{2A}\ln\dfrac{2}{3}=\eta<0$

(b)$\eta=0$

(c)$P_e=Q\left(\dfrac{A}{\sigma}\right)$

(d)$L_{01}=\dfrac{f(z|H_0)}{f(z|H_1)}=\exp\left[-\dfrac{1}{2\sigma^2}((z-A)^2-(z+A)^2)\right]$

$=e^{0.42}$

(e)$P(H_0|z=0.84)=\dfrac{P(z=0.84|H_0)P(H_0)}{P(z=0.84|H_0)P(H_0)+P(z=0.84|H_1)P(H_1)}$

$=0.6035$

例題 4：Consider a binary digital communication system, where the received signal is given by

$r=m+n$

in which the message $m=0$ and $m=1$ occur with *a priori* probabilities $\dfrac{1}{4}$ and $\dfrac{3}{4}$, respectively. The noise n is a random variable, which is independent of m, with PDF $f_n(n)$ given by

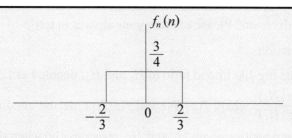

(a)Determine the optimum decision the rule (i.e. determine the region A such that if $r \in A$, then we would judge that $m = 0$ was transmitted; otherwise, we would say that $m = 1$ was transmitted) to minimize the average probability of symbol error.

(b)Find the minimum probability of symbol error.

【100 台科大電子】

解 (a)

$$P(H_0)f_{R|H_0}(r) \overset{H_0}{\underset{>}{}} P(H_1)f_{R|H_1}(r) \Rightarrow \frac{1}{4}U\left(-\frac{2}{3}, \frac{2}{3}\right) \overset{H_0}{\underset{>}{}} \frac{3}{4}U\left(\frac{1}{3}, \frac{5}{3}\right)$$

$$\therefore -\frac{2}{3} < r < \frac{1}{3} \Rightarrow \text{decide } H_0$$

$$\frac{1}{3} < r < \frac{5}{3} \Rightarrow \text{decide } H_1$$

$$\text{(b)}P_e = P(H_0)\int_{\frac{1}{3}}^{\frac{2}{3}} f_{R|H_0}(r)dr + P(H_1)\int_{r<\frac{1}{3}} f_{R|H_1}(r)dr$$

$$= \frac{1}{4} \times \frac{1}{3} \times \frac{3}{4} + 0 = \frac{1}{16}$$

例題 5：Consider the signal detector with an input

$$r = \pm A + n$$

where $+A$ and $-A$ occur with equal probability and the noise n is random with the Laplacian probability density function

$$p(n) = \frac{1}{\sqrt{2}\sigma} e^{-|n|\sqrt{2}/\sigma}.$$

Determine the probability of error as a function of parameters A and σ.　　　　　　　　　　　　　【100 中正電機通訊】

解　　$P_e = \int\limits_0^{\infty} \frac{1}{\sqrt{2}\sigma} \exp\left(-\frac{\sqrt{2}\,|r+A|}{\sigma}\right) dr = \frac{1}{2}\exp\left(-\frac{\sqrt{2}A}{\sigma}\right)$

例題 6：(1) Consider the hypothesis pair:

H_0: $Y=N$

H_1: $Y=S+N$

where S and N are i. i. d. random variables, $S \sim NE(1)$. Find the ML decision rule for this hypothesis testing problem.

(2) Consider the sequence of observations:

H_0 ： $Y_k = N_k$; $k=1, \cdots, n$

H_1 ： $Y_k = S + N_k$; $k=1, \cdots, n$

Find the ML decision rule for this hypothesis testing problem.

【94 中正通訊】

解　　$(1) f_{Y|H_1}(y) = y e^{-y}$

$f_{Y|H_0}(y) = e^{-y}$

$\text{ML}: y e^{-y} \overset{H_1}{\underset{}{>}} e^{-y} \Rightarrow \begin{cases} H_1: y>1 \\ H_0: 0<y<1 \end{cases}$

$(2) f_{Y|H_0}(y) = \exp\left(-\sum_{i=1}^{n} y_i\right)$

$f_{Y|H_1}(y) = P(N_1 \le y_1 - S, \cdots, N_n \le y_n - S)$

$\quad = \int\limits_0^{\min\{y_1 \cdots y_n\}} e^{-s}\,ds \int\limits_0^{y_n - S} e^{-n_n}\,dn_n \cdots \int\limits_0^{y_1 - S} e^{-n_1}\,dn_1$

$f_{Y|H_1}(y) = \frac{\partial^n F_{Y|H_1}(Y)}{\partial y_1 \cdots \partial y_n} = \int\limits_0^{\min\{y_1 \cdots y_n\}} e^{-(y_1 - s)} \cdots \cdots e^{-(y_n - s)} e^{-s}\,ds$

$\quad = \frac{1}{n-1}\exp\left(-\sum_{i=1}^{n} y_i\right)\left[\exp((n-1)\min\{y_1 \cdots y_n\}) - 1\right]$

$$ML: f_{Y|H_1}(y) \overset{H_1}{>} f_{Y|H_0}(y) \Rightarrow \min\{y_1 \cdots y_n\} \overset{H_1}{>} \frac{1}{n-1}\ln n$$

例題 7：A binary communication system transmits signals $s_i(t)$; $i = 1, 2$. The receiver test statistic $z(T) = a_i + n_0$, where the signal component $a_1 = +1$, $a_2 = -1$, and the noise n_0 is uniformly distributed, yielding the conditional density functions

$$f_{z|s_1}(z) = \begin{cases} \frac{1}{2}; & -0.2 \le z \le 1.8 \\ 0; & othewise \end{cases} \quad f_{z|s_2}(z) = \begin{cases} \frac{1}{2}; & -1.8 \le z \le 0.2 \\ 0; & othewise \end{cases}$$

(1) For the case of equally likely signaling ($P(s_i(t)) = \frac{1}{2}$; $i = 1, 2$), find the optimum decision threshold

(2) Find the probability of a bit error

解　　(1)$\eta = 0$　　(2)$P_e = 0.1$

10-3　單邊的臆測測試

　　考量在雷達系統中檢測目標物是否出現的問題，若無目標物則我們只收到雜訊回波（noise only hypothesis），期望值假設為零，若我們收到一目標物，則其期望值不為零。如例 2 所示，假設經取樣後我們有 N 個獨立且具相同分佈的隨機變數，假設變異數 σ^2 為已知，但期望值 μ 為未知，則可得到下列簡單臆測測試的問題：

若 H_0 為真：$\mu = 0$

若 H_1 為真：$\mu = A > 0$

使用觀測數據之取樣平均值來估計期望值：

$$\bar{r} \equiv \frac{1}{N}\sum_{n=0}^{N-1} r(n)$$

　　顯然的取樣平均仍為隨機變數，使用中央極限定理找出取樣平均之分佈函數，在不同的臆測之下，我們有不同的機率分佈函數，其條件 PDF 分別為

在 H_0 為真的條件下，$\bar{r} \sim N\left(0, \dfrac{\sigma^2}{N}\right)$

在 H_1 為真的條件下，$\bar{r} \sim N\left(A, \dfrac{\sigma^2}{N}\right)$

我們可求出誤警報之機率為

$$\alpha = P\{\bar{r} > \eta \,|\, H_0\} = \int_\eta^\infty \frac{\exp\{-(\bar{r})^2 / (2\sigma^2 / N)\}}{\sqrt{2\pi}(\sigma/\sqrt{N})}\, d\bar{r} \qquad (10.11)$$

$$= 1 - \Phi\left[\frac{\eta\sqrt{N}}{\sigma}\right]$$

　　若已知臨界值 η，我們可求得誤警報機率 α。通常這種決定方式之基礎為我們所能夠容忍之誤警報機率（第一種形式之錯誤）有多大，因此 α 之值可在做出決定之前，由所能夠容忍之誤警報機率之值事先決定。α 之值亦稱之為測試之重要程度（significance level of the test）。若已知 α，我們可以找出單位常態隨機變數之臨界值 Z_α 以得到相同之誤警報機率：

$$\alpha = P\{Z > Z_\alpha\} = \int_{Z_\alpha}^\infty \frac{\exp\{-z^2/2\}}{\sqrt{2\pi}}\, dz = 1 - \Phi(Z_\alpha) \qquad (10.12)$$

在此定義 Z 為以下之轉換

$$Z = \frac{\bar{r}\sqrt{N}}{\sigma} \qquad (10.13)$$

　　臨界值 Z_α 可由第六章標準常態表格獲得，一但找出 Z_α，我們可以找出取樣平均之臨界值 η：

$$\eta = x_c = \frac{\sigma Z_\alpha}{\sqrt{N}} \qquad (10.14)$$

測試之重要程度意味著若我們在測試重要程度為 α 之下拒絕了零臆測，支持此決定之數據具信心水準 $(1-\alpha)$。換言之，若 $\alpha=0.05$，則大約有 5%的時間我們拒絕了零臆測之決定是錯誤的。

我們現在考慮第二種型態的錯誤（亦可稱之為漏失）機率，β。此機率等於在真正的期望值 $\mu=A>0$ 之條件下，取樣平均值低於臨界值之機率。值得特別注意的是其結果與 A 之值與零臆測的期望值之距離相關。因為在 H_1 為真時，取樣平均之條件期望值等於 A 而其標準差並未改變，取樣平均之條件機率密度函數仍為具期望值 A 變異數 $\dfrac{\sigma^2}{N}$ 之高斯隨機變數，因此，錯誤之機率可得為

$$\beta = \{\bar{r} < \eta\,|\,H_1\} = P\left\{Z < \frac{(\eta - A)\sqrt{N}}{\sigma}\right\} = \Phi\left\{\frac{(\eta - A)\sqrt{N}}{\sigma}\right\} \quad (10.15)$$

在此我們定義 Z 為以下之轉換且為單位常態隨機變數

$$Z = \frac{(\bar{r} - A)\sqrt{N}}{\sigma} \quad (10.16)$$

有些時候，我們使用測試之功率取代錯誤之機率，其意義為在 H_1 為真時我們正確的判斷出選擇臆測之機率。在此情況下可得

$$1 - \beta = P\left\{Z > \frac{(\eta - A)\sqrt{N}}{\sigma}\right\} \quad (10.17)$$

因為臨界值 η 由零臆測以及誤警報機率推導而得，故可將其值代入上式中並改寫為

$$\beta = P\left\{Z < \frac{(0 - A)\sqrt{N}}{\sigma} + Z_\alpha\right\} = \Phi\left\{\frac{(0 - A)\sqrt{N}}{\sigma} + Z_\alpha\right\} \quad (10.18)$$

　　若在零臆測下具期望值 μ_0，在選擇臆測之下具期望值 μ_1。用來做出判斷的臨界值 η 必介於 μ_0 與 μ_1 之間。此外，當兩種臆測之期望值距離非常靠近時，錯誤之機率將變得很大，同理當兩種臆測之期望值距離變得非常大時，錯誤之機率將變得很小。若我們想要分開兩個非常靠近的臆測仍要求維持判斷錯誤之機率很小，則必須增加取樣數據之數量 N，因為它出現於 β 之表示式中。

例題 8：We wish to test a certain hypothesis through the random sampling technique:

H_0: population mean $\mu = \mu_0$

H_1: population mean $\mu = \mu_0 + \delta$ where $\delta > 0$

The sample size n is large enough that the central limit theorem can apply. Derive the sample size n as function of δ, σ (know population standard deviation), α (type-I error or level of significance), and β (type-II error). One-sided test is assumed. (You can use the standard normal variables z_α and z_β for α and β, respectively）

【97 交大電子】

 α：type I error

$$\alpha = P\,(H_1|H_0) = P\,(\overline{X} > \eta|H_0) = P\left(\left.\frac{\overline{X}-\mu_0}{\frac{\sigma}{\sqrt{n}}} > \frac{\eta-\mu_0}{\frac{\sigma}{\sqrt{n}}}\right|H_0\right)$$

$$= P\,(Z_\alpha > \eta'|H_0)$$

$$\therefore \overline{X} = \mu_0 + Z_\alpha\frac{\sigma}{\sqrt{n}}$$

$$\beta = P\,(H_0|H_1) = P\,(\overline{X} < \eta|H_1) = P\left(\left.\frac{\overline{X}-(\mu_0+\delta)}{\frac{\sigma}{\sqrt{n}}} < \frac{\eta-(\mu_0+\delta)}{\frac{\sigma}{\sqrt{n}}}\right|H_1\right)$$

$$= P\left(\frac{\frac{\sigma}{\sqrt{n}}Z_\alpha - \delta}{\frac{\sigma}{\sqrt{n}}} < \eta'' \mid H_1\right)$$

$$\therefore Z_\beta = Z_\alpha - \delta\frac{\sigma}{\sqrt{n}}$$

$$\Rightarrow \eta = \left(\frac{\sigma}{\delta}\right)^2 (Z_\alpha - Z_\beta)^2$$

我們因此發現第二種型態的錯誤機率 β 為 μ_0（零臆測之期望值）與 μ_1（選擇臆測之期望值）之距離的函數。同時改善 α, β 是不可能的，除非拉大 μ_1 與 μ_0 之距離，$\mu_1 - \mu_0$，或增加數據之數目，N。考慮同時固定 α, β 之值的可能性，但必須在選擇臆測具某期望值時，因為我們不能在選擇臆測具所有可能期望值下固定 α, β。在此情況下，我們有兩個由標準常態分佈的尾巴所得之臨界值：

$$\alpha = P\{Z > Z_\alpha\} = P\{Z < -Z_\alpha\} \tag{10.19}$$
$$\beta = P\{Z > Z_\beta\} = P\{Z < -Z_\beta\}$$

在此我們使用了高端的尾巴，其中臨界值均為正，但也可使用低端的尾巴。我們現在利用取樣平均之機率分佈列出 β 之方程式，此式顯示了 β 與 α 之臨界值的關係，如同（10.18）：

$$\beta = P\{Z < -Z_\beta\} = P\left\{Z < \frac{(\mu_0 - \mu_1)\sqrt{N}}{\sigma} + Z_\alpha\right\} \tag{10.20}$$

在比較此二值之後，我們得到期望值間之距離，取樣數目以及兩個臨界值的關係

$$-Z_\beta = \frac{(\mu_0 - \mu_1)\sqrt{N}}{\sigma} + Z_\alpha \tag{10.21}$$

整理後可得

$$\frac{(\mu_0 - \mu_1)\sqrt{N}}{\sigma} = Z_\alpha + Z_\beta$$

最後得到當期望值固定時 N 值應選擇為

$$N = \left(\frac{(Z_\alpha + Z_\beta)\sigma}{(\mu_1 - \mu_0)}\right)^2 \qquad (10.22)$$

同樣的在 N 值固定時決定 β 值之期望值間之距離為

$$\mu_1 - \mu_0 = \frac{(Z_\alpha + Z_\beta)\sigma}{\sqrt{N}} \qquad (10.23)$$

在許多對稱的應用中我們試著分清楚兩個固定的期望值,假設其出現之機會均等,我們可以得到二種型態的錯誤機率相同(亦即 $\alpha = \beta$)。在此情況下,門檻值將正好落在兩個固定的期望值之中間位置。

若考慮正確的檢測出選擇臆測出現之機率而非第二種型態的錯誤機率 β,則我們可得一機率值 $(1 - \beta)$,定義為測試之功率(power)。在此情況下,由(10.17)(10.18)以及 $\Phi(Z_\alpha) = (1 - \alpha)$,我們有

$$\begin{aligned}
1 - \beta &= P\left\{Z > -\frac{(\mu_1 - \mu_0)\sqrt{N}}{\sigma} + Z_\alpha\right\} \\
&= P\left\{Z > -\frac{(\mu_1 - \mu_0)\sqrt{N}}{\sigma} + \Phi^{-1}(1 - \alpha)\right\} \qquad (10.24) \\
&= 1 - \Phi\left\{-\frac{(\mu_1 - \mu_0)\sqrt{N}}{\sigma} + \Phi^{-1}(1 - \alpha)\right\}
\end{aligned}$$

10-4　雙邊臆測測試

本節討論若選擇臆測只是簡單的測試期望值不等於零臆測時固定的期望值，如下所示

若 H_0 為真：$\mu = \mu_0 = 0$

若 H_1 為真：$\mu = \mu_1 = A \neq \mu_0$

若取樣平均值大於或小於以零臆測時的期望值為中心的關鍵距離或臨界值時，我們必須拒絕零臆測。在此情況下，我們有以下表示式：

$$\alpha = P\{|Z| > Z_{\alpha/2}\} \qquad (10.25)$$

接下來由 Z 與取樣平均之線性關係得到 Z 之臨界值與兩個取樣平均之門檻值 x_1, x_2 之關係如下

$$x_1 = -\frac{\sigma Z_{\alpha/2}}{\sqrt{N}} + \mu_0 \qquad (10.26)$$
$$x_2 = \frac{\sigma Z_{\alpha/2}}{\sqrt{N}} + \mu_0$$

在此例中所做的測試為：只要取樣平均落在區間 (x_1, x_2) 之外，就拒絕零臆測。由（10.26）可將此測試簡單的表示為

$$|\bar{r} - \mu_0| > \frac{\sigma Z_{\alpha/2}}{\sqrt{N}} \qquad (10.27)$$

我們現在也考慮第二種型態的錯誤機率 β，由於此測試為雙邊，當取樣平均滿足以下條件時接受 H_0

$$|\bar{r} - \mu_0| < \frac{\sigma Z_{\alpha/2}}{\sqrt{N}} \qquad (10.28)$$

因此當選擇臆測為真且具期望值 μ_1，則當取樣平均落在（10.28）之區間之內時即產生錯誤，其錯誤機率可求得為

$$\beta = P\left\{|\bar{r} - \mu_0| < \frac{\sigma Z_{\alpha/2}}{\sqrt{N}}\,|\,H_1 \text{ is true}\right\} \qquad （10.29）$$

由於我們假設期望值為 μ_1，且假設 μ_1 大於零臆測時的期望值，因此標準常態隨機變數滿足

$$\bar{r} = \mu_1 + \frac{Z\sigma}{\sqrt{N}} \qquad （10.30）$$

故（10.30）之錯誤機率可表示為

$$\beta = P\left\{\left|\frac{Z\sigma}{\sqrt{N}} + \mu_1 - \mu_0\right| < \frac{\sigma Z_{\alpha/2}}{\sqrt{N}}\right\} = P\{-Z_{\alpha/2} - d < Z < Z_{\alpha/2} - d\} \qquad （10.31）$$
$$= \Phi\,(Z_{\alpha/2} - d) - \Phi\,(-Z_{\alpha/2} - d)$$

在此我們定義了相對距離為

$$d = \frac{(\mu_1 - \mu_0)\sqrt{N}}{\sigma}$$

10-5　Bayes 決定法則

在此我們將之前所討論的最小錯誤機率的條件一般化，亦即對於每一種型式的錯誤指定不同的代價（cost），定義 C_{ij} 為在 H_j 為真的條件下，誤判為 H_i 所要負擔的代價

定義：Bayes risk, R：平均要付出的代價

For binary hypothesis testing problem

$$R = E[C] = \sum_{i=0}^{1} \sum_{j=0}^{1} C_{ij} P(H_i | H_j) P(H_j) \qquad (10.32)$$

觀念提示：(1)通常若正確的做出判斷是不需要付出代價的，亦即 $C_{00} = C_{11} = 0$，故原式可簡化為

$$R = C_{01} P(H_0 | H_1) P(H_1) + C_{10} P(H_1 | H_0) P(H_0) \qquad (10.33)$$

(2)若 $C_{01} = C_{10} = 1$，亦即兩種型態的錯誤所付出的代價相同，則原式可再簡化為二位元數位通信系統中位元錯誤機率的表示式

$$R = P(H_0 | H_1) P(H_1) + P(H_1 | H_0) P(H_0) = P_e \qquad (10.34)$$

Bayes decision rule 之設計方法即在使得 Bayes risk 最小：

$$\arg \min_{R_0, R_1} = C_{00} P(H_0) \int_{R_0} f_{r|H_0}(r) dr + C_{01} P(H_1) \int_{R_0} f_{r|H_1}(r) dr$$
$$+ C_{10} P(H_0) \int_{R_1} f_{r|H_0}(r) dr + C_{11} P(H_1) \int_{R_1} f_{r|H_1}(r) dr \qquad (10.35)$$

其中 decision rule 為

decide H_0 if $r \in R_0$

decide H_1 if $r \in R_1$

由於 $P(H_0|H_0) = 1 - P(H_1|H_0)$, $P(H_0|H_1) = 1 - P(H_1|H_1)$

$$\Rightarrow \int_{R_0} f_{r|H_i}(r) dr = 1 - \int_{R_1} f_{r|H_i}(r) dr \qquad (10.36)$$

故原式為

$$R = C_{01} P(H_1) + C_{00} P(H_0)$$
$$+ \int_{R_1} [(C_{10} P(H_0) - C_{00} P(H_0)) f_{r|H_0}(r) + (C_{11} P(H_1) - C_{01} P(H_1)) f_{r|H_1}(r)] dr \qquad (10.37)$$

要使 R 為最小，顯然的我們選擇 R_1 為所有使得上式中被積分函數 <0 之 r，故使得

$$\frac{f_{r|H_1(r)}}{f_{r|H_0(r)}} \overset{H_1}{>} \frac{(C_{10} - C_{00})\,P(H_0)}{(C_{01} - C_{11})\,P(H_1)} \text{ （Bayes decision rule）} \qquad （10.38）$$

其中左式即為 Likelihood ratio，若將 $C_{00} = C_{11} = 0,\ C_{01} = C_{10} = 1$ 代入 Bayes decision rule 中，則可得最小錯誤機率的判斷式

$$L(r) \overset{H_1}{>} \frac{P(H_0)}{P(H_1)} \text{ （if } P(H_0 = P(H_1))$$

例題 9：Consider a communication system operating with the signal constellation shown in Figure 3. Both signal points are equally likely to be chosen for transmission. The noise at the receiver is very small and thus can be ignored. However, there exists an interference $z = (z_x, z_y)$ in the channel where z_x and z_y are independently exponentially distributed with PDF

$f(z_x) = e^{-z_x} u(z_x),\ f(z_y) = e^{-z_y} u(z_y)$.

Note that $u(\cdot)$ is the unit step function, $u(t) = 1$ if $t \geq 0$; and 0 otherwise. If signal s_i is sent ($i = 0$ or 1), the receiver receives sigual $\mathbf{r} = \mathbf{s}_i + \mathbf{z} = (r_x, r_y)$ where $r_x = s_{ix} + z_x$ and $r_y = s_{iy} + z_y$.

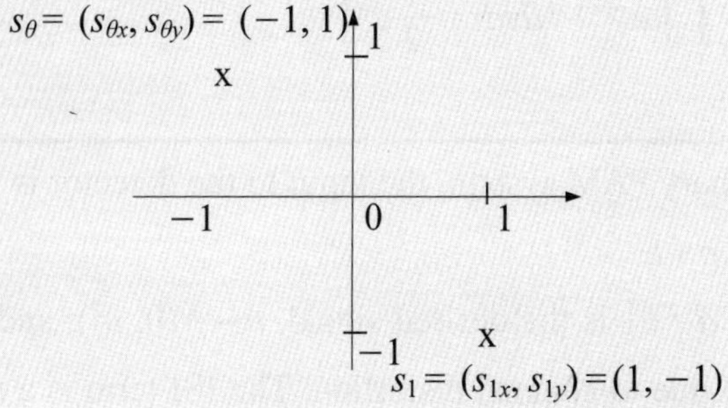

Figure 3: Signal constellation in Problem 9.

(a)Derive the MAP decision rule and express it in the most simplified form. Plot the decision region for each symbol according to the MAP decision rule. You should label your figure clearly and correctly without any ambiguity.

(b)What is the probability of error for the MAP receiver? The answer has to be simplified to its simplest form. If there is any computable integral in your answer, it should be computed. Do NOT leave computable integrals in integral form in your final answer.

【99 台大電信】

解

(a)$H_0 : \mathbf{r}=\mathbf{s}_0+\mathbf{z}=\begin{bmatrix}-1+z_x\\1+z_y\end{bmatrix}\Rightarrow f_{r|H_0}(\mathbf{r})$

$=e^{-(x+1)}u(x+1)e^{-(y-1)}u(y-1)$

$H_1 : \mathbf{r}=\mathbf{s}_1+\mathbf{z}=\begin{bmatrix}1+z_x\\-1+z_y\end{bmatrix}\Rightarrow f_{r|H_1}(\mathbf{r})$

$=e^{-(x-1)}u(x-1)e^{-(y+1)}u(y+1)$

Decision rule:

(1) if $y<1$, always choose H_1

(2) if $x<1$, always choose H_0

(3) if $x>1, y>1$ choose H_0 or H_1

(b)$P_e=\dfrac{1}{2}[P(\mathbf{r}\in R_0|H_1)+P(\mathbf{r}\in R_1|H_0)]$

$=\displaystyle\int_1^\infty\int_x^\infty e^{-(x+y)}\,dy\,dx=\dfrac{1}{2}e^{-2}$

例題 10：In a binary PAM system, the input to the detector is

$y=a+n+i$

where $a=\pm1$ is the desired signal, $n\sim N(0,\sigma^2)$, and i represents the ISI due to channel distortion. The ISI term is a random variable which takes values $-\frac{1}{3}$ and $\frac{2}{3}$ with equal probability.

(1) Draw the conditional PDFs, $f\left(y\,\middle|\,a=1, i=-\frac{1}{3}\right)$,

$f\left(y\,\middle|\,a=-1, i=-\frac{1}{3}\right)$

(2) Draw the conditional PDFs, $f\left(y\,\middle|\,a=1, i=\frac{2}{3}\right)$, $f\left(y\,\middle|\,a=-1, i=\frac{2}{3}\right)$

(3) Determine the averaged probability of error.【98 海洋通訊】

解

$H_0 : a=-1, H_1 : a=1$

$f_{Y|H_0}(y)=f_{Y|H_0|\,i=-\frac{1}{3}}(y)P\left(i=-\frac{1}{3}\right)+f_{Y|H_0|\,i=\frac{2}{3}}(y)P\left(i=\frac{2}{3}\right)$

$\qquad =\frac{1}{2}\left[N\left(-\frac{4}{3}, \sigma^2\right)+N\left(-\frac{1}{3}, \sigma^2\right)\right]$

$f_{Y|H_1}(y)=\frac{1}{2}\left[N\left(\frac{2}{3}, \sigma^2\right)+N\left(\frac{5}{3}, \sigma^2\right)\right]$

$\eta=\frac{1}{2}(m_0+m_1)=\frac{1}{6}$

$\Rightarrow P_e=\frac{1}{4}\left[2Q\left(\frac{\frac{1}{2}}{\sigma}\right)+2Q\left(\frac{\frac{3}{2}}{\sigma}\right)\right]$

例題 11：A 4-ary PAM transmitter emits $S \in \{2, 3, 4, 5\}$ with a priori probabilities $[p_0, p_1, p_2, p_3]=[0.1, 0.7, 0.1, 0.1]$. The receiver observes $R=S+Z$, where the noise Z has an exponential distribution, $f_Z(z)=e^{-z}; z>0$. Specify the decision boundaries for the ML and MAP receivers. 【96 中原電機通信】

解

(1) ML choose S_1 if $2<r<3$

choose S_2 if $3<r<4$

choose S_3 if $4<r<5$

choose S_4 if $5<r$

(2) MAP choose S_1 if $2<r<3$

choose S_2 if $3 < r < 5$

choose S_3 if $5 < r$

例題 12：For the binary hypothesis testing problem

$$f_r (r|H_0) = e^{-r}, r > 0$$

$$f_r (r|H_1) = \begin{cases} \dfrac{1}{2}, & 0 < r < 2 \\ 0, & elsewhere \end{cases}$$

(1) Set up the likelihood ratio test and determine the decision regions as a function of the threshold

(2) Find the minimum probability of error when (a)$P(H_0) = \dfrac{1}{2}$, (b) $P(H_0) = \dfrac{2}{3}$, (c)$P(H_0) = \dfrac{1}{3}$

解

(1)$r > 2 \Rightarrow$ choose H_0; $0 < r < 2 \Rightarrow r \overset{H_1}{>} \ln(2\eta) = \eta^*$

(2)$P_e = p_1 \displaystyle\int_0^{\eta^*} f(r|H_1)dr + p_0 \int_{\eta^*}^{2} f(r|H_0)dr$

$p_0 = \dfrac{1}{2} \Rightarrow \eta^* = 1 \Rightarrow choose \quad H_0 \quad for \ 0 < r \ln 2, otherwise \ choose \quad H_1 \Rightarrow P_e = 0.355$

$p_0 = \dfrac{2}{3} \Rightarrow \eta^* = 0 \Rightarrow always \quad choose \quad H_0 \Rightarrow P_e = 0.5$

$p_0 = \dfrac{1}{3} \Rightarrow \eta^* = 1.38 \Rightarrow P_e = 0.5$

例題 13：For the binary hypothesis testing problem

$$H_0: r \sim U(0, 1) \quad H_1: r \sim U(0, 2)$$

(1) Set up the likelihood ratio test and determine the decision regions as a function of the threshold

(2) Find (a)$P (H_1|H_0)$, (b)$P (H_0|H_1)$

---

(1)$r > 1 \Rightarrow choose \ H_1$:

$$0 < r < 1 \Rightarrow \begin{cases} r < \dfrac{1}{2} \Rightarrow choose \quad H_1 \\ r > \dfrac{1}{2} \Rightarrow choose \quad H_0 \end{cases}$$

$$(2) P\left(H_1 | H_0\right) = \begin{cases} 0; \ \eta > \dfrac{1}{2} \\ 1; \ \eta < \dfrac{1}{2} \end{cases}$$

$$P\left(H_0 | H_1\right) = \begin{cases} 0; \ \eta < \dfrac{1}{2} \\ \dfrac{1}{2}; \ \eta > \dfrac{1}{2} \end{cases}$$

例題 14：In a binary communication system，during every T seconds, one of the two possible signals $s_0(t)$ and $s_1(t)$ is transmitted ($0 < t < T$). The two hypotheses are

H_0: $s_0(t) = 0$ was transmitted.

H_1: $s_1(t) = 1$ was transmitted.

The communication channel adds noise $n(t)$ which is a zero-mean unit-variance normal random process. The received signal is then given as $x(t) = s_i(t) + n(t) \quad i = 0, 1$

We observe the received signal $x(t)$ at some instant during each signaling interval. Suppose that we received an observation $x = 0.6$.

(a)Use the maximum likelihood (ML) test to determine which signal is transmitted.

(b)If $P(H_0) = 2/3$ and $P(H_1) = 1/3$, use the maximum a posteriori (MAP) test to determine which signal is transmitted.($\ln 2 \approx 0.69$)

[Note: No point will be given for the answer without detailed derivation.]　　　　　　　　　　　　　　　　　　【暨南通訊】

解　　(a)$f(x|H_0) \sim N(0, 1), f(x|H_1) \sim N(1, 1)$

$$\text{ML rule} \Rightarrow f(x|H_1) \underset{H_0}{\overset{H_1}{\gtrless}} f(x|H_0)$$

因 $f(0.6|H_1) > f(0.6|H_0)$，故 decide H_1

(b)MAP

$$p_1 f(x|H_1) \overset{H_1}{\underset{}{>}} p_0 f(x|H_0) \Rightarrow \frac{1}{3} f(0.6|H_1) < \frac{2}{3} f(0.6|H_0)$$

故 decide H_0

例題 15：There are two hypotheses H_0: $R = Z$, H_1: $R = S + Z$，where S and Z are independent random variables with their probability density functions as $f_S(s) = 5e^{-5s}$ for $s > 0$, $f_Z(z) = 3e^{-3z}$ for $z > 0$ and the *a priori* probability $P(H_0) = 0.4$. Find the likelihood ratio and corresponding threshold. 【中原電機通信】

解　H_0: $R = Z \Rightarrow f(r|H_0) = f_Z(z) = 3e^{-3z}\mu(z)$

H_1: $R = S + Z \Rightarrow F(r|H_1) = P(s + Z < r) = P(s < r - z)$

$$= \int_0^r 3e^{-3z} \int_0^{r-z} 5e^{-5s} \, ds \, dz = 1 - \frac{5}{2} e^{-3r} + \frac{3}{2} e^{-5r}$$

$$\Rightarrow f(r|H_1) = \frac{d}{dr} F(r|H_1) = \frac{15}{2} e^{-5r} (e^{2r} - 1), \, r > 0$$

或用公式法 $\int_{-\infty}^{\infty} f_{s,z}(r - z, z) \mu(z) \mu(r - z) dz = \int_0^r 15 e^{-3z} e^{-5(r-z)} \, dz$

故 $L(r) = \dfrac{f(r|H_1)}{f(r|H_0)} = \dfrac{5}{2}(1 - e^{2r}) \underset{H_0}{\overset{H_1}{\gtrless}} \dfrac{P_0}{P_1} = \dfrac{0.4}{0.6}$

例題 16：A binary communication system transmits signals $s_i(t)(i = 1, 2)$. The receiver test statistic is $r = s_i + n$, where the signal component s_i is either $s_1 = 3$ or $s_2 = -3$ and the noise component n is uniformly distributed over the range $-4 \leq n \leq 4$.

(a) In the case of equally likely signaling and the use of an optimum decision threshold, determine the probability of a bit error P_b.

(b) In the case of $P(s_1) = 3P(s_2)$, find the optimum decision threshold.

(c) Find the probability of a bit error P_b for the case in (b).

【海洋電機】

解　　$f(r|s_1) \sim U(-1, 7), f(r|s_2) \sim U(-7, 1)$

(a)MAP $\xrightarrow[\;P_1=P_2=\frac{1}{2}\;]{}$ ML $\Rightarrow f(r|s_1) \overset{H_1}{\underset{}{>}} f(r|s_2) \Rightarrow -1 \le \eta \le 1$

所以 $P_b = \dfrac{1}{2} \times \dfrac{1}{8} + \dfrac{1}{2} \times \dfrac{1}{8} = \dfrac{1}{2}\left[\displaystyle\int_{-1}^{\eta} \dfrac{1}{8} dr + \int_{\eta}^{1} \dfrac{1}{8} dr\right]$

$\qquad\quad = \dfrac{1}{2} \times \dfrac{1}{4} = \dfrac{1}{8}$

(b)MAP：

$\dfrac{f(r|s_1)}{f(r|s_2)} \overset{H_1}{\underset{}{>}} \dfrac{P_2}{P_1} = \dfrac{1}{3} \Rightarrow \eta = -1$(within $(-1, 1)$, always choose H_1)

(c)$P_b = \dfrac{3}{4} \times 0 + \dfrac{1}{4} \times \dfrac{2}{8} = \dfrac{1}{16}$

例題 17：Consider the binary eraser channel with two inputs, $s=0, 1$ and three outputs, $d=0, 1, e$. Moreover, assume that the inputs are equally likely. Now suppose

$$f_{Y|S}(y|s) = \dfrac{1}{\sqrt{2\pi}\sigma} \exp\left[-\dfrac{(y-(-1)^{s+1})^2}{2\sigma^2}\right], s=0, 1; -\infty < y < \infty$$

That is, the received random variable, Y, has Gaussian distribution $N(-1, \sigma^2)$ when the input is 0, and Y, has Gaussian distribution $N(+1, \sigma^2)$ when the input is 1. Assume that the cost is given by

$$C(d, s) = \begin{cases} 1, & d=1, s=0 \quad or\ d=0, s=1; \\ 0, & d=1, s=1 \quad or\ d=0, s=0; \\ c, & if\ d=e \end{cases}$$

Given $Y=y$, the optimum Bayes decision rule chooses the decision with the smallest a posteriori cost given by

$$C(d|y) = \sum_{j=0}^{1} C(d,j)P(s=j|y)$$

That is, choose $d=\hat{d}$ if $C(\hat{d}|y) = \min\{C(0|y), C(e|y), C(1|y)\}$

(1) Find the optimum Bayes decision rule if $c \geq 0.5$

(2) Find the optimum Bayes decision rule if $c < 0.5$ 【94 暨大通訊】

解

$$C(0|y) = P(S=1|y) = \frac{f_{Y|S=1}(y)P(S=1)}{f_Y(y)} = \frac{1}{2f_Y(y)}N(1,\sigma^2)$$

$$C(1|y) = P(S=0|y) = \frac{f_{Y|S=0}(y)P(S=0)}{f_Y(y)} = \frac{1}{2f_Y(y)}N(-1,\sigma^2)$$

$$C(e|y) = \frac{c}{2f_Y(y)}[N(1,\sigma^2) + N(-1,\sigma^2)]$$

$$c \geq 0.5 \Rightarrow \eta = 0$$

$$\begin{cases} y>0, d=1 \\ y<0, d=0 \end{cases};$$

$$c < 0.5 \Rightarrow \eta = \frac{\sigma^2}{2}\ln\left(\frac{1-c}{c}\right)$$

$$\begin{cases} y>\eta, d=1 \\ -\eta<y<\eta, d=e \\ y<-\eta, d=0 \end{cases}$$

精選練習

1. Consider a scalar digital communication system, $Y=X+N$, where N is a zero-mean additive Gaussian noise with variance σ^2. Two possible values of X is transmitted, $X=x_0$ with probability p_0 and $X=x_1$ with probability p_1.

    (1) Determine the optimum receiver.

    (2) Determine the average error probability of the optimum receiver.　【90 清大通訊】

2. Consider a two-hypothesis decision problem where

    $$f_{Z|H_1}(z) = \frac{\exp\left(-\frac{z^2}{2}\right)}{\sqrt{2\pi}}, f_{Z|H_2}(z) = \frac{1}{2}\exp(-|z|)$$

    (1) Find the likelihood ratio

(2) Find the decision rule 　　　　　　　　　　　　　　　　　　　　【台科大電子】

3. A sample of a polar signal of amplitudes ± 1 is perturbed by a random noise N with PDF $f_N(n) = \dfrac{3}{32}(4 - n^2); -2 \le n \le 2$. Find the minimum error probability if the a priori probabilities are $P_{+1} = \dfrac{2}{5} = 1 - P_{-1}$. What is the decision threshold? 　　　　【87 交大電信】

4. Consider an one-dimensional discrete communication model $Y = X + N$, where N is a zero-mean additive Gaussian noise with variance σ^2. The transmitted signal $X \in \{+a, -a\}$ is a deterministic and known value. The noise N is dependent on X. Given $X = a$, N is Gaussian distributed with zero-mean and variance σ_1^2, and given $X = -a$, N is Gaussian distributed with zero-mean and variance σ_2^2. Assume

   $P(X = +a) = p_1, P(X = -a) = p_2$

   (1) Derive and draw a block diagram of a MAP receiver for detecting X.

   (2) Suppose $\sigma_1^2 = 1$, $\sigma_2^2 = 2$, $a = 1$, $p_1 = p_2 = 0.5$, find the decision region for $X = +a$ and $X = -a$

   (3) Find the probability of error for the values specified in (2). 　　　【90 台大電信】

5. Consider a binary communication system that has one-dimensional signal vectors, $s_1 = -\sqrt{E}$, $s_2 = +\sqrt{E}$. The channel is characterized by additive Laplacian noise with density $f_N(n) = \dfrac{1}{\sqrt{2}\sigma} \exp\left(-\sqrt{2}\,\dfrac{|n|}{\sigma}\right)$

   The a priori probabilities of the messages are $1 - P(S_1) = P(S_2) = p$. The receiver compares the channel output $Y = s_i + N$ to a threshold T, and choose message s_1 when $Y < T$ and message s_2 when $Y > T$.

   (1) Derive an expression for the threshold T that minimizes the probability of error.

   (2) Express the SNR

   (3) Assume s_1 and s_2 occur with equal probability. Express the probability of error as a function of SNR. 　　　　　　　　　　　　　　　　　　　　　　　　【89 清大通訊】

6. A binary communication system transmits signal $s_i(t)$. The receiver test statistic is $R = s_i + N$, where the signal component is either $s_1 = 1$, $s_2 = -1$ and the noise N has PDF

   $f(n) = \begin{cases} \dfrac{(2 - |n|)}{4}, & |n| \le 2 \\ 0, & otherwise \end{cases}$

   (1) If s_1, s_2 are transmitted with equal probability, determine the probability of error when the optimum decision is made.

   (2) If s_1 is transmitted with probability 0.8, determine the value of the optimum decision threshold. 　　　　　　　　　　　　　　　【92 海洋電機】【96 高雄電機】

7. Two equiprobable messages m_1, m_2 are to be transmitted through a channel with input X and output Y related by $Y = \rho X + N$, where N is a zero-mean additive Gaussian noise with vari-

ance σ^2 and ρ is a random variable independent of the noise. Consider On-Off signaling with the inputs $X=0$ and $X=A>0$ associated with m_1, m_2, respectively. Assume that ρ takes on the values 0 and 1 with equal probability.

(1) What is the optimum decision rule in terms of minimizing the probability of error?

(2) Find the resulting error probability. 【98 台聯大】

8. Consider the hypotheses H_1: $Z=N$, H_2: $Z=S+N$

where S and N are independent random variables with the PDFs

$f_S(s)=2\exp(-2s)u(s)$, $f_N(n)=10\exp(-10n)u(n)$

(1) $f_{Z|H_1}(z)$, $f_{Z|H_2}(z)$

(2) Find the likelihood ratio

(3) If $P(H_1)=\frac{1}{4}$, $P(H_2)=\frac{3}{4}$, $c_{21}=c_{12}=5$, $c_{11}=c_{22}=0$, find the threshold for the Bayes test.

(4) Find the risk for the Bayes test of (3). 【91 暨南電機】

9. Binary pulse signals, $s_i(t)$ ($i=0, 1$), of amplitude $\pm A$ ($s_0(t)=-A$, $s_1(t)=+A$) are received in the presence of zero-mean Gaussian noise with variance σ^2.

(1) Determine the optimum detection threshold η to minimize probability of error if the a priori probability is $P(S_0(t))=\frac{2}{3}$.

(2) Determine the optimum detection threshold η if $P(S_0(t))=\frac{1}{3}$, give comment of the value of η with respect to $P(S_0(t))$.

(3) Express the probability of error in terms of η.

11 隨機程序導論

11-1　隨機程序之定義

11-2　隨機程序之分佈函數

11-3　自相關函數及互相關函數

11-4　高斯隨機程序及布阿松程序

11-1　隨機程序之定義

　　在此之前，所談到的隨機變數均與時間無關，在許多工程之問題中，我們遭遇的信號通常隨著時間而改變。然而，當這些函數並不完全知道，我們必須依靠以隨機之方式描述以及模式化這些信號。我們稱如此之信號為隨機程序，隨機程序之例子包含了在兩點之間的電纜線或電話線中攜帶訊息的信號，攜帶無線電或電視訊息的有線或無線信號，在一導體上之電子移動所產生之電流或電壓，隨著時間的改變網路上之信息量以及其長度。隨機程序（random process）之定義如下：

定義：給定一樣本空間 S 一機率測度 P 定義於每一事件，一隨機程序 X (t, ω) 為一指定給樣本空間中每個結果 ω 之時間函數。

觀念提示：　1. 隨機程序為每次隨機試驗執行後可得到不同之時間函數。我們無法事先知道當執行一隨機試驗會得到何種時間函數。

　　　　　　　2. 隨機試驗產生的每一個可能結果 ω_i（例如做 n 次實驗），分別對應到一特定之實數值時間函數 $X(t, \omega_i)$ 或記為 $X_i(t, \omega)$。

　　　　　　　3. 如果從時間軸來分析，在時間軸上選定一特定時間點 t_k，會對應於一個隨機變數 $X(t_k, \omega)$，此種由時間函數所組成之樣本空間即稱為隨機程序。「每一個」$X_i(t, \omega)$ 皆為時間之函數，稱為樣本函數（Sample function），相當於每做一個實驗就得到一個樣本函數，而「所有」的 $X_i(t, \omega)$ 稱為總集（Ensemble）。

　　　　　　　4. $\begin{cases} \text{隨機變數：樣本空間的試驗結果對應到一個數，} X(\omega) \\ \text{隨機程序：樣本空間的試驗結果對應到一個時間函數，} X(t, \omega) \end{cases}$

　　由此定義可清楚的知道：隨機程序並非一個函數而是許多函數之集合並指定機率給每個函數。更進一步的說，當我們真正的執行一隨機試驗，我們只能觀察其中一個函數，我們稱之為此隨機程序之一次實現（realization）或樣本函數。唯有重複的執行此隨機試驗我們才能觀察一個以上的函數，樣本函數之數目也許是無限大。

　　總而言之，一隨機程序有雙重性格：若固定時間點，我們得到的是隨機變數，若執行隨機試驗一次，我們得到的是一個時間函數。

　　在進一步討論隨機程序之前，我們必須將隨機程序分類為連續時間（考慮所有的時間點）抑或離散時間點（例如被計算機所處理的信號）。同樣的，我們考慮的是連續的振幅，亦即取樣函數可為任意值，抑或離散的振幅，亦即取樣函數僅能為某些離散的值。值得特別注意的是離散振幅的隨機程序也許為對連續振幅的隨機程序量化後之結果，也就是說對連續振幅進行離散的近似。至於離散時間之隨機程序可輕易的由以上兩例之離散時間點取樣得到，絕大部分為等間隔取樣，亦即在 $t = kT$，其中 k 為整數（正或負值均可）T 為取樣週期。因此離散振幅的隨機程序為對連續振幅的隨機程序量化後之結果，離散時間之隨機程序為對連續時間的隨機程序取樣後之結果。

　　如前所述，當執行隨機試驗一次，可得到一取樣函數，只有重複執行隨機試驗，才能得到多個取樣函數；這就有如在隨機變數時所討論的，只有當我們重複執行隨機試驗時才會得到不同的結果。現在我們對一隨機程序於時間點 $t = t_1$ 取樣，此時我們得到一個隨機變數，通常表示為 $X(t_1)$，現在我們可以討論此隨機變數之機率性質並考量例如其分佈及密度函數，期望值，與變異數。在絕大多數的情況下我們可預期這些性質將隨著取樣點之不同而異，因此這些性質將與時間相關。同樣的，若取樣兩個時間點，$t = t_1,\ t = t_2$，將可得到兩個隨機變數，$X(t_1),\ X(t_2)$，這兩個隨機變數可用他們的聯合機率分佈及密度函數所描述，通常此函數與時間點 $t_1,\ t_2$ 均相關。在此情況下我們可以討論此二隨機變數之聯合機率分佈及密度函數以及相關性或共變異數。

11-2　隨機程序之機率分佈

　　在上一節中提到當隨機程序在特定之時間點取樣可得一系列隨機變數,由於隨機變數可由他們的機率分佈以及密度函數所描述,因此我們可用機率分佈以及密度函數來描述一隨機程序。一個最主要的差異在於,當我們在某時間點 t 對隨機程序取樣,所得到之隨機變數,通常與取樣時間點相關。同樣的,若取樣兩點,則其聯合機率分佈函數通常與此二時間點相關。

11-2-1　一階機率分佈

　　首先考慮在某時間點 t 對隨機程序取樣,所得到之隨機變數為 $X(t)$。由於分佈函數通常與取樣時間點相關,故可定義為

$$F_{X(t)}(x; t) = P\,[X(t) \le x] \qquad (11.1)$$

　　我們稱此分佈函數為隨機程序 $X\ (t)$ 之一階機率分佈函數,若此隨機程序為連續,我們可將分佈函數對 x 微分得到一階機率密度函數,同樣的,由於分佈函數通常與取樣時間點相關,故可定義為:

$$f_{X(t)}(x; t) = \frac{\partial}{\partial x} F_{X(t)}(x; t) \qquad (11.2)$$

　　若此隨機程序非連續或在任何時間點其值為有限個,則在此情況下,可以機率質量函數取代機率密度函數。

11-2-2 二階機率分佈

　　現在考慮兩個時間點 $t = t_1,\ t = t_2$,可以得到兩個隨機變數 $X(t_1), X(t_2)$,因此我們可像往常一樣定義它們的聯合機率分佈函數,我們稱此分佈函數為隨機程序 $X(t)$ 在時間點 $t = t_1, t = t_2$ 之二階機率分佈函數,其定義為

$$F_{X(t)}(x_1, x_2; t_1, t_2) = P\left[X(t_1) \le x_1, X(t_2) \le x_2\right] \tag{11.3}$$

此處稱 $F_{X(t)}(x_1, x_2; t_1, t_2)$ 為 $X(t_1)$、$X(t_2)$ 之二階分佈（Second-order distribution）函數

二階機率分佈函數與時間之相關性非常重要，因為它顯示了隨機程序如何隨時間而改變。若此隨機變數 $X(t_1), X(t_2)$ 為連續，我們可定義其聯合機率密度函數，為

$$f_{X(t)}(x_1, x_2; t_1, t_2) = \frac{\partial^2}{\partial x_1 \partial x_2} F_{X(t)}(x_1, x_2; t_1, t_2) \tag{11.4}$$

11-2-3　穩定的（stationary）隨機程序

一個嚴格穩定（或稱為嚴格靜止）的隨機程序之統計特性不會因為改變時間起點而有任何改變。另外一種表達此觀念之方式為：所有之統計特性只與時間差相關而與絕對的時間點無關。

定義：嚴格穩定（Strictly-Sense Stationary，**簡稱為 SSS**）

若 $X(t)$ 之聯合機率密度函數 $f_{X(t)}(x_1, \cdots, x_n; t_1, \cdots, t_n)$ 或聯合累積分佈函數 $F_{X(t)}(x_1, \cdots, x_n; t_1, \cdots, t_n)$ 對任意的 t、τ，滿足如下關係：

$f_{X(t)}(x_1, \cdots, x_n; t_1, \cdots, t_n) = f_{X(t+\tau)}(x_1, \cdots, x_n; t_1, \cdots, t_n)$

或 $F_{X(t)}(x_1, \cdots, x_n; t_1, \cdots, t_n) = F_{X(t+\tau)}(x_1, \cdots, x_n; t_1, \cdots, t_n)$

稱 $X(t)$ 為嚴格穩定。

我們也可定義範圍較小的穩定觀念，例如一階穩定及二階穩定隨機程序意味著一階機率分佈函數與時間無關，二階機率分佈函數只與時間差相關。

定義：一階穩定：

若 $X(t)$ 之機率密度函數 $f_{X(t)}(x, t)$ 或累積分佈函數 $F_{X(t)}(x, t)$，對所有之 t、τ，滿足 $f_{X(t)}(x) = f_{X(t+\tau)}(x) = f_X(x)$

或 $F_{X(t)}(x) = F_{X(t+\tau)}(x) = F_X(x)$

稱 $X(t)$ 為一階穩定。一階穩定代表的意義為：任選一個時刻計算都相同，因此 $f_{X(t)}(x;t) = f_X(x)$，已經與 t 無關，亦即其均值為常數

定義：二階穩定

若 $X(t)$ 之機率密度函數 $f_{X_1(t)X_2(t)}(x_1, x_2; t_1, t_2)$ 或累積分佈函數 $F_{X_1(t)X_2(t)}(x_1, x_2; t_1, t_2)$，對所有之 t_1、t_2，滿足

$f_{X(t_1)X(t_2)}(x_1, x_2) = f_{X(0)X(t_2-t_1)}(x_1, x_2)$

或 $F_{X(t_1)X(t_2)}(x_1, x_2) = F_{X(0)X(t_2-t_1)}(x_1, x_2)$

稱 $X(t)$ 為二階穩定。二階穩定代表的意義：任選一段時間 τ 內（即二個時刻 t_1 到 t_2 內）計算都相同，即僅與時間差 τ 有關。

定義：若 $X(t)$ 滿足一階穩定與二階穩定就稱為廣義穩定（WSS）。

11-3　自相關函數及互相關函數

　　由於機率密度函數及分佈函數之推導可能非常繁雜，而且在許多情況下提供了超過我們所需要的資訊，因此我們將只討論隨機程序之平均以及相關性。

11-3-1　隨機程序之期望值

　　在求期望值時，時間視為非隨機參數，故只對隨機之量進行平均。將隨機程序之平均表示為 $m_X(t)$，可表示為

$$m_X(t) = E[X(t)] = \int_{-\infty}^{\infty} x f_{X(t)}(x, t)dx \qquad (11.5)$$

觀念提示： *1.* （11.5）式顯示了隨機程序之期望值即為定義於某特定時間點 t 之隨機變數 $X(t)$ 之期望值。平均並非針對時間，只針對隨機試驗之結果。故均值仍為 t 之函數

2.二次動差之計算仍與（11.5）式之觀念相同，表示如下：

$$E[X^2(t)] = \int_{-\infty}^{\infty} x^2 f_{X(t)}(x, t)dx \qquad (11.6)$$

$$\sigma_X^2(t) = E\{[X(t) - m_X(t)]^2\} \qquad (11.7)$$

11-3-2　自相關函數

當我們考慮隨機程序在兩個時間點 $t = t_1$, $t = t_2$，可得到兩個隨機變數 $X(t_1)$, $X(t_2)$。兩個隨機變數之間的一個主要特性為他們的相關性。顯然的，因為此相關性與時間點 $t = t_1$, $t = t_2$ 有關，因此可以得到與 t_1, t_2 相關之相關性函數；然而因為它代表了同一隨機程序在不同時間點之關係，我們將稱之為隨機程序 $X(t)$ 之自相關函數並表示為 $R_{XX}(t_1, t_2)$，其定義如下：

定義：自相關函數（Auto Correlation function）$R_{XX}(t_1, t_2)$

已知隨機程序 $X(t)$，則 $X(t)$ 之自相關函數 $R_{XX}(t_1, t_2)$ 為

$$R_{XX}(t_1, t_2) = E[X(t_1)X(t_2)] = \int_{-\infty}^{\infty}\int_{-\infty}^{\infty} x_1 x_2 f_{X(t_1)X(t_2)}(x_1, x_2)\, dx_1\, dx_2 \quad (11.8)$$

其中 x_1 表示在 $t = t_1$ 之 x 值，x_2 表示在 $t = t_2$ 之 x 值

與兩個隨機變數之情況相同，我們可以定義共變異數與相關係數，但是在此情況下名稱稍有不同，我們定義自共變異數函數為

定義：自共變異數函數（Auto Covariance function）$C_{XX}(t_1, t_2)$

已知隨機程序 $X(t)$，則 $X(t)$ 之自共變異數函數 $C_{XX}(t_1, t_2)$ 為

$$C_{XX}(t_1, t_2) = E\{[X(t_1) - m_X(t_1)][X(t_2) - m_X(t_2)]\}$$
$$= \int_{-\infty}^{\infty}\int_{-\infty}^{\infty} [x_1 - m_X(t_1)][x_2 - m_X(t_2)] f_{X(t)}(x_1, x_2; t_1, t_2)\, dx_1 dx_2 \quad (11.9)$$

其中 x_1 表示在 $t = t_1$ 之 x 值，x_2 表示在 $t = t_2$ 之 x 值

對自共變異數函數 $C_{XX}(t_1, t_2)$而言，此處可再推得

$$
\begin{aligned}
C_{XX}(t_1, t_2) &= E\{[X(t_1) - m_X(t_1)][X(t_2) - m_X(t_2)]\} \\
&= E[X(t_1)X(t_2)] - m_X(t_2)E[X(t_1)] - m_X(t_1)[X(t_2)] + m_X(t_1)m_X(t_2) \\
&= E[X(t_1)X(t_2)] - m_X(t_1)m_X(t_2) \\
&= R_{XX}(t_1, t_2) - m_X(t_1)m_X(t_2)
\end{aligned}
\tag{11.10}
$$

值得注意的是此隨機程序之變異數以及其平均功率可以直接由自共變異數函數與自相關函數得到，只要讓 $t = t_1 = t_2$ 即可：

$$
R_{XX}(t_1, t_2) = E\{[X(t)]^2\}
\tag{11.11}
$$

$$
\sigma_X^2(t) = R_{XX}(t, t) - [m_X(t)]^2 = C_{XX}(t, t)
\tag{11.12}
$$

因此發現不需要直接求出隨機程序之變異數以及其平均功率，因為可由自共變異數函數與自相關函數之定義獲得。

11-3-3　廣義靜止的隨機程序（Wide Sense Stationary Proesses）

一個絕對靜止的隨機程序之統計特性不會因為改變時間起點而有任何改變。另外一種表達此觀念之方式為：所有之統計特性只與時間差相關而與絕對的時間點無關。例如其一階機率分佈與密度函數與時間無關，二階機率分佈與密度函數與兩個時間點皆無關，只與時間差相關。然而若我們只關心平均以及自相關函數，則可以限制對靜止的隨機程序之定義，並稱此程序為廣義靜止（WSS）的隨機程序。一廣義靜止（WSS）的隨機程序之期望值為常數，且其自相關函數只與時間差相關。

$$
E[X(t)] = m_X = c
\tag{11.13}
$$

$$
R_{XX}(t_1, t_2) = E[X(t_1)X(t_2)] = E[X(0)X(t_2 - t_1)] \equiv R_{XX}(t_2 - t_1)
\tag{11.14}
$$

因為時間並不出現在期望值上，我們簡單的將此常數期望值表示為 m_X。同樣的，因為自相關函數只與時間差相關，我們可以將它表示為單變數函數－時間差，τ：

$$E\left[X(t)E\left(t+\tau\right)\right] = R_{XX}\left(\tau\right) \tag{11.15}$$

對於自共變異數函數，我們可以得到相同的表示法：

$$C_{XX}\left(\tau\right) = R_{XX}\left(\tau\right) - m_X^2 \tag{11.16}$$

最後，WSS 隨機程序之變異數以及其平均功率可以由下式表示

$$E\left[X^2\left(t\right)\right] = R_{XX}(0) \tag{11.17}$$

$$\sigma_X^2 = C_{XX}(0) = R_{XX}(0) - m_X^2 \tag{11.18}$$

11-3-4　自相關函數的性質

當 τ 趨近於無限大，通常（除非此隨機程序具週期性） 自相關函數傾向於為期望值之平方，而自共變異數函數傾向於為零。所有其他自相關函數的性質仍舊適用於自共變異數函數。

1. $R_X(-\tau) = R_X(\tau)$。自相關函數為偶函數。
2. $|R_X(\tau)| \le R_X(0)$。在 $\tau = 0$ 時可得到最大值。
3. 當 $\tau \to \infty$，自相關函數達到極限值，則此極限值等於 $(m_X)^2$。
4. 若在其他點得到與在原點時相同之值，則此隨機程序具週期性且其週期即為此值（亦即，若 $R_X(T) = R_X(0)$，則此隨機程序具週期性且其週期為 T）。

11-3-5 標信（Ergodicity）

　　在許多情況下，我們只有隨機程序的一個取樣函數，而我們要由此取樣函數中得到此隨機程序的一些統計訊息。因為只有一個取樣函數，無法做任何次數上的平均，故必須以時間平均取代次數平均。若當時間區間變得非常大時，時間平均趨近於次數平均，稱此隨機程序為 Ergodic。這是一個非常重要的性質，因為不須要收集所有的取樣函數來求得此隨機程序的統計訊息。故所謂標信（Ergodic），是指從一個隨機程序 $X(t)$ 中任挑一個樣本函數 $X_i(t)$ 計算其所有統計特性會等於總集（Ensemble）的統計特性，也就是說以一組訊號就可能代表全體訊號。在較為複雜的情況下要驗證 ergodicity 則變得非常困難。我們將只陳述一隨機程序之期望值與自相關函數的 ergodicity 性質。

　　若下式滿足，則可稱一隨機程序相對於期望值為 ergodic：

$$E\,[X(t)] = \langle\, X_i(t)\,\rangle = \lim_{T\to\infty} \frac{1}{T} \int_0^T X_i(t)dt \qquad (11.19)$$

　　同樣的，我們可以定義一隨機程序相對於自相關函數為 Ergodic，若 $X(t)$ 乘上 $X(t+\tau)$ 並對其做時間平均趨近於自相關函數

$$R_{XX}\,(\tau) = E\,[X(t)X\,(t+\tau)] = \langle\, X_i(t)X_i(t+\tau)\,\rangle$$
$$= \lim_{T\to\infty} \frac{1}{T} \int_0^T X_i\,(t)X_i(t+\tau)dt \qquad (11.20)$$

　　必須要注意的是一隨機程序首先必須為靜止才有可能 ergodic。若非靜止，則其期望值與時間點有關，因此期望值無法由時間平均得到，因為對時間積分後之結果必與時間無關。

11-3-6　互相關函數（Crosscorrelation Function）

在許多的應用中我們遭遇至少兩個隨機程序。因此有如兩個隨機變數的情況，我們需要考慮這兩個信號間之統計特性。這引導了我們定義互相關函數。

給定兩個隨機程序 $X(t)$ 與 $Y(t)$，我們定義其互相關函數為

$$R_{XY}(t_1, t_2) = E[X(t_1)Y(t_2)] = \int_{-\infty}^{\infty} \int_{-\infty}^{\infty} xy f_{X(t_1)Y(t_2)}(x, y) dxdy \quad (11.21)$$

簡單的說，互相關函數為兩個隨機變數之聯合二階動差，而此二隨機變數來自於對其中一個隨機程序在 $t=t_1$ 取樣且對另一個隨機程序在 $t=t_2$ 取樣。

若 $X(t)$ 與 $Y(t)$ 為 WSS，且其互相關函數也只與時間差有關，則我們可稱此二隨機變數為聯合 WSS。在此情況下，我們用下式表示互相關函數：

$$R_{XY}(\tau) = E[X(t)Y(t + \tau)] \quad (11.22)$$

若此二隨機程序互不相關，則有

$$R_{XY}(\tau) = m_X m_Y \quad (11.23)$$

11-4　高斯隨機程序及布阿松程序

高斯隨機程序 $X(t)$ 定義如下：若我們對隨機程序在 n 個時間點取

樣，則取樣值 $X(t_k); k = 1, 2, \cdots, n$ 具有 n 階高斯密度函數。因為高斯分佈函數及密度函數完全由期望值與共變異數所決定，則若知道其平均及自相關函數或自共變異數函數，高斯隨機程序即可被完全的決定。高斯隨機程序之一個非常重要的性質為：若此程序為廣義靜止則其必為絕對靜止，因為所有的統計特性皆由自相關函數推導而得。高斯程序（Gaussian process）第一個優點是數學分析上之便利性，第二個優點是在通訊系統的扮演角色，就是可以為熱雜訊提供一個良好的分析模型，因為熱雜訊是由許多不同的電子提供的電流產生，這些電子的行為都是獨立的，因此總電流為一群獨立且相同分佈（independent and identi-cally distribution）的隨機變數和，可藉由中央極限定理知其總電流仍為高斯分佈。考慮多個隨機變數間之聯合（jointly）高斯分佈時，一般為使得函數表示式簡潔起見，常整合成向量形式；意即若將 n 個隨機變數 X_1、X_2、$\cdots$、X_n 整理成一個 n 維隨機向量，即

$$\mathbf{x} = [\, X_1 \quad X_2 \quad \cdots \quad X_n \,]^T$$

其中 $[\quad]^T$ 為轉置（transpose）運算，因此 $\mathbf{x}$ 為一行（column） 向量，則 n 維隨機變數之聯合高斯密度函數記為

$$f_{\mathbf{x}}(x_1, x_2, \cdots, x_n) = \frac{1}{(2\pi)^{n/2} \,|\det \mathbf{C}|^{1/2}} \exp\left(-\frac{1}{2}(\mathbf{x} - \boldsymbol{\mu})^T \mathbf{C}^{-1}(\mathbf{x} - \boldsymbol{\mu}) \right)$$

則稱隨機程序 $X(t)$ 為高斯程序，其中 $\mathbf{C}$ 為 $n \times n$ 共變異數矩陣（co-variance matrix），$|\det \mathbf{C}|$ 為 $\mathbf{C}$ 之行列式取絕對值；$\boldsymbol{\mu}$ 為期望值行向量，分別定義如下：

$$\mathbf{C} = E[(\mathbf{x} - \boldsymbol{\mu})(\mathbf{x} - \boldsymbol{\mu})^T] = \begin{bmatrix} C_{11} & C_{12} & \cdots & C_{1n} \\ C_{21} & C_{22} & \cdots & C_{2n} \\ \vdots & \vdots & \vdots & \vdots \\ C_{n1} & C_{n2} & \cdots & C_{nn} \end{bmatrix}$$

$$\mu = [\mu_1 \quad \mu_2 \quad \cdots \quad \mu_n]^T$$

　　觀察矩陣 C 知其為一對稱（symmetric）矩陣，意即 $C_{ij} = C_{ji}$，且對角線上各值 $C_{11}, C_{22}, \cdots, C_{nn}$ 分別等於各隨機變數的變異數。

　　以下再說明高斯程序之重要性質：

性質一：就高斯程序而言，只要知道平均值 μ 與共變異數矩陣 C，即可為此隨機程序提供完整的統計描述。

性質二：如果一個高斯程序 $X(t)$ 輸入到一個穩定之線性濾波器，則其輸出 $Y(t)$ 亦為高斯程序，即系統對 $X(t)$ 之影響只反應在 $X(t)$ 的平均值與變異數之變化。

性質三：如果一個高斯程序 $X(t)$ 是廣義穩定（WSS），則 $X(t)$ 亦為嚴格穩定（SSS）。

性質四：如果一個高斯程序在時間 $t_1, t_2, \cdots, t_n$ 取樣得到之隨機變數 $X(t_1)$, $X(t_2), \cdots, X(t_n)$ 是互不相關，則這些隨機變數亦為獨立。

說明：此性質指出隨機變數 $X(t_1), X(t_2), \cdots, X(t_n)$ 之聯合機率密度函數可以表示成其各別的機率密度函數之乘積。

Poisson Process

　　隨機程序 $N(t), t \geq 0$ 代表在時間 $[0, t]$ 內，到達的總人數,或事件發生的總次數，故 $N(t)$ 必須滿足

　　(1) $N(t)$ 必為正整數值

　　(2) 若 $t_1 \leq t_2$, 則 $N(t_1) \leq N(t_2)$

　　　且 $N(t_1) - N(t_2)$ 代表在時間區間 $[t_2, t_1]$ 內事件發生之總次數

定義：　Poisson Process with rate λ

　　若 $N(t)$ 滿足下列條件：

　　(1) $N(0) = 0$

　　(2) 在不重覆的時間區間內事件發生之次數相互獨立

　　(3) 在任意長度為 t 之區間內，事件發生之次數為平均值為 λt 之 Poisson random variable

$$P\left[N\left(t+s\right)-N(s)=x\right]=e^{-\lambda t}\frac{(\lambda t)^x}{x!};\ x=0,\ 1,\ 2,\ \cdots$$

則稱 $N(t)$ 為具有參數 λ 之 Poisson Process。其中 λ 為單位時間之平均發生次數或稱平均之發生率

若定義 X_n 為第$(n-1)$至第 n 次事件發生之時間間隔

則$\{X_n\}$相互獨立,且均為具參數 λ（平均值為 $\frac{1}{\lambda}$）之指數分布

例題 1：判斷 $X(t)$ 是否為廣義穩定（WSS），$X(t)=A\cos(2\pi f_0 t+\theta)$, $\theta \sim U(0, 2\pi)$

解

$$\left.\begin{array}{l}E\{X(t)\}=\displaystyle\int_0^{2\pi}\frac{1}{2\pi}X(t)d\theta=0\\[2mm]E\{X(t)X(t+\tau)\}=\dfrac{A^2}{2}\cos(2\pi f_0\,\tau)=R_X(\tau)\end{array}\right\}\therefore X(t)\ \text{為 WSS}$$

例題 2：$X(t)=A\sin\left(Wt+Y\right)$, where A, W, Y are independent random variables. Assume A has mean 9 and variance 25, $Y\sim U\left[-2\pi,\ 2\pi\right]$, $W\sim U\left[-20, 20\right]$. Find the mean and autocorrelation for the random process $X(t)$. 【98 東華電機】

解

$$E\left[X(t)\right]=E\left[A\right]E[\sin\left(Wt+Y\right)]=0$$
$$R_X(\tau)=E\left[A^2\sin\left(Wt+Y\right)\sin\left(W\left(t+\tau\right)+Y\right)\right]$$
$$=\frac{1}{2}E\left[A^2\right]E[\cos\left(W\tau\right)-\cos(2Wt+W\tau+2Y)]$$
$$=\frac{53}{20}\sin(20\tau)$$

例題 3：Let a random process be given by $Z(t)=X(t)\cos\left(\omega_0 t+\theta\right)$, where $X(t)$ is a stationary random process with $E\{X(t)\}=0$, $E\{X^2\left(t\right)\}=\sigma_X^2$, and $E\{X(t)\,X(t+\tau)\}=R_X\left(\tau\right)$

(1) If $\theta = 0$, find $E\{Z(t)\}$ and $E\{Z^2(t)\}$. Is $Z(t)$ stationary?

(2) If θ is a random variable independent of $X(t)$ and uniformly distributed in the interval $(-\pi, \pi)$, show that $E\{Z(t)\} = 0$, $E\{Z^2(t)\} = \dfrac{\sigma_X^2}{2}$.
Is $Z(t)$ WSS?

(3) Let $Z(t) = X(t)\cos(\omega_0 t + \theta) + Y(t)\sin(\omega_0 t + \theta)$, where $X(t)$ and $Y(t)$ are stationary Gaussian random processes with $E\{X(t)\} = E\{Y(t)\} = 0$, $E\{Z^2(t)\} = E\{Y^2(t)\} = \sigma^2$, and $E\{X(t)X(t+\tau)\} = E\{Y(t)Y(t+\tau)\} = R(\tau)$,

$X(t)$ and $Y(t)$ are uncorrelated for any t. If θ is a random variable independent of $X(t)$, $Y(t)$ and uniformly distributed in the interval $(-\pi, \pi)$. Find $E\{Z(t)\}$ and $E\{Z^2(t)\}$. Is $Z(t)$ stationary? 【91 中央通訊】

解

(1) $E[Z(t)] = E[X(t)]\cos w_0 t = 0$

　$E[Z^2(t)] = E[X^2(t)]\cos^2(w_0 t) = \sigma_X^2\cos^2(w_0 t)$

　與 t 有關，故 $Z(t)$ is not stationary

(2) $E[Z(t)] = E[X(t)]E[\cos(w_0 t + \theta)] = 0$

　$E[Z^2(t)] = E[X^2(t)]E[\cos^2(w_0 t + \theta)] = \dfrac{1}{2}\sigma_X^2$

　$R_Z(t_1, t_2) = E[X(t_1)X(t_2)]E[\cos(w_0 t_1 + \theta)\cos(w_0 t_2 + \theta)]$

　　　　　$= R_X(t_1 - t_2)E\left[\dfrac{\cos(w_0(t_1 - t_2))}{2} + \dfrac{\cos(w_0(t_1 + t_2) + 2\theta)}{2}\right]$

　　　　　$= \dfrac{1}{2}R_X(t_1 - t_2)\cos(w_0(t_1 - t_2))$

$\therefore Z(t)$ is WSS

(3) $E[Z(t)] = E[X(t)\cos(w_0 t + \theta)] + E[Y(t)\sin(w_0 t + \theta)] = 0$

　$E[Z^2(t)] = E[X^2(t)\cos^2(w_0 t + \theta)] + E[Y^2(t)\sin^2(w_0 t + \theta)]$

　　　　　$+ 2E[X(t)Y(t)\sin(w_0 t + \theta)\cos(w_0 t + \theta)]$

　　　　$= \dfrac{\sigma^2}{2} + \dfrac{\sigma^2}{2} + 0 = \sigma^2$

　$R_Z(t_1, t_2) = E\{X(t_1)X(t_2)\cos(w_0 t_1 + \theta)\cos(w_0 t_2 + \theta)\}$

$$+ E\{Y(t_1)Y(t_2)\sin(w_0 t_1 + \theta)\sin(w_0 t_2 + \theta)\}$$

$$= R_X(t_1 - t_2)E\left[\frac{\cos(w_0(t_1 - t_2))}{2} + \frac{\cos(w_0(t_1 + t_2) + 2\theta)}{2}\right]$$

$$+ R_Y(t_1 - t_2)E\left[\frac{\cos(w_0(t_1 - t_2))}{2} + \frac{\cos(w_0(t_1 + t_2) + 2\theta)}{2}\right]$$

$$= \frac{1}{2}\cos(w_0\tau)[R_X(\tau) + R_Y(\tau)], \ \tau = t_1 - t_2$$

$\therefore Z(t)$ is WSS

例題 4：If A and B are two zero-mean independent Gaussian random variables with variances σ_A^2, σ_B^2, respectively. it is assumed that $\sigma_A = \sigma_B$. Let $X = 3A - 2B$, $W = 2A + 3B$. Then

(1) Find the mean of X

(2) Find the variance of X.

(3) Find the PDF of W

(4) A random process is defined by $Y(t) = A\cos(2\pi ft) + B\sin(2\pi ft)$. Find the mean and autocorrelation function of $Y(t)$.

【88 北科大電通】

解　(1) $E[X] = E[3A - 2B] = 0$

(2) $Var(X) = 9Var(A) + 4Var(B) = 9\sigma_A^2 + 4\sigma_B^2$

(3) $W = 2A + 3B \sim N(0, 4\sigma_A^2 + 9\sigma_B^2)$

(4) $E[Y(t)] = E[A]\cos(2\pi ft) + E[B]\sin(2\pi ft) = 0$

$$R_Y(\tau) = E[Y(t)Y(t+\tau)]$$

$$= E[A^2\cos(2\pi ft)\cos(2\pi f(t+\tau))]$$

$$+ E[B^2\sin(2\pi ft)\sin(2\pi f(t+\tau))]$$

$$+ E[AB\cos(2\pi ft)\sin(2\pi f(t+\tau))] + E[AB\sin(2\pi ft)$$

$$\cos(2\pi f(t+\tau))]$$

$$= E[A^2]\cos(2\pi ft)\cos(2\pi f(t+\tau))$$

$$+ E[B^2]\sin(2\pi ft)\sin(2\pi f(t+\tau))$$

$$= \sigma^2[\cos(2\pi ft)\cos(2\pi f(t+\tau)) + \sin(2\pi ft)\sin(2\pi f(t+\tau))]$$
$$= \sigma^2\cos(2\pi f\tau)$$

例題 5：Suppose $X(t)$ and $Y(t)$ are zero-mean, continuous-time random processes which are independent and WSS. Derive the autocorrelation function for $Z(t)$ in terms of the autocorrelation functions for $X(t)$ and $Y(t)$ if

(1)$Z(t) = 2X(t)Y(t) + 3$

(2)$Z(t) = X(t) + Y(t)$

(3)$Z(t) = X(t)\cos(\omega t) + Y(t)\sin(\omega t)$

(4) Repeat (1)～(3) for the case when the autocorrelation functions for $X(t)$ and $Y(t)$ are equal. 【96 東華電機】

解　　已知 $E[X(t)] = E[Y(t)] = 0$

(1)$R_{ZZ}(\tau) = E[Z(t)Z(t+\tau)]$

$\qquad = E\{[2X(t)Y(t)+3][2X(t+\tau)Y(t+\tau)+3]\}$

$\qquad = 4E[X(t)X(t+\tau)Y(t)Y(t+\tau)] + 6E[X(t)Y(t)]$

$\qquad\quad + 6E[X(t+\tau)Y(t+\tau)] + E[9]$

$\qquad = 4E[X(t)X(t+\tau)]E[Y(t)Y(t+\tau)] + 6E[X(t)]E[Y(t)]$

$\qquad\quad + 6E[X(t+\tau)]E[Y(t+\tau)] + 9$

$\qquad = 4R_{XX}(\tau)R_{YY}(\tau) + 9$

(2)$R_{ZZ}(\tau) = E[Z(t)Z(t+\tau)] = E\{[X(t)+Y(t)][X(t+\tau)+Y(t+\tau)]\}$

$\qquad = E[X(t)X(t+\tau)] + E[X(t)Y(t+\tau)] + E[Y(t)X(t+\tau)]$

$\qquad\quad + E[Y(t)X(t+\tau)]$

$\qquad = R_{XX}(\tau) + R_{YY}(\tau)$

(3)$R_{ZZ}(\tau) = E[Z(t)Z(t+\tau)]$

$\qquad = E\{[X(t)\cos(\omega t) + Y(t)\sin(\omega t)][X(t+\tau)\cos[\omega(t+\tau)]$

$\qquad\quad + Y(t+\tau)\sin[\omega(t+\tau)]\}$

$$= E\left[X(t)X(t+\tau)\right]\cos(\omega t)\cos\left[\omega(t+\tau)\right] + E\left[X(t)Y(t+\tau)\right]$$
$$\cos(\omega t)\sin\left[\omega(t+\tau)\right]$$
$$+ E\left[Y(t)X(t+\tau)\right]\sin(\omega t)\cos\left[\omega(t+\tau)\right] + E\left[Y(t)Y(t+\tau)\right]$$
$$\sin(\omega t)\sin\left[\omega(t+\tau)\right]$$
$$= R_{XX}(\tau)\cos(\omega t)\cos\left[\omega(t+\tau)\right] + R_{YY}(\tau)\sin(\omega t)$$
$$\sin\left[\omega(t+\tau)\right]$$

(4)已知 $R_{XX}(\tau) = R_{YY}(\tau)$ ，則

(i)$R_{ZZ}(\tau) = 4R_{XX}^2(\tau) + 9$

(ii)$R_{ZZ}(\tau) = 2R_{XX}(\tau)$

(iii)$R_{ZZ}(\tau) = R_{XX}(\tau)\{\cos(\omega t)\cos\left[\omega(t+\tau)\right] + \sin(\omega t)\sin\left[\omega(t+\tau)\right]\}$
$$= R_{XX}(\tau)\cos(\omega\tau)。$$

例題 6：Consider a random telegraph waveform $X(t)$, as illustrated in the Fig.

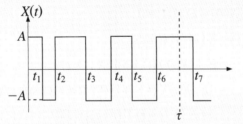

The sample function of this random process have the following properties:

1. The values taken at any time instant t_0 are either $X(t_0) = A$ or $X(t_0) = -A$ with equal probability.

2. The number k of switching instants in any time interval T obeys a Poisson distribution $P_T(k) - \dfrac{(\alpha T)^k}{k!} e^{-\alpha T}$ (That is, the probability of more than one switching instant occurring in an infinitesimal time interval dt is zero, with the probability of exact one switching instant occurring in dt being αdt.) Furthermore, suc-

cessive switching occurrences are independent.

Please find its mean and autocorrelation. 【97 中興電機】

$(1)\mu_X = E[X(t)] = AP[X(t)=A] + (-A)P[X(t)=-A]$

$\qquad = A\dfrac{1}{2} - A\dfrac{1}{2} = 0 \text{。}$

(2)當 $\tau > 0$ 時

$R_{XX}(\tau) = E[X(t)X(t+\tau)]$

$\qquad = A^2 P[X(t) \text{與} X(t+\tau)\text{同號}] + (-A^2)$

$\qquad P[X(t) \text{與} X(1+\tau) \text{異號}]$

$\qquad = A^2 P[X(t) \text{在} X(t, t+\tau)\text{為偶數次交換}]$

$\qquad - A^2 P[X(t) \text{在} X(t, t+\tau)\text{為奇數次交換}]$

$\qquad = A^2 \displaystyle\sum_{k=0,2,4,\cdots}^{\infty} \dfrac{(\alpha\tau)^k}{k!}e^{-\alpha\tau} - A^2 \sum_{k=1,3,5,\cdots}^{\infty} \dfrac{(\alpha\tau)^k}{k!}e^{-\alpha\tau}$

$\qquad = A^2 \displaystyle\sum_{k=0,2,4,\cdots}^{\infty} \dfrac{(\alpha\tau)^k}{k!}e^{-\alpha\tau} + A^2 \sum_{k=1,3,5,\cdots}^{\infty} \dfrac{(-\alpha\tau)^k}{k!}e^{-\alpha\tau}$

$\qquad = A^2 e^{-\alpha\tau}\displaystyle\sum_{k=0}^{\infty}\dfrac{(-\alpha\tau)^k}{k!} = A^2 e^{-\alpha\tau}e^{-\alpha\tau} = A^2 e^{-2\alpha\tau}$

因為 $R_{XX}(\tau)$ 為偶函數,

$R_{XX}(\tau)$ 之圖形如下:

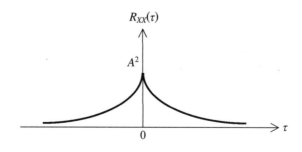

例題 7:Let $X(t)$ and $Y(t)$ be statistically independent Gaussian random processes, each with zero mean and unit variance at any time instant. Define the process

---

$Z(t) = X(t)\cos(2\pi t + \theta) + Y(t)\sin(2\pi t + \theta)$

(1) If θ is a deterministic constant, determine the joint PDF of the random variables $Z(t_1)$, $Z(t_2)$.

(2) If θ is a deterministic constant, is the process $Z(t)$ stationary?

【96 中央通訊】

解　依題意知 $X \sim N(0, 1)$，$Y \sim N(0, 1)$

(1) 由 $\mu_Z(t_1) = E[Z(t_1)] = E[X(t_1)\cos(2\pi t_1 + \theta) + Y(t_1)\sin(2\pi t_1 + \theta)]$

$= \cos(2\pi t_1 + \theta)E[X(t_1)] + \sin(2\pi t_1 + \theta)E[Y(t_1)] = 0$

同理得　$\mu_Z(t_2) = E[Z(t_2)] = 0$

$\sigma_Z^2(t_1) = E\{[Z(t_1) - \mu_Z(t_1)]^2\} = E[Z^2(t_1)]$

$= E\{[X(t_1)\cos(2\pi t_1 + \theta) + Y(t_1)\sin(2\pi t_1 + \theta)^2]\}$

$= \cos^2(2\pi t_1 + \theta)E[X^2(t_1)] + 2\cos(2\pi t_1 + \theta)$

$\quad \sin(2\pi t_1 + \theta)E[X(t_1)Y(t_1)]$

$\quad + \sin^2(2\pi t_1 + \theta)E[Y^2(t_1)]$

$= \cos^2(2\pi t_1 + \theta) \cdot 1 + 2\cos(2\pi t_1 + \theta)\sin(2\pi t_1 + \theta) \cdot 0 \cdot 0$

$\quad + \sin^2(2\pi t_1 + \theta) \cdot 1$

$= \cos^2(2\pi t_1 + \theta) + \sin^2(2\pi t_1 + \theta)$

$= 1$

同理得　$\sigma_Z^2(t_2) = E\{[Z(t_2) - \mu_Z(t_2)]^2\} = E[Z^2(t_2)] = 1$

又　$C_{ZZ}(t_1, t_2) = E\{[Z(t_1) - \mu_Z(t_1)][Z(t_2) - \mu_Z(t_2)]\} = E[Z(t_1)Z(t_2)]$

$= E\{[X(t_1)\cos(2\pi t_1 + \theta) + Y(t_1)\sin(2\pi t_1 + \theta)]$

$\quad [X(t_2)\cos(2\pi t_2 + \theta) + Y(t_2)\sin(2\pi t_2 + \theta)]\}$

$= \cos(2\pi t_1 + \theta)\cos(2\pi t_2 + \theta)E[X(t_1)X(t_2)]$

$\quad + \cos(2\pi t_1 + \theta)\sin(2\pi t_2 + \theta)E[X(t_1)Y(t_2)]$

$\quad + \cos(2\pi t_2 + \theta)\sin(2\pi t_1 + \theta)E[X(t_2)Y(t_1)]$

$\quad + \sin(2\pi t_1 + \theta)\sin(2\pi t_2 + \theta)E[Y(t_1)Y(t_2)]$

$= \rho$

故 $f_{Z(t_1)Z(t_2)}(z_1, z_2) = \dfrac{1}{2\pi\sqrt{1 - \rho^2}} e^{\frac{z_1^2 - 2\rho z_1 z_2 + z_2^2}{2(1 - \rho^2)}}$

(2) No

例題 8：Which of the followoing functions can be the autocorrelation of a real-valued random process? The symbol f_c denotes a fixed frequency.

(a)$f(T) = \sin(2\pi f_c T)$

(b)$f(T) = T^2$

(c)$f(T) = \begin{cases} 1 - |T|, & |T| \le 1 \\ 0, & |T| > 1 \end{cases}$

(d)$f(T) = \tan(2\pi f_c T)$

(e)$f(T) = T^3$

【99 中正電機】

---

 c

例題 9：Telegraph signal can be considered as a random process $X(t)$ that switches between $+1$ and -1. Assume $X(0) = -1$, and the number of event occurrences in $(0, t)$, denoted as $N(t)$, has Poisson distribution

(1) Give the mean $E[X(t)]$

(2) Give the autocorrelation function $E(X(t)X(t+\tau))$

【86 交大電信】

$(1) X(0) = -1 \Rightarrow X(t) = -1 \times (-1)^{N(t)}$

$\Rightarrow E[X(t)] = -E[(-1)^{N(t)}]$

$= -\sum_{k=0}^{\infty} (-1)^k \dfrac{(\lambda t)^k}{k!} e^{-\lambda t}$

$= -e^{-\lambda t} e^{-\lambda t} = -e^{-2\lambda t}$

$$(2)E\left[X(t)\,X\,(t+\tau)\right]=E\left[-\,(-1)^{N(t)}\times\,(-\,(-1)^{N(t+\tau)})\right]$$
$$=E[(-1)^{2N(t)+N(\tau)}]$$
$$=E[(-1)^{N(\tau)}]$$
$$=\sum_{k=0}^{\infty}\,(-1)^{k}\frac{(\lambda\tau)^{k}}{k!}\,e^{-\lambda\tau}$$
$$=e^{-2\lambda\tau}$$

精選練習

1. Consider the recursions composed of random variables $X(n)$ and $Z(n)$ for $n=\cdots,\,-1,\,0,\,1,$ $\cdots$. Assume that $E[Z(n)]=0$, $E[Z^2(n)]=\sigma^2$, $E[Z(n)Z(j)]=0$ for all $n\neq j$, and $E[Z(n)X(n-k)]$ $=0$ for $k=1,\,2,\,\cdots$.

   (1) If the recursion is given by $X(n)=\alpha X\,(n-1)+\beta_0 Z\,(n)$, find $R_X(k)=E\,[X(n)\,X(n-k)]$ for $k=0,\,1,\,2,\,\cdots$.

   (2) If the recursion is given by $X(n)=\beta_0 Z\,(n)+\beta_1 Z\,(n-1)$, find $R_X(k)=E\,[X(n)\,X(n-k)]$ for $k=0,\,1,\,2,\,\cdots$. 【94 中央通訊】

2. An email account receives one email every 10 minutes in average. Assume the email arrival for this account is a Poisson process. Let a random variable X denote the total number of emails received in one hour by this account.

   (a)Write down the probability distribution for the random variable X.

   (b)What is the probability that this email account receives less than 2 emails in one hour?

   (c)Let a random variable Y denote the time (in minutes) between two emails received by this account in sequence. Write down the probability distribution function for Y.

   【100 清大資訊】

3. Let $Y=A\cos(wt)+C$, where random variable A has mean m and variance σ^2, and w and C are constants. Find the mean and variance of the random variable Y. 【99 高一科大電通】

4. $x(t)=A\cos(wt+\theta)$; $A\sim N(0,1)$, $\theta\sim U(0,2\pi)$, ω is a positive constant. Suppose that A, θ are independent. Find the mean and variance of $x(t)$. 【98 台北科大電通】

5. Which of the following functions of τ are possible autocorrelations of a real WSS random process?

   (1)$A\sin c(2W\tau)$, $W>0$

   (2)$A\sin(\omega_0|\tau|)$, $\omega_0>0$

(3)$A\,rect\left(\dfrac{\tau}{\tau_0}\right)$, $\tau_0 > 0$

(4)$A(|\tau|+1)\,rect\left(\dfrac{\tau}{\tau_0}\right)$ 【90 台大電信】

6. Consider the following random-phase sinusoidal process

$x(t) = A\cos(\omega_0 t + \theta)$, $-\infty < t < \infty$

where ω_0 is constant, $\theta \sim U(0, 2\pi)$, A is a binary random variable with probabilities $P(A = 1) = p$, $P(A = 2) = 1 - p$

Find the mean and correlation function of $x(t)$ 【91 清大通訊】

7. Find the mean and autocorrelation function of the random process $X(t) = X\cos(2\pi f_0 t) + Y\sin(2\pi f_0 t)$, where X and Y are two zero-mean independent random variables each with variance process σ^2. What is the condition of wide-sense stationary? Is $X(t)$ a wide-sense stationary random process? 【98 北科大電機】

8. The random process $W(t)$ is defined by $W(t) = X\cos(200\pi t + \theta) - Y\sin(500\pi t + \theta) + Z$, where X, Y and Z are zero-mean random variables with standard deviations 10, 8, and 5. Random variable θ is uniformly distributed over $(0, 2\pi)$. All these random variables are independent

(a)The ensemble average of $W(t)$ is?

(b)The auto-correlation function of $W(t)$ is? 【99 成大電通】

參考資料

1. Roy D. Yate and David J. Goodman, Probability and Stochastic Processes, 2nd edition, John Wiley & Sons Inc. 2005.

2. Sheldon M. Ross, Introduction to Probability and Statistics for Engineers and Scientists, John Wiley & Sons Inc. 1987.

3. Walpole, Myers, and Myers, Probability and Statistics for Engineers and Scientists, 6th edition, Prentice Hall 1988.

4. Jay L. Devore Probability and Statistics, Duxbury Thomson Learning 2000.

5. Douglas C. Montgomery and George C. Runger, Applied Statistics and Probability for Engineers, 3rd edition, John Wiley 2003.

6. 黃文隆、黃龍，「機率論」滄海書局，91 年。

7. 程雋，「應用機率論」文笙書局，92 年。

8. 武維疆，劉明昌，「通訊系統與原理」滄海書局，100 年。

9. 武維疆，「機率—理論與題庫」全華書局，96 年。

10. 研究所歷屆考題

國家圖書館出版品預行編目資料

應用機率與統計／武維疆著. — 初版. —
臺北市：五南, 2012.11
　　面；　公分.--

ISBN 978-957-11-3882-1 (平裝)

1.機率論 2.數理統計

319.1　　　　　　　　　101020379

5BG1

應用機率與統計
Applied probability and statistics

作　　　者— 武維疆

發 行 人— 楊榮川

總 編 輯— 王翠華

主　　編— 王正華

責任編輯— 楊景涵

封面設計— 簡愷立

出 版 者— 五南圖書出版股份有限公司

地　　址：106台北市大安區和平東路二段339號4樓

電　　話：(02)2705-5066　傳　　真：(02)2706-6100

網　　址：http://www.wunan.com.tw

電子郵件：wunan@wunan.com.tw

劃撥帳號：01068953

戶　　名：五南圖書出版股份有限公司

台中市駐區辦公室/台中市中區中山路6號

電　　話：(04)2223-0891　傳　　真：(04)2223-3549

高雄市駐區辦公室/高雄市新興區中山一路290號

電　　話：(07)2358-702　傳　　真：(07)2350-236

法律顧問　元貞聯合法律事務所　張澤平律師

出版日期　2012年11月初版一刷

定　　價　新臺幣580元